J. C. POGGENDORFF

BIOGRAPHISCH-LITERARISCHES HANDWÖRTERBUCH DER EXAKTEN NATURWISSENSCHAFTEN

Herausgegeben von der

Sächsischen Akademie der Wissenschaften zu Leipzig

Band VII b · Teil 7

1. Lieferung

Leitung der Redaktion

DR. LEBRECHT WEICHSEL

AKADEMIE-VERLAG · BERLIN

1981

Redaktionsschluß: 31. 12. 78
Erschienen im Akademie-Verlag, DDR-1080 Berlin, Leipziger Straße 3—4

Lizenznummer: 202 · 100/404/81
Gesamtherstellung: VEB Druckerei „Thomas Müntzer", 5820 Bad Langensalza
Bestellnummer: 762 875 1 (3050/VII/1) · LSV 1007
Printed in GDR
DDR 24,— M

R

VI **van RAALTE,** Albert. Chem. — 1907 –21 Dir. d. Warenprüfungsamtes Dordrecht; '21–36 Dir. d. Warenprüfungsamtes Amsterdam. — '36 Offizierskreuz d. Oranje-Nassau-Ordens (Niederländ. Regierung).
*1871, Aug. 17, Leeuwarden;
†1938, Nov. 30, Amsterdam.

Nekr. J. Straub, Chemisch Weekbl. **35** ('38) 912f. (m. Bildn. u. Schr.verz.).

Analyst Food control in Holland [3]): **57** ('32) 15–22.

Chemisch Weekbl. Ing. M. Kauffman†: **30** ('33) 140. — Lampengläser für das Kolorimeter von Dubosq: 555. — Der Colititer für Buttermilch [1]): **31** ('34) 454. — Die Temperatur im Inneren von Brot [2]): **32** ('35) 256f. — Sprachverderb: 544. — Alle Arbeiten niederländ.

Mit: [1]) M. Lerner; [2]) R. M. N. A. Malotaux; [3]) J. Straub.

VI **RABATÉ,** Jacques Emile Léon. Pharm., Biochem. — 1924–30 Stud., '31 Dr en pharm., '34 Dr ès sci. nat., Univ. de Paris; '27–33 Interne en Pharm., Hôpital Lariboisière, Paris; '31–40 Sous-Dir., Labor. de Physique végétale, Muséum Nation. d'Hist. Natur., Paris. — '31 Prix (Soc. de Pharm.); '32 Médaille d'or de l'Internat de Pharm. (Assistance Publ. de Paris); '40 Prix Jecker, '40 Médaille Berthelot (Acad. Sci. Paris).
*1907, Juli 9, Agen, Lot-et-Garonne;
†1941, Juli 2, Damaskus [gefallen].

S. Die Methoden der Fermentforschung (E. Bamann, K. Myrbäck) **1** (Leipzig '41) 135–53: Gewinnung natürlicher Heteroside; **2** ('41) 1818–27: Heteroglykosidasen. — Traité de chimie organique (V. Grignard, G. Dupont, R. Locquin) **8** (Paris '47) 547–616: Généralités sur les hétérosides [6]).

W. Contribution à l'étude biochimique des "salicacées" (Lons-le-Saunier '34) 206 S. [Thèse].

Archives Muséum nation. Histoire natur., Paris Sur l'existence d'un "glucose naissant": (6) **12** ('35) 337–40.

Bull. Soc. Chim. biol. Analyse polarimétrique des systèmes ternaires. Application au mélange de trois stérols [7]): **14** ('32) 808–21. — Sur la présence du robinoside dans les fleurs de Vinca minor L., var. alba: **15** ('33) 130–34. — Contribution à l'étude biochimique du pêcher Persica vulgaris L., 1: Sur la présence de l'amygdonitrile-glucoside: 385–94. — Contribution à l'étude biochimique des salicacées, 5: Rapports du salipurposide avec le naringoside et l'isohespéridoside: **17** ('35) 314–18; ~ 6: Salix nigricans Sm.: 319–27; ~ 7: Salix repens L.: 328–40; ~ 8: Répartition de quelques hétérosides chez les salicacées: 439–46; ~ 9: Etude physiologique des hétérosides: 447–58; ~ 10: Etude des ases des feuilles de Salix purpurea L.: 561–71; ~ 11: Sur l'hydrolyse du salicoside par la poudre fermentaire de feuilles de Salix purpurea L. et sur quelques phénomènes qui en dérivent: 572–601; ~ 12: Oxydation du salicoside par la poudre fermentaire de feuilles de Salix purpurea L.: 602–11. — Sur l'hydrolyse du monotropitoside par la poudre fermentaire de feuilles de gaulthérie en présence de faibles quantités d'alcool: **20** ('38) 449–53. — Etude biochimique des fruits de Sophora japonica L., 1: Sur la présence de sophoricoside [1]): 454–58; ~ 2: Sur la présence de rutoside et de sophoraflavonoloside dans les fruits verts de Sophora japonica [4]): 459–66; ~ 3: Sur un holodiglucoside nouveau extrait du sophoraflavonoloside [4]): 467–70. — Constitution chimique de l'orobol [1]): **21** ('39) 1330–33. — Action du phloridzoside et de quelques hétérosides voisins sur la phosphatase rénale [3]): **23** ('41) 184–89. — Est-il possible d'utiliser le phloridzoside et les hétérosides voisins pour différencier les phosphatases? [3]): 190–95.

Bull. Soc. chim. France Sur les relations entre la constitution des hétérosides et leur couleur [12]): (5) **1** ('34) 640f. — Structure des hétérosides d'après leur absorption dans l'ultraviolet [13]): (5) **2** ('35) 1596–625. — Détermination de la teneur en hydroxyles des glucides par acétylation pyridinée: (5) **3** ('36) 34, 2112–16. — Etude du sophorose: (5) **7** ('40) 565–69.

Chimie et Industrie Appareil à dessécher dans le vide: **36** ('36) 732. — Etude des essences de Lippia adoensis Hochst. [8]): **43** ('40) 365f.

C. R. hebd. Séances Acad. Sci., Paris Contribution à l'étude biochimique de genre Salix, 5: Sur l'isosalipurposide [1]): **196** ('33) 816–18. — Structure des hétérosides d'après leurs spectres d'absorption [13]): 1493–95. — Sur le persicoside [1]): **200** ('35) 1689–91. — Contribution à l'étude des hétérosides flavo-

Auf den Seiten 4201—4384 sind die Namen der Verfasser von Biographien, Nekrologen usw. infolge einer Umstellung der Drucktechnik nicht gesperrt gedruckt worden. Ab Seite 4385 wird den Verfassernamen das Zeichen * vorangestellt.

noliques des fruits de Sophora japonica L. [4]): **202** ('36) 1117–19. — Sur la présence de D-catéchol dans l'écorce de pêcher [2]): 1208–10. — Sur le gaulthérioside (éthylprimevéroside). Sa synthèse biochimique: **204** ('37) 153–55. — Sur un holodiglucoside nouveau retiré du sophoraflavonoloside [4]): **205** ('37) 1431–33. — Sur la présence de l'acide tartrique gauche dans les feuilles et les fruits de Bauhinia reticulata [5]): **206** ('38) 1754–56.

C. R. (hebd.) Séances (et Mém.) Soc. Biol. Action des phloridzosides et de quelques hétérosides voisins sur diverses phosphatases [3]): **134** ('40) 468f.

Documentat. sci. Appareil à dessécher dans le vide: **5** ('36) 78–80.

J. Pharm. et Chim. Les anthocyanosides. Leur synthèse: (8) **17** ('33) 433–45, 474–90. — Contribution à l'étude biochimique de pêcher. Persica vulgaris L. Sur le persicoside [1]): **21** ('35) 495–503. — Le sophoricoside, nouvel hétéroside des fruits de Sophora japonica L. [1]): 546–54. — Sur la constitution du génistéol [1]): **22** ('35) 32f. — Etude biochimique des glucides des salicacées: Méthode d'analyse: **24** ('36) 311–25. — Etude biochimique des salicacées: Salix pentandra L.: 363–67; ~: Salix daphnoïdes Vill.: 393–400. — Analyse des fruits et des feuilles de Bauhinia reticulata D. C. Sur la présence de grandes quantités d'acide L-tartrique [5]): **28** ('38) 386–97. — Sur la présence du quercitroside (quercitrin) dans les feuilles de Bauhinia reticulata D. C.: 435–37. — Etude des essences de Lippia adoensis Hochst.: 437–42. — Etude biochimique des salicacées: Salix arbuscula L.: 443–47; ~: Salix caesia Vill.: 478–84; **29** ('39) 122. — Présence dans les rameaux feuillus de Laurier de Portugal (Cérasus lusitanica Lois.) d'un complexe fournissant de l'acide protocatéchique [6])[9]): 337–43, 465. — Etude du Cochlospermum tinctorium A. Rich.: 582f. — Etude biochimique de salicacées: Hydrolyse fermentaire du caesioside: 584f. — Etude des hétérosides d'Amelanchier vulgaris Moench var. genuina R. et C. [10]): **30** ('39) 369–73. — Etude de Centaurea scabiosa L. [1]): (9) **1** ('40/41) 155–62. — Etude du Schwoenkia americana L.: 234–40. — Sur la présence de baïcaloside (baïcaline) dans les feuilles de Scutellaria columnae All. [1]): 401–03. — Etude des fleurs de Genista tinctoria L. [1]): 404–07. — Note sur l'extraction des tartres gauches à partir des feuilles de Bauhinia reticulata D. C. [5]): 524f. — Dosage de l'alcool dans le sang par la technique nitrochromique de Cordebard [11])[3]): 526–41. — Préparation d'une gamme pour le dosage opacimétrique des phosphates dans les eaux [11])[3]): **2** ('42) 122–25. — Sur le complexe chloroformique des feuilles de tremble. Salicylpopuloside et salicylsalicoside [1]): 289–303.

Revue Bot. appl. et Agric. tropic. Etude des essences de Lippia adoensis Hochst. Brégué Mousso des Balantés de Yatacounda: **18** ('38) 350–52. — Analyse des fruits de Bauhinia reticulata D. C. Sur la présence de grandes quantités d'acide L-tartrique [5]): 604–12.

Mit: [1]) C. Charaux; [2]) A.-M. Collot; [3]) J. Courtois; [4]) J. Dussy; [5]) A. Gourévitch; [6]) H. Hérissey; [7]) E. Kahane; [8]) E. Laffitte; [9]) G. Poirot; [10]) V. Plouvier; [11]) F. Postic; [12]) S. Rabaté; [13]) P. Ramart-Lucas.

VI **RABINERSON,** Aleksandr Ignat'evič. Kolloidchem. — Bis 1917 Stud., Univ. Kiev; zunächst Ichthyologe; '26–27 wiss. Mitarbeiter von I. I. Žukov, Univ. Leningrad; später wiss. Mitarbeiter, '32 Gründer d. Labor. f. Bodenkolloide, Staatl. Inst. f. exper. Agron. (→ Leningrader Abt. d. Unionsinst. f. Düngung, Agrotechn. u. landwirtsch. Bodenkunde), Leningrad; zugleich wiss. Mitarbeiter u. Doz., später Leiter d. Lehrstuhls f. Kolloidchem., Chem.-Technol. Inst. Leningrad; Prof., Textil-Inst. Leningrad; Prof., Med. Inst. Leningrad; '40 Dr. d. chem. Wiss., Univ. Leningrad. (☒)
*1896, Juli 28 (16), Budaevka, Gouv. Kiev;
†1942, Febr. 23, Leningrad.

Zum 5. Todestag G. I. Fuks, Kolloidnyj Ž. **10** ('48) Nr. 1, 69–71.

HZ. (Redakt.) Trudy leningr. Otdel., Vses. naučno-issled. Inst. Udobrenija, Agrotechn. i Agropočvovedenija Nr. **38** ('35).

S. Proc. and papers, 2nd International congress of soil science, Leningrad–Moskva 1930, **2** (Moskva '33) 108–33: Ladungsumkehr in Böden durch Säuren und durch Fixierung von Anionen [1]).

W. Kurs kolloidnoj chimii [Lehrgang der Kolloidchemie] **1** ([Leningrad] '32), **2** ('33) [lithogr.]. — Problemy kolloidnoj chimii. Stabilizirujuščie poverchnostnye sloi. Ustojčivost', sverchmicelljarnye struktury [Probleme der Kolloidchemie. Stabilisierende Oberflächenschichten. Stabilität, übermicellare Strukturen] (Leningrad '37) 380 S.

Acta physicochim. URSS Viskosimetrische Untersuchungen der Strukturbildung in $Fe(OH)_3$-Solen, 1: Elektrolythaltige Sole: **1** ('34) 168–76; ~ 2: Einfluß der Erwärmung: 256–65. — Strukturbildung von $Al(OH)_3$-Solen und lyotrope Ionenwirkung [2]): **2** ('35) 585–94. — Über spontane Strukturbildung von $Fe(OH)_3$-Solen [4]): **4** ('36) 441–52. — Über die Beeinflussung der Strukturbildung von Alumosilikatsuspensionen durch adsorbierte Kationen [6]): **5** ('36) 93–104. — Zur Klassifikation der Emulsionen [7]): 105–10. — Emission von kurzwelligen ultravioletten Strahlen bei Strukturbildung, 1: Strahlung bei typischer Koagulation [3]): **8** ('38) 419–40; **9** ('38) 208. —

Bitte Anmerkung auf Seite 4201 beachten!

Strukturbildung von hydrophoben Solen, 1: **8** ('38) 733–51; ~ 2: 752–62. — Le rayonnement mitogénétique au cours de la formation de précipités peu solubles [13]): **10** ('39) 859–66. — Sur le rayonnement mitogénétique accompagnant la neutralisation des acides et des bases fortes [13]): **11** ('39) 403–08.

Chimizacija socialist. Zemledelija Thixotropie der Bodenkolloide und Suspensionen und ihre Bedeutung für die Strukturuntersuchung: **1934**, Nr. 7, 75–81 [russ.].

C. R. hebd. Séances Acad. Sci., Paris Sur l'émission de rayons ultraviolets au cours de la coagulation [3]): **208** ('39) 35–37.

Kolloid-Z. Adsorption und Adsorbensmenge, 1: **62** ('33) 157–62; ~ 3 [9])[10]): **67** ('34) 154–61. — Adsorption und Lösungsvolumen, 2: Über die Abhängigkeit des Ionenumtausches von der Verdünnung [5]): **63** ('33) 165–69. — Über das Verhalten von konzentrierten $Fe(OH)_3$-Solen im Kapillarviskosimeter [4]): **65** ('33) 307–16. — Über die Beeinflussung der Strukturbildung in $Fe(OH)_3$-Solen durch Erwärmung: **66** ('34) 303–11. — Über V_2O_5-Gallerten: **68** ('34) 305–16. — Viskosimetrische Untersuchungen der Strukturbildung von V_2O_5-Solen, 1: Über die Faktoren der Strukturviskosität: **69** ('34) 66–73; ~ 2: Einfluß der Erwärmung [12]): **71** ('35) 87–94. — Über die Beeinflussung der Strukturbildung von $Fe(OH)_3$-Solen durch Alkohole: **72** ('35) 58–62.

Kolloidnyj Ž. Über die Strukturbildung von verdünnten $Fe(OH)_3$-Solen [11]): **4** ('38) 461–72 [russ.].

Trudy leningr. chim.-technol. Inst. Viskosimetrische Untersuchungen der Strukturbildung von V_2O_5-Solen, 1: Über die Faktoren der Strukturviskosität: Nr. **2** ('35) 68– [russ.]. — Über die Beeinflussung der Strukturbildung von $Fe(OH)_3$-Solen durch Alkohole: Nr. **3** ('35/36) 25–32 [russ. m. deutscher Zusammenfassg.]. — Viskosimetrische Untersuchungen der Strukturbildung von V_2O_3-Solen [12]): 33–43 [russ.].

Trudy leningr. Otdel., Vses. naučno-issled. Inst. Udobrenija, Agrotechn. i Agropočvovedenija Ladungsumkehr in Böden durch Säuren und durch Anionenbindung [1]): Nr. **17** ('33) 101–33 [russ.]. — Über die quantitativen Beziehungen bei Austauschadsorptionserscheinungen: 151–82 [~]. — Struktur von Bodenkolloiden. Über die Strukturen von $Fe(OH)_3$-Solen [1]): Nr. **22** ('33) 56 S. [russ. m. deutscher Zusammenfassg.]. — Über den Einfluß der Erwärmung auf die Strukturbildung von $Fe(OH)_3$-Solen: Nr. **38** ('35) 3–28 [russ.]. — Über die lyotrope Ionenwirkung bei der Strukturbildung von $Al(OH)_3$-Solen [2]): 51–58 [~]. — Über die Strukturbildung der Bodenkolloide und über die Methoden ihrer Untersuchung: **1938**, Nr. 2, 427–38 [~].

Usp. biol. Chim. [Leningrad] Die neuesten Tendenzen in der Kolloidchemie der Eiweißstoffe: **9** ('32) 115– [russ.]. — Emulsionen: **11** ('35) 137–63 [~].

Usp. Chim. Strukturbildung von hydrophoben Kolloiden: **7** ('38) 1433–63 [russ.].

Usp. sovremennoj Biol. Mitogenetische Strahlung bei physikalisch-chemischen Prozessen: **13** ('40) 490–99 [russ.].

Z. Pflanzenernähr., Düng., Bodenkunde Umladung der Böden durch Methylenblau und Adsorptionskapazität: **25A** ('32) 228–35.

Ž. fizič. Chim. Über die Abhängigkeit der Adsorption von der Einwaage der Adsorbenten, 3 [9])[10]): **5** ('34) 1039–50 [russ.]. — Emission von kurzwelligen ultravioletten Strahlen beim Prozeß der Strukturbildung [3]): **11** ('38) 688–701 [~].

Ž. obščej Chim. Die Strukturbildung von Solen der mercurierten Sulfosalicylsäure, 1 [0]): 7 ('37) 2729–37 [russ. m. französ. Zusammenfassg.].

Mit: [1]) I. N. Antipov-Karataev; [2]) Z. I. Aristova; [3]) M. V. Filippov; [4]) G. I. Fuks (Fuchs); [5]) E. Ivanova; [6]) V. I. Knjazev; [7]) L. Ja. Kremnev; [8]) M. A. Kulakov; [9]) T. P. Papkova-Kvitcel'; [10]) A. A. Pittel'; [11]) C. M. Pittel'; [12]) G. K. Šuman (Schumann); [13]) M. A. Vladimirskaja.

VI **RABINOVIČ,** Adol'f Iosifovič. Chem. (physikal.). — Bis 1915 Stud., Neuruss. Univ. Odessa; '17–23 wiss. Mitarbeiter an verschiedenen Hochschulen in Odessa; '23– wiss. Mitarbeiter, dann wiss. Arbeitsleiter, Chem. (→ Physikal.-Chem.) Inst. "L. Ja. Karpov", Moskva; zugleich Privatdoz., '30– Prof., Univ. Moskva. (⊠)
*1893, Apr. 5 (März 24), Odessa;
†1942, Sept. 19, Kazan'.

Nekr. A. N. Bach, Naučno-techn. Bjul. vses. chim. Obšč. im. Mendeleeva **1942**, Nr. 5/6, S. 26. — V. A. Kargin, Izvest. Akad. Nauk SSSR, Otdel. chim. Nauk **1943**, Nr. 2, 81–86. — Acta physicochim. URSS **17** ('42) 125f.

H. (Redakt.) V. Pauli, Ė. Val'ko, Kolloidnaja chimija belkovych veščestv [W. Pauli, E. Valkó, Kolloidchemie der Eiweißkörper] (Moskva '36). — (Redakt.) I. R. Katc, Rentgenografija vysokomolekuljarnych veščestv, kolloidov, životnych i rastitel'nych tkanej [I. R. Katz, Die Röntgenspektrographie als Untersuchungsmethode bei hochmolekularen Substanzen, bei Kolloiden und bei tierischen und pflanzlichen Geweben] (Moskva '37).

MH. (Mitredakt.) V. Ostval'd, R. Ljuter, Fizikochimičeskie izmerenija [W. Ostwald, R. Luther, Hand- und Hilfsbuch zur Ausführung physikochemischer Messungen] **1** (Leningrad '35). — (Mitredakt.) Koaguljacija kolloidov. Sbornik statej [Die Koagulation von Kolloiden. Sammlung von Aufsätzen] (Moskva '36); darin eig. Beitr. 169–77: Die Theorien der Koagulation und die Adsorption der Ionen [russ.].

S. Bericht über den 8. Internationalen Kongreß für wissenschaftliche und angewandte Photographie, Dresden 1931 (J. Eggert, A. v. Biehler) (Dresden '32) 97f.: Standpunkt des Photographischen Komitees der UdSSR zu der Normung der Methoden der photographischen Prüfung lichtempfindlicher Materialien; 186–89: Über die Adsorptionstheorie des Entwicklungsvorganges [13])[10]); 192–94: Der Einfluß des pH-Wertes auf die Lichtempfindlichkeit kolloidfreien Silberbromids [1]). — Technologija proizvodstva svetočuvstvitel'nych sloev [Die Technologie der Herstellung lichtempfindlicher Schichten] (V. A. Jaštold-Govorko) (Moskva '33) 4–8: Über die Natur der photographischen Aktivität der Gelatine [russ.] [17]). — Procès-verbaux, rapports et mémoires, IXe Congrès international de photographie scientifique et appliquée (Paris '35) 327–37: The theories of photographic development [ ]. — Bol'šaja sovetskaja ėnciklopedija [Große Sowjetenzyklopädie] **59** (Moskva '35) 258f.: Frumkin, Aleksandr Naumovič, geb. 1895 [russ.].

Acta physicochim. URSS Optische Sensibilisierung photochemischer Reaktionen in festen Körpern: **3** ('35) 368–82. — Die Aktivität der Ionen in kolloiden Lösungen, 1: Über den Suspensionseffekt bei der Ultrafiltration positiver Kolloide [21])[7]): **4** ('36) 1–36. — Untersuchungen zur Theorie der photographischen Entwicklung, 3: Adsorptionsmodell des latenten Bildes und dessen Entwicklung [13]): 705–28. — Über die Elektrolytkoagulation der Kolloide, 13: Elektrochemische Eigenschaften und Koagulation monodisperser Silbersole [16]): **11** ('39) 181–205; On the coagulation of colloids by electrolytes, 14: On the electrostatic theory of coagulation and the limits of its applicability to silver sols [16]): 206–24; ~ 15: Electrochemical and chemical investigations of monodisperse gold sols [22]): **17** ('42) 14–24; ~ 16: Electrophoresis cell and measurements on monodisperse gold sols [22]): 25–41.

C. R. (Dokl.) Acad. Sci. URSS The Donnan effect in ultrafiltration of colloidal solutions [21])[7]): **1935** III, 109–12. — Theory of photographic development, 4: Influence of KBr on the adsorption of hydroquinone by colloidal silver [5])[18]): **33** ('41) 454–56.

Fotokinochimičeskaja Promyšl. Über die Theorien der photographischen Entwicklung: **1933**, März/Apr.-Nr., 7–19 [russ.]. — Raster für die Dreifarbenphotographie [2]): **1934**, März/Apr.-Nr., 13–21 [~]. — Der IX. Internationale Kongreß für wissenschaftliche und angewandte Photographie, Paris 1935: **1935**, Nr. 6, 3–21 [~].

Izvest. Akad. Nauk SSSR, Otdel. techn. Nauk Probleme der chemisch-photographischen Industrie: **1938**, Nr. 7, 121–31 [russ.].

Kino-Foto-Promyšlennost' Über den Schwarzschild-Effekt bei kolloidfreiem Silberbromid [1]): **3** ('33) 115–17 [russ.].

Kolloid-Z. Zur Methodik kataphoretischer Messungen [6]): **59** ('32) 310–14. — Über die Elektrolytkoagulation der Kolloide, 12: Zweite Phase der Koagulation von As_2S_3-Solen [20]): **60** ('32) 268–73.

Physikalische Z. Sowjetunion Adsorption von OH- und H-Ionen an Bromsilberpulver [1]): **2** ('32) 544f. — Adsorption der Elektrolyte und ζ-Potential: **4** ('33) 304–21.

Socialističeskaja Rekonstr. i Nauka Neuere Fortschritte der wissenschaftlichen Photographie, 1: **1936**, Nr. 9, 75–93 [russ.]; ~ 2: Nr. 10, 37–51 [~].

Sovetskaja Kinofotopromyšl. Über die Theorien der photographischen Entwicklung: **1935**, Nr. 5, 35–39 [russ.]. — Über die Theorien der optischen Sensibilisierung: **1936**, Nr. 7, 35–39 [~].

Kino-Foto-Chimpromyšlennost' Konferenz über wissenschaftliche und angewandte Photographie, Akademie der Wissenschaften der UdSSR [Moskva, 14.—18. Oktober 1937]: **1938**, Nr. 3, 36–42 [russ.].

Sovetskoe Foto Die photographische Wissenschaft heute und morgen: **1939**, Nr. 1, 29–32 [russ.].

Trans. Faraday Soc. Are lyophobic colloids colloidal electrolytes? [8]): **31** ('35) 50–66. — Electrochemical properties of colloidal silica [8]): 284–97. — The adsorption theory of photographic development: **34** ('38) 920–26.

Trudy naučno-issled. Kino-Foto-Inst. Prüfung von Standardlichtfiltern für eine sensitometrische Lichtquelle [19]): Nr. **1** ('32) 9–16. — Über die Natur der photographisch aktiven Gelatinearten [17]): Nr. **2** ('34) 19–29. — Einfluß der Wasserstoffionenkonzentration auf die Lichtempfindlichkeit von kolloidfreiem Bromsilber [1]): 49–60. — Über den Schwarzschild-Effekt für kolloidfreies Bromsilber [1]): 93–95. — Untersuchungen auf dem Gebiet der optischen Sensibilisierung von Silbersalzen [3])[15]): 161–65. — Untersuchungen auf dem Gebiet der optischen Sensibilisierung von Silbersalzen, 18: Die Beziehung zwischen der Adsorption von Farbstoffen an Silberbromid und ihrer sensibilisierenden Wirkung [1]): Nr. **3** ('35) 5–13; ~ 30: Untersuchung eines Stufenkeils für ein einfaches System der Sensitometrie [3]): 184–86. — — Alle Arbeiten russ.

Usp. Chim. Nikolaj Petrovič Peskov – zur 25jährigen wissenschaftlich-pädagogischen Tätigkeit: **4** ('35) 356–59 [russ.]. — Stabilität von kolloiden Systemen: **10** ('41) 16–31 [~].

Bitte Anmerkung auf Seite 4201 beachten!

Usp. fizič. Nauk Hundert Jahre Photographie: **21** ('39) 478–80 [russ.].

Z. physik. Chem., Abt. A Über die Elektrolytkoagulation der Kolloide, 11: Kataphoretische und potentiometrische Messungen bei der Koagulation von kolloidem Eisenhydroxyd [6]): **159** ('32) 403–13.

Z. wiss. Photogr., Photophysik u. Photochem. Der Einfluß der Wasserstoffionen-Konzentration auf die Lichtempfindlichkeit bindemittelfreien Silberbromids [1]): **32** ('33) 97–109. — Über den Schwarzschild-Effekt an bindemittelfreiem Bromsilber [1]): 110–12. — Untersuchungen zur Theorie der photographischen Entwicklung, 1: Adsorptionstheorie der Entwicklung: **33** ('34) 57–71; ~ 2: Adsorption von Hydrochinon an kolloidem Silber [13]): 94–104.

Ž. fizič. Chim. Zur Methodik kataphoretischer Messungen [6]): **3** ('32) 8–15. — Koagulation von Kolloiden mit Elektrolyten, 11: Kataphoretische und potentiometrische Messungen bei der Koagulation von kolloidem Eisenoxid [6]): 16–28; ~ 12: Zweite Phase der Koagulation von As_2S_3-Solen [20]): 274–81. — Zur Viskosimetrie von hochviskosen lyophilen Kolloiden, 1: Anwendung von Kapillarviskosimetern [12]): **4** ('33) 615–26; ~ 2: Anwendung von Viskosimetern, die auf dem Stokesschen Gesetz beruhen [12]): **5** ('34) 521–33. — Über die Kristallstruktur von kolloidaler Wolframsäure [9])[8]): **4** ('33) 627–29. — Untersuchungen zur Theorie der photographischen Entwicklung, 1: Adsorptionstheorie der Entwicklung: 630–39; ~ 2: Adsorption von Hydrochinon an kolloidem Silber [13]): 641–51; ~ 3: Das Adsorptionsmodell des latenten Bildes und dessen Entwicklung [13]): **7** ('36) 467–82. — Elektrolytadsorption und ζ-Potential: **5** ('34) 290–301. — Über die reversible Nickelelektrode und ihre Anwendung zur Untersuchung kolloidaler Lösungen [4])[21]): 534–47. — Vergleich der direkten und indirekten Methoden zur Bestimmung des isoelektrischen Punktes der Gelatine. Bestimmung des isoelektrischen Punktes der Gelatine nach der Methode der Kataphorese [14])[12]): **6** ('35) 20–29. — Über die Aktivität der kompensierenden Ionen in Kolloidsystemen [8]): 1125–32. — Über die Veränderungen in Kolloidsystemen bei ihrer Wechselwirkung mit Elektrolyten [8]): 1133–44. — Optische Sensibilisierung photochemischer Reaktionen im festen Medium: **7** ('36) 276–86. — Die Aktivität der Ionen in Kolloidlösungen, 1: Über den Suspensionseffekt bei der Ultrafiltration von positiven Kolloiden [21])[7]): 674–96. — Untersuchungen über die optische Sensibilisierung der Silbersalze, 3: Farbstoffadsorption an Bromsilber [11]): **11** ('38) 434–50. — — Alle Arbeiten russ.

Ž. obščej Chim. Über die Koagulation von Kolloiden durch Elektrolyte, 13: Elektrochemische Eigenschaften und Koagulation monodisperser Silbersole [16]): **10** ('40) 112–25 [russ.]; ~ 14: Über die elektrostatische Theorie der Koagulation und die Grenzen ihrer Anwendbarkeit auf Silbersole [16]): 126–36 [~].

Mit: [1]) Ch. S. Bagdasar'jan; [2]) Ja. I. Bljumberg; [3]) Ja. I. Bokinik; [4]) N. M. Dešalyt; [5]) G. D. Efremova; [6]) E. V. Fodiman; [7]) T. V. Gatovskaja; [8]) V. A. Kargin; [9]) M. Ja. Konoplev; [10]) L. Minaev; [11]) S. V. Natanson; [12]) A. G. Pasynskij; [13]) S. S. Pejsachovič; [14]) I. Ja. Petrov; [15]) T. B. Ridiger; [16]) M. E. Šišniašvili; [17]) A. A. Titov; [18]) A. N. Tret'jakov; [19]) S. N. Tumanovskij; [20]) D. F. Vasil'ev; [21]) P. S. Vasil'ev; [22]) V. N. Volkov.

VI **RÁDL, František.** Math. — 1906 Dr. phil., Tschech. Univ. Praha; '17 Dr. habil., '17–26 Doz., '26–46 ord. Prof., '35–36 Dekan, Hochsch. f. Maschinenwesen u. Elektrotechn., Tschech. Techn. Hochsch. Praha. (⊠)
*1876, Jan. 10, Pyšely;
†1956, Dez. 30, Praha.

Zum 70. Geb.tag Z. P., Čas. Pěst. Mat. a Fysiky **71** ('46) D96f.

Nekr. K. Rychlík, L. Rieger, Čas. Pěst. Mat. **82** ('57) 378–82 (m. Bildn. u. Schr.verz.).

W. Učebnici matematiky pro vysoké učeni technické [2](Praha '46).

Mathematische Z. Über das verallgemeinerte gemeinsame Maß von zwei Differentialpolynomen: **40** ('35/36) 375–86. — Über die Teilbarkeitsbedingungen bei den gewöhnlichen Differentialpolynomen: **45** ('39) 429–46. — Über die Teilbarkeit des gewöhnlichen Differentialpolynoms dritter Ordnung durch ein ähnliches Polynom zweiter Ordnung: 719–34.

VI **RADÓ, Tibor.** Math. — 1930–48 Prof., '46–48 Chairman of Math. Departm., '49– Research Prof., Ohio State Univ., Columbus, O.; Visiting Prof.: '42 Univ. of Chicago, Ill., '47– Univ. of Puerto Rico, Rio Piedras, P. R.; '53 Vice Pres., Amer. Assoc. for the Advancem. of Sci.
*1895, Juni 2, Budapest;
†1965, Dez.

Zur Biogr. Rivista Mat. Univ. Parma **1** ('50) 239–73 (m. Schr.verz.).

Nekr. New York Times **1965**, 31. Dez., S. 21–. — Publishers' Weekly **1966**, 24. Jan., S. 279–.

S. Proc. International congress of mathematicians, Cambridge, Mass., 1950, **2** (Providence, R. I. '52) 174–79: Applications of area theory in analysis[3]). — Proc. Symposium on mathematical theory of automata, New York 1962 (Brooklyn, N. Y. '63) (Polytechnic Institute of Brooklyn, Microwave Research Institute, Microwave ser., 12) 75–81: On a simple source for non-computable functions. —

Bitte Anmerkung auf Seite 4201 beachten!

Recent advances in optimization techniques. Proc. [of a symposium], Carnegie Institute of Technology 1965 (A. Lavi, T. P. Vogl) (New York '66) 241–80: Computer studies of a certain class of linear integer problems [7][14].

W. On the problem of Plateau (Berlin–Wien '33) 109 S. (Ergebnisse der Mathematik und ihrer Grenzgebiete, 2,2); (New York '51). — Subharmonic functions (Berlin '37) 56 S. (~ 5,1); (New York '49) 6+56 S. — [Die beiden vorigen Titel in 1 Band:] On the problem of Plateau [und] Subharmonic functions (Berlin–Heidelberg–New York '71) 109 S., 6+56 S. — Length and area (New York '48) 572 S. (American Mathematical Society Colloquium publications, 30). — La intuición y el rigor en las matemáticas (San Juan, P.R. '48) 27 S. (Universidad de Puerto Rico). — The mathematical theory of rigid surfaces; an application of modern analysis. [Lectures presented at] Summer conference in collegiate mathematics (Chapel Hill, N.C. '54) (National Science Foundation, University of North Carolina). — Cohomology groups. [Lectures ~] ~ (Chapel Hill, N.C. '54) (~). — Continuous transformations in analysis. With an introduction to algebraic topology (m. P. V. Reichelderfer) (Berlin–Göttingen–Heidelberg '55) 7+442 S. (Die Grundlehren der mathematischen Wissenschaften in Einzeldarstellungen mit besonderer Berücksichtigung der Anwendungsgebiete, 75).

Acta Litt. ac Sci. [Szeged], Sect. Sci. math. Contributions to the theory of minimal surfaces: **6** ('32) 1–20. — On upper semi-continuous collections [16]: **9** ('40) 239–43.

American J. Math. The isoperimetric inequality on the sphere: **57** ('35) 765–70. — A remark on the area of surfaces: **58** ('36) 598–606. — On a stretching process for surfaces [15]: **61** ('39) 645–50. — On a problem of Geöcze: **65** ('43) 361–81.

American math. Monthly On mathematical life in Hungary: **39** ('32) 85–90. — On semi-continuity: **49** ('42) 446–50. — What is the area of a surface?: **50** ('43) 139–41. — On the space of oriented lines in Euclidean three-space: **64** ('57) Nr. 8, Teil 2, 79–89.

Annali Scuola norm. sup., Pisa On the problem of Geöcze: (2) **14** ('48) 21–30.

Annals Math. On a converse of Kneser's transversality theorem [9]: (2) **36** ('35) 749–69. — On a lemma of McShane: **42** ('41) 73–83. — On continuous path-surfaces of zero area: **44** ('43) 173–91.

Bell System techn. J. On non-computable functions: **41** ('62) 877–84 [ausführlicher als Bell Telephone System monograph Nr. 4199 ('62) 10 S.].

Bull. amer. math. Soc. Note on an inequality of Steiner [15]: **47** ('41) 102–08. — A note on convergence in length [1]: **54** ('48) 533–39. — On essentially absolutely continuous plane transformations: **55** ('49) 629–32.

Duke math. J. Solution of a problem of F. Riesz on the harmonic majorants of subharmonic functions: **3** ('37) 123–32. — On absolutely continuous transformations in the plane: **4** ('38) 189–221. — Cyclic transitivity [15]: **6** ('40) 474–85. — Convergence in length and convergence in area [15]: **9** ('42) 527–65. — Functions of rectangles: **11** ('44) 487–96. — Remarks on the problem of Geöcze: 497–506. — On two-dimensional concepts of bounded variation and absolute continuity: **14** ('47) 587–608. — The Cauchy area of a Fréchet surface [6]: **15** ('48) 159–67. — A new geometrical interpretation of the Lebesgue area of a surface [12]: 169–80. — Convergence in area: **16** ('49) 61–71.

Fundamenta Math. [Warszawa] On continuous transformations in the plane: **27** ('36) 201–11. — A lemma on the topological index: 212–25. — On the derivative of the Lebesgue area of continuous surfaces: **30** ('38) 34–39. — On cyclic transitivity [15]: **34** ('47) 14–29. — Lebesgue area and Hausdorff measure: **44** ('57) 198–237. — On covering theorems [12]: **45** ('58) 325–31.

IBM J. Res. and Development Comments on the presence function of Gazalé: **6** ('62) 268f.

IEEE Trans. Simplification of the covering problem for multiple output logical networks [4][7][10][14]: **EC-15** ('66) 891–97.

IEEE Trans. Communicat. and Electronics An approach to artificial intelligence [7]: **70** ('64).

IRE Trans. Implementation of logic [7]: **MIL-6** ('62) 297–302.

J. Assoc. comput. Machinery On a computer program for obtaining irreducible representations for two-level multiple input–output logical systems [7]: **10** ('63) 48–77, 256. — Computer studies of Turing machine problems [11]: **12** ('65) 196–212.

J. Math. and Mech. On rigidity properties of developable surfaces [8]: **7** ('58) 419–32.

J. symbol. Logic A generalization of Nelson's algorithm for obtaining prime implicants [7]: **30** ('65) 8–12.

Mathematische Z. On the infinitesimal rigidity of surfaces of revolution [13]: **59** ('53) 151–63.

Mathesis polska Über den Flächeninhalt von Flächen: **7** ('32) 1–18 [poln.].

Memorie Accad. Sci. Ist. Bologna, Cl. Sci. fisiche Sulla teoria delle omologie singolari: (10) **8** ('50/51) 57–63 [engl. m. italien. Zusammenfassg.].

Osaka math. J. On the infinitesimal rigidity of surfaces [13]: **4** ('52) 241–85.

Bitte Anmerkung auf Seite 4201 beachten!

Pacific J. Math. An approach to singular homology theory: **1** ('51) 265–90.

Proc. amer. math. Soc. On upper semicontinuous functions [12]): **1** ('50) 226–30. — A remark on chain-homotopy: **2** ('51) 458–63. — On general cohomology theory: **4** ('53) 244–46. — Density theorems for outer measures in n-space [12]): **9** ('58) 433–39.

Proc. nation. Acad. Sci. USA On surface area: **31** ('45) 102–06. — On n-dimensional concepts of bounded variation, absolute continuity, and generalized Jacobian [15]): **35** ('49) 678–81.

Rend. Circolo mat. Palermo On multiplicity functions associated with Lebesgue area: (2) **4** ('55) 219–36. — On reduced Carathéodory outer measures [12]): **7** ('58) 5–33.

Rivista Mat. Univ. Parma On identifications in singular homology theory: **2** ('51) 3–18. — On a theorem of Besicovitch in surface area theory [12]): 19–45. — On generalized Lipschitzian transformations [15]): 289–301.

Rozpr. mat. On density theorems for outer measures [12]): Nr. **21** ('60) 48 S.

Trans. amer. math. Soc. Subharmonic functions and minimal surfaces [2]): **35** ('33) 648–61. — Subharmonic functions and surfaces of negative curvature [2]): 662–74. — An iterative process in the problem of Plateau: 869–87. — On convex functions: **37** ('35) 266–85. — A theory of absolutely continuous transformations in the plane [15]): **49** ('41) 258–307. — On the semi-continuity of double integrals in parametric form: **51** ('42) 336–61. — The transformation of double integrals [6]): **54** ('43) 83–102. — On continuous mappings of Peano spaces: **58** ('45) 420–54. — The isoperimetric inequality and the Lebesgue definition of surface area: **61** ('47) 530–55. — On Schreier systems in free groups [5]): **64** ('48) 386–408. — On cyclic additivity theorems [12]): **66** ('49) 347–65. — On generalized Jacobians [15]): **68** ('50) 405–19. — A uniqueness theorem for Haar measure [12]): **93** ('59) 492–508.

Mit: [1]) M. C. Ayer; [2]) E. F. Beckenbach; [3]) L. Cesari; [4]) B. B. Gordon; [5]) M. Hall, jr.; [6]) R. G. Helsel; [7]) R. W. House; [8]) E. Kreyszig; [9]) L. La Paz; [10]) A. P. Lechler; [11]) Sh. Lin; [12]) E. J. Mickle; [13]) T. Minagawa; [14]) L. D. Nelson; [15]) P. V. Reichelderfer; [16]) J. W. T. Youngs.

IV–VI **RADOS,** Gusztáv. Math. — 1893–1933 ord. Prof., 1897 1933 Bibliothcksdir., Techn. Hochsch. Budapest; Privatdoz., Univ. Budapest. — '36 Großpreis (Ungar. Akad. Wiss.).
*1862, Febr. 22, Pest (Budapest); †1942, Nov. 1, Budapest.

Bitte Anmerkung auf Seite 4201 beachten!

Nekr. T. Stachó u. B. Pogány, Matematikai és fizik. Lapok **49** ('42). — T. Stachó, Technika [Budapest] **24** ('43) Nr. 1.

Acta Litt. ac Sci. [Szeged], Sect. Sci. math. Über zyklische orthogonale Substitutionen: **9** ('38/40) 103–09. — Über die Unabhängigkeit der Bedingungsgleichungen zwischen den Koeffizienten unitärer Substitutionen: 201–05.

Emlékbeszédek, Magyar tudományos Akad. Tagjai fölött József Kürschák†: **22** ('34) Nr. 7.

Matematikai és fizik. Lapok Die vollkommene Lösung einer numerischen Kongruenz: **43** ('36) 115–19 [ungar.].

Matematikai és term. Értesítő Eine neue Herleitung des Kroneckerschen Satzes über die Diskriminante der Galoisschen Gattung: **50** ('34) 119–24 [m. ungar. Zusammenfassg.]. — Über den Rang der Kroneckerschen Determinanten: **53** ('35) 325–36 [ungar. m. deutscher Zusammenfassg.]. — Über induzierte quadratische Formen: 685–95 [~]. — Über den Rang der Determinante induzierter Substitutionen: 696–700 [~]. — Über den Rang von adjungierten Determinanten: **54** ('36) 309–24 [~]. — Ein neuer Beweis für den Sylvesterschen Determinantensatz: 677–84 [~]. — Beiträge zur Theorie des Gaußschen Zahlkörpers: **55** ('36/37) 250–71 [~]. — Ein Beitrag zur Theorie der binomischen Kongruenzen: 309–19 [~]. — Über die primitiven Wurzeln zusammengesetzter Zahlen im Gaußschen Zahlkörper: 320–41 [~]. — Über eine numerische Kongruenz, deren Modul ein Primideal ist: 611–26 [~]. — Beitrag zur Theorie der algebraischen Zahlkörper: **56** ('37) 47–53 [~]. — Intuitive Herleitung verwickelter Determinantenrelationen: **57** ('38) 1–16 [~]. — Über die Diskriminanten der charakteristischen Gleichung einiger abgeleiteten bilinearen Formen: 17 26 [~]. Die explizite Darstellung einiger Resolventen: 27–38 [~]. — Über zyklische orthogonale Substitutionen: 39–50 [~]. — Die notwendigen und hinreichenden Bedingungen dafür, daß eine orthogonale Substitution zyklisch sei: 447–64 [~]. — Kurzer Beweis eines Theorems von F. Brioschi: 465–68 [~]. — Über das Spektrum einer unitären Matrix: 469–76 [~]. — Über einige abgeleitete Substitutionen einer unitären Substitution: 943–54 [~]. — Über die Unabhängigkeit der Bedingungsgleichungen zwischen den Koeffizienten einer unitären Substitution: **58** ('39) 1–9 [~]. — Ein Beitrag zur Theorie der unitären Substitutionen: 10–12 [~]. — Über zyklische unitäre Substitutionen: 277–87 [~]. — Über semidefinite Hermite-Formen: 288–97 [~]. — Über einige von Hermiteschen abgeleitete Formen: 639–51 [~]. — Eine elementare Herleitung der Kennzeichen definiter und semidefiniter Hermitescher Formen: 652–66 [~]. — Über die Kroneckersche Komposition von Hermiteschen Formen: 667–72 [~]. — Über ein französisches und englisches Werk eines ungarischen Autors: 673–77 [~]. — Vertauschbare Hermitesche Matrizen und die zugehörigen Hermiteschen Formen: **59** ('40) 1–6 [~]. — Eine neue Herleitung der Gramschen Kriterien: 7–18 [~]. — Die intuitive Herleitung einiger auf Hermitesche Determinanten bezüglichen Sätze: 411–19 [~]. — Die Faktorenzerlegung einiger komplizierter Polynome aus der Theorie der Kegelschnitte und Flächen zweiter Ordnung: 749–64 [~]. — Die Faktorenzerlegung zweier komplizierter n-variabliger Polynome: 765–74 [~]. — Über die Gleichung des durch 3 seiner Punkte bestimmten Kreises und der durch 4 ihrer Punkte bestimmten Kugel: **60** ('41) 1–8 [~]. — Über die Elementarteiler der adjungierten Formen einer bilinearen Form mit ganzen Koeffizienten: 333–51 [~].

VI **RĂDULESCU**, Dan. Chem. (org., physikal.). — 1920–40 Ord. Prof., Univ. din Cluj; '40–54 Dir. von Industrielaboratorien, zuletzt Labor. f. Follikulin u. Penicillin. — '63 Dr. Doz. (Volksrepubl. Rumänien); '67 Ehrentitel "Verdienter Univ.-Prof." (Sozialist. Republ. Rumänien).

*1884, Nov. 26, Bucureşti;
†1969, Nov. 14, Sinaia-Prahova.

Nekr. S. Secăreanu, Tribuna [Cluj] **1970**, 16. Apr.

W. Les causes et les facteurs actifs de la crise mondiale et les remèdes héroïques du "Plan Hoover" (Cluj '32) 35 S. — Pentru voi, tineretul (Cluj '35) 151 S. — Introduction à l'économie dirigée en 7 leçons (Paris '37) 128 S.

Annales Fac. Agron. Bucarest Beiträge zur Kenntnis der Grenzschichten flüssig/gasförmig und flüssig/fest: **1** ('39/40) 3–17.

Buletinul Soc. Chim. Romania Contributions à l'établissement de la structure des résonateurs d'ensemble, 15: Contributions à la théorie de la fluorescence des substances organiques [5]): **17** ('35) 9–37; Contributions à la détermination de la structure et des propriétés (des chromophores organiques et) des résonateurs d'ensemble, 16: Une loi quantitative de la fréquence des maximas des bandes d'absorption des résonateurs d'ensemble [3]): 39–47; ~ 17: L'influence des substituants sur les bandes d'absorption: 49–53; Résonateurs d'ensemble, 18: La relation de fréquence des bandes d'absorption à l'état de vapeur; bande d'absorption de la vapeur de la benzoquinone: 55–61; ~ 19: Interprétation physique de la relation de fréquence entre les bandes; relation entre les bandes d'absorption et les bandes de la luminescence de la même substance: 63–68; ~ 20: Contributions à l'étude des nitro et polynitro dérivés colorés du benzène [2])[11]): 69–83; ~ 21: Le hydrogène du noyau benzénique peut, dans certaines conditions de polarité, devenir ionisable et être remplacé par les métaux [12]): 85f.; ~ 22: La loi générale des fréquences des bandes de structure fine: 193–222; ~ 23: Contribution à l'étude de l'influence des facteurs physiques sur les spectres d'absorption des résonateurs d'ensemble [3]): **18** ('36) 151–60; ~ 24[a]: Spectres des dérivés de la bixine [3]): 161–65; ~ 24[b]: La prédominance des intervalles musicaux dans les séries spectrales simples et dans les spectres des résonateurs d'ensemble: **19** ('37) 3–20; ~ 25: Les résonateurs d'ensemble intra-atomiques et les rapports de fréquences des bandes d'absorption et des luminescences des terres rares; spectre d'absorption du NO_2 [4]): 21–34. — Sur la vitesse de décomposition thermique de la chloropicrine [15]): **17** ('35) 87–92. — Sur la validité de la formule de Mecklenburg. Un nouveau point de vue sur la dynamique de l'adsorption [14]): 313–21. — Sur une méthode commode de haute précision pour déterminer les tensions de vapeur [14]): 323–27. — Eléments thermogalvaniques [3]): **18** ('36) 137–50. — Sur les spiranes, 22: Activité optique sans carbone asymétrique [7]): 167–75; ~ 23: Quelques dérivés de la phénylindanedione [3]): **20** ('38) 29–37. — Über ein neues Atommodell, das die Quantenbedingungen erklärt und Bohrs Strahlungsgesetze mit Hilfe der klassischen Physik abzuleiten gestattet: 39–48. — Beiträge zur Kenntnis der Eigenschaften der Nitrogruppe. Studien über Trinitrobenzolabkömmlinge [9])[11])[12]): 49–88. — Dampfdruckmessungen nach neuen dynamischen und statischen Methoden. Vergleichende Untersuchungen über die Verwendbarkeit der Reaktionsisochore zur Messung der latenten Verdampfungswärmen [1]): 89–113.

Buletinul Chim. pură şi apl., Soc. Chim. România, Secţ. Soc. române Şti. Über Spirane, 24: Ringerweiterungen bei Dispiranen mit 1,3-Indandiongruppen: Über einen neuen hochkondensierten aromatischen Kohlenwasserstoff: das Benzonaphthanthracen [3]): (2) **1** ('39) 7–17; Sur les spiranes, 25: Essais de synthèse asymétrique des spiranes optiquement actifs [7]): 18–24. — Über Fluoracen und Fluoracenabkömmlinge [1]): 25–29. — Sur la discontinuité des isothermes d'adsorption et de désorption capillaire et sur la nature de la couche capillaire qui délimite la phase liquide [13]): 38–55. — Contribution à l'étude des propriétés capillaires des liquides purs. L'isotherme de désorption du tetrachlorure de carbone [13])[10]): 56–64. — Sur une méthode commode pour déterminer la dispersion rotatoire [7]): 65–76.

Buletinul Soc. Şti. Cluj, România Etude physico-chimique sur la chlorhydrine d'éthylène [8]): **7** ('32) 129–53. — Beiträge zur Kenntnis der Eigenschaften der Nitrogruppe. Studien über Trinitrobenzolabkömmlinge [9])[11])[12]): **9** ('39) 215–54.

Jahrb. siebenbürg. Karpathenver. Bericht über die im August 1936 vorgenommene Markierung im Lotru- und Paring-Gebiet: **49** ('36) 44–47.

Bitte Anmerkung auf Seite 4201 beachten!

Kolloid-Z. Über die Eigenschaften paucimolekularer Flüssigkeitsschichten [13]): **87** ('39) 241–51. — Beiträge zur Kenntnis der Struktur der Flüssigkeiten in der Kapillarschicht: **98** ('42) 34–42.

Physikalische Z. Eine merkwürdige allgemeine Beziehung zwischen den Frequenzen der Bandenspektra der aromatischen Kohlenwasserstoffe und deren Abkömmlingen [5]): **36** ('35) 66–68.

Revue Chim., Acad. Républ. popul. roumaine Existence des intervalles musicaux dans les séries spectrales: **7** ('62) 449–60.

Scientia La théorie des quantes est-elle compatible avec la physique classique?: **68** ('40) 65–73.

Tehnica şi Viaţa Synthetischer Kautschuk bei uns und anderswo: **1** ('42) Nr. 2, 8–12. — Das Schilfrohr, eins der Probleme der Nutzung des Donaudeltas: Nr. 3, 11-16. — Die Kapillarität in Natur und Technik: **3** ('44) Nr. 1, 3–6. — — Alle Arbeiten rumän.

Z. physik. Chem., Abt. A Über eine diskontinuierliche, stufenartige Änderung des Dampfdruckes von kapillar adsorbierten Stoffen und über eine neue Methode der Messung des Molekulardurchmessers [14]): **179** ('37) 210–26.

Z. physik. Chem., Abt. B Beiträge zur Bestimmung der Abstufung der Polarität des Aminstickstoffes in den organischen Verbindungen [6]): **26** ('34) 390–94. — Über die Rolle der Polarität der N-Atome bei der Bildung der farbigen Polynitrokomplexe der Benzolreihe [6]): 395–98.

Mit: [1]) M. Alexa; [2]) V. Alexa; [3]) F. Bărbulescu; [4]) A. Cioară; [5]) C. Drăgulescu; [6]) O. Jula; [7]) V. Moga; [8]) P. L. Mureşanu; [9]) L. Novac; [10]) R. Opreanu; [11]) I. Petreanu; [12]) S. Popa; [13]) F. Rădulescu; [14]) S. Ţilenschi; [15]) G. Zamfirescu.

VI **RAEDER,** Mathias Greve. Chem. (anorg.). — 1910–11 Stud. (Jura), Univ. Oslo; '13–17 Stud., '20–30 Doz., '30 Dr. techn., '30–56 Prof. u. Dir. d. Labor. f. anorg. Chem., Norweg. Techn. Hochsch., Trondheim.

*1891, Okt. 18, Oslo.

W. Kvikksølvholdig luft og kvikksølvforgiftning ([Vortrag] Kongelige Norske Videnskabers Selskab) (Trondheim '37) 14 S. — Den 2nen doktorspromosjon ved Norges Tekniske Høgskole, 15de september 1950 (Trondheim '53) 31 S.

Kongel. norske Vid. Selsk. Forh. Mikrotitrimetrische Bestimmung von Schwefelsäure und Sulfaten mit Natriumrhodizonat als Indikator: **5**. 1932 ('33) 32–35. — Wasserstoffüberspannung und Rekombinationskatalyse: 76–79. — Elektroanalytische Trennung des Kupfers von Arsen und Selen [2]): 171–74. — Quecksilbergehalt mariner Organismen [7]): **13**. 1940 ('41) 169–72. — Quantitative determination of aluminium by precipitation with cupferron [5]): **15**. 1942 ('43) 55–58. — Precipitation of vanadium with cupferron [1]): 75–78. — Leif Tronstad: **19**. 1946 ('47) 95–106. — Mercury determinations in fish and other aquatic organisms [7]): **21**. 1948 ('49) 102–04. — Mercury contents of fish and other aquatic organisms [7]): 105–09.

Kongel. norske Vid. Selsk. Skr. Wasserstoffüberspannung und Vergiftungserscheinungen [6]): **1935**, Nr. 26, 20 S. — Photoelectric titration: **1942**, Nr. 3 ('45) 12 S.

Mikrochemie verein. Mikrochimica Acta Über die quantitative Abscheidung kleiner Goldmengen aus Lösungen durch Mikroelektrolyse [4]): **27** ('39) 112–17 [m. engl. u. französ. Zusammenfassg.].

Teknisk Ukeblad Die Doktorpromotion an der Norwegischen Technischen Hochschule: **97** ('50) 745–47 [norweg.]. — Die Immatrikulation an der Norwegischen Technischen Hochschule am 1. September 1951: **98** ('51) 655–57 [~].

Tidsskr. Kjemi og Bergvesen Chemische Mikroanalyse: **15** ('35) 14–16. — Quecksilberdampf und Quecksilbervergiftung in Laboratorien: 113f. — Organische Fällungsmittel in der quantitativen Analyse: **18** ('38) 131–36. — Alle Arbeiten norweg.

Tidsskr. Kjemi, Bergvesen og Metallurgi Birger Fjeld Halvorsen (1877–1942): **3** ('43) Nr. 1. — Solubilities of benzidinium chlorides in water and dilute HCl [3]): **3** ('43) 59–64. — Leif H. Tronstad (1903–1945): **4** ('44/45) 52–. — Henry C. M. Ingeberg (1896–1948): **8** ('48) 123–. — Das Professorat in Technischer Elektrochemie an der Norwegischen Technischen Hochschule: **11** ('51) 139– [norweg.].

Z. anorg. u. allg. Chem. Reziproke Reaktionen und gemischte Halogenide unter Elementen der mittleren Gruppen des periodischen Systems: **210** ('33) 145–60.

Mit: [1]) T. Aakre; [2]) R. Höifors; [3]) M. S. Johansen; [4]) O. S. Kyllingstad; [5]) B. Lyshoel; [6]) K. W. Nilsen; [7]) E. Snekvik.

V, VI **RAFFO,** Mario. Chem. (industr.). — Stud., 1905 Laurea Chim. e Farm., '06–07 Assist., '07–11 Aiuto, '11 Libero Doc., Univ. di Parma; '11–18 Prof. incar., Univ. di Bologna; '19–30 Dir. del Labor. di Ricerche e Controlli, '21–30 Vice Dir. delle Acciaierie Fonderie, Soc. "Ansaldo", Genova; '25–42 Prof., Univ. di Genova; '34–56 Vice Dir. del Labor. chim. merceol., Camera di Commercio, Genova; '39–56 Dir. del Centro di Studio per le Corrosioni Marine dei

Metalli, Consiglio Nazionale delle Ricerche, Genova.

*1880, März 4, Riomaggiore (La Spezia); †1956, Jan. 7, Genova.

Industria Vernice I mezzi di difesa contro le corrosioni dei metalli: **6** ('52) 63f.

Marina mercantile Il Centro di Studio per le Corrosioni Marine dei Metalli del C.N.R.: **3** ('50). — Sui fenomeni di corrosione che si manifestano sulle tubazioni che convogliano le acque nere a bordo di una grande nave transatlantica: **5** ('52) Nr. 5, Suppl. [?], 218–.

Metallurgia ital. Centro di Studio per le Corrosioni Marine dei Metalli: **46** ('54) Nr. 5, Suppl., 149f.

Ricerca sci. Studio sopra alcune leghe leggere: **21** ('51) 1375–83 [m. französ., engl. u. deutscher Zusammenfassg.]. — Centro di Studio per le Corrosioni Marine dei Metalli: **23** ('53) 1771–75. — Prove comparative sopra laminati in acciaio Thomas e Martin-Siemens: **24** ('54) 593–99. — I fosfati di sodio come inibitori della corrosione [3]): 1674–79 [m. engl. Zusammenfassg.].

Rivista maritt. La corrosione degli assi delle eliche e loro difesa [1])[2]): **82** ('50) Nr. 6. — La corrosione delle eliche navali e degli assi relativi [1]): Nr. 12.

Mit: [1]) L. Fea; [2]) G. Guidi; [3]) G. Oliva.

VI **RAHN,** Otto. Bakteriol. — 1927–49 Prof., Cornell Univ., Ithaca, N.Y.; '49–54 Prof., Idaho State College, Pocatello, I. (eployed by U.S. Public Health Administrat.).

*1891, Apr. 9, Tiegenhof, Westpr.; †1957, Sept. 26, Millsboro, Del.

Todesanzeige Science [USA] **126** ('57) 744.

S. Report of Proc., 3rd International congress for microbiology, New York 1939 (New York '40) 253f.: Oxygen demand and oxygen supply in bacterial cultures. — Temperature, its measurement and control in science and industry (American Institute of Physics) (New York '41) 409–19: Temperature and life.

W. Physiology of bacteria (Philadelphia, Pa. '32) 14+438 S. — Invisible radiations of organisms (Berlin–New York '36) 10+215 S. (Protoplasma-Monographien, 9); (Ann Arbor, Mich. '44) 215 S. — Mathematics in bacteriology (Minneapolis, Minn. '39, '41, '43) 63 S. — Injury and death of bacteria by chemical agents (Normandy, Mo. '45) (Biodynamica monographs, 3) 183 S. — Microbes of merit (NewYork–Lancaster,Pa. '45) 8 + 277 S.; (Lancaster, Pa. '46) 8 + 277 S.

Bitte Anmerkung auf Seite 4201 beachten!

American Naturalist Building stones to a chemistry of evolution: **73** ('39) 26–43.

Annual Rev. Microbiol. Quaternary ammonium compounds [10]): **1** ('47) 173–92.

Annual Rev. Physiol. Growth [7])[21])[3])[22]): **1** ('39) 81–108.

Archiv biol. Nauk Analysis of the bud formation of yeast in relation to the Baron method [27]): **35B** ('34) 289–95 [m. russ. Zusammenfassg.].

Archiv Mikrobiol. Zum Nachweis mitogenetischer Strahlung durch Hefesprossung [27]): **4** ('33) 565–73. — Zum Nachweis mitogenetischer Strahlung durch beschleunigtes Wachstum von Bakterien [11]): 574–82. — Tötung von Hefen durch Strahlungen des menschlichen Körpers [1]): 583–88. — The effect of low temperatures on Streptococcus lactis [2]): **10** ('39) 1–5. — Definition versus measurement of optimal temperature [9]): 6–12.

Bacteriological Rev. Physical methods of sterilization of microorganisms: **9** ('45) 2–47.

Biochemische Z. Die durch chemische Gesetze bedingten Variationen der Lebewesen: **284** ('36) 40–62.

Biodynamica [USA] Inactivation of enzymes as cause of death in bacteria [25]): **3** ('41) 199–208. — Problem of the logarithmic order of death in bacteria: **4** ('43) 81–130. — Death of bacteria by chemical agents: **5** ('45) 1–116.

Canner Bacteriological fermentation of brine pickles: **81** ('35) Nr. 1, 13–16.

Cold Spring Harbor Sympos. quantitat. Biol. Chemistry of cell growth, 1: **2** ('34) 57–62; ~ 2: 63–69. — Chemistry of death: 70–77. — The physicochemical basis of biological radiations: 226–40.

Food Industries Why cream or egg white whips: **4** ('32) 300f. — Stabilisiertes Kleiemehl: **7** ('35) 171f. [engl.].

Growth Adaptive enzymes: **2** ('39) 363–67. — Efficiency of energy utilization in the growth of bacteria: **4** ('40) 77–80. — Carbon dioxide requirement of bacteria: **5** ('41) 113–18. — Protozoa need carbon dioxide for growth: 197–99. — The resorption of riboflavin by young and old cultures of Lactobacillus casei [4]): **15** ('51) 141–45. — The fate of riboflavin in the ageing of bacteria [17]): 147–53. — A tolerance theory of vitamin action [17])[28]): 267–87. — Acid and alcohol tolerance imparted by thiamine: **16** ('52) 59–63.

Industrial and Engng. Chem. Effect of increase in acidity on antiseptic efficiency [5]): **36** ('44) 185–87.

J. amer. pharm. Assoc., Sci. Edit. Advisability of some proposed changes for the evaluation of disinfectants: **36** ('47) 134–38.

J. Bacteriol. The growth rate of individual bacterial cells [18]): **23** ('32) 147–53. — Growth retardation by freshly distilled water [14]): **28** ('34) 21–30. — The disagreement in mitogenetic experiments, a problem in bacterial physiology: 153–58. — A protractor for computing the growth rate of bacteria [20]): **29** ('35) 99–102. — Substitutes for potassium in metabolism of the lowest fungi: **32** ('36) 393–99. — Growth and fermentation of bacteria near their minimum temperature [12]): 485–97. — Factors influencing the rate of fermentation of Streptococcus lactis [14])[8]): **35** ('38) 547–58. — A study of gelatin digestion by Bacillus subtilis [6]): **36** ('38) 47–52. — Oxygen demand and oxygen supply [23]): **41** ('41) 225–49; **44** ('42) 321–32. — Bactericidal and bacteriostatic action of crystal-violet [15]): **47** ('44) 177–86. — Acidity controlling antisepsis by weak acids [16]): **50** ('45) 655–59. — Antisepsis and ionization of sodium fluoride [24]): **52** ('46) 612f. — Amount of enzyme inactivation at bacteriostatic and bactericidal concentrations of disinfectants [24]): 639–44. — Effect of temperature on bacteriostasis [10]): **57** ('49) 547–54. — Adaptive enzymes induced by insoluble substrates [19]): **58** ('49) 714f.

J. gen. Physiol. A chemical explanation of the variability of the growth rate: **15** ('31/32) 257–77. — An experimental comparison of different criteria of death in yeast [1]): **16** ('32/33) 579–92.

J. Labor. and clin. Med. Inhibition of bacterial growth by adsorbed anionic detergents [26])[13])[17]): **38** ('51) 163–65.

Northwest Sci. Individuality of bacteria: **25** ('51) Aug.-Nr.

Proc. Soc. exper. Biol. and Med. Accessory factors in lactic fermentation [14]): **38** ('38) 218–22. — Lactic acid formation by muscles of scorbutic guinea pigs: **39** ('38) 334–36. — Protection of dry bacteria by fat against cationic detergents: **62** ('46) 2–4.

Quarterly Rev. Biol. Problems in growth chemistry: **8** ('33) 77–91.

Scientia The law of mass action and the chemical reactions in living cells: **55** ('34) 130–38 [französ.: Suppl., 52–60]. — Variability of bacteria and evolution: **62** ('37) 83–90 [~ 26–32].

Tabulae biol. [Den Haag] Mitogenetic radiation (Gurwitsch radiation): **14** ('37) 1–35.

Wallerstein Labor. Commun. Biochemistry of disinfection: **4** ('41) 107–11.

Zbl. Bakteriol., Parasitenkunde u. Infektionskrankheiten, Abt. II New principles for the classification of bacteria: **96** ('37) 273–86. — Microbic dissociation and the classification of bacteria: **100** ('39) 369–72.

Bitte Anmerkung auf Seite 4201 beachten!

Mit: [1]) M. N. Barnes; [2]) F. M. Bigwood; [3]) H. W. Chalkley; [4]) I. R. Cohen; [5]) J. E. Conn; [6]) A. D. Console; [7]) C. B. Davenport; [8]) R. E. Deuel; [9]) F. L. Dorn; [10]) W. P. van Eseltine; [11]) A. J. Ferguson; [12]) M. J. Foter; [13]) D. L. Gallant; [14]) C. P. Hegarty; [15]) C. E. Hoffmann; [16]) G. I. Huntington; [17]) B. Iske; [18]) C. D. Kelly; [19]) M. Leet; [20]) M. M. Mason; [21]) M. E. Maver; [22]) D. M. Pace; [23]) G. L. Richardson; [24]) M. H. Roberts; [25]) W. R. Schroeder; [26]) G. Toennies; [27]) J. B. Tuthill; [28]) R. Zemgalis.

VI **RAIFORD, Lemuel Charles.** Chem. (org.). — 1918–27 Assoc. Prof., '18–42 Head of Org. Chem. Divis., '27–43 Prof., (State) Univ. of Iowa, Iowa City, Ia.; Visiting Prof.: '30 Western Reserve Univ., Cleveland, O., '32 Univ. of Nebraska, Lincoln, Nebr.; '16 Vice-Pres., '17 Pres., Oklahoma Acad. Sci.; '22–23 Pres., Phi Beta Kappa; '37 Chairman of Org. Divis., (9 times) Councilor of Iowa Sect., Amer. Chem. Soc.
*1872, Aug. 2, Southampton County, Va.; †1944, Jan. 8, Iowa City, Ia.

Nekr. G. Glockler, Science [USA] **99** ('44) 72f. — S. E. Hazlet, J. org. Chemistry **10** ('45) 87–100 (m. Bildn., Faks. u. Schr.verz. 118 Nrn.). — Chemical and Engng. News **22** ('44) 132.

American J. Pharm. Replacement of the amino group of aromatic amines by hydrogen [27]): **107** ('35) 242–44. — Further study of derivatives of diphenyl ether [41]): 472–75.

Industrial and Engng. Chem., News Edit. James Newton Pearce: **14** ('36) 473–.

J. amer. chem. Soc. Effect of substituents in certain condensations of benzaldehyde [36]): **54** ('32) 1092–97. — Condensation of vanillin substitution products with acetophenone [14]): 1191–93. — Rearrangement of the phenylhydrazones of some unsymmetrically substituted dibenzalacetones [9]): **55** ('33) 1125–28. — Preparation of substituted vanillic acids [31]): 1682–85. — Behavior of mixed halogenated phenols in the Zincke method of nitration [7]): 2125–31. — Behavior of piperonal derivatives toward bromination and nitration [27]): 4288–92. — Effect of constitution on the rearrangement of the phenylhydrazones of some unsymmetrically substituted dibenzalacetones [16]): **56** ('34) 174–76. — Thiocarbanilide formation under different conditions [23]): 680f. — Benzoxazolone formation in the attempt to prepare certain mixed diacyl derivatives of o-aminophenol [18]): 1586–90. — Bromination of benzoic esters of some phenolic compounds [24]): 2727–29. — Amides obtained from benzenesulfinic acid [15]): **57** ('35) 2172–74. — Iodine substitution products of vanillin and some of their derivatives [39]): 2500–03. — Reduction products of 2-nitrophenyl esters of arylsulfonic acids [34]): **65** ('43) 2048–51. — 2-(4-Nitrobenzoylamino)-phenol: a correction on its identity [7]): **66** ('44) 1240f. — The nitration of brominated fluorophenols by the Zincke method [20]): 1872f. — Some bromination products of the fluorophenols [20]): 2080–82. — Structure of 4,4′-dibromodiphenylamine [7]): **67** ('45) 875f. — Schiff bases from benzaldehyde and o-aminophenols [21]): 878f. — Migration of acyl groups in certain derivatives of o-aminophenol [20]): 2163–65. — Polymeric compounds formed by the decomposition of 2,4,6-tribromo-3-fluorophenol bromide and the sodium salt of 2,4,6-tribromo-3-fluorophenol [20]): **68** ('46) 397–400. — Some derivatives of benzylvanillin and benzylvanillic acid [30])[28]): **71** ('49) 3851. — Mixed diacyl derivatives of 2-aminophenol containing the phenoxyacetyl radical [42]): **76** ('54) 5127f.

J. org. Chemistry Identification of phenylhydrazones and isomeric pyrazolines obtained from chalcones [29]): **1** ('37) 544–51. — The action of nitrous acid on the bromine substitution products of some phenols [33]): **2** ('37) 213–21. — Nitration of acyl derivatives of 4,5-dibromo- and 4,5,6-tribromoguaiacol [35]): 346–55. — Condensation of 4-dimethylaminobenzaldehyde with vanillalacetone and vanillalacetone derivatives [5]): **3** ('38) 11–15. — α, β-Unsaturated ketones obtained from acetophenone, and their reaction with phenylhydrazine [14]): 265–72. — Preparation and behavior of mixed diacyl derivatives of o-aminophenol containing a carboaryloxy radical and the p-tolylsulfonyl group [34]): **4** ('39) 207–19. — The action of nitrous acid on certain halogenated substitution products of 2,5-, 3,4- and 3,5-dimethylphenols [19]): 555–68. — Action of bromine on vanillin, isovanillin, and some of their derivatives, and modification of the directive influence of hydroxyl in these compounds [32]): **5** ('40) 204–11. — Migration of the carbamyl radical in 2-aminophenol derivatives [1]): 300–11. — Formation of pyrazolines from unsymmetrically substituted dibenzalacetones [22]): 590–97. — Preparation of α, β-unsaturated ketones and their reaction with phenylhydrazine [37]): **6** ('41) 722–31. — Reduction of the 2-nitrophenyl esters of certain acids [17]): 858–66. — Formation and behavior of some carboaryloxyaminoanilines [4])[6]): **7** ('42) 346–53. — Structures of the mono- and dibromoveratric acids [28]): 354–61. — The action of thionyl chloride on urethans [12]): **8** ('43) 174–78. — Formation and properties of some uretediones [12]): 230–38. — Chlorine substitution products of veratraldehyde, veratric acid, and related compounds [10]): 358–66. — Formation and properties of azlactones obtained from vanillin substitution products [3]): 466–72. — Condensation of vanillin substitution products with nitromethane [11]): **9** ('44) 170–74. — Behavior of some carbamic acid derivatives of 2-aminophenol [7]): **10** ('45) 419–28. — Oxidation of 3,4-dimethoxycinnamic acid and substitution products with alkaline potassium permanganate solution [40]): 527–32.

Proc. Iowa Acad. Sci. Chemistry in the Iowa Academy of Science: **43** ('36) 181–. — James Newton Pearce†: **44** ('37) 26–. — The effect of substituents on the reactions of certain vanillin derivatives [26]): 127–32. — Oxidation of 4-acyloxy derivatives of cinnamic acid [38]): **47** ('40) 249–55. — The use of 2-chlorophenoxyacetyl chloride in the preparation of mixed diacyl derivatives of o-aminophenols [2]): **50** ('43) 247–. — Phenyl chlorocarbonate and substitution products as acylating agents [8]): **51** ('44) 313–17.

Science [USA] James Newton Pearce: **84** ('36) 567f.

Mit: [1]) K. Alexander; [2]) Bacher; [3]) C. H. Buurman; [4]) E. Conrad; [5]) M. M. Cooper; [6]) W. H. Coppock; [7]) N. N. Crounse; [8]) J. R. Dudley; [9]) J. B. Entrikin; [10]) D. E. Floyd; [11]) D. E. Fox; [12]) H. B. Freyermuth; [13]) —; [14]) G. V. Gundy; [15]) S. E. Hazlet; [16]) E. L. Hill; [17]) W. G. Huey; [18]) G. O. Inman; [19]) D. W. Kaiser; [20]) A. L. Le Rosen; [21]) J. Linsk; [22]) R. H. Manley; [23]) G. M. McNulty; [24]) J. E. Milberry; [25]) G. R. Miller; [26]) O. Nitz; [27]) F. W. Oberst; [28]) R. P. Perry; [29]) W. J. Peterson; [30]) W. S. Port; [31]) D. J. Potter; [32]) M. F. Ravely; [33]) J. H. Scott; [34]) J. R. Shelton; [35]) R. E. Silker; [36]) W. F. Talbot; [37]) L. K. Tanzer; [38]) V. S. Webster; [39]) E. H. Wells; [40]) F. B. Wittmer; [41]) J. C. Zimmerman; [42]) E. L. Totton.

VI **RAIKOW,** Pentscho N. → VI **RAJKOV,** Penčo Nikolov

VI **RAINICH,** George Yuri. Math. — Stud. 1904, '07–08 Univ. Odessa, '05–06 Univ. Göttingen, '06–07 Univ. München; '12–17 Privatdoz., Univ. Kazan'; '17–22 Prof., Univ. Odessa; '23–26 Johnson Scholar Math., Johns Hopkins Univ., Baltimore, Md.; '26–29 Assist. Prof., '29–35 Assoc. Prof., '35–56 Prof., '56 Prof. Emer. (further active), Univ. of Michigan, Ann Arbor, Mich.

*1886, März 25, Odessa;
†1968, Okt. 10, Ann Arbor, Mich.

Nekr. Ann Arbor News **1968**, 10. Okt.

MHZ. Michigan math. J. **1** ('52) – **15** ('68). — Trans. amer. math. Soc. **28** ('26) – **42** ('37).

S. Verhandlungen des Internationalen Mathematiker-Kongresses, Zürich 1932, **2** (Zürich–Leipzig '33) 300: Determination of matter and force components from the Riemann tensor. — Encyclopaedia Britannica; a new survey of universal knowledge **7** (Chicago, Ill.–London–Toronto– . . . '65) 511: Division: Mathematics; **14** ('65) 174f.: Lobachevski, Nikolai Ivanovich; **15** ('65) 164–67: Mensuration [4]).

Bitte Anmerkung auf Seite 4201 beachten!

W. Mathematics of relativity; lecture notes (Ann Arbor, Mich. '32, '34, '38, '43) 67 S. (lithoprinted); Mathematics of relativity (New York–London '50) 7+173 S. (Applied mathematics series). — Introduction to continuous groups (Ann Arbor, Mich. '49) 76 S. (University of Michigan, Summer session 1949). — Geometry for teachers; an introduction to geometrical theories (m. S. M. Dowdy) (New York –London–Sydney '68) 9+228 S.

American J. Math. Generalizations to higher dimensions of the Cauchy integral formula [2]): **54** ('32) 235–41.

Bull. amer. math. Soc. Spinors and tensors: **42** ('36) 104–06. — Note on group postulates [1]): **43** ('37) 81–84.

Michigan math. J. Ternary relations in geometry and algebra: **1** ('52) 97–111. — Involution and equivalence: **2** ('53/54) 33f.

Notre Dame J. formal Logic Notes on foundations, 2: On Galois connections: **3** ('62) 61–63.

Proc. nation. Acad. Sci. USA Conditional invariants: **27** ('41) 352–55. — Dirac equations and conditional invariants: 355–58.

Trans. amer. math. Soc. Stereographic parameters and pseudominimal hypersurfaces [3]): **39** ('36) 154–82.

Mit: [1]) H. Boggs; [2]) D. G. Fulton; [3]) O. Laporte; [4]) R. E. Langer.

VI **RAIZISS,** George (Gdalja) W. Chem. (physiol.), Chemotherapie. — 1902–10 Stud., Univ. Odessa, Univ. Leipzig, Univ. Berlin, Univ. Bern, Univ. Freiburg (Breisgau); '10 Dr. phil., Univ. Freiburg (Breisgau); '12–13 Assoc. Prof., Philadelphia Polyclinic Hospital and School of Med., Philadelphia, Pa.; '14 Co-Founder, '14–22 Co-Dir., Dermatol. Research and Labor. Comp. → '22–45 Dir., Dermatol. Research and Labor. Divis. of Abbott Laboratories, Philadelphia, Pa.; '18–45 Prof., Graduate School of Medicine, Univ. of Pennsylvania, Philadelphia, Pa.

*1884, Aug. 22, Odessa;

†1945, Juli 16, Atlantic City, N.J.

Nekr. Philadelphia Evening Bulletin **1945**, 16. Juli. — Philadelphia Record **1945**, 17. Juli.

American J. Syphilis and Neurol. Penetration of syphilitic virus into experimental cancer tumors of mice [11]): **17** ('33) 201–04. — Comparative chemotherapeutic studies of arsenoxide (3-amino-4-hydroxyphenylarsenoxide) and Neoarsphenamine [11]): **19** ('35) 473–80.

Bitte Anmerkung auf Seite 4201 beachten!

American Rev. Tuberculosis Chemotherapy of experimental tuberculosis [9])[1])[10]): **44** ('41) 83–91. — Diaminodiphenylsulfone derivatives [2]): **53** ('46) 374–84.

Archives Dermatol. and Syphilol. Chemotherapeutic studies of acetarsone (Stovarsol) [11]): **25** ('32) 799–811. — Neurotropism of Spirochaeta pallida. Experimental studies with special reference to asymptomatic syphilis of mice [11]): **26** ('32) 271–81. — Asymptomatic syphilis. Effect of various drugs on Spirochaeta pallida in the brains of rabbits and mice [11]): **27** ('33) 923–32. — Therapeutic efficiency of Bismarsen in experimental syphilis in rabbits. Comparison with Arsphenamine [11]): **28** ('33) 389–96. — Rapidity with which Spirochaeta pallida invades blood stream [11]): **35** ('37) 1101–09.

Boletín Asoc. méd. de Puerto Rico Experimental chemotherapy and destruction of Spirochaeta pallida in brain [11]): **25** ('33) 571–77.

J. amer. chem. Soc. Chemistry and chemotherapy of 4,4'-diaminodiphenylsulfone, 4-amino-4'-hydroxydiphenylsulfone and related compounds: **61** ('39) 2763–65. — N^1-Heterocyclic sulfanilamide derivatives [3])[4]): **63** ('41) 2739f. — 2-Sulfanilylaminothiazoline [3]): 3124–26. — N^1-Sulfanilamidoalkylpyrimidines [4]): **64** ('42) 2340–42.

J. amer. pharm. Assoc. Isomeric nitro-cresols [3]): **23** ('34) 536–51. — Inhibiting effect of various compounds on curative action of sulfanilamide and sulfapyridine in infected mice [11])[8]): **31** ('42) 198–200. — Synthesis and chemical properties of Diasone (disodium formaldehydesulfoxylate diaminodiphenylsulfone) [3])[4]): **33** ('44) 43–45.

J. Chemotherapy Toxicity of various compounds of bismuth used in the therapy of syphilis [11])[8]): **10** ('34) 77–87. — Experimental chemotherapy and the destruction of Spirochaeta pallida in the brain [11]): **11** ('34) 2–8. — Chemotherapy of syphilis and other infectious diseases, 1: Experimental chemotherapy of preparation No. 1717, formaldehydesulfoxylate of 3-amino-4-hydroxyphenylarsonic acid [11])[7]): 34–45. — Therapeutic efficiency of Bismarsen in experimental syphilis in rabbits: comparison with Arsphenamine [11]): **12** ('36) 321–29. — Chemotherapeutic studies of Sulfamidyl (p-aminobenzenesulfonamide) in experimental β-hemolytic streptococcic infection [11])[8]): **14** ('37/38) 1–11. — The chemotherapy of sulfanilamide, Prontosil solubile, disulfanilamide and Proseptasine [11])[8])[3]): 91–105.

J. infect. Diseases Sulfone compounds in the treatment of experimental pneumococcal infections [6])[10]): **66** ('40) 138–43.

J. Labor. and clin. Med. Sulfanilamide and derivatives in the treatment of experimental pneumococcus infections [6])[10]): **24** ('39) 779–95. — Chemotherapeutic studies of 2-sulfanilyl-3,5-dihydrothiazole (Sulfathiazoline) [11])[8]): **27** ('42) 1276–79. — Effects of sulfapyrazine and sulfadiazine on mice infected with hemolytic streptococcus, pneumococcus, and Staphylococcus aureus [11])[8]): **28** ('43) 1580–85. — Diasone: disodium formaldehydesulfoxylate diaminodiphenylsulfone: its toxicity and therapeutic effectiveness [11])[8]): **30** ('45) 317–26.

J. Pharmacol. and exper. Therapeut. Chemotherapy of new derivatives of 3-amino-4-hydroxyphenylarsonic acid [11])[3]): **45** ('32) 270f. — The chemotherapy of experimental streptococcus infections of rabbits with special reference to pyridine compounds and Prontosil solubile [6])[1])[10])[3]): **61** ('37) 253–71. — Effect of oral administration of succinylsulfapyrazine on bacterial (coliform) flora of the intestine of normal mice [2]): **79** ('43) 200–07.

Proc. Soc. exper. Biol. and Med. Sulfanilamide and diaminodiphenylsulfone and their diacetyl derivatives in the treatment of experimental intradermal streptococcus infections of rabbits [6])[10]): **39** ('38) 95–98. — Therapeutic effect of 4,4'-diaminodiphenylsulfone, corresponding sulfide and acetyl derivatives in streptococcic infection [11])[8])[3]): 339–44. — Sulfanilamide and derivatives in the treatment of experimental tuberculosis of guinea pigs [6])[10]): 581–84. — Comparative effects of sulfapyridine and sulfanilamide in type II pneumococcic infection of mice [11])[8])[3]): **40** ('39) 434f. — Protective effect of sulfapyridine, sodium sulfapyridine, and sulfanilamide in pneumococcus infection types I, II and III [11])[8])[3]): **42** ('39) 12–17. — Comparative therapeutic efficiency of sulfapyridine and sulfathiazole in mice infected with pneumococcus types II and III [11])[8]): **46** ('41) 361–63.

Radiology Iodized rapeseed oil (Campiodol), improved roentgenographic opaque oil [5]): **20** ('33) 471–75.

Röntgenpraxis Campiodol (jodisiertes Rübsamenöl) und seine Anwendung in der Röntgenographie von Körperhöhlen [5]): **4** ('32) 754–58.

Science [USA] Localization of Spirochaeta pallida in the brains of rabbits following intraspinal injection of testicular tissue and physiological salt solution [11]): (N.S.) **78** ('33) 195f. — Diasone, a new and active chemotherapeutic agent: **98** ('43) 350. — Penicillin-in-oil suspension. Bacteriostatic and spirochaeticidal agent: **100** ('44) 412f. — Effect of penicillin in experimental rabbit syphilis: **102** ('45) 329f.

Mit: [1]) H. Brown; [2]) F. T. Callomon; [3]) L. W. Clemence; [4]) M. Freifelder; [5]) M. A. Glaser; [6]) J. A. Kolmer; [7]) A. Kremens; [8]) J. C. Moetsch; [9]) H. Perlman; [10]) A. M. Rule; [11]) M. Severac.

VI **RAJCHMAN,** Aleksander. Math. — 1919–26 Assist., '25–39 Doz., Univ. Warszawa; '25–26 Doz., '26–39 Prof., dann auch Leiter d. Math. Seminars, Freie Poln. Univ., Warszawa u. Łódź.
*1890, Nov. 13, Warszawa;
†1940, März 30, KZ Sachsenhausen.

Todesanz. W. Sierpiński, C. R. hebd. Séances Acad. Sci., Paris **221** ('45) 389.

W. Tablice i wskazówki dla stosujących metodę reprezentacyjną w statystyce, **1**: Statystyka alternatywy prostej przy losowaniach indywidualnych nie ograniczonych (Warszawa '38) 5+43 S. (Główny Urząd Statystyczny Rzeczypospolitej Polskiej. Statystyka Polski, Ser. C, 84).

Bull. int. Acad. polon. Sci. et Lettres, Sér. A Un complément au théorème Riesz-Fischer: **1935**, 235–43.

Fundamenta Math. [Warszawa] Sur l'inégalité Hausdorff-Riesz: **24** ('35) 288–97.

Kwartalnik statyst. Über einige Kriterien der Zufälligkeit (Gesetz der großen Zahlen und seine Verschärfung in der Statistik): **8** ('32) 4 [oder Nr. 4?], 14 [poln.]. — Kritische Bemerkungen über eine der mathematischen Theorien der Konjunktur: **10** ('33) 2f. [oder Nr. 2/3?], 325–37 [~].

Mathesis polska Determinantentheorie, 1: **9** ('34) 97–106 [poln.]; ~ 2: 142–52 [~].

Wiadomości mat. Sur la loi forte des grands nombres et la loi du logarithme itéré: **35** ('33) 19–38 [poln.].

VI **RAJKOV,** Penčo Nikolov. Chem. (org.). — 1889–92 Außerord. Doz., 1892–93 ord. Doz., 1894–1935 ord. Prof. u. Dir. d. Inst. f. org. Chem., 1900–01, '17–18 Dekan d. Physikal.-Math. Fak., '08–09 Rektor, Univ. Sofija; Mitbegründer, '01–03, '07–08, '10–14 Vorsitzender, Bulgar. Chem. Ges.; '14–20 Vorsitzender d. Naturwiss.-Math. Zweiges, Bulgar. Akad. Wiss.
*1864, Dez. 18 (6), Trjavna;
†1940, Juni 24, Sofija.

Nekr. J. Čolakov, Das Patriarchat des bulgarischen chemischen Denkens: Chimija i Industrija **19** ('41) 329f. [bulgar.]. — T. Rajkova-Kovačeva, Leben und Werk meines Vaters: ibid. 331–49 [~]. — Z. Karaoglanov, Prof. Dr. P. N. Rajkov, der Führer des wissenschaftlich-chemischen Schaffens in Bulgarien: ibid. 350–54 [~]. — D. Ivanov, Das Werk Prof. Dr. P. N. Rajkovs auf dem Gebiet der organischen Chemie: ibid. 355–64 [~]. — Z. Karaoglanov, Prof. Dr. P. N. Rajkov als Analytiker: ibid. 365–77 [~]. — D. Balarev, Die wissenschaftlichen Arbeiten Prof. P. N. Rajkovs über Fragen der

Bitte Anmerkung auf Seite 4201 beachten!

anorganischen Chemie und über Geräte und Arbeitsmethoden: ibid. 378–81 [~]. — I. Trifonov, Prof. Penčo Rajkov als Lehrer: ibid. 382–84 [~]. — V. Ognjanov, Prof. Penčo Rajkov als Mitglied der Bulgarischen Chemiker-Gesellschaft: ibid. 385–88 [~]. — T. Künčev, Prof. Dr. Penčo Rajkov und seine Heimatstadt Trjavna: ibid. 389f. [~]. — M. Michov, Erinnerungen an Prof. Dr. P. N. Rajkov: ibid. 391–93 [~]. — I. Stranski, Grabrede: ibid. 394f. [~]. — Professor Dr. P. N. Rajkov. Život i dejnost [Leben und Werk] (Sofija '41) 68 S.

Zum 3. Todestag Z. Karaoglanov, Chimija i Industrija **21** ('43) 293f.

Zur Biogr. S. Chorbadzhiew, P. N. Raikov, founder of organic chemistry in Bulgaria: Chymia [Philadelphia] **12** ('67) 171–81. — M. Parušev, Pŭrvi bŭlgarski chimici [Die ersten bulgarischen Chemiker] (Sofija '62) (Prirodonaučna biblioteka, Ser. "Chimija", VII, 19) 39–50.

Zur Biobibliogr. Sto godini Bŭlgarska akademija na naukite [100 Jahre Bulgarische Akademie der Wissenschaften] 1869–1969, **1** (Sofija '69) 613–16.

W. Organičeska chimija [Organische Chemie], **1**: Mastni sŭedinenija [Aliphatische Verbindungen] (Sofija '35) 15 + 831 S. (Universitetska biblioteka, 151).

Chimija i Industrija Neue Methode für den Nachweis der Verfälschung des Honigs mit Stärkesirup: **17** ('38/39) 489–93 [bulgar.].

Z. analyt. Chem. Untersuchungen über die Zurückhaltung von Alkalien durch die Metallhydroxyde der Chromgruppe: **111** ('37) 179–83; **116** ('39) 39f. — Neue Methode zur Prüfung des Honigs auf Stärkesirup: 40–43. — Weitere Beobachtungen über die Prüfung des Honigs auf Stärkesirup nach der „Essigsäure-Methode": **117** ('39) 100–02.

Z. anorg. u. allg. Chem. Zur Frage nach der Flüchtigkeit des roten Phosphors: **228** ('36) 127f.

VI **RAKOVSKIJ,** Adam Vladislavovič. Chem. (physik.). — Bis 1903 Stud., '15–22 Privatdoz., '22–41 Prof., '35 Dr. d. chem. Wiss., Univ. Moskva; '03– wiss. Mitarbeiter, Chem. Zentrallabor. d. Finanzministeriums, Moskva; '19–41 wiss. Mitarbeiter, Inst. f. Reaktionen reiner Chemikalien, Moskva. (⊠)

*1879, Dez. 24 (12), Mežireč'e [jetzt Volksrepubl. Polen, nahe Siedlce]; †1941, Juni 7, Moskva.

Nekr. Ja. I. Gerasimov, D. N. Tarasenkov, Usp. Chim. **11** ('42) 75–77. — A. Frost, Ž. fizič. Chim. **15** ('41) 981f.

Zur Biogr. Ja. I. Gerasimov, E. S. Prževal'skij, Die wissenschaftliche und pädagogische Tätigkeit von Prof. Adam Vladislavovič Rakovskij, 1879–1941: Uč. Zap. mosk. gos. Univ. **174** ('55) 211–19 [russ.] (m. Bildn.).

Zur Biobibliogr. Adam Vladislavovič Rakovskij. Sbornik statej [Sammlung von Aufsätzen] (Ja. I. Gerasimov) (Moskva '49) 69 S. (Moskovskoe otdelenie Vsesojuznogo chimičeskogo obščestva im. D. I. Mendeleeva); darin: 5–11: E. S. Prževal'skij, Leben und Werk A. V. Rakovskijs [russ.]; 12–18: M. M. Popov, Erinnerungen an A. V. Rakovskij [~]; 19–22: A. V. Frost, Mathematik in den wissenschaftlichen Arbeiten und Vorlesungen Prof. A. V. Rakovskijs [~]; 23–41: Ja. I. Gerasimov, A. V. Kiselev, Die Arbeiten A. V. Rakovskijs auf den Gebieten der Adsorption und der Thermodynamik irreversibler Prozesse [~]; 42–56: Ja. I. Gerasimov, Die Arbeiten A. V. Rakovskijs auf dem Gebiet der Salzgleichgewichte [~]; 57–61: Schr. verz. — Archiv Akademii Nauk SSSR. Obozrenie archivnych materialov [Übersicht über die Archivmaterialien] **4** (Moskva–Leningrad '59) (Akademija Nauk SSSR, Trudy Archiva, 16) 50f.

MH. (Mitredakt.) Periodičeskij zakon chimičeskich ėlementov D. I. Mendeleeva [Das Periodensystem der chemischen Elemente von D. I. Mendeleev] (Moskva–Leningrad '34).

S. Bol'šaja sovetskaja ėnciklopedija [Große Sowjetenzyklopädie] **56** (Moskva '36) 567–74: Phasenregel [russ.]; **59** ('35) 610–13: Chemische Verwandtschaft [~]. — Sbornik rabot laboratorii (Instituta čistych chimreaktivov) [Sammlung von Arbeiten des Laboratoriums des Instituts für Reaktionen reiner Chemikalien] (Moskva '39) 3f.: Vitalij Vital'evič Longinov (1886–1937) [russ.]. — Periodičeskij zakon D. I. Mendeleeva i ego filosofskoe značenie. Sbornik statej [Das Periodensystem D. I. Mendeleevs und seine philosophische Bedeutung. Sammlung von Aufsätzen] (Moskva '47) 37–50: Über die Entdeckung des Periodensystems der Elemente [russ.].

W. Chimičeskaja kinetika i kataliz [Chemische Kinetik und Katalyse] [2](Moskva–Leningrad '32) 84 S. [Ergänzung zur russischen Übersetzung des Lehrbuchs von A. Eucken „Grundlagen der physikalischen Chemie"]. — Kurs obščej i neorganičeskoj chimii [Lehrbuch der allgemeinen und anorganischen Chemie] (m. Ė. F. Krauze, A. E. Bogomolov) **1** (Moskva–Leningrad '33) 420 S. — Chimičeskaja termodinamika [Chemische Thermodynamik] **1** (Moskva '33) 7+122 S.; **2** ('33) 4+100 S.; Neubearbeitung: **1** ('35) 100 S., **2** ('35) 84 S. — Vvedenie v fizičeskuju chimiju [Einführung in die physikalische Chemie] (Moskva '38) 679 S.; grusin.: **1** (Tbilisi '50) 15 + 426 S., **2** ('54) 387 S. — Kurs fizičeskoj chimii [Lehrgang der physikalischen Chemie] (Moskva '39) 544 S.

Bitte Anmerkung auf Seite 4201 beachten!

Usp. Chim. Van't Hoff und die physikalische Chemie: **6** ('37) 132–36 [russ.]. — Ein junger sowjetischer Chemiker: A. V. Frost: 1583f. [~]. — V. V. Longinov† [2])[5]): 1734f. [~].

Ž. obščej Chim. Untersuchungen auf dem Gebiet der Heteropolyverbindungen, 3: Über die Kristallhydratgebiete bei Phosphorwolframaten und Phosphormolybdaten [4]): **2** ('32) 681–90; ~ 4: Über Boro- und Metawolframate [1]): **3** ('33) 59–66; ~ 5: Über die Löslichkeit einiger Heteropolyverbindungen [4]): **6** ('36) 50–54. — Der Einfluß einer festen Fremdphase auf den Gefrierpunkt von Wasser und schwachen wässerigen Lösungen, 1: System Quarzsand–Wasser [6])[3]): **5** ('35) 1273–78; ~ 2: System Stärke–Wasser [6])[3]): 1441–44. — — Alle Arbeiten russ.

Ferner Redakteur und Bearbeiter russischer Übersetzungen einiger ausländischer Lehrbücher.

Mit: [1]) A. V. Babaeva; [2]) B. P. Eršov; [3]) A. V. Komandin; [4]) E. A. Nikitina; [5]) M. S. Roždestvenskij; [6]) D. N. Tarasenkov.

VI **RAKUZIN,** Moisej Abramovič. Erdölchem. — Doz. (zuletzt Prof.?), Univ. Moskva. (☒)
*1869, März 5;
†1932, März 14, Moskva.

Nekr. J. Tausz, A. Rabl, Chemiker-Ztg. **56** ('32) 341. — Nature [London] **129** ('32) 931.

Petroleum [Berlin] Über Phytosterine und Abietinsäure als Muttersubstanzen der optisch-aktiven Bestandteile des Erdöls: **28** ('32) Nr. 3, 9–12. — Über einfache Vorrichtungen zur Bestimmung des spezifischen Gewichts von salbenartigen und festen Fetten, Ölen und Wachsarten: Nr. 8, Beilage „Asphalt und Straßenbau", 3f.

Ukrains'kyj chem. Ž. Über die besondere Neigung des Natriumions zur Hydratbildung und ihre Bedeutung für die Bindungstheorie des Kristallisationswassers: **7** ('32) 65–74 [ ].

Ž. chim. Promyšl. Verwertung von Naturglaubersalz [3])[1])[2]): **1932**, Nr. 1, 21–23 [russ.].

Zbl. Mineral., Geol. u. Paläontol., Abt. A Zur Kenntnis der Effloreszenz: **1932**, 74–78.

Mit: [1]) P. P. Borisov; [2]) A. N. Titova; [3]) N. D. Zelinskij.

VI **RALSTON,** Oliver Caldwell. Metallurgie. — 1935–37 Supervising Engr., Nonmetallic Mineral Exper. Stat., '37–44 Chief, Non-metallic Minerals Divis. of Maryland and District of Columbia, '45–50 Chief, Metallic Divis., '51–57 Chief Metallurgist, '57– Consulting Metallurgist, U.S. Bureau of Mines; Consulting Engineer, Hyattsville, Md.; Techn. Dir., Arizona Minerals Corp.; Vice-Pres., Sharp Lead Company. — '55 Hon. LL.D. (Colorado College, Colorado Springs, Colo.). — '51 Decoration, Civilian Service (U.S. Departm. of Army); '53 Gold Medal (U.S. Departm. of Interior).
*1887, Sept. 6, Colorado Springs, Colo.;
†1965, Juni 21, Hyattsville, Md.

S. Zirconium and zirconium alloys. A symposium, Los Angeles, Cal. 1953 (American Society for Metals) (Cleveland, Ohio '53) 1–4: Zirconium ores.

W. Electrostatic separation of mixed granular solids (Amsterdam–London–New York–Princeton, N.J. '61) 8+261 S.

Bull. amer. ceram. Soc. New methods of cleaning glass sands [3]): **20** ('41) 187–95.

Canadian Mining J. Sticky-surface concentration of gravel-size minerals [3])[11]): **63** ('42) 781–84.

Ceramic Age Electrostatic separation of several industrial minerals [5]): **52** ('48) 136f., 144, 157f., 160.

Chemical and Engng. News Abrasives [14]): **24** ('46) 2612–15.

Chemical Engng. Progr. Extractive metallurgy increases mineral reserves: **51** ('55) 3J–5J.

Chemical and metallurg. Engng. Flotation separation of nonmetals: **45** ('38) 268f., 281.

Electrical Engng. [USA] Electrostatic charge statistics [5]): **70** ('51) 762.

Engineering and Mining J. Recovering zinc from copper smelter products [4])[10]): **136** ('35) 167–69. — The nonmetallics — a decided swing to processing and production of super-quality materials is visible: **138** ('37) 93–96. — Lithium in New England [7]): **139** ('38) 48f.

Industrial and Engng. Chem., Int. Edit. Electrostatic separations of solids [5]): **32** ('40) 600–04. — Potential uses of titanium metal[2]): **42** ('50) 214–18.

Information Circ., U.S. Dep. Interior, Bur. Mines Résumé of work of the Nonmetals Division, calendar year 1936 [13]): Nr. **6934** ('37) 12 S. — Annual report of the Nonmetals Division, fiscal year 1937: Nr. **6974** ('37) 18 S. — Minerals used in welding [1]): Nr. **7121** ('40) 56 S. — Fluorescent minerals used in lighting and elsewhere [13]): Nr. **7276** ('44) 18 S. — Perlite, source of synthetic pumice: Nr. **7364** ('46) 11 S.

Bitte Anmerkung auf Seite 4201 beachten!

Minerals Yearb., U.S. Dep. Interior, Bur. Mines Review of metallurgical technology: **1953**, 1 ('56) 45–53; ~ [6]): **1955**, 1 ('57) 37–41.

Mining Congr. J. New buildings for U.S. Bureau of Mines Experiment Stations [13]): **23** ('37) Nr. 2, 26–.

Mining Engng. Discussion of behavior of mineral particles in electrostatic separation [5]): **187** ('50) 1041–43.

Mining and Metallurgy Some effects of diluting a flotation pulp [9]): **16** ('35) 332f. — Postwar prospects for fluorspar are bright [14]): **26** ('45) 295–99.

Power Dissolved oxygen and embrittlement [12]): **80** ('36) 145.

Rep. Investigat., U.S. Dep. Interior, Bur. Mines Beneficiation of spodumene by decrepitation [5]): Nr. **3336** ('37) 13 S. — Chloride volatilization of lithium from spodumene [5]): Nr. **3344** ('37) 11 S. — Flotation and agglomerate concentration of non-metallic minerals: Nr. **3397** ('38) 63 S. — Annual report of the Nonmetal Division, fiscal year 1938[u. a.]): Nr. **3427** ('38) 38 S.; ~ 1939[u. a.]): Nr. **3473** ('39) 40 S. — Universal-type electrostatic separator [5]): Nr. **4766** ('51) 4 S.

Technical Publ., Amer. Inst. Mining and metallurg. Engr. Conditioning surface for froth flotation [11]): Nr. **1074** ('39) 16 S. [aus Mining Technol. **3** ('39) Nr. 3]. — Purification of diatomite by froth flotation [11]): Nr. **1198** ('40) 11 S. [~ **4** ('40) Nr. 3]. — Electrostatic separation of several industrial minerals [5]): Nr. **2408** ('48) 11 S. [~ **12** ('48) Nr. 4].

Trans. amer. Inst. electr. Engr., Part 1 Practical applications of electrostatic phenomena to particulate matter: **75** ('56) 155–59.

Trans. canad. Inst. Mining and Metallurgy Froth flotation and agglomerate tabling of nonmetallic minerals: **40** ('37) 691–726.

Trans. electrochem. Soc. Electrophoretic filtration of a kaolin slurry [8]): **80** ('40) 9 S.

Mit: [1]) M. W. von Bernewitz; [2]) F. J. Cservenyak; [3]) J. Dasher; [4]) M. G. Fowler; [5]) F. Fraas; [6]) E. T. Hayes; [7]) F. L. Hess; [8]) M. Hoseh; [9]) C. R. King; [10]) C. R. Kuzell; [11]) J. E. Norman; [12]) W. C. Schroeder; [13]) A. G. Stern; [14]) W. H. Waggaman.

V,VI **RAMAN**, Sir Chandrasekhara Venkata. Physik, Chem. (physik.). — 1933–37 Dir., '37–48 Prof., Indian Inst. of Sci., Bangalore, Mysore; '48 Founder, '48–70 Dir., Raman Research Inst., Bangalore, Mysore; '49– Nation. Research Prof.; '34 Founder, '34–70 Pres., Indian Acad. Sci., Bangalore; Hon. Prof., Andhra Univ., Waltair, Andhra Pradesh. — Hon. doctorates [besides those mentioned in vol. VI] (Univ. of Allahabad; Patna Univ.; Univ. of Lucknow; Osmania Univ., Hyderabad; Univ. of Mysore, Bangalore; Univ. of Delhi; Sri Venkateswara Univ., Tirupati); '32 D[r] ès sci. h.c. (Univ. de Paris); '48 D[r] h.c. (Univ. de Bordeaux). — '12 Curzon Research Prize; '13 Woodburn Research Medal; '28 Medaglia Matteucci (Soc. Ital. della Sci., Roma); '30 Hughes Medal (Roy. Soc., London); '35 Title and decoration "Rajasabhabhushana" (Maharaja of Mysore); '41 Benjamin Franklin Medal (Franklin Inst., Philadelphia, Pa.); '54 Title "Bharat Ratna" (Government of India); '56 Int. Lenin Peace Prize (USSR). (⊠)

*1888, Nov. 7, Trichinopoly [jetzt: Tiruchirapalli], Madras;
†1970, Nov. 21, Bangalore, Mysore.

Entdeckung Raman-Effekt (1928).

Zur Biogr. H. B. Allen, Scientific Monthly **53** ('41) 85f. (m. Bildn. S. 84). — B. Schneider, Ch. V. Raman, Lenin-Friedenspreisträger 1956: Chemie [Praha] **10** ('58) 347f. [tschech.] (m. Bildn.). — S. N. Sen, Twenty-fifth anniversary of the discovery of the Raman effect: Science [USA] **118** ('53) 32. — J. Soc. chem. Industry **51** ('32) 691. — Jenaer Rdsch. **10** ('65) 267 (m. Bildn. S. 265 u. Faks.).

Zur Verleihung des Nobelpreises The Nobel Prize winners and the Nobel Foundation 1901–37 (Zürich '38) 95 (m. Bildn. S. 428). — Nobel lectures, Physics, 1922–1941 (Amsterdam–London–New York '65) 263–66, 276f. — N. H. de V. Heathcote, Nobel Prize winners in physics 1901–50 (New York '54) 297–304 (m. Bildn.). — E. Schneider, Von Röntgen zu Einstein, von Planck zu Heisenberg. Nobelpreisträger der Physik und ihre Entdeckungen (Berlin–München ['53]) 172–75.

Zum 50. Geb.tag Sir Chandrasekhara Venkata Raman, 1888–1938. Jubilee volume of original papers: Proc. indian Acad. Sci., Sect. A **8** ('38) 2 S. + S. 243–565 (m. Bildn.); darin 243–48: Sir C. V. Raman's fiftieth birthday. — P. Krishna-Mūrti, Sir C. V. Raman; a short biographical sketch (Bangalore '38) 92 S. (m. Bildn.).

Zum 60. Geb.tag Sir Chandrasekhara Venkata Raman, 1888–1948. Jubilee volume of original papers: Proc. indian Acad. Sci., Sect. A **28** ('48) 2 S. + S. 253–518 (m. Bildn.); darin 258–69: R. S. Krishnan, Sir C. V. Raman und crystal physics; 269–87: Bibliography of papers on crystal physics, 1918–1948.

Zum 75. Geb.tag Current Sci. **33** ('64) 66–68 (m. Bildn.).

Nekr. Gedenkheft: Current Sci. **40** ('71) Nr. 9 (S. 203–50) (m. Bildn.); darin: 203–06: K. R. Ramanathan, Prof. Sir C. V. Raman – the years preceding the discovery of the Raman effect; 207f.: S. Bhagavantam, The Raman effect; 208f.: T. S. Sadasivan, Prof. Raman, "the scientist-savant" I admired; 209f.: T. R. Seshadri, Prof. Raman's gift to our nation; 211f.: L. Rama Rao, Sir C. V. Raman as a man of science and his interest in geology; 212–14: G. N. Ramachandran, Prof. Raman – the artist-scientist; 215–17: N. K. Panikkar, C. V. Raman the unique mentor; 217f.: M. K. V. Bappu, Raman and astronomy; 218f.: P. R. Krishna Rao, Prof. Raman's interest in meteorology; 219–21: C. Ramaswamy, Sir C. V. Raman as a meteorologist; 221f.: R. Ananthakrishnan, Prof. Sir C. V. Raman as I knew him; 222–24: P. R. Pisharoty, Sir C. V. Raman as a teacher at Bangalore; 224–26: L. A. Ramdas, Prof. C. V. Raman and the colour of the sea; 232f.: B. S. Madhavaaro, Sir C. V. Raman's work on the dynamics of vibrations; 234f.: N. S. Nagendra Nath, My professor; 235f.: S. Chandrasekhar, The Raman-Nath theory; 237f.: A. K. Ramdas, Prof. Raman's contributions to spectroscopy; 247f.: A. Jayaraman, Some reflections on Prof. Raman; 248: S. Ramaseshan, Prof. Raman on the Raman Research Institute; 249f.: Papers by Sir C. V. Raman published in Current Science. — S. Bhagavantam, Biographical Mem. Fellows roy. Soc. **17** ('71) 565–92 (m. Bildn., Faks. u. Schr.verz.). — J. Brandmüller, R. Claus, Raman und seine Theorie der Gitterschwingungen: Physikalische Bl. **27** ('71) 295–301. — K. J. Knutsen, Fysikkens Verden **33** ('71) 2f. — J. Lecomte, C. R. hebd. Séances Acad. Sci., Paris **272** ('71) Vie académique, 65–70. — GIT **15** ('71) 26.

HZ. (Begründer) Indian J. Physics **1** ('26/27) – **7** ('32/33). — (Begründer) Proc. indian Acad. Sci., Sect. A [und] Sect. B **1** ('34) ff.

MHZ. Indian J. Physics **8** ('34).

Teilsammlung The scientific papers of C. V. Raman, 1: The scattering of light (Bangalore '78) 699 S.

S. Réunion internationale de physique, chimie, biologie. Congrès du Palais de la Découverte, Paris 1937, 1: Physique générale (Paris '38) (Actualités scientifiques et industrielles, 718): [1 Beitrag]. — Encyclopaedia Britannica; a new survey of universal knowledge **18** (Chicago, Ill.-London–Toronto– . . . '65) 962f.: Raman effect. — Nobel lectures, Physics, 1922–1941 (Amsterdam–London–NewYork '65) 267–75: The molecular scattering of light.

W. Aspects of science (Bombay '48) 109 S. (m. Bildn.). — The new physics; talks on aspects of science (New York '51) 144 S.; Neudruck: ('71) 144 S. — Lectures on physical optics, 1 (Bangalore '59) 160 S. — The physiology of vision (Bangalore '68) 164 S.

Applied Optics Optics in India: The spectroscopic behavior of rock salt: **1** ('62) 222–25.

Bull. Acad. Sci. unit. Prov. Agra and Oudh, Allahabad, India "Spin" of light: **1** ('31/32) 148–50.

Current Sci. A new x-ray effect [7]): **9** ('40) 165–. — Crystals and photons: **10** ('41) 49–56. — Quantum theory of x-ray reflexion [7]): 241–45. — x-Rays, crystals and the infra-red spectrum: 473–75. — Atomic variations in crystals: 515–17. — The phenomena of conical refraction: **11** ('42) 44–46. — New concepts of the solid state: 85–92. — Spectroscopic investigation of the solid and liquid state: 225–. — The physics of the diamond: 261–. — The nature of the liquid state: 303–10. — Newton and the history of optics: 453–. — The structure and properties of diamond: **12** ('43) 33–42. — Astronomical research in India, 1: 197–; ~ 2: 289–; ~ 3: 313–. — Fundamentals of crystal physics: 342–44. — The four forms of diamond: **13** ('44) 145–. — Centenary of the Faraday effect: **14** ('45) 281–. — The diamond and its teachings: **15** ('46) 205–13. — New concepts of crystal structure: 329–31. — New paths in crystal physics: **16** ('47) 67–. — The infra-red spectrum: 359–66. — The eigenvibrations of crystal structures: **17** ('48) 1–11. — Dynamic x-ray reflections in crystals: 65–. — The iridescent feldspars: **19** ('50) 301–05. — The luminescence of diamond, 1: 357–; ~ 2: **20** ('51) 1–; ~ 3: 27–; ~ 4: 55–60. — More about the iridescent feldspars: 85–87. — Structure and optical behaviour of the Ceylon moonstones [3])[15]): 96f. — Iridescent crystals [4]): **21** ('52) 327–30. — The Christiansen experiment [2]): **22** ('53) 31–33. — The origin of the colours in precious opal: 355–58. — Optics of the pearl [4]): **23** ('54) 173–76. — Amethyst: its nature and origin: 379–83. — Albert Einstein†: **24** ('55) 141f. — The elasticity of crystals: 325–28. — The thermal energy of crystals: 357–61. — x-Rays and crystals: 395–98. — Quantum theory and crystal physics: **25** ('56) 377–81. — The specific heats of crystalline solids, 1: **26** ('57) 195–98; ~ 2: 231–34. — Science in eastern Europe, 1: **27** ('58) 371–; ~ 2: 421–. — Percussion figures in crystals: **28** ('59) 1–3. — Christiaan Huyghens and the wave theory of light, 1: 49f.; ~ 2: 95–97. — The principle of Huyghens and the diffraction of light: 267–70. — The optics of mirages: 309–13. — Light, colour and vision: 429–33; **31** ('62) 489f. — On the sensations of colour and the nature of the visual mechanism: **29** ('60) 1–. — The role of the retina in vision: **31** ('62) 315–20. — The luminescence of fluorspar: 361–65. — The infra-red behaviour of diamond: 403–07. — The two species of fluorite: 445–48. — Light, colour and vision:

489f. — The infra-red behaviour of the alkali halides: **32** ('63) 1–6. — Floral colours and their spectral composition: 147–. — The trichromatic hypothesis: 245–. — Floral colours and the physiology of vision: 293–. — The green colour of vegetation: 341–44. — The visual pigments and their location in the retina: 389–94. — The colours of gem-stones: 437–. — Visual acuity and its variations: 531–. — Fluctuations of luminosity in visual fields: **33** ('64) 65–. — The visual synthesis of colour: 97–101. — Stars, nebulae and the physiology of vision: 293–96. — The scintillation of the stars: 355–. — The new physiology of vision, 1–43 [Untertitel siehe Proc. indian Acad. Sci., Sect. A **60** ('64) 139–46, 211–18, 287–96, 369–78; **61** ('65) 1–11, 57–74, 129–38, 187–201, 267–71, 335–39; **62** ('65) 1–16, 67–77, 125–38, 177–88, 237–42, 243–, 307–13; **63** ('66) 1–8, 65–74, 133–44, 207–16, 263–74, 321–35]: **33** ('64) 541f., 571–, 603–06, 635–37, 667–69, 699–701, 733–35; **34** ('65) 1–3, 37–39, 69–72, 103–07, 135f., 167–69, 199–201, 233–37, 269–71, 303–05, 333–37, 363–66, 391–93, 419–21, 445–48, 471–73, 495–98, 521–23, 547–50, 573–75, 599f., 625–27, 653f., 679f.; **35** ('66) 1–3, 29f., 55–57, 83–86, 111–13, 137f., 165f., 193–96, 221f., 245–, 271f., 297–99. — Zonal winds and jet-streams in the atmosphere: **36** ('67) 593–. — The atmosphere of the earth: **37** ('68) 151–. — Diamond: its structure and properties: 211–21. — The diamonds of the Krishna Valley: 541–. — Floral colours and their origin: **38** ('69) 179–. — The florachromes: their constitution and optical behaviour: 451–. — The colours of roses: 503–. — Spectrophotometry of floral extracts: 527–. — Blue delphiniums and the purple bignonia: 553–. — The varied colours of verbena: 579–. — The pelargoniums: **39** ('70) 1–. — The red oleander and the purple petrea: 25–.

Fizikai Szemle Christiaan Huyghens und die Wellentheorie des Lichtes: **10** ('60) 202–05 [ungar.].

Gems and Gemol. The structure and optical behavior of iridescent opal [3]): **8** ('54) 21–26.

Indian J. Physics and Proc. indian Assoc. Cultivat. Sci. The molecular scattering of light: **6** ('31/32) 263–73. — Experimental proof of the spin of the photon [1]): 353–66.

J. Chim. physique et Physico-Chim. biol. La diffusion de la lumière dans les cristaux: **46** ('49) 1–5 [engl.].

J. Franklin Inst. Scattering of light in crystals: **232** ('41) 203–11.

J. Madras Univ., Sect. B The optical behaviour of polycrystalline solids: **27** ('57) 1–7.

Jenaer Rdsch. Christiaan Huyghens und die Wellentheorie des Lichtes: **4** ('59) 175–79. — Über das Sehen und die Natur des Lichtes: **10** ('65) 265–67 (m. Bildn. u. Faks.).

Nature [London] Experimental proof of the spin of the photon [1]): **129** ('32) 22f. — Nature of the thermal agitation in liquids [9]): **135** ('35) 761. — Diffraction of light by ultra-sonic waves [5]): **138** ('36) 616. — Acoustic spectrum of liquids [9]): **139** ('37) 584f. — Light scattering and fluid viscosity [9]): **141** ('38) 242f. — Optical observation of the Debye heat waves in crystals [18]): **142** ('38) 250. — Interference patterns with Liesegang rings [16]): 355. — Debye heat waves in highly viscous liquids [18]): 791. — Coherent modified scattering of light [18]): 1116. — Lattice oscillations in crystals [6]): **143** ('39) 679. — Rigidity of liquids [18]): 798f. — The $\alpha\beta$ transformation of quartz [6]): **145** ('40) 147. — Specular reflection of x-rays by high-frequency sound waves [7]): 667. — Reflection of x-rays with a change of frequency [7]): 860. — Modified reflection of x-rays [7]): **146** ('40) 523. — Classical and quantum reflections of x-rays in crystals [7]): 686. — Quantum x-ray reflection in diamond [7]): **147** ('41) 118f. — Conical refraction in naphthalene crystals [10])[6]): 268. — Quantum theory of x-ray reflexion [7])[11]): 805. — Sir Shah Mohammad Sulaiman†: **148** ('41) 336f. — x-Ray reflexion and scattering with frequency change: **149** ('42) 468. — Optical images formed by conical refraction [6]): 552f. — Reflexion of x-rays with change of frequency: **150** ('42) 366–69. — Scattering of light in crystals: **155** ('45) 396f. — Allotropic modifications of diamond: **156** ('45) 22f. — Infra-red absorption spectra of crystals: **161** ('48) 165f. — x-Rays and the eigen-vibrations of crystal structures: **162** ('48) 23f.

Philosophical Mag. Interferometry, 1: (7) **35** ('43) 210–13.

Physical Rev. Classical and quantum reflexions of x-rays [7]): (2) **60** ('41) 63f.

Proc. indian Acad. Sci., Sect. A The origin of the colours in the plumage of birds: **1** ('34/35) 1–7. — The Indian musical drums: 179–88. — On iridescent shells, 1: Introductory: 567–73; ~ 2: Colours of laminar diffraction: 574–89; ~ 3: Body colours and diffusion haloes: 859–70. — The diffraction of light by high frequency sound waves, 1 [5]): **2** ('35) 406–12; ~ 2 [5]): 413–20; ~ 3: Doppler effect and coherence phenomena [5]): **3** ('36) 75–84; ~ 4: Generalized theory [5]): 119–25; ~ 5: General considerations; oblique incidence and amplitude changes [5]): 459–65. — The structure and optical characters of iridescent glass [10]): **9** ('39) 371–81. — On the wave-like character of periodic precipitates [16]): 455–66. — Haidinger's rings in soap bubbles [10]): **10** ('39) 317–23. — Reflection of x-rays with change of frequency, 1: Theoretical discussion [7]): **11** ('40) 379–88; ~ 2: The case of diamond [7]): 389–97; ~ 3: The case of sodium nitrate [7]): 398–408; ~ 4: Rock salt [7]): **12** ('40) 141–56. — Colours of stratified media, 1: Ancient decomposed glass [10]): **11** ('40)

469–82. — Quantum theory of x-ray reflection and scattering, 1: Geometric relations [5]): **12** ('40) 83–92. — The two types of x-ray reflection in crystals [5]): 427–39. — Crystals and photons: **13** ('41) 1–8. — Conical refraction in naphthalene crystals [10])[6]): **14** ('41) 221–27. — New methods in the study of light scattering, 1: Basic ideas: 228–34. — The quantum theory of x-ray reflection: Basic ideas: 317–31; ~: Mathematical formulation: 332–55; ~: Experimental confirmation [7]): 356–76. — Thermal energy of crystalline solids: 459–67. — New concepts of the solid state: **15** ('42) 65–72. — The vibration spectrum of a crystal lattice: **18** ('43) 237–50. — The crystal symmetry and structure of diamond: **19** ('44) 189–98. — The nature and origin of the luminescence of the diamond: 199–215. — Birefringence patterns of diamond [14]): 265–73. — The crystal forms of diamond and their significance [12]): **24** ('46) 1–24. — The vibration spectra of crystals, 1: Basic theory: **26** ('47) 339–55; ~ 2: The case of diamond: 356–69; ~ 3: Rock salt: 370–82; ~ 4: Magnesium oxide: 383–90; ~ 5: Lithium and sodium fluorides: 391–95; ~ 6: Sylvine: 396–98. — The theory of the Christiansen experiment: **29** ('49) 381–90. — The Christiansen experiment with spherical particles [12]): **30** ('49) 211–. — Diffraction of light by transparent spheres and spheroids: The Fresnel patterns [12]): 277–. — The optical anisotropy and heterogeneity of vitreous silica: **31** ('50) 141–48. — Structural birefringence in amorphous solids: 207–. — Crystals of quartz with iridescent faces: 275–79. — The lamellar structure and birefringence of plate glass: 359–. — The structure of labradorite and the origin of its iridescence [3]): **32** ('50) 1–16. — The luminescence of diamond and its relation to crystal structure [3]): 65–73. — The structure and optical behaviour of Ceylon moonstones [3])[15]): 123–. — The scattering of light in crystals and the nature of their vibration spectra: **34** ('51) 61–71. — The vibration spectra of crystals and the theory of their specific heats: 141–51. — On the iridescence of potassium chlorate crystals, 1: Its spectral characters [4]): **36** ('52) 315–20; ~ 2: Polarization effects [4]): 321–29; ~ 3: Some general observations [4]): 330–34. — On the polarization and spectral character of the iridescence of potassium chlorate crystals [4]): 419–24. — The diffusion haloes of the iridescent feldspars [3]): **37** ('53) 1–10. — Dr. K. R. Ramanathan on his sixtieth birthday: 167–73. — A new radiation [First communication on "Raman effect", 1928]: 333–41. — The molecular scattering of light (Nobel lecture delivered at Stockholm, 11 December 1930): 342–49. — The structure of opal and the origin of its iridescence [3]): **38** ('53) 101–08. — The structure and optical behaviour of iridescent agate [3]): 199–206. — The structure and optical behaviour of iridescent crystals of potassium chlorate [4]): 261–70. — The structure and optical behaviour of iridescent opal [3]): 343–54. — The structure and optical behaviour of iridescent shells [4]): **39** ('54) 1–13. — The structure and optical behaviour of some natural and synthetic fibres [2]): 109–16. — On the polycrystalline forms of gypsum and their optical behaviour [13]): 153–61. — The structure and optical behaviour of pearls [4]): 215–22. — On the chromatic diffusion halo and other optical effects exhibited by pearls [4]): 265–71. — The structure and optical behaviour of iridescent calcite [13]): **40** ('54) 1–7. — x-Ray studies on polycrystalline gypsum [3]): 57–60. — x-Ray study of fibrous quartz [3]): 107–09. — The structure of amethyst quartz and the origin of its pleochroism [3]): 189–95. — On the structure of amethyst and its genesis in nature [3]): 221–29. — On the optical behaviour of crypto-crystalline quartz [3]): **41** ('55) 1–6. — The theory of the propagation of light in polycrystalline media [19]): 37–44. — A generalized theory of the Christiansen experiment [19]): 55–60. — The Christiansen experiment with birefringent powders [2]): 61–66. — The structure and optical behaviour of jadeite [3]): 117–20. — The elastic behaviour of isotropic solids [19]): **42** ('55) 1–9. — On the theory of the elasticity of crystals [19]): 51–70. — Evaluation of the four elastic constants of some cubic crystals [4]): 111–30. — The nature of the thermal agitation in crystals: 163–74. — The birefringence patterns of crystal spheres: **43** ('56) 1–3. — The physics of crystals: 327–35. — The diamond: **44** ('56) 99–110. — The specific heats of crystals, 1: General theory: 153–59; ~ 2: The case of diamond: 160–64; ~ 3: Analysis of the experimental data: 367–74. — Quantum theory and crystal physics: 361–66. — The specific heats of some metallic elements, 1: Analysis of the experimental data: **45** ('57) 1–6; ~ 2: Approximate theoretical evaluation: 7–14; ~ 3: The characteristic frequencies: 59–64; ~ 4: The residual spectrum: 139–46. — The specific heats of crystals and the fallacy of the theories of Debye and Born: 273–80. — The heat capacity of diamond between 0 and 1000 °K: **46** ('57) 323–32. — The tetrahedral carbon atom and the structure of diamond: 391–98. — The diffraction of x-rays by diamond, 1: **47** ('58) 263–75; ~ 2: 335–43; ~ 3: **48** ('58) 1–8. — Percussion figures in crystals: 307–16. — Christiaan Huyghens and the wave theory of light: **49** ('59) 185–92. — The optics of mirages [8]): 251–61. — Caustics formed by diffraction and the geometric theory of diffraction patterns: 307–17. — Huyghens' principle and the diffraction of light, 1: Theoretical considerations: **50** ('59) 83–90. — The perception of light and colour and the physiology of vision, 1: The mechanism of perception: **52** ('60) 255–66; ~ 2: The visual pigments: 267–80; ~ 3: The carotenoid pigment: 281–91; ~ 4: Ferroheme and ferriheme: 292–304; ~ 5: The colour triangle: 305–13; ~ 6: Defective colour vision: 314–23; ~ 7: General summary: 324–28. — The vibrations of the MgO crystal structure and its infra-red absorption spectrum, 1: The results of experimental study:

Bitte Anmerkung auf Seite 4201 beachten!

54 ('61) 205–22; ~ 2: Dynamical theory: 223–32; ~ 3: Comparison of theory and experiment: 233–43; ~ 4: Evaluation of its specific heat: 244–52. — The spectroscopic behaviour of rock-salt and the evaluation of its specific heat, 1: The structure and its free vibrations: 253–65; ~ 2: Its infra-red activity: 266–80; ~ 3: The spectrum of light scattering: 281–93; ~ 4: Specific heat and spectral frequencies: 294–304. — The infrared absorption by diamond and its significance, 1: Materials and methods: **55** ('62) 1–4; ~ 2: A general survey of the results: 5–9; ~ 3: The perfect diamonds and their spectral behaviour: 10–13; ~ 4: The non-luminescent diamonds: 14–19; ~ 5: The composite diamonds: 20–23; ~ 6: The free vibrations of the structure: 24–29; ~ 7: The characteristic frequencies: 30–35; ~ 8: Dynamical theory: 36–41; ~ 9: The activity of the natural modes: 42–48; ~ 10: Evaluation of the specific heat: 49–61. — The vibration spectrum of lithium fluoride and the evaluation of its specific heat: 131–52. — The specific heats of the alkali halides and their spectroscopic behaviour, 1: Introduction: **56** ('62) 1–5; ~ 2: The free modes of atomic vibration: 6–10; ~ 3: The interatomic force: 11–14; ~ 4: The equations of motion: 15–19; ~ 5: The evaluation of the frequencies: 20–24; ~ 6: The atomic vibration spectra: 25–29; ~ 7: Evaluation of the specific heats: 30–33; ~ 8: Their infra-red activity: 34–39; ~ 9: Spectral shifts in light scattering: 40–44; ~ 10: The lithium salts: 45–51; ~ 11: The sodium salts: 52–59; ~ 12: The potassium and rubidium salts: 60–69. — The infra-red behaviour of sodium fluoride: 223–32. — The dynamics of the fluorite structure and its infra-red behaviour, 1: Introduction: 291–93; ~ 2: The free modes of vibration: 294–300; ~ 3: Activity of the normal modes: 301–03; ~ 4: The spectrophotometer records: 304–11. — Spectroscopic evaluation of the specific heats of potassium bromide: **57** ('63) 1–12. — Floral colours and the physiology of vision, 1: Introductory: **58** ('63) 57–61; ~ 2: The green colour of leaves: 62–66; ~ 3: The spectrum of the morning-glory: 67–69; ~ 4: The queen of flowers: 70–72; ~ 5: The blue of the jacaranda: 73–75; ~ 6: Comparative study of three cases: 76–80; ~ 7: The aster and its varied colours: 81–83; ~ 8: The spectra of the roses: 84–86; ~ 9: Hibiscus and Bougainvillea: 87–91; ~ 10: Flowers exhibiting band spectra: 92–95; ~ 11: Review of the results: 96–105; ~ 12: Some concluding remarks: 106–08. — The new physiology of vision, 1: Introductory: **60** ('64) 139–42; ~ 2: Visual sensations and the nature of light: 143–46; ~ 3: Corpuscles of light and the perception of luminosity: 211–18; ~ 4: Corpuscles of light and the perception of form: 287–91; ~ 5: Corpuscles of light and the perception of colour: 292–96; ~ 6: Vision in dim light: 369–74; ~ 7: The perception of colour in dim light: 375–78; ~ 8: The perception of polarized light: **61** ('65) 1–6; ~ 9: The structure of the fovea: 7–11; ~ 10: The major visual pigments: 57–64; ~ 11: The carotenoid pigments: 65–74; ~ 12: Chromatic sensations at high luminosities: 129–32; ~ 13: Blue, indigo and violet in the spectrum: 133–38; ~ 14: The red end of the spectrum: 187–92; ~ 15: The chromatic responses of the retina: 193–201; ~ 16: Further studies of the retinal responses: 267–71; ~ 17: Location of visual pigments in the retina: 335–39; ~ 18: The visual synthesis of colour: **62** ('65) 1–9; ~ 19: Perception of colour and the trichromatic hypothesis: 10–16; ~ 20: Superposition and masking of colours: 67–72; ~ 21: The green colour of vegetation: 73–77; ~ 22: The colours of flowers: 125–32; ~ 23: The colours of the roses: 133–38; ~ 24: Floral pigments and the perception of colour: 177–82; ~ 25: The colours of natural and synthetic gemstones: 183–88; ~ 26: Structural colours: 237–42; ~ 27: The colours of interference: 243–; ~ 28: Observations with a neodymium filter: 307–09; ~ 29: The reproduction of colour: 310–13; ~ 30: The photomechanical reproduction of colour: **63** ('66) 1–4; ~ 31: The integration of colour by the retina: 5–8; ~ 32: Defects in colour vision: 65–70; ~ 33: The testing of colour vision: 71–74; ~ 34: The nature and origin of defects in colour vision: 133–37; ~ 35: The faintest observable spectrum: 138–44; ~ 36: The postulated duality of the retina: 207–12; ~ 37: The spectrum of the night-sky: 213–16; ~ 38: The adaptation of vision to dim light: 263–66; ~ 39: Daltonian colour vision: 267–74; ~ 40: The colours of iolite: 321–24; ~ 41: Photography in colour: 325–28; ~ 42: Further observations with the neodymium filter: 329–32; ~ 43: The colours of fluorspar: 333–35. — Zonal winds and jet streams in the atmosphere: **66** ('67) 241–45. — The atmosphere of the earth: **67** ('68) 123–29. — The diamond: its structure and properties: 231–46.

Proc. indian Acad. Sci., Sect. B New concepts of the solid state: **15** ('42) 75–82. — The perception of light and colour and the physiology of vision, 1–7 [Untertitel siehe Proc. indian Acad. Sci., Sect. A **52** ('60) 255–328]: **52** ('60) 253–326. — Floral colours and the physiology of vision, 1–12 [Untertitel siehe Proc. indian Acad. Sci., Sect. A **58** ('63) 57–108]: **58** ('63) 65–116. — The new physiology of vision, 1–43 [Untertitel siehe Proc. indian Acad. Sci., Sect. A **60** ('64) 139–46, 211–18, 287–96, 369–78; **61** ('65) 1–11, 57–74, 129–38, 187–201, 267–71, 335–39; **62** ('65) 1–16, 67–77, 125–38, 177–88, 237–42, 243–, 307–13; **63** ('66) 1–8, 65–74, 133–44, 207–16, 263–74, 321–35]: **60** ('64) 163–70, 241–48, 299–308, 361–70; **61** ('65) 1–11, 63–80, 125–34, 181–95, 237–41, 291–95; **62** ('65) 1–16, 47–57, 103–16, [~ 24–27 ?], 245–51; **63** ('66) 1–8, 47–56, 105–16, 165–74, 235–50, 275–87. — Floral colours and their origins: **69** ('69) 169–81, 185–97.

Bitte Anmerkung auf Seite 4201 beachten!

Proc. roy. Soc. London, Ser. A Determination of the adiabatic piezo-optic coefficient of liquids [17]): **171** ('39) 137–47. — Reflexion and scattering of x-rays with change of frequency, 1: Theoretical: **179** ('41/42) 289–301; ~ 2: Experimental: 302–14.

Revue roumaine Physique The luminescence of fluorspar: **11** ('66) 769–72. — The physics of the diamond: **13** ('68) 7–17.

Revue sci. La diffusion de la lumière: **70** ('32) 458–62.

Trudy Inst. Istorii Estestvoznanija i Techn. Christiaan Huyghens und die Wellentheorie des Lichtes: **34** ('60) 64–72 [russ.].

Mit: [1]) S. Bhagavantam; [2]) M. R. Bhat; [3]) A. Jayaraman; [4]) D. Krishnamurti; [5]) N. S. Nagendra Nath; [6]) T. M. K. Nedungadi; [7]) P. Nilakantan; [8]) S. Pancharatnam; [9]) B. V. Raghavendra Rao; [10]) V. S. Rajagopalan; [11]) P. Rama Pisharoty; [12]) S. Ramaseshan; [13]) A. K. Ramdas; [14]) G. R. Rendall; [15]) T. K. Srinivasan; [16]) K. Subbaramiah (Subba Ramiah); [17]) K. S. Venkataraman; [18]) C. S. Venkateswaran; [19]) K. S. Viswanathan.

VI **RAMANATHAN,** Kalpathi Ramakrishna. Meteorol., Physik. — Stud., Victoria College, Palghat, and Presidency College, Madras; 1914–21 Demonstrator in Physics, Maharaja's College of Sci., Trivandrum, Travancore; '14–21 Hon. Dir., Trivandrum Observat., Trivandrum, Travancore, '21–22 Research Scholar, '23 D.Sc., Univ. of Madras; '22–25 Lecturer in Physics, Univ. College, Univ. of Rangoon; '25–38 Meteorologist, '39–48 Superintending Meteorologist at Poona and Deputy Dir.-General of Observatories, Indian Meteorological Departm.; Dir., Colaba and Alibag Observatories, Bombay; Dir., Kodaikanal Observat.; '48–66 Dir., '67– Prof., Physical Research Labor., Ahmedabad; Founder Fellow of Indian Acad. of Sciences and of National Inst. of Sciences of India; Chairman of several national sci. committees; '51–54 Pres., Int. Assoc. of Meteorol.; '54–57 Pres., Int. Union of Geodesy and Geophysics; '57–58 Pres., '59– Chairman, Central Board of Geophysics; '59–60 Pres., '60–67 Chairman, Int. Ozone Commiss.; '59– Pres., Indian Meteorological Soc. — '61 Int. Award (World Meteorological Organizat.); '65 Padma Bhushan (Government of India [?]). (⊠)

*1893, Febr. 28, Palghat, Kerala.

Zum 60. Geb.tag Festgabe: Proc. indian Acad. Sci., Sect. A **37** ('53) Febr.-Nr. (m. Titelbildn.); darin S. 167–73: C. V. Raman, Biogr. (m. Schr.verz.); Bericht darüber: Nature [London] **172** ('53) 1130.

Zur Biogr. Indian J. Meteorol. and Geophysics **12** ('61) 389f. (m. Bildn. vor S. 387). — Nature [London] **190** ('61) 1154.

S. Symposium on molecular spectra, Bangalore 1934 (Bangalore '34) 103–12: The transparency of the atmosphere in the ultra-violet and a possible means of extending the solar spectrum in the region 2200–2000 Å.U. [21]). — Symposium on the July 1959 events and associated phenomena, Helsinki 1960 (Paris '60) (Union Géodésique et Géophysique Internationale, Monographie No. 7) 150–53: July 1959 events and associated phenomena. — Proc. IGY symposium, New Delhi 1961 (Council of Scientific and Industrial Research) **1** (New Delhi '62) 176–96: Effect of geomagnetic disturbances on the F_2 layer of the ionosphere in low and middle latitudes [16]). — Proc. International conference on cosmic rays, Jaipur, India, 1963, **1** (Jaipur '64) 25–39: Ionospheric phenomena and solar activity.

W. Presidential address. XIth General assembly of the International Union of Geodesy and Geophysics, Toronto 1957 (Toronto '57) 17 S.

Annals int. geophysic. Year The calculation of the vertical distribution of ozone by the Götz umkehr-effect (method B) [7]): **5** ('57/58) I, 23–45. — Ionospheric F_2 layer – disturbances and magnetic storms [16]): **11** ('58) 68–.

Astrophysics and Space Sci. Possibility of continuous monitoring of celestial x-ray sources through their ionization effects in the nocturnal D-region ionosphere [25])[11])[5])[14])[22]): **17** ('72) 409–25.

Beitr. Physik der freien Atmosph. Effect of radiation on the equilibrium of the higher layers of the troposphere and the nature of the transition from troposphere to stratosphere: **18** ('32) 196–208.

Current Sci. Convection currents in an unstable layer of fluid studied by optical methods [15]): **3** ('34/35) 473–75. — The earth's magnetism and the upper atmosphere: **8** ('39) 97f. — Professor Sir Chandrasekhara Venkata Raman, founder-president of the Indian Academy of Sciences and founder-director of the Raman Research Institute, Bangalore – the years preceding the discovery of the Raman effect: **40** ('71) 203–06.

Gerlands Beitr. Geophysik Father Gherzi's "Note on the existence of warm and cold sectors in tropical cyclones" [26]): **35** ('32) 66f. — Nocturnal atmospheric radiation at Poona. A discussion of measurements made during the period January 1930 to February 1931 [9]): 68–81.

ICSU Review K. S. Krishnan†: **3** ('61) 211–13.

Indian J. Meteorol. and Geophysics The ionospheric F_2 layer over India in minimum sunspot

Bitte Anmerkung auf Seite 4201 beachten!

year 1953 [16]): **5**, Spec. Nr. 1954 ('55) 117–22. — Prof. Dr. Erich Regener†: **6** ('55) 202. — Ozone absorption coefficients and haze corrections for total ozone measurements with Dobson spectrophotometer [3])[24]): **16** ('65) 671–74.

Indian J. Physics and Proc. indian Assoc. Cultivat. Sci. A note on the general spectrum of the night sky as observed in India: **7** ('32/33) 405–10.

J. geophysic. Res. Cosmic radio noise absorption on 25 Mc/s and F scatter [4]): **64** ('59) 1635–37. — Effect of electron–ion collisions in the F region of the ionosphere on the absorption of cosmic radio noise at 25 Mc/s at Ahmedabad. Changes in absorption associated with magnetic storms [4])[8]): **66** ('61) 2763–71. — Attenuation of galactic radio noise at 25 Mc/s and 21.3 Mc/s in the ionosphere over Ahmedabad during 1957–1964 [1])[8]): **72** ('67) 1547–54.

J. sci. and industr. Res., Sect. A Professor K. S. Krishnan on his 60th birthday: **17** ('58) 485–88. — Studies of cosmic radio noise 25 Mc/s at Ahmedabad [4]): **17** ('58) Nr. 12, Suppl., 40–45.

Memoirs India meteorol. Dep., Delhi The Indian southwest monsoon and the structure of depressions associated with it [19]): **26**, Nr. 2 ('33) 13–36. — Discussion of results of sounding balloon ascents at Poona and Hyderabad during the period October 1928 to December 1931 [19]): Nr. 4 ('34) 51–77. — Soundings of temperature and humidity in the field of a tropical cyclone and a discussion of its structure: Nr. 5 ('36) 79–92. — The general circulation of the atmosphere over India and its neighbourhood [19]): Nr. 10 ('39) 189–245.

Nature [London] The zodiacal light and the luminosity of the night sky: **129** ('32) 280. — Non-polar auroral light from the night sky in the tropics [12]): 545. — Upper air temperatures and humidities in the Indian peninsula [19]): 615. — Spectrum of the night sky and of the zodiacal light [12]): **132** ('33) 749. — Distortion of the tropopause due to meridional movements in the sub-stratosphere [19]): 932. — Effect of near lightning discharges on a magnetometer: **140** ('37) 587. — Daily variation of amount of ozone in the atmosphere [20]): **172** ('53) 633f. — Physical Research Laboratory, Ahmedabad: **174** ('54) 1078–80. — Effect on the lower ionosphere of x-rays from Scorpius XR-1 [7]). **223** ('69) 488f.

Planetary and Space Sci. Magnetic storms and cosmic radio noise on 25 Mc/s at Ahmedabad (23°02′ N; 72°38′ E) [4]): **2** ('60) 99–103.

Proc. indian Acad. Sci., Sect. A The transparency of the atmosphere in the ultra-violet and a possible means of extending the solar spectrum in the region 2200–2000 Å [21]): **1** ('34/35) 308–14. — Derivation of Ångström's formula for atmospheric radiation and some general considerations regarding nocturnal cooling of air-layers near the ground [21]): 822–29. — Vertical distribution of atmospheric ozone in low latitudes [13]): **29** ('49) 330–48. — Height distribution of atmospheric ozone [17]): **37** ('53) 321–31. — On the intensity and polarization of the light from the sky during twilight [7]): **43** ('56) 67–78. — The great solar flare of February 23, 1956, and associated ionospheric effects at Ahmedabad [4])[16])[23]): 306–08. — Variation with lunar phase of midday critical frequencies and heights of the F_2 layer over Ahmedabad and other low latitude stations [16]): 394–99. — Field strength of 164 kHz radio-waves received at Ahmedabad from Tashkent in 1960–65 and effect of solar x-ray emissions [2]): **66** ('67) 60–67. — Ionospheric effects of x-ray from Scorpio X-1 and Taurus X-1 (Crab) [2])[5]): **71** ('70) 69–81. — A comparison of field-strengths of 164 kHz radio waves transmitted from Tashkent and received at Ahmedabad with flare-time solar x-ray emissions measured in satellites [5]): **75** ('72) 249–61.

Proc. indian Sci. Congr. The earth's magnetism and the upper atmosphere (Presidential address): **26** II ('39) 19–43.

Proc. nation. Inst. Sci. India Upper air data and weather forecasts: **5** ('39) 101–06.

Procès-verbaux Séances Assoc. Météorol. Effect of dust and haze on measurements of atmospheric ozone made with Dobson's spectrophotometer [13]): **8**. 1948 II ('50) 156f.

Quarterly J. roy. meteorol. Soc. Effect of dust and haze on measurements of atmospheric ozone made with Dobson's spectrophotometer [13]): **75** ('49) Nr. 325, 257–67. — The effect of secondary scattering in the calculation of the vertical distribution of atmospheric ozone from the Goetz inversion effect [18])[17]): **78** ('52) Nr. 338, 625f. — Mean meridional distributions of ozone in different seasons calculated from "umkehr" observations and probable vertical transport mechanisms [17]): **86** ('60) Nr. 368, 144–55. — Bi-annual variation of atmospheric ozone over the tropics: **89** ('63) Nr. 382, 540–45.

Records geol. Survey India A seismological study of the Baluchistan (Quetta) carthquake of May 31, 1935: **73** ('38) 483–513.

Science and Culture The earth's magnetism: **4** ('38/39) Nr. 8, 1–.

Scientific Notes, Meteorol. Dep., India Measurement of vertical currents in the atmosphere, mainly of thermal origin, with pilot balloons [19]): **6** ('36) Nr. 67, 213–22.

Mit: [1]) M. A. Abdu; [2]) S. Ananthakrishnan; [3]) P. D. Angreji; [4]) R. V. Bhonsle; [5]) S. C. Chakravarty; [6])—; [7]) J. V. Dave; [8]) S. S. Degaonkar; [9]) B. N. Desai; [10]) —; [11]) A. K. Jain; [12]) J. V. Karandikar; [13]) R. V. Karandikar; [14]) K. Kasturirangan; [15]) V. N. Kelkar; [16]) K. M. Kotadia;

[17]) R. N. Kulkarni; [18]) Bh. V. R. Moorthy; [19]) K. P. Ramakrishnan; [20]) Bh. V. Ramana Murthy; [21]) L. A. Ramdas; [22]) U. R. Rao; [23]) R. G. Rastogi; [24]) G. M. Shah; [25]) D. P. Sharma; [26]) A. A. Narayana Iyer.

V,VI **RAMART-LUCAS,** Pauline. Chem. (org.). — 1930–41, '44–53 Prof. tit. et Dir. du Labor. de Chim. org., Fac. Sci. à la Sorbonne, Univ. de Paris. — '12, '13, '18 Prix Cahours, '12 Médaille Berthelot, '21 Prix Berthelot, '33, '41 Prix Jecker, '48 Prix Emile Jungfleisch (Acad. Sci. Paris); '20 Prix et Médaille Nicolas Leblanc (Soc. Chim. de France, Paris); '28 Ellen H. Richards Research Prize (Amer. Assoc. Univ. Women); '28 Chevalier, '38 Officier, '53 Commandeur de la Légion d'Honneur (France).

*1880, Nov. 22, Paris;
†1953, März 13 (oder 17?), Paris.

Nekr. P. Denis, Bull. Soc. chim. France **21** ('54) 269–71 (m. Bildn. [Plakette]). — M. Martynoff, L'œuvre scientifique de Pauline Ramart-Lucas: ibid. 272–80 (m. Schr.verz. 223 Nrn.). — Annales Univ. Paris **23** ('53) 225–30.

Zur Biogr. G. Urbain, C. R. hebd. Séances Acad. Sci., Paris **197** ('33) 1497–99.

Zur Bibliogr. Titres et travaux scientifiques (1924–1934) de Mme P. Ramart-Lucas (Paris '34) 128 S. — Travaux scientifiques de Madame Ramart-Lucas, Addendum 1934–1945 (Paris '46) 12 S.

S. Traité de chimie organique (V. Grignard) **2** (Paris '36) 59–142: Structure des molécules et spectres d'absorption. — Atti X Congresso internazionale di chimica, Roma 1938, **3** (Roma '39) 347–57: Angles valentiels et spectres d'absorption. — Proc. 11th International congress of pure and applied chemistry, London 1947, **2** (London '50) 267–85: Déformations des orbites électroniques du carbone et de l'azote, par effet stérique et par cyclisation, dans les corps organiques.

W. Aperçu de chimie organique (Exposition internationale, Paris 1937) (Paris '38) 19 S.

Annales Chim. Structure et absorption dans l'ultraviolet de molécules organiques [12]): (10) **17** ('32) 207–53. — Structure, réactivité chimique et absorption dans l'ultra-violet. Etude des acides $C_6H_5(CH_2)_n \cdot CH(COOH)CH_2COOH$ et de leurs dérivés [19]): **18** ('32) 32–78.

Boll. sci. Fac. Chim. industr. Bologna Influence de l'effet stérique et de la cyclisation sur la structure électronique du carbone et de l'azote: **10** ('52) 17–.

Bull. Soc. chim. France Stabilité comparée des isomères selon leur spectre d'absorption. Sur quelques transpositions intramoléculaires [1]): (4) **51** ('32) 108–26. — Relations entre la structure des molécules organiques et leur spectre d'absorption dans l'ultraviolet: 289–338. — Absorption dans l'ultra-violet et réactivité chimique de certaines classes de composés organiques [12]): 824–38. — Absorption dans l'ultra-violet des carbures éthyléniques $C_6H_5(CH_2)_n \cdot CH{=}CH_2$ [1]): 965–68. — Stabilité comparée des isomères suivant leurs spectres d'absorption. Transpositions dans la série des arylglycols [22]): 1069–87. — Couleur et réactivité chimique dans la série cinnamique [24]): **53** ('33) 178–90. — Absorption dans l'ultra-violet d'alcoylcyclohexanones et d'allylcyclohexanones [6]): 744–53. — Couleur et structure des oximes et des semicarbazones [9]): 753–69. — Structure des oximes et des semicarbazones d'après leur "couleur" [4]): (5) **1** ('34) 119–41. — Absorption et réactivité chimique de certaines classes d'amides[18])[24]): 525–38. — Couleur et structure des oximes: 719–30. — Absorption dans l'ultra-violet de quelques aldéhydes et cétones aromatiques [23]): 1049–54. — Influence de la cyclisation sur la couleur des molécules. Introduction: 1133–48. — Sur le changement de "couleur" qui accompagne la cyclisation de certains carbures benzéniques, cétones, acides-alcools, acides-phénols [12]): **2** ('35) 327–44. — Influence de la cyclisation sur la "couleur" des molécules. Absorption dans l'ultra-violet de quelques dérivés du diphénylméthane et du fluorène [12]): 1376–80. — Effet réel de la cyclisation sur la "couleur" des molécules. Absorption dans l'ultra-violet de l'o-méthoxyacétophénone, de la β-coumaranone et de γ-chromanone [7]): 1381–83. — Sur les changements de "couleur" qui accompagnent la transformation d'amino-acides et d'amides en lactames dans la série benzénique [3]): 1383–88. — Structure des hétérosides d'après leur absorption dans l'ultraviolet [20]): 1596–625. — Influence de la cyclisation sur la "couleur" des molécules. Absorption de la diphénazone de son monooxyde et de son dioxyde [3]): **3** ('36) 430–35. — Spectrochimie des corps azotés organiques. Introduction: 723–38. — Absorption et déformation des angles valentiels. Introduction: 738–45. — Absorption des aniles des cétones grasses [17]): 916–18. — Absorption dans l'ultra-violet et structure d'aniles et d'amines α-éthyléniques [12]): 918–29. — Spectrochimie des corps azotés organiques. Structure et absorption des benzoxazoles, des benzoxazolones et des phènemorpholones [25]): 1165–73. — Spectrochimie des corps azotés. Absorption et structure d'amides et d'imino-éthers [10]): **4** ('37) 478–81. — Absorption et déformation des angles valentiels dans le cas des phénylhydrazones [12])[14]): 481–99. — Déformations des angles valentiels d'après les spectres d'absorption. Structures des benzocyclanones, de leurs oximes et des benzocyclènes [12]): **5** ('38) 848–71. — Sur la déformation des angles valentiels. Structure et absorption des dérivés des oximes [12]): 987–1010. — Structure des colorants

Bitte Anmerkung auf Seite 4201 beachten!

acridiniques d'après leurs spectres d'absorption, 1: Etude spectrale des sels et des bases d'acridinium [9]) [14]): **8** ('41) 228–46; ~ 2: Etude spectrale des aminoacridines [9])[14]): 554–75. — Structure des colorants hydroxylés du triphénylméthane d'après leurs spectres d'absorption, 1: Généralités: 865–82; ~ 2: Sur la soi-disant tautomérie du para-hydroxytriphényl-carbinol [14]): 882–91; ~ 3: Etude spectrale des formes desmotropes des benzaurines: **9** ('42) 928–36; ~ 4: Etude spectrale des formes desmotropes des phénolphtaléines: **10** ('43) 279–82; ~ 5: Sur l'existence de plusieurs formes desmotropes colorées des phénolsulfonephtaléines: 282–90; ~ 6: Influence des substituants et de la nature du milieu sur l'équilibre de leurs formes desmotropes colorées: 290–99. — Relations entre la structure, la réactivité chimique et l'absorption des corps organiques, 1: **9** ('42) 850–71; ~ 2: **10** ('43) 13–32. — Structure et absorption des dérivés du triphénylméthane colorés en lumière visible: 403f. — Structure des colorants oxyazoïques d'après leurs spectres d'absorption. Analyse spectrale des acyloxyazoïques: **11** ('44) 47–. — Sur la structure des dérivés acylés des colorants oxyazoïques d'après leurs spectres d'absorption, 1: Généralités: 75–81. — Nature de l'isomérie des trois formes tautomères des résorcinebenzéines: 289–. — Structure et absorption des dérivés du triphénylméthane colorés: **12** ('45) 477–505. — Structure des dérivés acylés des colorants oxyazoïques d'après leurs spectres d'absorption (série benzénique) [9])[14]): 814–26. — Nature de l'isomérie des trois formes colorées des benzaurines et des phtaléines. Possibilité de métamorphoses de leurs dérivés: **13** ('46) 82–. — Structure des dérivés acylés des colorants azoïques d'après leurs spectres d'absorption (série naphtalénique) [11])[14]): **14** ('47) 415–24. — Structure et absorption des colorants oxyazoïques [14]): 986–96. — Sur la nature de l'isomérie des nitrosophénols d'après leurs spectres d'absorption, 1 [14])[9])[5]): **15** ('48) 571–82; ~ 2 [14])[9])[5]): **16** ('49) 53–65; ~ 3: Dérivés halogénés [14])[9])[5]): 901–04; ~ 4: Dérivés acylés [14])[9])[5]): 905–17. — Structure, absorption et comportement chimique dans la série du phénanthrène [15])[11]): **15** ('48) 1215–24. — Structure et absorption des dérivés acylés des nitrosophénols ou des benzoquinone-oximes: **16** ('49) 10f. — Déformation des orbites électroniques de l'azote par cyclisation (série du benzotriazole et du phényltriazole) [12])[9]): 447–54. — Déformation des orbites électroniques de l'azote dans les corps organiques (série des phénylhydrazones) [13])[9])[5]): 454–57. — Introduction à l'étude du comportement spectral des combinaisons polynucléaires: **17** ('50) 259–65. — Sur la déformation des orbites électroniques du carbone et de l'azote dans les combinaisons hétérocycliques [9]): 317–22. — Sur les variations d'absorption dans les séries homologues [11]): 405–11. — Déformation de la structure électronique du carbone par effet stérique (série de la pyridine) [2]): **18** ('51) 212–24. — Sur le comportement spectral des combinaisons polynucléaires, 1: Influence de l'effet stérique et de la cyclisation (série benzénique) [12]): **19** ('52) 220–27; ~ 2: Influence de l'effet stérique et de la cyclisation (série naphtalénique) [12]): 422–30. — Sur la structure électronique du carbone dans le furanne, le pyrrole et le thiofène [9])[12])[13])[14])[21]): **21** ('54) 1017–28.

Cahiers Physique Influence de l'effet stérique et de la cyclisation sur la structure électronique du carbone et de l'azote: **41** ('53) 1–36.

Cahiers rationalistes Synthèse organique et rationalisme: No. **129** ('53).

Chimie et Industrie Structure des colorants d'après leurs spectres d'absorption: **45** ('41) No. spéc., 285–98.

C. R. hebd. Séances Acad. Sci., Paris Absorption dans l'ultraviolet et réactivité chimique de certaines classes de composés organiques [12]): **194** ('32) 96–99. — Prévision et vérification de différences de couleurs entre stéréoisomères [3]): 187–89. — Parallélisme entre la couleur et la réactivité d'un groupe chromophore: 726–28, 800. — Couleur et comportement chimique dans la série cinnamique [24]): **195** ('32) 783–85. — Couleur et structure des oximes et des semi-carbazones [9]): 959–62. — Couleur et structure des amides [26]): **196** ('33) 120–22. — Structure des hétérosides d'après leurs spectres d'absorption [20]): 1493–95. — Stabilité comparée des isomères suivant leurs spectres d'absorption. Isomérisation des arylamines [26]): 1804–06. — Couleur et structure d'oximes aromatiques: **198** ('34) 97–99, 267–69. — Structure et absorption des benzocyclanones-oximes [12]): **201** ('35) 1387–90. — Structure des corps colorés dans le visible d'après leur spectre d'absorption: **205** ('37) 864–66. — Structure et absorption des colorants. Formes isomères de la fluorescéine: 1409–11. — Structure et absorption des colorants aminés du triphénylméthane: **206** ('38) 1656–59. — Structure et absorption des colorants diaminés dérivés de l'acridine [9])[14]): **207** ('38) 1106–09. — Structure des rhodamines d'après leurs spectres d'absorption: 1416–18. — Structure et absorption des colorants hydroxylés dérivés du triphénylméthane. Existence de formes isomères des hydroxyfuchsones: **208** ('39) 1094–96. — Structure et absorption des colorants hydroxylés dérivés du triphénylméthane. Sur l'existence de deux formes isomères colorées des phénols sulfones phtaléines et des phénols phtaléines: 1312–14. — Structure et absorption des dérivés nitrés et aminés aromatiques [9]): **211** ('40) 120–22. — Structure des sels d'acridinium et de leurs dérivés d'après leurs spectres d'absorption. Sur la tautomérie de ces composés: 436–39. — Structure et absorption des colorants hydroxylés dérivés du triphénylméthane. Etude de la tautomérie des benzaurines et des phtaléines: **213** ('41) 67–69. — Etude des formes

Bitte Anmerkung auf Seite 4201 beachten!

tautomères colorées des benzaurines, des phénolphtaléines et des phénolsulfonephtaléines: 244–46. — Structure des colorants oxyazoïques d'après leurs spectres d'absorption. Analyse spectrale des acyloxyazoïques: **215** ('42) 468–70. — Sur la nature de l'isomérie des trois formes colorées en lumière visible des benzaurines et des phtaléines: Structure de la forme A: **217** ('43) 24–26; ~: Possibilités de métamorphoses de leurs dérivés: 114–16. — Transpositions intramoléculaires dans la série des naphtoquinonephénylhydrazones [9])[14]): **218** ('44) 646–48. — Existence de formes tautomères, colorées en lumière visible, des dérivés hydroxylés du phénylxanthène: 761–63. — Sur la nature de l'isomérie des nitrosophénols, des quinone-oximes et de leurs dérivés acylés d'après les spectres d'absorption [14]): **227** ('48) 906–08, 1282. — Déformation des orbites électroniques de l'azote par cyclisation. Structure et absorption des benzotriazols [12]): 1041 f. — Déformation des orbites électroniques de l'azote dans les corps organiques (série des phénylhydrazones) [13]): **228** ('49) 574–76. — Sur les variations d'absorption des corps organiques dans les séries homologues[11]): **229** ('49) 1336–38. — Déformation des orbites électroniques du carbone par effet stérique (série de la pyridine) [2]): **230** ('50) 295 f. — Etude spectrale de quelques composés hydroxyazoïques dérivés de l'acénaphtène [8]): 1076–78. — Influence d'un effet stérique sur l'absorption des dérivés du furanne, du pyrrol et du thiophène α-substitués [12])[13]): **232** ('51) 336–38. — Influence d'un effet stérique sur l'absorption des dérivés α-substitués du benzofuranne [14]): 517–19. — Influence d'un effet stérique sur l'absorption des dérivés β-substitués du benzopyrrole [21]): 843–45. — Influence d'un effet stérique sur l'absorption des dérivés β-substitués du benzofuranne [14]): **233** ('51) 1619–21; **234** ('52) 375. — Sur la structure électronique du carbone dans les composés hétérocycliques (série du thiofène) [12]): 847–49. — Structure et absorption des dérivés hydroxylés du xanthène (résorcine-benzéines): **235** ('52) 1652–54. — Effet stérique et absorption des dérivés α-substitués du thionaphtène [14]): **236** ('53) 2247–49.

J. indian chem. Soc. Relations between chemical activity and absorption in the ultraviolet of certain organic molecules, 1: Study of the absorption spectra of the chloro derivatives of the substituted amides of malonic acid [18])[16]): **15** ('38) 421–25.

Mit: [1]) P. Amagat; [2]) S. Bertucat; [3]) D. Biquard; [4]) M. Bruzau; [5]) Chauvin; [6]) R. Cornubert; [7]) M. van Cowenbergh; [8]) C. Dufour; [9]) M. Grumez; [10]) M. Grunfeld; [11]) T. Guilmart; [12]) J. Hoch; [13]) J. Klein; [14]) M. Martynoff; [15]) J. Matti; [16]) C. M. Mehta; [17]) M. Montagne; [18]) K. G. Naik; [19]) Z. Papadakis; [20]) J. Rabaté; [21]) M. Roch; [22]) F. Salmon-Legagneur; [23]) J. Ségal; [24]) R. Trivédi; [25]) V. Vantu; [26]) A. Wohl.

Bitte Anmerkung auf Seite 4201 beachten!

V,VI **RAMBERG,** Ludwig. Chem. (org.). — 1918–39 Prof. u. Dir. d. Chem. Inst., '39 Prof. Emer., Univ. Uppsala. — '16 Norblad-Ekstrand-Preis (Schwed. Chem. Gesellsch.); '26 Ritter, '37 Kommandeur, Königl. Schwed. Nordstern-Orden.
*1874, Febr. 21, Hälsingborg;
†1940, Dez. 25, Uppsala.

Nekr. A. Fredga, Svensk kem. Tidskr. **52** ('40) 331–34 (m. Bildn.); Levnadsteckningar kungl. svenska Vetenskapsakad. Ledamöter **7** ('44/48) 535–60 (m. Bildn. u. Schr.verz.); Kungl. svenska Vetenskapsakad. Årsb. **1945**, 315–40. — G. Hägg, Kungl. Vet.-Soc. Årsb., Uppsala **1941**, 23–26 (m. Bildn.). — K. Myrbäck, Ber. dtsch. chem. Ges. **74A** ('41) 109. — L. Smith, Kungl. fysiogr. Sällsk. Lund Förh. **11** ('41) 37*–44* (m. Bildn. u. Faks.).

Zur Biobibliogr. Uppsala Univ. Matrikel **1936** ('37) 274–77; **1937/1950** ('53) 456.

S. Forhandlinger. Det 4de Nordiske kjemikermøte, Oslo 1932 (A. W. Brøgger) (Oslo '33) 272f.: Einige Fehler bei der Mikrowaage des Kuhlmann-Typs und deren Behebung [schwed.].

Arkiv Kemi, Mineral. och Geol. Der Stabreiter. Eine Reiterkonstruktion für Präzisionswägung: **11A** ('33/35) Nr. 7, 24 S. [schwed.]. — Orientierende reaktionskinetische Untersuchung der Bromierung von α-Methylsulfon- und α-Äthylsulfon-propionsäure in wäßriger Lösung [3]): **11B** ('33/35) Nr. 31, 6 S. — Über die Bromierungsgeschwindigkeit der Bromsulfoessigsäure und α-Sulfopropionsäure in bromwasserstoffsaurer Lösung [4]): Nr. 35, 6 S. — Die Reaktionskinetik bei der Bromierung aliphatischer α-α-Disulfone in wäßriger Lösung [4]): Nr. 40, 6 S. — Notiz über die Bromierungs- und Razemisierungsgeschwindigkeit von α-Phenylsulfonpropionsäure [2]): Nr. 41, 4 S. — Zwei optisch aktive diastereomere Formen von α-Phenylsulfoxyd-propionsäure [2]): Nr. 55, 5 S. — Der Reaktionsmechanismus bei der Bromierung aliphatischer α-α-Disulfone in saurer wäßriger Lösung [4]): **12A** ('36/38) Nr. 8, 10 S. — Zur Kenntnis der α-Phenylmercapto-propionsäure [2]): Nr. 12, 9 S. — Zur Kenntnis der Bromderivate von Malonitril [5]): Nr. 22, 12 S. — Über α-Phenylsulfon-propionsäure [2]): Nr. 24, 12 S. — Oxydimetrische Bestimmung von Äthylsulfinsäure und dabei auftretende "chemische Induktion": **12B** ('36/38) Nr. 29, 8 S. — Die Razemisierung der optisch aktiven α-Phenylsulfon-propionsäure [2]): **13A** ('39/40) Nr. 1, 36 S. — Die Kinetik der Bromierung von α-Phenylsulfon-propionsäure in wäßriger Lösung [2]): Nr. 17, 34 S. — Einige Monohalogenderivate von Diäthylsulfon und ihre Reaktionen [1]): Nr. 27, 50 S. [schwed. m. deutscher Zusammenfassg.]. — Über Dimethyl-tetracyan-cyclopropan [5]): **14B** ('40/41) Nr. 37, 13 S. — 3-Äthylsulfon-butanon-(2) und seine

Bromderivate [1]): **15A** ('41/42) Nr. 3, 22 S. [schwed. m. deutscher Zusammenfassg.]. — Orientierende kinetische Untersuchung der Reaktion zwischen 3-Äthylsulfon-butanon-(2) und Brom in bromwasserstoffsaurer wäßriger Lösung [1]): Nr. 4, 11 S. [~].

Chemische Fabrik Ein Thermostat für Temperaturen unter Zimmertemperatur: **5** ('32) 89.

Kungl. Vet.-Soc. Årsb., Uppsala Arvid Gustaf Högbom†: **1940**, 17–19 [schwed.]. — Universität oder Forschungsinstitut und Seminare?: 77–95 [~].

Svensk kem. Tidskr. Destillationsapparate zur Herstellung von Wasser von hohem Reinheitsgrad: **44** ('32) 130–35. — Einige Worte über Mikrowaagen vom Kuhlmann-Typ: 188–91. — Ein transportables Kühlaggregat zum Laboratoriumsgebrauch: **45** ('33) 113–16. — Ein Rückschlagventil für weite Vakuumleitungen: **48** ('36) 99f. — Kristallisation aus der Schmelze ("Ausfrieren") und Zentrifugieren als präparatives Verfahren in der organischen Chemie: **49** ('37) 134–38. — Drehvorlage für Vakuumdestillation: **50** ('38) 107–11. — Bestimmung des Schwefel- und Halogengehaltes in organischen Verbindungen durch die Verbrennungsmethode von Grote und Krekeler [1]): **51** ('39) 101–13. — Über die Exsiccatoren des Analytikers und Natriumcarbonat als Urtitersubstanz: **52** ('40) 137–43. — — Alle Arbeiten schwed.

Z. physik. Chem., Abt. A Reaktionsgefäße mit veränderlichem Rauminhalt: **176** ('36) 289–94.

Mit: [1]) B. Bäcklund; [2]) I. Hedlund; [3]) A. Mellander; [4]) E. Samén; [5]) S. Wideqvist.

VI **RAMDAS,** Lakshminarayanapuram Ananthakrishna. Physik, Geophysik, Agrarmeteorol. Stud. 1916–18 Maharajah's College, Ernakulam, Kerala, '18–20 Presidency College, Madras, '20–23 Univ. College of Sci., Univ. of Calcutta; '20–23 Palit Research Scholar (under C. V. Raman), '27 Ph. D., Univ. of Calcutta; '26–56 Research Scientist, Indian Meteorol. Departm.; '26–30 at Karachi, '30–56 Meteorol. Office at Poona, '32–53 as Dir. of Agricultural Meteorol., '53–56 as Deputy Dir. General of Observatories (Climatol. and Geophysics); '56–63 Research Scientist and Head of Heat and Power Divis., '63– still active, since '65 as "Emeritus Scientist", National Physical Labor., New Delhi. — '58 "Padma Shri" (Pres. of India).

*1900, Juni 3, Palghat, Kerala State, South India.

Bitte Anmerkung auf Seite 4201 beachten!

Zur Biogr. Current Sci. **25** ('56) 283.

H. The progress of agricultural meteorology in India from 1932 to 1948; a brief review (Indian Meteorological Department, Agricultural Meteorological Section) (New Delhi '49).

S. Symposium on molecular spectra, Bangalore 1934 (Bangalore '34) 103–12: The transparency of the atmosphere in the ultra-violet and a possible means of extending the solar spectrum in the region 2200–2000 Å. U. [12]). — International Meteorological Organization, Commission for Agricultural Meteorology, Protokolle der Tagung in Danzig 1935 (Leiden '36) (International Meteorological Organization, Nr. 24): Report on the progress of agricultural meteorology in India 1932–34; ~, Protokolle der Tagung in Salzburg 1937 (Leiden '38) (~ Nr. 36): Report on simple methods of measurement in agricultural meteorology; Report on invisible condensation; Report on possibility of influencing climatic environment for given practical purposes; Report on hailstorms in India. — Abstracts of papers. Symposium on the planning of power production in India, Madras 1938 (Indian Academy of Science) (Madras '39): The sun as a source of power. — Wind and solar energy. Proc. of the New Delhi symposium (Paris '56) (UNESCO, Arid zone research, 7) 42–54: Wind energy in India [19]); 188–96: Solar energy in India [21]). — Climatology and microclimatology. Proc. of the Canberra symposium (Paris '58) (~ 11) 129–33: Phenomena controlling the thermal balance at the ground surface. — Proc. Symposium on housing and building materials, New Delhi 1956 (National Buildings Organization) (New Delhi '57) 149–62: Microclimatic aspects of housing. — Proc. Symposium on ground water, New Delhi 1955 (Calcutta '58) (Central Board of Geophysics, Publ. Nr. 4) 146–60: The movement of moisture through the soil. — Proc. 9th Pacific science congress, Bangkok 1957, **13** (Bangkok '59) 134–38: Agricultural meteorology. — Handbook of agriculture; facts and figures for farmers, students and all engaged or interested in farming (Indian Council of Agricultural Research) (New Delhi '61) Chapter 1: Weather and crops. — Proc. United Nations conference on new sources of energy, Roma 1961 (New York '63 [?]): Solar radiation and its measurement at a net-work of stations, with particular reference to India. — Symposium on radiation processes in the atmosphere, Leningrad 1964 (Paris '65) (IUGG Monographs, 28): Sensitivity and quickness of response of an enclosed thermopile in relation to the pressure of the gas in the enclosure. — Proc. Symposium on water evaporation control, Poona, India, 1962 (New Delhi '66): On the spreading of surface active organic compounds as monomolecular films on a clean water surface and the use of some of them for evaporation control. — Mountains and rivers of India (B. Ch. Law) (Calcutta '68) (21st International geographical congress, India 1968) 231–57: Monsoon and rainfall pattern in the Indian sub-continent. — Radiation, including satellite techniques. Proc. of a symposium, Bergen, Norway, 1968 (Genève '70) (World Meteorological Organization, Technical notes, 104) 399–406: The cold layer above dry ground during clear nights. — Proc. International symposium on soil fertility evaluation, New Delhi 1971 (New Delhi '71) 32–38: Weather on the sub-continent of India. — International geography, 1972. Papers of the 22nd International geographical congress, Montreal, Canada, 1972 (Toronto '72) 34–38: Studies on evaporation, potential evaporation from wet land surfaces, evapotranspiration and allied problems.

W. (Bearb.) Weather and the Indian farmer (Indian Meteorological Department) (Simla '46) 12 S. — Crops and weather in India (New Delhi '60) 127 S.

Agricultural Situat. in India The agricultural situation in India [7]): **1948**, Sept.-Nr.

Archiv Meteorol., Geophysik u. Bioklimatol., Ser. B Micro-climatological investigations in India: **3** ('51) 149–67.

Bioklimatische Beibl. The variation with height of the water vapour content of the air layers near the ground at Poona: **5** ('38) 30–34.

Bull. nation. Inst. Sci. India Desert hydrology: Condensation and evaporation phenomena in the Rajasthan desert: **1** ('52) 198–210.

Current Sci. Agricultural meteorology: **1** ('33) 191 f. — Micro-climatology: **2** ('34) 445–47. — The variation of moisture in the surface layer of the soil in relation to the diurnal variation of meteorological factors [6]): **3** ('34/35) 24f. — Soil temperatures [2]): 226–67 [?]. — Frost hazard in India: 325–39. — The diurnal variation of moisture in the soil during the clear season [6]): 612f. — An interferometric method of measuring temperatures and temperature gradients very close to a hot surface [10]): **4** ('36) 642–44. — The exchange of moisture between air layers near the ground and substances like soils, plant leaves, seeds, etc., exposed to the atmosphere [7]): **6** ('38) 452–54. — The thickness of the surface layer of the soil exchanging moisture with the adjacent air layers during the clear season at Poona [7]): **8** ('39) 164f. — The loss of water by evaporation from the upper surfaces of soil columns resting on a water table [7]): 264–66. — The effect of concentration on the capillary movement of water and some salt solutions through the black cotton soil [7])[17]): **11** ('42) 288–. — On the effect of concentration of sodium carbonate in aqueous solution on (A) the formation of cracks, (B) swelling and dispersion and (C) capillary ascent in the black cotton soil [7]): **13** ('44) 42–. — Effect of sodium chloride in improving the permeability of alkali soils [7]): **16** ('47) 172f. — Some recent studies on the restoration of permeability to water of soils rendered impermeable earlier by the swelling action of soil colloids by sodium carbonate: **39** ('70) 454–57. — Prof. C. V. Raman and the colour of the sea: **40** ('71) 224–26.

Empire J. exper. Agric. Rainfall of India; a brief review: **14** ('46) Nr. 54, 85–90.

Gerlands Beitr. Geophysik The vertical distribution of air temperature near the ground during night [1]): **37** ('32) 116f.

Indian Ecologist The microclimates of plant communities: **1** ('46) Nr. 1, 1–20.

Indian Farming Cold waves and frosts: **1** ('40) 531–33. — Climatic factors in agriculture: **3** ('42) 273–76.

Indian J. agric. Sci. Agricultural meteorology: Studies in micro-climatology, 1 [5])[3]): **4** ('34) 451–67; ~ 2 [5])[3]): **5** ('35) 1–11. — Agricultural meteorology: Studies on soil moisture in relation to moisture in the surface layers of the atmosphere during the clear season at Poona [6]): **4** ('34) 923–37; **6** ('36) 1163–1217. — Agricultural meteorology: The prediction of the minimum temperature on clear days at selected stations in India [9]): **7** ('37) 745–61. — Frequency of days with hailstorms in India [20])[15]): **8** ('38) 787–805. — Evaporation and potential evapotranspiration over the Indian sub-continent: **27** ('57) 137–49.

Indian J. Meteorol. and Geophysics Rainfall and agriculture: **1** ('50) 262–74. — Prediction of the date of establishment of the south-west monsoon along west coast of India [15])[16]): **5** ('54) 1–10. — The Pan Indian Ocean science congress at Perth (West Australia) 1954: 363–65. — Evaporation control: **8** ('57) Spec. Nr., 1–9. — The establishment, fluctuation and retreat of the south-west monsoon of India: **9** ('58) Spec. Nr. "Monsoons of the world", 251–56.

Indian J. Physics and Proc. indian Assoc. Cultivat. Sci. Surface convection and variation of temperature near a hot surface [8]): **7** ('32/33) 1–13.

Indian J. pure and appl. Physics Spreading of surface-active organic compounds as mono-molecular films on a clean water surface: **9** ('71) 1004–07.

J., Centr. Board Irrigat. Soil moisture and evaporation investigations: **5** ('48) Nr. 3, 1–11.

J. sci. and industr. Res., Sect. A Some new instruments and experimental techniques developed in the Agricultural Meteorology Section at Poona: **7** ('48) 16–29. — Effect of temperature on the efficiency of monomolecular films in suppressing evaporation [22]): **16** ('57) 357f.

Bitte Anmerkung auf Seite 4201 beachten!

J. sci. and industr. Res., Sect. B Effect of salts on soil permeability and rectification of alkali ridden soils: **8** ('49) 21 f.
J. sci. and industr. Res. Symposium on water evaporation control [Poona 1962]: **22** ('63) 160–.

J. Univ. Bombay The dust-free or dark layer surrounding a hot body in relation to the convective movements in its neighbourhood: **6** ('37) Nr. 2, 18–22.

Nature [London] Surface convection and the distribution of temperature near a heated surface [8]): **129** ('32) 201 f. — Weather forecasts for Indian farmers: **157** ('46) 545–.

Proc. Crops and Soils Wing, Board Agric., India Crop protection from the effects of weather: **2** ('37). — The effect of climatic factors on plant growth, crop yield and the incidence of pests and diseases: **4** ('42).

Proc. indian Acad. Sci., Sect. A The transparency of the atmosphere in the ultra-violet and a possible means of extending the solar spectrum in the regions 2200–2000 Å [12]): **1** ('34/35) 308–14. — Derivation of Ångström's formula for atmospheric radiation and some general considerations regarding nocturnal cooling of the air-layers near the ground [12]): 822–29. — Variation in the nocturnal radiation from the sky with zenith distance and with time during the night [13])[11]): **5** ('37) 45–55; **9** ('39) 386–89. — Studies on the spreading of certain substances on a clean surface of water, 1 [14]): **7** ('38) 186–95. — Studies in thermal repulsion [4]): **13** ('41) 374–85. — Studies on soils, 1: The upward movement of water and salt solutions in the black cotton soil [7]): **16** ('42) 1–9; ~ 2: A microscopic study of the behaviour of the black cotton soil in salt solutions [7]): 16–22; ~ 3: On the effect of concentration of some salts in aqueous solution on capillary ascent, dispersion, and associated phenomena in the black cotton soil [7]): **26** ('47) 1–12. — A method of estimation of the thickness of the "laminar" layer above an evaporating water surface [11]): **23** ('46) 127–33. — Convective phenomena near a heated surface: **37** ('53) 304–16.

Proc. indian Sci. Congr. A simple method of calculating the roughness of pure liquid surfaces due to molecular agitation: **19** ('32). — Further experiments on the repulsion experienced by objects when placed in a thermal gradient [4]): **27** ('40). — The frequency of high temperatures in India [18]): **28** ('41). — The direct utilization of solar energy: ibid. — Frequency of floods and droughts in India [15]): **30** ('43). — Microclimate in relation to topography: **34** ('47). — On the meteorological conditions favourable for the use of insecticides or fungicidal sprays and fumes inside plant communities: ibid. — The physics of the bottom layers of the atmosphere (Presidential address, Physics Section): **35** ('48) 113–51. — — [Angaben unsicher. Einige der zitierten Arbeiten sind möglicherweise in anderen Publikationen der Indian Science Congress Association erschienen].

Proc. nation. Inst. Sci. India Soil temperatures in relation to other factors controlling the disposal of solar radiation at the earth's surface [2]): **2** ('36) 131–43.

Sankhyā Statistical investigations on crop-weather relationships in India [5]): **3** ('38) 285–.

Scientific Notes, Meteorol. Dep., India A note on fog and haze at Poona during the cold season [1]): **5** ('33) 89–96.

Technical Notes, India meteorol. Dep. The climate of the air layers near the ground at Poona, 1: **1943**, Nr. 3, 1–8; ~ 2: **1944**, Nr. 9, 1–8; ~ 3: **1945**, Nr. 21, 1–4.

Weather Natural and artificial modification of microclimate: **12** ('57) 237–40.

WMO Bull. Agricultural meteorology: **7** ('58) Okt.-Nr., 148–53.

Weitere Beiträge in Konferenz- und Kongreßberichten. — Ferner eine Publikation "Evaporation control: Precautions to be observed in evaporation control experiments" ('58) 10 S. für Council for Scientific and Industrial Research (India).

Mit: [1]) S. Atmanathan; [2]) R. K. Dravid; [3]) K. M. Gadre; [4]) S. Y. Joglekar; [5]) R. J. Kalamkar; [6]) M. S. Katti; [7]) A. K. Mallik; [8]) S. L. Malurkar; [9]) M. Narasimhan; [10]) M. K. Paranjape; [11]) P. K. Raman; [12]) K. R. Ramanathan; [13]) B. N. Sreenivasiah; [14]) P. S. Vaidyanathan; [15]) S. Gopal Rao; [16]) P. Jagannathan; [17]) U. P. Pandit; [18]) P. V. Pimplewadkar; [19]) K. P. Ramakrishnan; [20]) V. Satakopan; [21]) S. Yegnanarayanan; [22]) S. Narasimhan.

VI **RAMSDEN**, Walter. Biochem. — 1914–31 Prof., '31 Prof. Emer., Univ. of Liverpool; '31– Research Biochemist, Univ. of Oxford. (⊠)
*1868, Okt. 4, Saddleworth, Engl.;
†1947, März 26, Oxford.

Nekr. R. Coope, Nature [London] **159** ('47) 801. — R. A. Peters, Biochemical J. **42** ('48) 321 f.

Nature [London] Coagulation by shearing and by freezing: **142** ('38) 1120 f.

VI **RAMSEY**, Arthur Stanley. Math. — 1897–1934 Lecturer, '04–13 Bursar, '12–27 Tutor, '15–37 Pres., Magdalene College, Cambridge.
*1867, Sept. 12, Hackney, London;
†1954, Dez. 31, Cambridge.

Nekr. D. W. Babbage, Nature [London] **175** ('55) 327.

W. Dynamics; a text-book for the use of the higher divisions in schools and for first year students at the universities **1** (Cambridge '29) 12+259 S., ²('33), Neudrucke: ('38, '44, '46, '51, '54, '59); **2** ('37) 11+344 S., ²('44), Neudrucke: ('51, '54, '56, '61). — Elementary co-ordinate geometry; a book for beginners (Cambridge '32) 8+156 S., Neudrucke: ('35, '42, '44, '45); ²('46) 8+169 S., Neudrucke: ('47, '48). — Elementary calculus; a book for beginners (Cambridge '32) 9+178 S.; ²('40) 10+178 S.; ³('47) 9+194 S., Neudruck: ('53). — Statics; a text-book for the use of the higher divisions in schools and for first year students at the universities (Cambridge '34) 11+296 S.; ²('41) 11+296 S., Neudrucke: ('46, '56). — A treatise on hydromechanics, **1**: Hydrostatics (m. W. H. Besant), Neuaufl. (London '34) 8+136 S., Neudrucke: ('41, '46, '52); **2**: Hydrodynamics, Neuaufl. ('35) 12+416 S., Neudrucke: ('42, '47, '49, '54). — Hydrostatics; a text-book for the use of first year students at the universities and for the higher divisions in schools (Cambridge '36) 8+169 S.; ²('46) 8+169 S., Neudrucke: ('47, '51, '56). — Electricity and magnetism; an introduction to the mathematical theory (Cambridge '37) 10+267 S.; ²('45) 10+267 S., Neudrucke: ('46, '49, '52, '56). — An introduction to the theory of Newtonian attraction (Cambridge '40) 9+184 S., Neudrucke: ('49, '52, '59, '62).

VI **RAMSEY,** Rolla Roy. Physik. — 1903–05 Assist. Prof., '05–19 Assoc. Prof., '19–42 Prof., '37–42 Acting Head of Physics Departm., '42 Prof. Emer., Indiana Univ., Bloomington, Ind.; '30 Pres., Indiana Acad. Sci.
*1872, Apr. 11, Morning Sun, Ohio;
†1955, Juni 11, Bloomington, Ind.

Nekr. O. B. Christy, Proc. Indiana Acad. Sci. **65**.1955 ('56) 31–33 (m. Bildn.).

W. Experimental radio, Neudr. der 3. Aufl. ³(Bloomington, Ind. '32) 12+255 S., ⁴('37) 14+196 S. — The fundamentals of radio ²(Bloomington, Ind. '35) 14+426 S.

American Physics Teacher A convenient mercury-vapor lamp: **5** ('37) 87. — An audio-frequency generator for laboratory use: 224f.

American J. Physics On the combination of sine waves: **8** ('40) 237–40.

Proc. Indiana Acad. Sci. Filter equations: **41**.1931 ('32) 413–15. — Likenesses and differences of resonance curves produced by damped wave and continuous wave transmitters: **47**.1937 ('38) 209–11. — On the oscillation of coupled circuits [1]: **51**.1941 ('42) 237–44. — Radiation from an electron using the formula, H = Curl Idl/r: **55** ('45) 168f. — Early physics in Indiana (to 1900): **58** ('48) 253–56.

Proc. Inst. Radio Engr. Radiation and induction: **21** ('33) 1586–89.

Projection Engng. Characteristic impedance: **1932**, März-Nr., 15–.

Radio Industries A simple attenuator: **1933**, Aug.-Nr., 38–.

Radio and Television April fool transmission: **1939**, Okt.-Nr., 333–.

School Sci. and Math. Shunts and attenuators: **32** ('32) 503–09.

Science [USA] Voice transmission on a beam of light: **78** ('33) 105. — The Helmholtz-Koenig controversy: **81** ('35) 561f.

Mit: [1]) L. E. Long.

VI **RAMSPERGER,** Herman Carl. Chem. (org.). — Prof., California Inst. of Technol., Pasadena, Cal. (⊠)
*1896, Juli 19, Salt Lake City, Utah;
†1932, Juli 13, Pasadena, Cal.

Chemical Reviews Experimental tests of unimolecular reaction-rate theories: **10** ('32) 27–48.

J. amer. chem. Soc. The gas phase equilibrium between methyl nitrite, hydrogen chloride, methyl alcohol, and nitrosyl chloride. The absorption spectrum of nitrosyl chloride [1]): **54** ('32) 1837–45. — The kinetics of the thermal decomposition of trichloromethyl chloroformate [2]): **55** ('33) 214–20.

Mit: [1]) J. A. Leermakers; [2]) G. Waddington.

V,VI **RANDALL,** Harrison McAllister. Physik, Bakteriol. — 1901–06 Instructor, '06–09 Assist. Prof., '09–15 Junior Prof., '16–40 Prof., '18–40 Dir. of Physical Labor., '40 Prof. Emer., Univ. of Michigan, Ann Arbor, Mich.; '36 Vice Pres., '37 Pres., Amer. Physical Soc. — '53 Ives Medal (Opt. Soc. of America).
*1870, Dez. 17, Burr Oak, Mich.;
†1969, Nov. 10, Ann Arbor, Mich.

Zur Biogr. H. H. Nielsen, A half-century of infrared spectroscopy: J. opt. Soc. America **50** ('60) 1147. — J. appl. Physics [USA] **10** ('39) 767 (m. Bildn.). — J. opt. Soc. America **44** ('54) 93f. (m. Schr.verz., Bildn. auf S. 96).

Nekr. O. Laporte, J. opt. Soc. America **60** ('70) 429f. (m. Bildn.). — D. M. Dennison, ibid. 430f. — Physics today **23** ('70) 127–29 (m. Bildn.).

Bitte Anmerkung auf Seite 4201 beachten!

Teilsammlung Application of infrared to fractionation of M. tuberculosis (Ann Arbor, Mich. '66) (m. Bildnissen).

S. The chemistry of penicillin (H. T. Clarke, J. R. Johnson, R. Robinson) (Princeton, N.J. '49) 382–414: Infrared spectroscopic studies of penicillin [31][3][28].

W. General college physics (m. N. H. Williams, W. F. Colby), Neuaufl. (New York–London '37) 14+687 S. — Infrared determination of organic structures (m. R. G. Fowler, J. R. Dangl, N. Fuson) (New York '49) 6+239 S.; (London '50) 5+239 S.; (Princeton, N.J. '59) 6+239 S. — The adaptation of infrared spectroscopy to bacteriological research (m. D. W. Smith, W. J. Nungester) (Ann Arbor, Mich. '53) 3+15 S. (Progress report on Veteran Administration project Nr. U1001M-1638, 1950).

American Rev. Respiratory Diseases Mycoside F, a new glycolipid characteristic for Mycobacterium fortuitum [30][27][10]: **84** ('61) 117. — Mycosides of mycobacteria [30]: **92** ('65) 34–41.

American Rev. Tuberculosis (and pulmonary Diseases) Correlation of the biologic properties of strains of mycobacterium with their infrared spectra, 1: Reproducibility of extracts of M. tuberculosis as determined by infrared spectroscopy [30][5][23]: **63** ('51) 372–80; ~ 2: The differentiation of the two strains, H37Rv and H37Ra, of M. tuberculosis by means of their infrared spectra [30][23]: **65** ('52) 477–80; ~ 3: The differentiation of bovine and human varieties of M. tuberculosis by means of their infrared spectra [30][15]: **69** ('54) 505–10; ~ 4: Fractionation and comparison of the lipids of human strains of M. tuberculosis by means of their infrared spectrums [19][30]: **73** ('56) 529–38. — Comparison of the native lipids of atypical acid-fast bacilli with lipids of known mycobacterial types [13][30][18]: **75** ('57) 843–45.

Analytical Chem. Detection and identification of deoxysugars on paper chromatograms [22][30]: **31** ('59) 2020–22.

Annals New York Acad. Sci. Characterization of mycobacterial strains by the composition of their lipide extracts [30][18][13]: **69** ('57) 145–57.

Biochemical J. Occurrence of methyl ethers of rhamnose and fucose in specific glycolipides of certain mycobacteria [22][30]: **80** ('61) 309–18.

J. appl. Physics [USA] Training physicists for industrial positions: **8** ('37) 103f. — Infrared spectra – observation and uses: **10** ('39) 768–79. — The analysis of multicomponent mixtures of hydrocarbons in the liquid phase by means of infrared absorption spectroscopy [11][24]: **17** ('46) 150–61.

J. Bacteriol. Detection of specific lipids in mycobacteria by infrared spectroscopy [30][22][26][27]: **79** ('60) 217–29. — Biological and chemical studies on mycobacteria. Relationship of colony morphology to mycoside content for Mycobacterium kansasii and Mycobacterium fortuitum [10][30]: **82** ('61) 517–27. — A mutant of a scotochromogenic mycobacterium detected by colony morphology and lipid studies [10][30]: **83** ('62) 828–36.

J. investigat. Dermatol. Infrared spectroscopic studies of fungi [4][33][2][30][21]: **22** ('54) 273–78.

J. opt. Soc. America Infrared spectroscopy in bacteriological research [30]: **43** ('53) 1086–92. — Infrared spectroscopy at the University of Michigan: **44** ('54) 97–103.

Lancet Bacterial residues in sarcoid lesions [30]: **1958** II, 642f.

Michigan Alumnus Infrared spectroscopy in modern physics: **47** ('41) 302–14.

Nature [London] Mycosides: a new class of type-specific glycolipids of mycobacteria [30][22][20]: **186** ('60) 887f.

Official Publ., Michigan Univ. The Symposium in theoretical physics at the University: **34** ('32) Nr. 8, 11–13. — The Michigan cyclotron: **38** ('37) Nr. 44, 12–14.

Physical Rev. The absorption spectrum of water vapor beyond 10 μ [32]: **40** ('32) 835–47. — The far infrared absorption spectra of ammonia and phosphine gases under high resolving power [34]: **44** ('33) 391–98. — The far infrared spectrum of water vapor [6][14][32]: **52** ('37) 160–74. — The far infrared absorption spectrum and the rotational structure of the heavy water vapor molecule [12][6]: **56** ('39) 982–1000. — Fine structure in the far infrared spectrum of ammonia [9]: **59** ('41) 171–73. — Performance and calibration of a recording infrared spectrometer [25][17]: **61** ('42) 547.

Review sci. Instruments An infrared spectrometer of large aperture: **3** ('32) 196–200. — A recording spectrograph for the far infrared [8]: **9** ('38) 404–13. — An absorption cell, mercury sealed: **10** ('39) 195. — Transmission and reflection of plastics and metal blacks in the far infrared [29]: **11** ('40) 365–68. — The infrared prism spectrograph as a precision instrument [25][17]: **13** ('42) 515–23.

Reviews modern Physics The spectroscopy of the far infrared: **10** ('38) 72–85. — The infrared spectra of the isomeric octanes in the liquid phase [25][1]: **16** ('44) 260–64. — The infrared spectra of the isomeric octanes in the vapor phase [25]: 265–70.

Zbl. Bakteriol., Parasitenkunde, Infektionskrankheiten u. Hyg., I. Abt., Referate Characterization of mycobacteria by infrared spectroscopic examination of their lipid fractions [30]: **194** ('64) 190–201.

Bitte Anmerkung auf Seite 4201 beachten!

Ferner Mitarbeit an einem Forschungsbericht für das American Petroleum Institute Hydrogen Carbon Research Project: "The infrared spectra of the isomeric heptanes, cyclopentane and four alkyl-substituted cyclopentanes" ('43).

Mit: [1]) W. E. Anderson; [2]) H. Boatwright; [3]) R. R. Brattain; [4]) E. P. Cawley; [5]) A. C. Colm; [6]) D. M. Dennison; [7]) —; [8]) F. A. Firestone; [9]) H. M. Foley; [10]) G. B. Fregnan; [11]) D. L. Fry; [12]) N. Fuson; [13]) M. M. Gastambide-Odier; [14]) N. Ginsburg; [15]) W. K. Harrell; [16]) —; [17]) Chao-Lan Kao; [18]) A. L. Koevoet; [19]) G. P. Kubica; [20]) E. Lederer; [21]) C. S. Lingamfelter; [22]) A. P. MacLennan; [23]) W. J. Nungester; [24]) R. E. Nusbaum; [25]) R. A. Oetjen; [26]) R. K. Putney; [27]) S. V. Rao; [28]) R. S. Rasmussen; [29]) H. S. Seifert; [30]) D. W. Smith; [31]) H. W. Thompson; [32]) L. R. Weber; [33]) C. E. Wheeler; [34]) N. Wright.

VI **RANDALL,** Merle. Chem. (physik.), chem. Technol. — 1912–14 Research Assist., '14–17 Research Assoc., '17–22 Assist. Prof., '22–27 Assoc. Prof., '27–44 Prof., '44 Prof. Emer., Univ. of California, Berkeley, Cal.; Dir. of Research, Stuart Oxygen Co., San Francisco, Cal. (⊠)
*1888, Jan. 29, Poplar Bluff, Mo.;
†1950, März 19 (17?), Berkeley, Calif.

Nekr. Chemical and Engng. News **28** ('50) 1136 (m. Bildn.). — School and Soc. **71** ('50) 189. — Science [USA] **111** ('50) 395.

W. Termites and termite control (m. S. F. Light, A. C. Horner, W. B. Herms, E. E. Bowe) (C. A. Kofoid) (Berkeley, Cal. '34) 25+734 S.; [2]('34) 27+795 S. — Chimičeskaja termodinamika (m. G. N. Lewis) (Leningrad '36) 16+532 S. [Übersetzung von: Thermodynamics and free energy of chemical substances ('23)]; Thermodynamics (m. G. N. Lewis) (K. S. Pitzer, L. Brewer) [2](New York–Toronto–London '61) 12+723 S. [Neuaufl. von: ~]. — Finding list for United States patent, design, trade-mark, reissue, label, print, and plant patent numbers (m. E. B. Watson) (Berkeley, Cal. '38), Cambridge–London '39) 31 S. (Department of Chemistry, University of California). — Elementary physical chemistry (m. L. E. Young) (Berkeley, Cal. '42) 14+455 S.

American Physics Teacher Electromotive force: **6** ('38) 291–. — Electrolytic cells: **7** ('39) 292–.

Biological Bull. A buffered and low oxygen content physiological salt solution [3]): **68** ('35) 258–62.

California Engr. Molecules and machines. The chemical engineer: his place in industry: **15** ('36) Nr. 1, 3–, 10–.

Chemické Listy Vědu a Průmysl Thermodynamik für Nichtspezialisten: **12** ('32) 289–93 [tschech.].

Bitte Anmerkung auf Seite 4201 beachten!

Industrial and Engng. Chem. Service of paint on woods treated with termite repellents [3]): **30** ('38) 444–49. — Separation processes: General methods of analysis [8]): 1063–67; ~: Analysis of unit sections [8]): 1188–92; ~: Correlation between the y vs. x and the molal heat content vs. mole fraction diagrams [8]): 1311–15; ~: Separation of isotopes by fractional distillation of water [16]): **31** ('39) 227–30; ~: Point transformations of y vs. x diagrams [8]): 908–11; ~: Fractionation of partially miscible liquids [8]): 1181–86; ~: Analogy between absorption, extraction, distillation, heat exchange and other separation processes [8]): 1295–99; ~: The principle of minimum dilution in design of new or unusual processes [8]): **32** ('40) 125–29. — Simultaneous chemical reaction and fractional distillation isomerization [8]): **34** ('42) 292–95.

Industrial and Engng. Chem., Analyt. Edit. Microdetermination of lead: Electrolytic-colorimetric method [12]): **7** ('35) 2f. — Determination of density differences by the flotation temperature method [8]): **11** ('39) 44–46. — Rapid volumetric method for the determination of the sulfate ion [14]): **14** ('42) 620f.

J. amer. chem. Soc. Determination of the free energy of ferrous hydroxide from measurements of electromotive force [4]): **54** ('32) 40–46. — The standard electrode potential of iron and the activity coefficient of ferrous chloride [4]): 47–54. — Potassium lead sulfate, lead sulfate, lead iodide, potassium, sulfate and iodide ions at 25° [13]): **57** ('35) 427–29. — The decomposition of silver nitrite [9])[2]): **60** ('38) 694–97. — Heavy oxygen ^{18}O as a tracer in the study of photosynthesis [11])[6])[5]): **63** ('41) 877–79. — The system methyl ethyl ketone - water below 0° [10]): **73** ('51) 4859–61.

J. chem. Educat. Boiling point - composition diagram of immiscible and partially miscible liquid systems [1]): **17** ('40) 536f. — Flow sheet and material balance of a quantitative experiment [18]): **18** ('41) 32–34.

J. chem. Physics Chemical thermodynamics: **6** ('38) 174.

J. physic. Chem. Lodochnikov's method of representing polynary systems [8]): **42** ('38) 1157–66. — Octahedral arsenious oxide [3]): **43** ('39) 613–22. — Calculation of solute activities from activities of the solvent. Limiting behavior of the h and j functions in dilute solutions [8]): **44** ('40) 306–13. — Approximate rules for solute activities in dilute solutions of nonelectrolytes. Generalized form of Bury's rule [7])[8]): 313–21. — Freezing points in mixtures of strong electrolytes [8]): 427–35. — Activity of the constituents in mixtures of butyl alcohol and water at 30° [17]): 917–20. — Change of index of refraction with concentration in solutions of water and normal butyl alcohol at 30° [8])[17]): **45** ('41)

340–43. — Diffusion of water into normal butyl alcohol at 30° [8][17]): 343–51. — Heat capacity and density of aqueous solutions of potassium iodate, potassium acid sulfate, iodic acid and sulfuric acid at 25° [15]): 959–67.

J. Washington Acad. Sci. Intuitive and descriptive geometry of function space [8]): **31** ('41) 421–31, 441–66, 485–95.

Z. Elektrochem. u. angew. physik. Chem. Die wesentlichen Eigenschaften eines Systems der Thermodynamik: **38** ('32) 676–80.

Mit: [1]) W. Avila; [2]) O. L. I. Brown; [3]) T. C. Doody; [4]) M. Frandsen; [5]) J. L. Hyde; [6]) M. D. Kamen; [7]) W. F. Libby; [8]) B. Longtin; [9]) G. G. Manov; [10]) F. E. McKenna; [11]) S. Ruben; [12]) M. N. Sarquis; [13]) D. L. Shaw; [14]) H. O. Stevenson; [15]) M. D. Taylor; [16]) W. A. Webb; [17]) H. P. Weber; [18]) L. E. Young.

VI **RANDOIN,** Lucie Gabrielle. Biochem. — 1914–21 Préparatrice, Labor. de Physiol. générale de la Sorbonne, Paris; '22–53 Dir., Labor. de Physiol. de la Nutrit. à l'Inst. de Recherches agron. et à l'Ecole des Hautes Etudes, puis au Centre National de la Recherche Sci., Paris; '38– Fondatrice et Dir., Inst. Supér. de l'Alimentat., Paris; '51 Fondatrice, Ecole de Diététique, Paris; '42–60 Secrétaire générale, Soc. Sci. d'Hygiène Alimentaire; '45 Prés., Soc. de Chim. biol. — '32 Prix Bellion, '38 Prix Jean Dagnan-Bouveret, '55 Prix Labbé (Acad. Sci. Paris); '59 Commandeur de la Légion d'Honneur; Officier du Mérite Agricole; Officier du "Meritul Sanitar" (Roumanie). (⊠)
*1888, Mai 11, Bœurs-en-Othe, Yonne; †1960, Sept. 13, Paris [?].

Zur Biogr. J. Fabianek, P. Fournier, J. Nutrition [USA] **91** ('67) 3–8 (m. Bildn.). — J. G. Romano Yalour, Industria lechera **36** ('54) 367–70. — C. R. hebd. Séances Acad. Sci., Paris **197** ('33) 1516.

Nekr. J. Raoul, Bull. Soc. Chim. biol. **43** ('61) 15–17 (m. Bildn.).

MHZ. Bull. Soc. Chim. biol. **14** ('32)–**24** ('42).

S. Trabajos IX Congreso internacional de química pura y aplicada, Madrid 1934 **5** (Madrid '36) 275–82: Recherches sur les vitamines de croissance liposolubles [33]). — La science de l'alimentation en 1937. Compte rendu des séances et discussion des rapports de 2ᵉ Congrès scientifique international de l'alimentation, Paris 1937 (Alençon '38) A3–A18: Problèmes physiologiques de l'alimentation. — 8ᵉ Congrès international des industries agricoles. Commission nationale permanente des industries agricoles, Bruxelles 1950 **4** (Bruxelles '50) 199–204: Bestimmung der Vitamin-A-Aktivität von Viehfutter mittels der biologischen Methode [französ.] [21])[7]).

W. Les vitamines (m. H. Simonnet) (Paris '32) 4+220 S. (Collection Armand Colin, Section de biologie, 145), ²('34), ³('39), ⁴('42), (5. Aufl. m. H. Simonnet, J. Causeret) ⁵('57) 224 S. (Collection Armand Colin, 317). — Vues actuelles sur le problème de l'alimentation. Avec tables de composition des aliments, mentionnant les teneurs en substances énergétiques, en éléments minéraux et en vitamines, les valeurs et le sens de l'équilibre acidité–alcalinité, les valeurs du rapport calcium–phosphore (Paris '37) 128 S. (Actualités scientifiques et industrielles, 579), 2. u. 3. Aufl. u. d. T.: Tables de composition des aliments, précédées des normes de l'alimentation humaine et suivies des tables de composition des principaux groupes de produits alimentaires à la production (m. P. LeGallic, J. Causeret) ²('47) 128 S., ³('61) 116 S. — Les vitamines (juillet 1937–juillet 1938) (m. P. LeGallic) (Paris '39) 124 S. (Actualités scientifiques et industrielles, 798; Physiologie, 22). — Régimes, vitamines et équilibre alimentaire, vers une thérapeutique nouvelle (m. A. Rossier) (Paris '42) 70 S. (Les thérapeutiques nouvelles. Clinique médicale de l'Hôpital Cochin). — Les rations alimentaires équilibrées (m. P. LeGallic, J. Causeret, G. Duchêne) (Paris '51) 53 S. (Société Scientifique d'Hygiène Alimentaire); ²('51) 56 S. — L'alcoolisme considéré dans ses rapports avec les problèmes de l'équilibre alimentaire et de l'équilibre fonctionnel (m. R. Lecoq) (Paris '58) 15 S. (Les cahiers Santé de la France, 12).

Annales Hyg. publ., industr. et sociale Considérations relatives à la valeur calorifique et à la teneur en protides et en lipides de la ration alimentaire actuelle du Parisien adulte (novembre 1946) [44])[39]): **25** ('47) 3–7.

Annales Inst. nation. Rech. agron., Sér. E La valeur nutritive des protides du lait peut-elle être affectée par le caillage et par l'élimination du lactosérum ? [7]): **5** ('56) 521–26. — Recherches préliminaires sur l'utilisation digestive et sur la valeur biologique des protides de diverses espèces de fromage [7]): 527–37.

Annales Nutrit. et Alimentat. Le dosage des vitamines D antirachitiques par les méthodes biologiques: **4** ('50) 107–40. — Méthodes et résultats des enquêtes sur la consommation alimentaire française d'avant-guerre [1937–1939] [27]): **6** ('52) 41–79.

Annales Physiol. et Physicochim. biol. Les réactions du tissu conjonctiv au niveau de lésions expérimentales chez des cobayes présentant du scorbut aigu ou du scorbut cronique [28]): **13** ('37) 1057–59.

Archives Anat. microscop. Altérations anatomiques du système nerveux au cours de l'avitaminose B expérimentelle [43])[45]): **30** ('34) 297–380.

Archivio Sci. biol. Variations de la constitution du milieu intérieur sous l'influence d'un déséquilibre alimentaire dû à l'absence totale et exclusive de vitamine antiscorbutique dans le régime [30]): **18** ('33) 294f.

Biologia med. Le origini e lo stato attuale della questione delle vitamine: **8** ('32) 243–, 287–.

Bull. Acad. Méd. Les quantités minima de principes nutritifs nécessaires et les rapports et équilibres alimentaires à réaliser dans les rations destinées aux adultes: **124** ('41) 429–37. — Les vitamines du lait de femme. Etude comparative des rapports et équilibres alimentaires normaux pour l'organisme du nourrisson et pour l'organisme de l'adulte: 590–600, 674. — Sur le régime des adolescents et de déficit de calcium alimentaire [39]): **125** ('41) 79–82, 250. — Etude comparative des rapports et équilibres alimentaires caractérisant le lait de vache, le lait de femme (alimentation normale du nourrisson) et la ration équilibrée normale de l'adulte: 113–15. — La composition actuelle des rations alimentaires pour femmes allaitantes a-t-elle une influence sur la composition du lait maternel? Résultats expérimentaux après une enquête en février-mars 1942 [40])[3])[13]): **126** ('42) 468f. — Diminution importante de la teneur en vitamine B_2 des laits de femme au cours de la période actuelle de restrictions alimentaires [36]): **127** ('43) 12–14. — Phénomènes de dénutrition chez les aliénés pendant la période des restrictions. Résultats d'une enquête alimentaire effectuée à l'Hôpital psychiatrique de Sainte-Anne, en juillet 1942: 559–64. — Essais d'enrichissement des laits de femme en vitamine B_2 [36]): **131** ('47) 11–13. — Au nom de la Commission des vitamines: 296–, 422–.

Bull. Acad. nation. Méd. Les fromages et les vins comme sources de vitamines B: **133** ('49) 204–. — Sur l'absorption intestinale de la vitamine D antirachitique administrée par voie rectale: 377–79. — Recherches expérimentales sur la valeur antiscorbutique comparée des laits de vache frais, pasteurisés, bouillis, autoclavés, concentrés non sucrés, concentrés sucrés, secs non sucrés et secs sucrés [34]): 434–38. — Sur l'absorption intestinale de la vitamine A adminstrée par voie rectale [21])[7]): **134** ('50) 57–59. — Les quantités d'acides aminés indispensables correspondant à une alimentation satisfaisante pour adultes [13]): 100–03. — Enzymes, hormones et vitamines. Nouvelle définition de la vitamine et nouvelle dénomination des deux catégories de vitamines: 478–84. — Nouvelles recherches sur la valeur antiscorbutique comparée des laits concentrés sucrés, des laits condensés non sucrés et des laits entiers non sucrés [34]): **136** ('52) 196–99. — Action plastique de certains glucides et ses conséquences en physiologie osseuse. Besoin en calcium et équilibre fonctionnel [13]): **140** ('56) 170–75.

Bull. Soc. Chim. biol. Action comparée du dinitrophénol 1-2-4 sur la thermogénèse de pigeons privés de vitamines B, de pigeons recevant un excès de glucides et de pigeons inanités et normaux [41]): **14** ('32) 993–1010. — La nature chimique de la vitamine C ou des vitamines C [33]): **15** ('33) 275–303. — Le standard international et l'unité internationale de vitamine A: 637–41. — Le seuil d'activité du carotène pur. Recherches concernant la valeur exacte de l'activité biologique du standard international de vitamine A [33]): 706–23. — Sur l'activité biologique du carotène des glandes surrénales et la présence de carotinoïdes dans les glandes surrénales de diverses espèces animales [33]): 944–53. — L'étalon international de vitamine D. Détermination de la valeur exacte de son activité biologique: **16** ('34) 428–39. — L'étalon international de vitamine B_1. Détermination de la valeur exacte de son activité biologique avec le pigeon adulte comme réactif-animal: 440–47. — Vitamine de reproduction et vitamines de croissance liposolubles [33]): 581–94. — Expériences comparatives de longue durée sur les vitamines liposolubles [33]): 595–608. — Rapport de la deuxième Conférence internationale sur l'étalonnage des vitamines (Londres, juin 1934): **17** ('35) 67–80. — Recherches biologiques et biochimiques sur la teneur en acide ascorbique des tissus chlorophylliens et achlorophylliens [18])[25]): 1649–76. — Influence comparée de la nature des sucres, dans l'avitaminose A et dans un régime artificiel théoriquement complet, sur la croissance et l'entretien de l'organisme du rat [35]): **18** ('36) 1789–802. — Essais de séro-interférométrie endocrinienne de cobayes normaux et de cobayes scorbutiques [36]): **19** ('37) 119–24. — Sur la possibilité d'effectuer un dosage biochimique de la vitamine C (nouvelle méthode de dosage de l'acide ascorbique) [25]): **21** ('39) 604–08. — Sur l'existence de corrélations entre les teneurs en protéines, en fer et en vitamines des tissus végétaux [27]): **22** ('40) 593–602. — Détermination – par la méthode chimique et par la méthode biologique – de la teneur en vitamine C du fruit du châtaignier (Castanea sativa Miller). Influence du mode de cuisson sur la valeur vitaminique de la châtaigne [16]): 603–07. — La vitamine B_2 dans les laits et les produits de laiterie [36]): **23** ('41) 90–95. — Recherches sur la teneur en acide ascorbique des produits laitiers notamment de différentes variétés de fromages français: 358–61. — Recherches expérimentales sur la vitaminisation artificielle d'aliments naturels de consommation courante [16]): 429–36. — Les vitamines du lait de vache. Les rapports et équilibres biochimiques caractérisant le lait de vache, le lait de femme et la ration équilibrée de l'adulte: 437–52. — Etude biologique de la valeur nutritive comparée de la farine de tourteau d'arachide deshuilée et des levures sèches avec le jeune rat comme réactif-animal [22]): **24** ('42) 165–67. — Déséquilibre alimentaire provoqué par l'addition de fortes pro-

Bitte Anmerkung auf Seite 4201 beachten!

portions de farine de tourteau d'arachide déshuilée à un régime complet et bien équilibré [3]): 168–71. — La farine de tourteau d'arachide déshuilée, étude biologique de sa valeur protidique avec le jeune rat comme animal-réactif [3])[13]): 341–46. — Recherches comparatives sur la valeur biologique des protides de la caséine et des protides de la farine de torteau d'arachide déshuilée. Importance de l'équilibre minéral des rations d'expérience [3]): **25** ('43) 250–58. — Vergleichende Bestimmung des Nährwertes von Weißbrot und von Weizenvollkornbrot an vier Versuchspersonen [13])[9]): **27** ('45) 40–49 [französ.]. — Utilisation physiologique comparée du calcium des calcaires dolomitiques et du calcium du carbonate de chaux [21])[7])[32]): **32** ('50) 807–14. — Influence de divers sels magnésiens administrés par voie orale sur la rétention du calcium dans l'organisme [7])[21])[32]): **34** ('52) 1159–63.

Bull. Soc. sci. Hyg. aliment. et Alimentat. ration. (Homme) Rapport de la deuxième Conférence Internationale sur l'étalonnage des vitamines (Londres, juin 1934): **23** ('35) 215–28. — Vitamines, jus de raisin et vins: **24** ('36) 18–40. — Le questionnaire des enquêtes nationales sur l'alimentation: **25** ('37) 245–60. — La richesse des tissus chlorophylliens en acide ascorbique [18])[38]): **26** ('38) 309–27. — L'équilibre de la ration. Les équilibres nutritifs et alimentaires: **28** ('40) 91–98. — Les équilibres alimentaires. Les aliments de remplacement: **29** ('41) 117–53. — Influence du mode de cuisson et de l'épluchage sur l'importance des pertes en vitamine C subies par deux sortes d'aliments d'origine végétale [14]): 181–86. — Le déficit actuel du calcium alimentaire et les moyens d'y remédier [39]): 213–17. — Recherches expérimentales sur les conditions permettant de limiter au maximum la destruction de la vitamine C au cours de la cuisson des produits végétaux [14]): **30** ('42) 77–80. — Les besoins de la population française en phosphore, calcium et vitamine D, aux différents âges de la vie, et dans divers états physiologiques, et les moyens de corriger les déficits actuels de ces principes nutritifs dans les rations alimentaires: 118–24. — Le germe de blé dans le grain et dans les farines [8]): **31** ('43) 132–36. — Relations entre la composition du grain de blé et la composition des différentes farines qui peuvent en dériver, spécialement au point de vue des teneurs en vitamine B_1, cendres et cellulose [8])[13]): 177–84. — An Versuchspersonen durchgeführter Vergleich des Nährwertes von Weizenvollkornbrot und von Weißbrot, besonders im Hinblick auf stickstoffhaltige Substanzen, Vitamin B_2 und Zellulose [13])[9]): **32** ('44) 21–43 [französ.]. — Tabelle der Zusammensetzung der hauptsächlichen Gruppen von Futtermittelrohprodukten [7]): **33** ('45) 23–31 [~]. — Experimentelle Untersuchungen hinsichtlich des Einflusses der Dauer von Gaben an Phosphor, Calcium, Magnesium und Vitamin D auf das Wachstumsgleichgewicht der weißen Ratte [7]): 123–33 [~]. — Experimentelle Untersuchungen hinsichtlich des Einflusses der Dauer von Gaben an Phosphor, Calcium, Magnesium und Vitamin D auf die Knochenentwicklung bei der weißen Ratte [7]): 134–43 [~]. — Energie-, Mineral- und Vitaminwerte der eßbaren Früchte von Actinidia chinensis Planchon [3]): 144–53 [~]. — Constitution d'un régime alimentaire équilibré pour les jeunes rats blancs destinés au dosage des vitamines A et D par les méthodes biologiques [7]): **35** ('47) 14–22. — Valeur énergétique minérale et vitaminique du germe d'orge (Hordeum spontaneum) [9]): 36–40. — Consommation réelle d'une famille de quatre personnes dans la région parisienne. Coût mensuel de son alimentation [10]): 41–47. — Recherches expérimentales sur le sarrasin, Polygonum fagopyrum L., 1: Composition chimique du grain et de la farine de sarrasin [9]): 123–27. — L'effet défavorable qu'exercent de fortes doses de magnésium sur la croissance du rat dépend-il de la teneur du régime alimentaire en calcium, et inversement? [7]): 179–83. — Recherches sur les teneurs en phosphore, en calcium et en fer des feuilles de Petroselinum sativum Hoffmann, source exceptionnellement riche de calcium et surtout de fer [13]): 184–93. — Recherches sur la valeur nutritive (énergétique, minérale et vitaminique) des feuilles de Petroselinum sativum Hoffmann. Comparaison avec celle des autres feuilles vertes comestibles [13]): **36** ('48) 40–53. — Considérations générales sur les méthodes biologiques de dosage des vitamines: 95–113.

Alimentation et Vie Getreide und Getreideprodukte bei der menschlichen Ernährung [7]): **37** ('49) 10–51 [französ.]. — Die Ernährung schwangerer und stillender Frauen: 67–110 [~]. — Détermination des teneurs en vitamine C, A, B_1 et B_2 de différents laits de femme et étude des modifications de ces teneurs au cours de la stérilisation et de la conservation effectuées au lactarium [34]): 115–21. — La pyridoxine, l'acide pantothénique, l'acide folique et les vitamines dites secondaires du groupe B [7]): **38** ('50) 82–100. — Les vitamines D [7]): 219–36. — Le problème des vitamines, dans ses rapports avec l'équilibre alimentaire et l'équilibre fonctionnel. Nouvelle définition et nouvelle classification des vitamines: **39** ('51) 16–38. — Bedeutung der Grundnahrungsmittel für die verschiedenen Verbrauchergruppen [10]): 92–97 [französ.]. — Tables et documents [7])[27]): 98–122. — Le calcium en biologie et dans l'alimentation humaine [7]): 249–66. — La valeur nutritive des produits laitiers, 1: Le lait de consommation [7]): **40** ('52) 223–55; ~ 2: Lait sec et lait condensé [7]): **41** ('53) 23–33; ~ 3: Les fromages [7]): **43** ('55) 227–57; ~ 4: Le beurre [7]): **44** ('56) 218–35. — La bière [2]): 3–28.

Bull. Soc. Sexol. Constitution d'un régime alimentaire artificiel destiné à l'étude des relations entre l'alimentation et les processus sexuels [41]): **1** ('33) 131–37.

Bull. trimestr. Organisat. Hyg. Sur la nécessité d'un contrôle biologique des aliments (spécialement au point de vue de leur teneur en vitamines): **5** ('36) 541–53.

Chimie et Industrie Nutrition et équilibre biochimique du régime alimentaire: **34** ('35) 10–21.

C. R. hebd. Séances Acad. Agric. France Utilisation digestive et utilisation physiologique comparées du phosphore du lait de vache, du "Pont-l'Evêque" et du gruyère [23]): **38** ('52) 160–62. — Utilisation physiologique comparée du calcium du lait de vache, du "Pont-l'Evêque" et du gruyère [23])[7]): 602f. — Influence du caillage sur l'utilisation digestive et sur la valeur biologique des protides du lait. Essais de supplémentation des protides du lait, du caillé et du camembert par la cystine [23])[7]): **40** ('54) 304–06. — Evolution de la valeur vitaminique du gruyère aux divers stades de sa fabrication [7]): **42** ('56) 727–31.

C. R. hebd. Séances, Acad. Sci. Paris Variations, au cours du scorbut aigu expérimental, des quantités de sodium et de potassium éliminées par les reins et présentes dans le sérum sanguin et le sang total [30]): **194** ('32) 565–67. — Variations de la teneur des muscles striés en sodium et en potassium sous l'influence d'un régime exclusivement privé de vitamine antiscorbutique: 647–50. — Constitution d'un régime artificiel en vue d'expériences de longue durée sur les relations entre l'alimentation et les phénomènes de croissance, d'entretien et, particulièrement, de reproduction [41]): **195** ('32) 1328–30. — Avitaminose A et utilisation des lipides [33]): **198** ('34) 395–97. — L'évolution de l'avitaminose A peut-elle être influencée par la nature et les proportions des protides du régime de base? [35]): 1942–44. — Possibilité de réaliser, en l'absence de toutes les vitamines liposolubles connues, un équilibre alimentaire permettant la croissance et l'entretien du rat: 2120–22, 2312. — Utilisation des sucres; vitamines B et équilibre alimentaire [31]): **201** ('35) 1426–28. — Différence profonde entre le degré de nécessité des vitamines A et B, à une époque précise de la croissance du jeune rat, et dans le cas d'un régime très riche en glucides [33]): **202** ('36) 1105–07. — Nouvelle méthode biochimique de dosage de la vitamine C [25]): **208** ('39) 941–43. — Nécessité d'un équilibre quantitatif entre les principes nutritifs de la ration et la vitamine B_1 [22]): **214** ('42) 390–93. — Effets physiopathologiques provoqués, chez le jeune rat blanc, par l'ingestion de fortes doses d'amide nicotinique (vitamine PP) [7]): **227** ('48) 367–69. — Action curative du foie et du complexe acide pantothénique – acide folique vis-à-vis de certains effets physiopathologiques provoqués, chez le jeune rat blanc, par l'ingestion de fortes doses d'amide nicotinique (vitamine PP) [7]): 399–401. — Suppression, au moyen de l'acide pantothénique, de l'effet inhibiteur produit par l'amide nicotinique à fortes doses sur le développement de Lactobacillus arabinosus: 486–88. — Un supplément de méthionine peut-il prévenir l'arrêt de croissance provoqué, chez le rat, par un excès d'amide nicotinique dans le régime alimentaire? [7]): **228** ('49) 504–06. — Influence de certains facteurs vitaminiques du complexe B sur l'évolution de l'hypervitaminose PP chez le rat [7]): **229** ('49) 855f. — Peut-on considérer l'acide folique et la biotine comme des facteurs adjuvants de l'acide pantothénique? [7]): **230** ('50) 323–25. — Flore microbienne intestinale et hypervitaminose PP chez le lapin [7]): **231** ('50) 369–71. — Influence de fortes doses de thiamine (vitamine B_1) sur le développement du jeune rat soumis à un régime alimentaire plus ou moins riche en vitamines du complexe B [7]): **232** ('51) 113–15. — L'absorption intestinale du calcium au cours du rachitisme expérimental du rat [42])[13]): 553–55. — Conceptions nouvelles du besoin en calcium dans ses rapports avec l'équilibre fonctionnel [27])[13]): **240** ('55) 230–32. — Sur la présence, dans la gelée royale, de corps biréfringents en lumière polarisée [5]): **249** ('59) 187f.

C. R. (hebd.) Séances (et Mém.) Soc. Biol. Sur les effets d'une inanition partielle avec une très forte proportion de glucose pur dans la ration et avec un grand excès de vitamines B [26]): **110** ('32) 933–36. — Les substances amylacées purifiées ou modifiées, envisagées comme compléments nutritifs du lait écrémé [26]): **111** ('32) 699–702. — Sur le degré d'activité antiscorbutique de l'acide ascorbique: **116** ('34) 4–6. — Relations entre la teneur en vitamine C de divers tissus végétaux et la présence ou l'absence de chlorophylle [18])[25]): **120** ('35) 297–300. — Les teneurs en acide ascorbique des organes du rat varient-elles suivant la présence ou l'absence de la vitamine A dans le régime? [18])[25]): 1082–85. — La nature des glucides de la ration a-t-elle une influence sur l'évolution de l'avitaminose A ? [35]): **121** ('36) 1172–77. — La nature des glucides entrant dans un régime théoriquement complet et équilibré peut-elle avoir une influence sur le développement et l'entretien de l'organisme du rat? [35]): 1318–23. — Rôle de la vitamine C dans le développement de scléroses expérimentales [28]): **122** ('36) 1184–87. — Détermination de la réserve alcaline chez les cobayes normaux et scorbutiques [36])[1]): **124** ('37) 621–23. — Scorbut chronique et réactions du tissu conjonctif au niveau des lésions expérimentales [28]): **125** ('37) 47f. — Détermination de la valeur de la réserve alcaline chez les cobayes tuberculisés [36])[1]): **126** ('37) 791–93. — Préparation d'un régime artificiel exclusivement privé de vitamine B_2 et destiné au rat en voie de croissance [36])[1]): 872–74. — Un tissu chlorophyllien est-il réellement beaucoup plus riche en acide ascorbique que le même tissu dépourvu de chlorophylle? [18])[37]): 1068–70. — Dosage de la flavine dans

Bitte Anmerkung auf Seite 4201 beachten!

quelques organes de cobayes normaux et scorbutiques [36]): **127** ('38) 590–92. — Nouvelle technique de dosage biologique de la vitamine B_1 avec le pigeon adulte, et détermination de la valeur vitaminique comparée de l'étalon international de vitamine B_1 et du chlorhydrate synthétique pur de vitamine B_1 [27]): **128** ('38) 1052–54. — Nouvelle technique de dosage biologique de la vitamine B_1 avec le jeune rat et détermination de la valeur vitaminique comparée de l'étalon international de vitamine B_1 et du chlorhydrate synthétique pur de vitamine B_1 [27]): 1055–57. — Facteurs de croissance du rat contenus dans la peau et les écailles de certains poissons [12])[6])[36]): **129** ('38) 473–76. — Sur l'équilibre alimentaire. Influence de l'addition d'un mélange salin équilibré à des régimes exclusivement glucidiques [31]): 1026–30. — La teneur en riboflavine (vitamine B_2) dans quelques organes de jeunes rats normaux et soumis à un régime dépourvu de vitamine B_2 [36])[19]): **130** ('39) 729–33. — Dosage chimique et biologique de l'acide ascorbique dans les fruits d'églantier (Rosa canina) frais et dans les fruits d'églantier séchés [16]): **134** ('40) 394–97. — Détermination de la valeur antiscorbutique du fruit comestible d'Actinidia chinensis Planchon, source exceptionnellement riche en vitamine C [3]): **135** ('41) 209–12. — Etude comparative, au cours des années 1940 et 1942, des teneurs en vitamine B_2 du lait de femme [36]): **136** ('42) 743f. — Production du polynévrite et dénutrition suivies de mort chez le jeune rat au moyen de régimes artificiels renfermant des vitamines B et dépourvues de plusieurs oligo-éléments (fer, manganèse, iode, aluminium): **138** ('44) 729–31. — Quels sont ceux des oligo-éléments suivants: fer, manganèse, iode, aluminium, dont la suppression, dans des régimes artificiels renfermant des vitamines B, produit les mêmes effets polynévritiques que la suppression simultanée de ces oligo-éléments: 732–34. — Evolution de l'indice chronologique vestibulaire du cobaye dans l'avitaminose C [4]): **140** ('46) 282–84. — Action favorable de l'amide nicotinique, administrée au jeune rat blanc exclusivement privé de toutes les vitamines du groupe B: 493–96. — "Vitamine A" et activité vitaminique [27]): **142** ('48) 635f. — Influence des lipides de l'huile d'arachide sur l'utilisation, par l'organisme du rat, du carotène cristallisé, et de l'axérophtol d'un aliment composé [21])[7]): **145** ('51) 65–68. — Influence du mode et du rythme d'administration du carotène sur la reprise de croissance du rat carencé en vitamine A [21])[7]): 68–70.

Industria lechera La valeur nutritive des produits laitiers [7]): **36** ('54) 308–10, 312, 372–75, 377f., 429–32, 467–76, 478f., 512, 514–16, 555f., 582, 586, 588, 590, 592, 594, 600 [ ].

Industries agric. et aliment. La valeur vitaminique de la bière. Teneurs de diverses bières françaises en cinq enzymovitamines du "complexe B". Comparaison avec les bières anglaises [20])[34]): **70** ('53) 31–40.

J. Physiologie [Paris] Comportement du jeune rat normal auquel on donne le choix entre de l'eau pure et une solution peu concentrée de chlorure de sodium [7])[17]): **42** ('50) 447–50. — L'influence favorable du chlorure de sodium sur l'organisme du rat surrénalectomisé est-elle due essentiellement à son action sur l'appétit? [7])[32]): 451–57. — Nouvelles expériences relatives à l'influence de la composition du régime des rats gestantes et allaitantes sur le comportement des portées, notamment sur la vitesse de croissance et l'utilisation calcique [11])[42])[13]): **51** ('59) 552f.

Lait Recherches expérimentales sur la valeur antiscorbutique comparée des laits de vache frais, pasteurisés, boullis, autoclavés, concentrés non sucrés, concentrés sucrés, secs non sucrés et secs sucrés [34]): **30** ('50) 29–33. — Détermination des teneurs en vitamines C, A, B_1, B_2 de différents laits de femme et étude des modifications de ces teneurs au cours de la stérilisation et de la conservation au lactarium [34]): 622–. — Détermination des teneurs en matière sèche, en calcium et en phosphore des principaux fromages français à pâte molle [24]): **31** ('51) 113–21. — Détermination des teneurs en matière sèche, en calcium et en phosphore de diverses variétés de fromages à pâte ferme ou demi-dure, et à croûte résistante [24]): 250–56. — Détermination des teneurs en eau et matière sèche, en calcium et en phosphore de diverses variétés de fromages frais [24]): 617–23. — Détermination des teneurs en eau et matière sèche, en calcium et en phosphore de deux variétés de fromages à pâte demi-dure et à moisissures internes [24]): **32** ('52) 481–85. — Déterminations des teneurs en matière sèche, en calcium et en phosphore de deux sortes de fromages de chèvre et de onze échantillons de crèmes de gruyère [24]): 593–99. — Vue d'ensemble sur les valeurs calciophosphoriques de 23 variétés de fromages (frais, à pâte molle, demi-dure ou ferme, fondus). Relations entre ces valeurs et les techniques de fabrication des différents fromages [24]): 607–16. — Détermination des teneurs en acide ascorbique de différents laits de consommation courante [34]): **33** ('53) 1–6. — Influence du caillage sur l'utilisation digestive et sur la valeur biologique des protides du lait. Essais de supplémentation des protides du lait, du caillé et du camembert par la cystine [23])[7]): **35** ('55) 272–75. — Teneur du yoghourt en quelques vitamines [7]): **36** ('56) 129–37. — Evolution de la valeur vitaminique du gruyère aux divers stades de sa fabrication [7]): **38** ('58) 13–18.

Médecine [Paris] Existe-t-il une ou deux vitamines antiscorbutiques?: **14** ('33) 677–86.

Médecine tropic. Vitamines en aliments naturels: **8** ('48) 46–50.

Bitte Anmerkung auf Seite 4201 beachten!

Mitt. naturforsch. Ges. Bern Equilibre alimentaire, vitamines et équilibre fonctionnel: **8** ('51) Vorträge, IX–XI.

Monde méd. La nature chimique des vitamines et leur rôle dans les organismes animaux: **46** ('36) 745–65.

Mushroom Sci. Composition chimique et valeur nutritive des champignons cultivés [2]): **3**. 1956 ('57) 59–79.

Nourrisson Neue Untersuchungen über den Gehalt der Frauenmilch an Vitamin B_2 während der Periode der Lebensmittelrationierung [36]): **31** ('43) 59–63 [französ.].

Presse méd. Le déficit actuel du calcium alimentaire et les moyens d'y remédier [39]): **49** ('41) 1246f.

Quarterly Bull. Health Organisat. The necessity for a biological supervision of food (with special reference to its vitamin content): **5** ('36) 493–504.

Revista alimentar Vitamine, Traubensaft und Weine: **2** ('38) 18f., 23–25 [ ].

Revue Agriculteurs France Die Rolle der Vitamine bei der Ernährung der Haustiere: **70** ('38) 143–45 [französ.].

Revue mens. Musée social Orientation actuelle des idées en hygiène alimentaire: le souci grandissant de la santé publique: **45** ('38) 293–307.

Mit: [1]) J. Aguirrezabala; [2]) S. Billaud; [3]) J. Boisselot; [4]) G. Bourguignon; [5]) P. Brun; [6]) R. G. Busnel; [7]) J. Causeret; [8]) G. Delarouzée; [9]) A. Digaud; [10]) G. Duchêne; [11]) Y. Dupuis; [12]) M. Fontaine; [13]) P. Fournier; [14]) J. Gachignard; [15]) —; [16]) S. Gallot; [17]) M. Gavrel-Szymanski; [18]) A. Giroud; [19]) A. Gourévitch; [20]) O. Guérillot; [21]) D. Hugot; [22]) R. Jacquot; [23]) C. Jourdan = [24]) C. (Jourdan-)Vatinel; [25]) C. P. Leblond; [26]) R. Lecoq; [27]) P. LeGallic; [28]) H. Mazoué; [29]) —; [30]) A. Michaux; [31]) F. Milhaud; [32]) G. Morel; [33]) R. Netter; [34]) A. Perroteau; [35]) S. Queuille; [36]) A. Raffy; [37]) A. Rakoto-Ratsimamanga = [38]) A. R. Ratsimamanga; [39]) C. Richet; [40]) A. Rossier; [41]) H. Simonnet; [42]) H. Susbielle; [43]) I. Bertrand; [44]) E. Lesné; [45]) A. F. Liber.

V,VI **RANKINE,** Alexander Oliver. Physik, Geophysik. — 1919–37 Prof. Physics, '25–31 Dir. of the Techn. Optics Departm., Imperial College of Sci. and Technol., South Kensington, London; '27–37 Adviser, '37–47 Chief Physicist, '47–54 Geophysical Adviser, Anglo-Iranian Oil Company, Ltd.; '23–29 Hon. Secretary, '29–32 Vice-Pres., '32–34 Pres., '42–45 Chairman of the Optical Group, Physical Soc.; '26–31 Hon. Secretary, '43–47 Vice-Pres., Inst. of Physics; '31–32 Pres., Optical Soc.; '32 Pres. of Sect. A, Brit. Assoc. for the Advancem. of Sci.; '45–52 Secretary, Roy. Instn. of Great Britain.

*1881, Dez. 8, Guildford, Surrey;
†1956, Jan. 20, Hampton, Middlesex.

Nekr. L. C. Martin, Nature [London] **177** ('56) 408 f. — G. Thomson, Biographical Mem. Fellows roy. Soc. **2** ('56) 249–55 (m. Bildn., Faks., Schr.-verz.). — A. B. Wood, Yearb. physic. Soc., London **1956**, 45–47. — Engineering **181** ('56) 119.

J. Inst. Metals The search for minerals by physical methods: **74** ('48) 563–82.

Nature [London] Some aspects of applied geophysics: **130** ('32) 421–24. — Allan Ferguson†: **169** ('52) 14f.

Obituary Notices Fellows roy. Soc. London Alfred William Porter†: **3** ('39/41) 87f.

Proc. physic. Soc. On the representation and calculating of the results of gravity surveys with torsion balances: **44** ('32) 465–73. — Some observations with a gravity-gradiometer: 474–93. — The measurement of magnetic field distortion: **46** ('34) 1–15. — Note on the behaviour of the Eötvös gravity balance in fluctuating gravitational fields: 137–39. — A simple method of demonstrating the paramagnetism and diamagnetism of substances in magnetic fields of low intensity: 391–407. — Award of the Duddell-Medal, 1934, to Harold Dennis Taylor: 897f. — Guthrie centenary: 899.

Proc. physic. Soc., Sect. B Experimental studies in thermal convection: **63** ('50) 417–43.

Proc. roy. Instn. Great Britain Some experiments in gravitation and magnetism: **28**, 1933/35 ('35) 575–83. — The dispersal of fog on airfields: **33** ('45) 469–. — Physical problems in oil production: **34** ('48) 168–.

Rep. annu. Meeting, Brit. Assoc. Advancement Sci. Some aspects of applied geophysics: **1932**, 21–36.

Trans. nation. Inst. Sci. India Geophysical prospecting for oil in India: **2** ('47) 241–56.

IV,VI **RANSOME,** Frederick Leslie. Geol. — 1927–35 Prof. Economic Geol., California Inst. of Technol., Pasadena, Calif.; '28–35 Consulting Geologist, U.S. Reclamation Service and Metropolitan Water District of Southern California; '13 Pres., Geol. Soc. of Washington; '18 Pres., Washington Acad. Sci.; '26–27 Pres., Soc. of Economic Geologists. (⊠)

*1868, Dez. 2, Greenwich, Engl.;
†1935, Okt. 6, Pasadena, Calif.

Nekr. W. Lindgren, Economic Geol. **30** ('35) 841; Proc. geol. Soc. America **1936** ('37) 249–57 (m. Bildn., Faks., Schr.verz.).

Bitte Anmerkung auf Seite 4201 beachten!

Zur Biobibliogr. Biographical Mem., Nation. Acad. Sci. USA **22** ('43) 155–70 (m. Bildn., Faks., Schr.verz.).

H. Guidebook, 16th International geological congress, Washington, D.C., 1933, **14**: Ore deposits of the Southwest (Washington, D.C. '32); darin eig. Beitr. 1–22: General geology and summary of ore deposits.

S. Copper resources of the world (16th International geological congress, Washington, D.C., 1933) **1** (Washington, D.C. '35) 37–64: The geologic features of the occurrence of copper in North America.

Bull. geol. Soc. America Memorial tribute to Johan Herman Lie Vogt (1858–1932): **44** ('33) 419–21.

Economic Geol. What is a rock?: **28** ('33) 502–05.

Trans. amer. Inst. Mining and metallurg. Engr. Historical review of geology as related to western mining: Ore deposits of the Western States: Lindgren volume ('33) 1–16.

VI **RANUM,** Arthur. Math. — 1906–10 Instructor, '10–23 Assist. Prof., '23–34 Prof., Cornell Univ., Ithaca, N.Y.
*1870, Dez. 13, La Crosse, Wis.;
†1934, Febr. 28, Clifton Springs, N.Y.

Todesanzeige Science [USA] **79** ('34) 222. — Scripta Math. **3** ('35) 88. — Nature [London] **133** ('34) 523.

VI **RANZI,** Ivo. Physik. — 1937–38 Prof. straord., Univ. di Cagliari, Sardegna; '38–42 Prof. ord., Univ. di Perugia; '42–58 Prof. ord., Univ. di Firenze; '49–52 Incaricato di insegnamento, Univ. de Buenos Aires e Univ. nacion. de la Plata, Argentina; '59–78 Prof. ord., Scuola post-universitaria di Perfezionamento nelle Telecomunicazioni, Ist. Super. delle Poste e Telecomunicazioni, Roma. — '26 Medaglia d'oro A. Righi (Univ. di Bologna); '31 Premio Querini-Stampalia (Ist. di Sci., Lettere ed Arti di Venezia); '32 Medaglia d'oro (Consiglio Nazion. delle Ricerche, Roma); '32 Premio (Soc. Ital. per il Progresso delle Sci.); '37 Premio A. Righi (Accad. Sci. Bologna); '40 Premio accademico (Reale Accad. d'Italia).
*1903, Sept. 3, Pergola, Pesaro.

Zur Biogr. J. Télécommunicat. **30** ('63) 215 (m. Bildn.).

S. Cinquième rapport au Conseil international des unions scientifiques de la Commission pour l'étude des relations entre les phénomènes solaires et terrestres (Firenze '39) 85–94: Radiazione corpuscolare dal Sole e ionosfera [italien. u. französ.]. — Atti ufficiali del 4° Convegno internazionale delle comunicazioni, Genova 1956 (Genova '57): Su alcuni particolari tipi di radiopropagazione ionosferica per ionizzazione da meteoriti e da agenti aurorali e per retrodiffusione. — Atti del congresso scientifico, 3ª Rassegna internazionale elettronica-nucleare, 1956, **2** (Roma '57): La diffusione ionosferica della radioonde. — Electromagnetic wave propagation. International conference sponsored by the Postal and Telecommunications Group of the Brussels Universal Exhibition (M. Desirant, J. L. Michiels) (London '60) 29–35: Researches on backscatter of radiowaves. — Proc. International conference on the ionosphere, London 1962 (London '63) 285–87: Backscatter study of ionospheric irregularities by using a vertically split beam. — Progress in radio science, 1963–1966. Proc. 15th General assembly of URSI [Union Radio Scientifique Internationale], Munich 1966, **1** ([Paris] '67) 596–608: Effects of propagation on the measurements of distance, angle of arrival and Doppler effect in Earth-space links. — Physics of the upper atmosphere. Proc. 1st Course, International school of atmospheric physics, Erice 1970 (F. Verniani) (Bologna '71) (International physics series, 2) 1–11: Some aspects of the ionospheric physics today.

W. Acustica applicata alle costruzioni (Milano '48) 123 S.

AGARD Conf. Proc. An important characteristic of some traveling ionospheric disturbances [2]): Nr. **115** ('72) 25.1–25.2. — Tropospheric influence on the screening effect of a mountain ridge [2]): Nr. **127** ('73) 5.1–5.3.

AGARDograph Backscatter sounding during ionospheric storms [1]): Nr. **59** ('63) 143–54. — A research on the F_2 irregularities by means of backscatter technique: Nr. **95** ('64) 539–42.

Alta Frequenza La ionosfera durante l'eclisse parziale di sole del 20 agosto 1952 a Buenos Aires: **22** ('53) Nr. 2, 59–71.

Annali Geofisica Aspetti internazionali dei problemi delle telecomunicazioni spaziali: **16** ('63) 457–66.

Atti reale Accad. nazion. Lincei, Rend. Nuovo dispositivo per ricerche sulla struttura della regione di Heaviside: (6) **16** ('32) 40–44.

Atti Soc. ital. Progr. Sci. Ricerche sulle cause di ionizzazione dell'alta atmosfera e sui legami fra alta stratosfera e troposfera: **21**. 1932, 5 ('33) 61f. — Indagini sulle condizioni dell'alta atmosfera in vicinanza dell'equatore: **25**. 1936, 4 ('37) 24–28.

Bitte Anmerkung auf Seite 4201 beachten!

Coelum Indagini ionosferiche durante l'eclisse solare del 19 giugno 1936: **6** ('36) 225–30.

Elettrotecnica Le indagini radioelettriche sull'alta atmosfera ionizzata: **23** ('36) 350–57.

Geofisica pura e appl. Sul carattere delle tempeste ionosferiche osservate a Buenos Aires: **23** ('52) 60–64 [m. engl. Zusammenfassg.]. — Una notevole anomalia della regione F_2 nell'Antartide: 65–68 [~].

Nature [London] A possible connexion between the troposphere and the Kennelly-Heaviside layer: **130** ('32) 368. — Causes of ionisation in the upper atmosphere: 545. — Recording wireless echoes at the transmitting station: **132** ('33) 174. — Ionospheric investigations in low latitudes: **133** ('34) 29. — Phase variations of reflected radio-waves, and a possible connexion with the earth's magnetic field in the ionosphere: 908.

Note, Recensioni e Notizie, Ist. sup. Poste e Telecomunicaz. Esperienze di sondaggio per retrodiffusione: **7** ('58) 201–15. — Sulla determinazione delle distanze di primo salto mediante retrodiffusione [3]): 294–305.

Nuovo Cimento Ricerche sulla distribuzione della densità ionica nella ionosfera e sulle sue variazioni: **10** ('33) 21–36. — Effetto Debye e ritardo dell'effetto Kerr nel nitrobenzolo puro: **12** ('35) 285–89. — Osservazioni sull'assorbimento delle onde elettromagnetiche nella ionosfera [5]): 610–15. — Indagini sulle variazioni del campo magnetico terrestre al livello della ionosfera: **13** ('36) 197–204. — Indagini ionosferiche durante l'eclisse solare del 19 giugno 1936: 297–303. — Sulla natura dell'effetto di depolarizzazione elettrolitica da parte di una corrente ad alta frequenza [4]): **14** ('37) 1–7. — Sull'effetto fototermoionico nei metalli incandescenti [4]): 114–18. — Sugli agenti di ionizzazione dell'alta atmosfera: 145–70. — Stato della ionosfera durante l'eclisse solare dell'8 giugno 1937: 262–64.

Ricerca sci. La stazione ionosferica dell'Istituto Nazionale di Geofisica in Roma: **1938**, 258–71. — Osservazioni ionosferiche eseguite a Roma dall'agosto al novembre 1938: Una tempesta ionosferica di tipo aurorale: **10** ('39) 32–38; Frequenze critiche ionosferiche osservate a Roma dal dicembre 1938 al settembre 1939: 926–29. — Sull'abbassamento meridiano di ionizzazione nell'alta ionosfera: 540–45. — Radiogoniometro registratore per atmosferici: 664–74. — Il nuovo apparato ionosferico dell'Istituto Nazionale di Geofisica in Roma: **11** ('40) 133–38. — Le tempeste ionosferiche del 25 e del 29 marzo 1940: 397–402.

Rivista Meteorol. Registrazione direttiva degli atmosferici: **1** ('39) 29–43.

Scientia La ionosfera: **63** ('38) 70–75 [französ.: Suppl., 35–39].

Suppl. Nuovo Cimento On some characteristics of the F_2 region in South America: (10) **4** ('56) 1559f.

Telecommunication J. Telecommunications in the space research system: **38** ('71) 261–69.

Mit: [1]) P. Dominici; [2]) P. Giorgi; [3]) A. Porreca; [4]) R. Ricamo; [5]) C. Savorelli.

VI **RAO,** C. V. Hanumanta. Math. — 1920– Prof., Univ. of the Punjab, Lahore, Punjab, India → Pakistan. — —Weitere Daten nicht bekannt. (⊠)
*1892, Okt. 29.

Bull. Calcutta math. Soc. On the analogue of Gaskin's theorem: **29** ('37) 9f. — On the axial lines of a quadric: **31** ('39) 1–3. — On a theorem on the plane cubic: **36** ('44) 7f. — On a problem in solid geometry: 132–34. — On the Petersen-Morley theorem, 1: **37** ('45) 131f.; ~ 2: **38** ('46) 109–12.

J. indian math. Soc. The Φ-conic from a projective standpoint: **20** ('34) 176f.

Proc. Cambridge philos. Soc. On the generation of sets of four tetrahedra of which any two are mutually inscribed: **42** ('46) 217–26.

VI **RAO,** Subbarao Ramachandra. Physik, physikal. Chem. — 1937 D.Sc., Univ. of London; '30–34 Reader, '34–43 Prof., Annamalai Univ., Annamalainagar, Madras; '43–54 Prof., Central College, Bangalore, Mysore; '55–63 Prof., Sri Venkateswara Univ., Tirupati, Madras.
*1899, Mai 15, Mannargudi, South India.

S. The natural radiation environment [Proc. of an international symposium, Houston, Tex., 1963] (J. A. S. Adams, W. M. Lowder) (Chicago, Ill. '64)*) 957–78, 1009f.: Environmental natural radioactivity measurements at Trombay Establishment [5])[7])[u.a.]). — Proc. Nuclear and radiation chemistry symposium, Bombay 1964 (Bombay '65)*) 199–204: Determination of stable strontium in sea water by activation technique[7])[5]).

Current Sci. The magnetic properties of nickel colloids: **1** ('32/33) 170. — Total efficiencies of soft x-ray excitation and secondary electron emission from metal faces: 275. — Absorption effects in the total secondary electron emission from metal faces: **2** ('33/34) 93f. — The secondary structure in crystals: 281–83. — Diamagnetism and molecular association in organic liquids [19]): 475f. — Formation of hydrates and diamagnetism [19]): **3** ('34) 249f. — Colloidalisation and cold-working of metals: **4** ('35) 24f. — Magnetic properties of colloidal powders of metallic elements: 572–76. — Soft x-rays and photo-electrons from nickel at different temperatures: **5** ('36) 73f. — The diamagnetic susceptibility of some complex ions:

Bitte Anmerkung auf Seite 4201 beachten!

6 ('37) 54f. — Magnetic susceptibility of single crystals of thallium [11]): 276f. — Principal magnetic susceptibilities of tellurium crystal [3]): **8** ('39) 414. — Magnetic susceptibility of strontium [15]): **10** ('41) 363. — Principal magnetic susceptibilities of metal crystals: **13** ('44) 125f. — Magnetic anisotropy of iodine crystal [20]): **14** ('45) 195f. — Magnetic study of some forms of corundum [8]): **22** ('53) 72f.

Half-yearly Mysore Univ. J., Sect. B Principal magnetic susceptibility of some metal crystals: **5** ('45) 69–72. — Crystal magnetism of iodine [20]): **8** ('48) 39–46. — Germanium magnetism: **10** ('50) 67–71. — Crystal magnetism: **12** ('52) 57–75. — Crystal magnetism of ruby and sapphire [8]): **13** ('53) 25–37.

Indian J. Physics and Proc. indian Assoc. Cultivat. Sci. Diamagnetism and the colloidal state: **6** ('31/32) 241–59. — The diamagnetism of liquid mixtures [16]): 509–26. — The diamagnetism of bismuth: **7** ('32/33) 35–42. — The diamagnetism of nitrobenzene at different temperatures [17]): **8** ('33/34) 315–22. — Diamagnetism of organic liquid mixtures: 483–501.

Indian J. Technol. *) Behaviour of adsorbed xanthates at marmatite surface in the presence of air, oxygen, and carbon dioxide [12]): **1** ('63) 132f. — Effect of oxidizing conditions on the selective flotation of galena and sphalerite by xanthate [12]): **2** ('64) 18–21. — Nature of adsorption and of adsorbed species of xanthates at sulphide mineral surfaces [12]): 88f. — Adsorption of xanthates at various sulphide mineral surfaces with different crystal structures [12]): **3** ('65) 19–23.

J. Annamalai Univ. Total intensity of soft x-radiation from metal faces: **2** ('33) 78–84. — Total secondary electron emission from metal faces: 249–57. — Optical scattering by colloidal suspensions and emulsions [10]): **6** ('37) 107–20. — Diamagnetic susceptibility of formic acid - water mixtures [17]): **7** ('38) 187–93.

J. Mines, Metals and Fuels, Calcutta *) Kinetics of decomposition of xanthates [12]): **8** ('60) Nr. 7, 9–14. — Kinetics of decomposition of xanthates in the presence of ferric salts [12]): 15–17. — Behaviour of xanthates on iron pyrite surface in the presence of oxygen, carbon dioxide, and their mixture [12]): 18-23. — Benefication of chalcopyrite by froth flotation [12]): **20** ('72) 19–21.

J. sci. and industr. Res., Sect. D *) Kinetics of decomposition of xanthates in the presence of copper salt [12]): **20** ('61) 299–303. — Behaviour of adsorbed xanthates on the sphalerite surface in the presence of oxygen and carbon dioxide [12]): 391f. — Adsorption of xanthates on the chalcopyrite surface and the effect of oxygen and carbon dioxide on the adsorbed xanthates [12]): 432–37. — Behaviour of xanthates adsorbed at lead glance in the presence of oxygen and carbon dioxide [12]): **21** ('62) 8–10. — Kinetics of decomposition of xanthates in the presence of lead salt: 125–28.

Minerals Sci. and Engng. *) Surface forces in flotation: **6** ('74) 45–53.

Nature [London] Anomalous diamagnetism of bismuth: **129** ('32) 545f. — Diamagnetism of thin films of bismuth: **132** ('33) 207. — Magnetism of tin: **134** ('34) 288. — Magnetic properties of organic vapours [19]): 812. — Diamagnetism of thallium single crystals [18]): **136** ('35) 336f. — Magnetism of copper: 436.

Philosophical Mag. Magnetic susceptibility of single crystals of lead, thallium and tin [18]): **21** ('36) 609–24. — The diamagnetic susceptibilities of some complex ions [17]): **24** ('37) 1025–41. — The crystalline diamagnetism of thallium [11]): **26** ('38) 1018–30.

Physical Rev. Total secondary electron emission from metal faces: **41** ('32) 374f. — The ferromagnetism of nickel colloids: **44** ('33) 850–53.

Proc. indian Acad. Sci., Sect. A Diamagnetism of organic liquid mixtures at different temperatures [19]): **1** ('34) 77–97. — Magnetism of tin: 123–42. — Diamagnetism of copper: **2** ('35) 249–59. — Magnetism and cold-working in metals, 1: Polycrystals: **4** ('36) 37–53; ~ 2: Single crystals of bismuth, zinc and tin: 186–203. — Paramagnetic susceptibility of lithium [17]): **5** ('37) 343–50. — Diamagnetism of some organic liquid mixtures [11]): **9** ('39) 35–66. — The magnetic susceptibility of mercury and of some dilute alkali amalgams [2]): 181–209. — Crystal diamagnetism of tellurium [3]): **10** ('39) 235–52. — Diamagnetism of phosphorus [2]): **12** ('40) 361–66. — Photoelectric efficiency of ferromagnetic metals at different temperatures in the soft x-ray region [4]): **13** ('41) 411–38. — Magnetism of strontium [15]): **14** ('41) 584–92. — Diamagnetism of the halogens [3]): **15** ('42) 35–51. — Thermomagnetic properties of magnesium, silver and lithium [15]): **16** ('42) 207–20. — Magnetic susceptibility of some peroxides [15]): 221–30.

Proc. indian Sci. Congr. Diamagnetism of cadmium [17]): **25**, 3 ('38) 2. — Secondary-electron emission of nickel at the Curie point: 2.

Proc. physic. Soc. A new method of determining the magnetic susceptibilities of gases and vapours [16]): **46** ('34) 318–23.

Proc. roy. Soc. London, Ser. A The efficiency of secondary electron emission: **139** ('33) 436–47. — Soft x-rays and photoelectrons from nickel at different temperatures: **159** ('37) 283–94. — Diamagnetism of cadmium [17]): **166** ('38) 325–41.

Science Progr. [London] *) Surface studies by thermochemical measurements: **59** ('71) 91–108.

Talanta [London] *) Determination of dixanthogens: **8** ('61) 746f.

Bitte Anmerkung auf Seite 4201 beachten!

Trans. Instn. Mining and Metallurgy *) Heat of adsorption and surface reactions of potassium diethyldithiocarbamate on galena [9]): **77** ('68) C65–C71. — Thermodynamic analysis of pyrite - xanthate system: **81** ('72) C184.

Trans. Soc. Mining Engr. AIME *) Flotation of chalcopyrite by xanthates and dixanthogens under oxidizing conditions [12]): **226** ('63) 243–47. — Thermochemistry of the adsorption of xanthate at pyrrhotite: **250** ('71) 199–203.

Anmerkung: Für die unter den mit *) bezeichneten Zeitschriften und Sammelwerken zitierten Arbeiten konnte die Identität des Autors mit dem in dieser Biobibliographie gewürdigten Wissenschaftler gleichen Namens nicht mit Sicherheit nachgewiesen werden.

Mit: [1]) —; [2]) S. Aravamuthachari; [3]) S. R. Govindarajan; [4]) K. S. S. Iyer; [5]) P. R. Kamath; [6]) —; [7]) A. A. Khan; [8]) M. Leela; [9]) D. Mellgren; [10]) N. Muthuswami; [11]) A. S. Narayanaswami; [12]) C. C. Patel; [13]) —; [14]) —; [15]) K. Savithri; [16]) G. Sivaramakrishnan; [17]) S. Sriraman; [18]) K. C. Subramaniam; [19]) P. S. Varadachari; [20]) H. S. Venkataramiah.

VI **RAO**, Kotcherlakota Rangadhama. Physik. — 1932– Reader, then Prof., later on Prof. Principal and Head of Departm. of Physics, Andhra Univ., Waltair, India. — — Weitere Daten nicht bekannt. (⊠)
*1899, Sept. 9, Berhampore, Madras.

Current Sci. Thirty-two-electron system of selenium [3]): **1** ('32/33) 378. — The structure of singly ionised selenium [3]): **2** ('33/34) 384. — The arc spectrum of selenium [3]): **3** ('34) 200. — Structure of the 2916 Å band of OD and the mass ratio of the hydrogen isotopes [9]): **9** ('40) 172f. — A new band λ 2963 of the OD molecule [9]): 225. — Ultra-violet bands of mercurous chloride [5]): **13** ('44) 279. — New bands of the HgBr molecule [5]): **14** ('45) 19. — Ultra-violet band systems of the mercurous iodide molecule [9])[3]): 69. — New ultra-violet bands of mercury iodide [7]): 319. — Ultra-violet bands of mercury iodide [7]): **15** ('46) 70. — Ultra-violet bands of zinc iodide [6]): 122. — Ultra-violet bands of the mercury iodide molecule [8]): **16** ('47) 54. — Band spectrum of thallium iodide [6]): **17** ('48) 121, 182. — Ultra-violet absorption spectrum of iodobenzene [10]): **18** ('49) 418.

Indian J. Physics and Proc. indian Assoc. Cultivat. Sci. First spark spectrum of tellurium, 1 [9]): **14** ('40) 423–27. — Structure of the electronic bands of the OD molecule, 1 [9]): **15** ('41) 27–51. — A new band system of the HgBr molecule [5]): **18** ('44) 281–84. — Ultra-violet band systems of the mercury iodide molecule, 1 [9])[3]): 323–32; ~ 2 [7]): **20** ('46) 184–53; ~ 3 [8]): **21** ('47) 143–52. — Emission bands of the silver iodide molecule [8]): **19** ('45) 136f. — Ultra-violet bands of zinc iodide, 1 [6]): **20** ('46) 49–52. — Ultra-violet bands of cadmium iodide [8]): 100–04. — Multiplet separations in complex spectra, 1: d^3 and d^4 configurations [7]): **22** ('48) 175–79; ~ 2: d^3s and d^3p configurations [7]): 189–94. — Band spectrum of thallium iodide, 1 [6]): **23** ('49) 185–98. — Complex spectrum of the diatomic molecule of chromium chloride (CrCl) [7]): 508–16.

Nature [London] Resonance spectrum of hydrogen: **129** ('32) 869. — Spectra of bromine: Br V, VII and IV [4]): **131** ('33) 170. — A perturbation in the spectrum of Se II [3]): **133** ('34) 328. — Structure of Br III [3]): **135** ('35) 309. — Structure of bromine III: **138** ('36) 168. — Spectrum of singly ionized tellurium (Te II): **143** ('39) 376. — Structure of the OD bands of heavy water [9]): **145** ('40) 778. — Atomic energy values of ionized tellurium (Te II) [9]): **146** ('40) 523.

Proc. physic. Soc. The spectra of Br V, Br VI and Br VII [4]): **46** ('34) 163–68.

Proc. roy. Soc., London, Ser. A The third spark spectrum of arsenic (As IV): **134** ('32) 604–13. — The resonance spectrum of hydrogen [1]): **138** ('32) 540–49. — Investigations on the spectrum of selenium, 2: Se III [1]): **140** ('33) 387–98; ~ 3: Extension of Se III [3]): **145** ('34) 681–94; ~ 4: Se I and Se VII [3]): 694–98; ~ 5: Structure of Se II [3]): **149** ('35) 56–70. — The spectrum of ionized tellurium, extension of Te III [3]): **158** ('37) 562–70. — Investigations on the spectrum of bromine, 1: Structure of Br III [3]): **161** ('37) 38–48.

Mit: [1]) J. S. Badami; [2]) —; [3]) S. G. Krishnamurty (= S. G. K. Murti, S. G. K. Murty, S. G. Krishnamurti, S. Gopalakrishnamurty); [4]) A. S. Rao; [5]) G. V. S. R. Rao; [6]) P. T. Rao; [7]) V. R. Rao; [8]) C. R. Sastry (= C. Ramasastry); [9]) M. G. Sastry; [10]) K. Sreeramamurty.

VI **RAPER**, Henry Stanley. Chem., Physiol. — 1923–51 Prof., '23–46 Dir. of the Physiol. Laboratories, '46–51 Dean of the Medical School, Univ. of Manchester, Engl.; '46–51 Chairman of the Dental Hospital, Manchester; '40–41 Vice Pres., Royal Soc. — '47 Hon.LL.D. (Univ. of Leeds).
*1882, März 5, Bradford, Engl.;
†1951, Dez. 12, Manchester.

Nekr. S. J. Folley, J. chem. Soc., London **1955**, 2987f. — P. Hartley, Obituary Notices Fellows roy. Soc. London **8** ('52/53) 567–82 (m. Bildn., Faks. und Schr.verz.). — L. P. Kendal, Biochemical J. **52** ('52) 353–56 (m. Bildn.). — W. Schlapp, Nature [London] **169** ('52) 177f. — British med. J. **1951**, 1527f. (m. Bildn.). — Lancet **261** ('51) 1229f. (m. Bildn.).

S. Die Methoden der Fermentforschung (E. Bamann, K. Myrbäck) **3** (Leipzig '41) 2476–88: Chromooxydasen.

Bitte Anmerkung auf Seite 4201 beachten!

Biochemical J. Note on the oxidation of tyrosine, tyramine and phenylalanine with hydrogen peroxide: **26** ('32) 2000–04. — A study of the oxidation of 3,4-dihydroxyphenyl-N-methylalanine with reference to its possible function as a precursor of adrenaline [7]): **27** ('33) 36–53. — The chromogen of melanuria [8]): **29** ('35) 76–85. — A comparative study of the production of L-3,4-dihydroxyphenylalanine from tyrosine by tyrosinase from various sources [5]): **31** ('37) 2155–61. — The accumulation of L-3,4-dihydroxyphenylalanine in the tyrosinase–tyrosine reaction [5]): 2162–70. — A study of the passage of fatty acids of food into lipins and glycerides of the body using deuterium as an indicator [2]): **33** ('39) 17–21.

British med. J. Vitamins and physical fitness [6])[9])[1]): **1943** I, 243–45. — Fat absorption and some of its problems: **1949** II, 719–24.

Ergebn. Enzymforsch. Tyrosinase: **1** ('32) 270–79 [engl.].

J. chem. Soc., London Julius Berend Cohen, 1859–1935: **1935**, 1331–37. — Samuel Henry Clifford Briggs, 1880–1935: **1936**, 169f. — Some problems of tyrosine metabolism: **1938**, 125–30. — Percival Walter Clutterbuck, 1897–1938: 596f.

J. Physiology Respiration and functional activity [4]): **87** ('36) 275–86. — The respiration and metabolism of submaxillary gland tissue of the cat [4]): **92** ('38) 439–48. — Pancreozymin, a stimulant of the secretion of pancreatic enzymes in extracts of the small intestine [6]): **102** ('43) 115–25. — On the preparation of secretin and pancreozymin [3])[6]): **110** ('49) 367–76.

Nature [London] Prof. J. B. Cohen, F. R. S.: **136** ('35) 171f. — Deuterium as an indicator in fat metabolism [2]): **137** ('36) 233f.

Obituary Notices Fellows roy. Soc. London Julius Berend Cohen, 1859–1935: **1** ('35) 503–13. — Arthur Smithells†: **3** ('39/41) 97-107. — John Smyth Macdonald†: 854–65.

Proc. roy. Soc. Edinburgh de Burgh Birch, C. B., M. D., C. M.: **57** ('36/37) 402f.

Serpent New vice chancellor: **1935**, Juni Nr.

Mit: [1]) G. L. Camm; [2]) B. Cavanagh; [3]) J. Crick; [4]) W. Deutsch; [5]) W. C. Evans; [6]) A. A. Harper; [7]) R. D. H. Heard; [8]) L. Linnell; [9]) I. F. S. Mackay.

VI **RASCH,** Georg William. Statistik (math., biol., ökon.). — Stud., 1930 Dr. phil., '38–62 Lektor, '62–72 Prof. u. Dir. d. Inst. f. Statistik, Univ. København; '33–40, '56– Berater, '40–56 Leiter d. biostatist. Abteilg., Staatl. Serum-Inst., København; im Ruhestand in Byrum, Læsø. (⊠)
*1901, Sept. 21, Odense, Fyn.

Bitte Anmerkung auf Seite 4201 beachten!

H. (Redakt.) Statistiske opslagstabeller (København '58) 27 S.; Neuaufl.: ('61) 27 S.

S. Festskrift til Prof. Dr. phil. J. F. Steffensen, fra kolleger og elever paa hans 70 aars fødselsdag, 28. Februar 1943 (København '43) 52–65: Einige Anwendungen der Transformationsmethode in der Theorie der Normalverteilung [dän.] [4]). — C. R. 10ᵉ Congrès des mathématiciens scandinaves, Copenhague 1946 (København '47) 293–300: A principle for deriving the remainder terms in some serial expansions [ ]. — Uppsala symposium on psychological factor analysis, Uppsala 1953 (København–Stockholm '53) (Nordisk psykologi's monograph series, 3) 65–71: On simultaneous factor analysis in several populations [ ]. — Proc. 4th Berkeley symposium on mathematical statistics and probability, Berkeley, Cal., 1960 (J. Neyman) **4** (Berkeley, Cal.–Los Angeles, Cal. '61) 321–33: On general laws and the meaning of measurement in psychology. — Colloquium on combinatorial methods in probability theory, Aarhus 1962 (Aarhus '62) 93–103: Combinatorial problems in a class of statistical models. — Zur Anwendung statistischer Methoden. Festschrift zum 75. Geburtstag von Felix Burkhardt (Leipzig '63) (Wissenschaftliche Zeitschrift der Karl-Marx-Universität Leipzig, Mathematisch-naturwissenschaftliche Reihe, Sonderband 2) 167–75: Combinatorial problems in a class of statistical models.

W. Om anvendelse af et elmindeligt maaleprincip til brobygning mellem ensartede psykologiske prøver (København '58) 84+[48] S. — Elementær matematik for psykologistuderende ²(København '58) 76 S.; Neuaufl.: ('66) 76 S. — Probabilistic models for some intelligence and attainment tests (København '60) 14+184 S. (Studies in mathematical psychology, 1). — Forelæsninger over statistikkens teori (m. U. Christiansen) **1.2** (København '63); Neuaufl.: **1.2** ('66); Neuausgabe als Lehrbuch: U. Christiansen, J. Stene, G. Rasch's lærebog i teoretisk statistik **1** (København '68) 407 S., ²('71) 407 S.; **2** ('69) 325 S.; [dazu:] J. Stene, Formelsamling med rettelsesblade (København '69) 33 S.

Acta endocrinol. [København], Suppl. Micromethods for the determination of 17-ketosteroids in urine [5]): **1** ('48) 375–93.

Acta med. scand. Serum proteins in normal people [1])[7])[8]): **126** ('46) 351–69.

Annals math. Statistics A functional equation for Wishart's distribution: **19** ('48) 262–66.

British J. math. and statist. Psychol. An item analysis which takes individual differences into account: **19** ('66) 49–57.

Econometrica [USA] An interpretation of systems of linear stochastic differential equations with independent disturbances: **23** ('55) 203f.

J. reine u. angew. Math. Zur Theorie und Anwendung des Produktintegrals: **171** ('34) 65–119.

Kemisk Maanedsbl. og Nordisk Handelsbl. kem. Industri Über die Fehlerabschätzung bei chemischen Messungen: **22** ('41) 157–68 [dän.].

Matematisk Tidsskr., B Über das Restgliedintegral $\int_T^{\infty} e^{-xt}\, dA(t)$: **1937**, 97–100 [dän.]. — A synthesis of some interpolation, quadrature and summation formulas: **1945**, 129–41 [~]. — A vectorial t-test in the theory of normal multivariate distributions: **1950**, 76–81.

Nationaløkonomisk Tidsskr. Objektivität und die Gesellschaftswissenschaften. Ein Methode-Problem. (Abschiedsvorlesung): **110** ('72) Nr. 3/4 [dän.].

Nordisk Med. Eine Methode zur Rationalisierung und Vereinfachung der Kostenberechnung [3]): **10** ('41) 1897–909 [dän.].

Revue Mesure Productivité Une méthode de mesure indirecte dans les études de productivité: **3** ('57) 25–47.

Skandinavisches Arch. Physiol. Über die Resorption der Cerebrospinalflüssigkeit [2])[9]): **69** ('34) 127–50.

Suppl., Acta pathol. et microbiol. scand. On immunization of rabbit groups [6]): **37** ('38) 369–80.

Ugeskr. Læger Bemerkungen über Norman Wetzels Größe–Gewichts-Diagramme: **104** ('42) 920 [dän.].

Mit: [1]) J. Bing; [2]) M. Fog; [3]) E. Groth-Petersen; [4]) A. Hald; [5]) C. Hamburger; [6]) T. Madsen; [7]) J. Naeser; [8]) K. Røjel; [9]) G. Stürup.

VI **RASCHEVSKY,** N. von → VI **RASHEVSKY,** Nicolas

VI **RASETTI,** Franco Rama Dino. Physik, Geol., Paläontol. — 1923–26 Assist., Univ. di Firenze; '27–30 Aiuto, '31–33 Prof. straord., '34–38 Prof. Fisica, Univ. di Roma; '39–47 Prof. Physics, Laval Univ., Quebec, Canada; '47–67 Prof. Physics, '70 Prof. Emer., Johns Hopkins Univ., Baltimore, Md. — '31 Medaglia Matteucci (Soc. Ital. delle Sci.); '32 Medaglia Righi (Accad. Sci., Bologna); '37 Premio Mussolini (Accad. Nazion. dei Lincei); '52 Walcott Medal (Nation. Acad. Sci., USA); '64 Hon. Research Assoc. Paleobiol. (Smithsonian Instn.).

*1901, Aug. 10, Castiglione del Lago, Umbria.

Zur Biogr. Annuario pontificia Accad. Sci. **1** ('36/37) 645–49 (m. Bildn., Faks., Schr.verz.).

Bitte Anmerkung auf Seite 4201 beachten!

S. The structure of molecules (P. Debye) (London–Glasgow '32) 55–64: The Raman effect and the structure of molecules and crystals. — Proc. 1st Canadian mathematical congress, Montreal 1945 (Toronto, Ont. '46) 206–: Cosmic rays and the elementary particles of physics; 219–32: Les nouvelles statistiques en physique. — El sistema Cámbrico, su paleogeografía y el problema de su base; symposium (XX Congreso geológico internacional, México 1956) (México '56) 735–50: The Middle and Upper Cambrian of western Canada. — Proc. 4th International conference on ionization phenomena in gases, Uppsala 1959 (N. R. Nilsson) **2** (Amsterdam '60) 839f.: Measurements of the refractive index of a plasma in the optical region [3]). — Treatise on invertebrate paleontology (R. C. Moore) (Lawrence, Kans. '59) (Joint Committee on Invertebrate Paleontology) Part O: Arthropoda I [14])[u.a.]). — Handbook of paleontological techniques (B. Kummel, D. Raup) (San Francisco, Cal. '65) 61–64: Trilobites [28]); 423–30: Photography of fossils.

W. Il nucleo atomico (Bologna '36) 232 S.; engl.: Elements of nuclear physics (New York '36, London–Glasgow '37) 14+327 S., (New York '47); bulgar.: (Sofija '51) 7+228 S. — Enrico Fermi e la fisica italiana (Discorso) (Roma '68) 18 S. (Accademia nazionale dei Lincei, Celebrazioni lincee, 12). — Lower, Middle, and Upper Cambrian faunas in the Taconic sequence of eastern New York: stratigraphic and biostratigraphic significance (m. J. M. Bird) (Boulder, Colo. '68) 66 S. (Geological Society of America, Special paper Nr. 113).

Acta, Pontificia Acad. Sci. Contributo allo studio della fauna cavernicola italiana. Due nuove specie di Bythinus: Pselaphidae, Coleoptera: **3** ('39) 79–84 (= Nr. 12).

American J. Sci. Evolution of the facial sutures in the trilobites Loganopeltoides and Loganopeltis: **243** ('45) 44–50. — Fossiliferous horizons in the "Sillery formation" near Levis, Quebec: 305–19. — Revision of some late Upper Cambrian trilobites from New York, Vermont and Quebec: **244** ('46) 537–46. — Ventral cephalic sutures in Cambrian trilobites: **250** ('52) 885–98.

Atti Accad. nazion. Lincei, Mem., Sez. II Revisione dei trilobiti del Cambriano dell'Iglesiente (Sardegna) descritti da Meneghini [22]): (8) **10**, Nr. 1 ('70) 18 S. — Cambrian trilobite faunas of Sardinia: **11**, Nr. 1 ('72) 98 S.

Atti reale Accad. nazion. Lincei, Rend. Sulla legge di assorbimento dei neutroni lenti [26])[11])[8])[23]): (6) **23** ('36) 343–45. — Commemorazione del Socio nazionale Orso Mario Corbino: **27** ('38) 383–88.

Atti Soc. ital. Progr. Sci. Progressi recenti della fisica nucleare: **26.** 1937 1 ('38) 89–97.

Bull. geol. Soc. America Cambrian and early Ordovician stratigraphy of the lower St. Lawrence valley: **57** ('46) 687–705.

Canadian J. Res., Sect. A Resonance absorption of neutrons in Mn, Ga and Pd [9]): **23** ('45) 12–20.

J. Paleontol. New Lower Ordovician trilobites from Levis, Quebec: **17** ('43) 101–04. — Upper Cambrian trilobites from the Levis conglomerate: **18** ('44) 229–58. — New Upper Cambrian trilobites from the Levis conglomerate: **19** ('45) 462–78. — Early Upper Cambrian trilobites from western Gaspé: **20** ('46) 442–62. — Optimum conditions for the photography of fossils: 514–17. — Terminology for describing Cambrian trilobites [15])[12])[19])[25]): **21** ('47) 72–76. — Notes on techniques in invertebrate paleontology: 397–99. — Lower Cambrian trilobites of the conglomerates of Quebec (exclusive of the Ptychopariidea): **22** ('48) 1–24. — Cephalic sutures in Logano-peltoides and the origin of "hypoparian" trilobites: 25–29. — Middle Cambrian trilobites from the conglomerates of Quebec (exclusive of the Ptychopariidea): 315–39. — Revision of the North American trilobites of the family Eodiscidae: **26** ('52) 434–51. — Cephalic sutures in the Upper Cambrian trilobite Entomaspis: 797–802. — Internal shell structures in the Middle Cambrian gastropod Scenella and the problematic genus Stenothecoides: **28** ('54) 59–66. — Early Ordovician faunules from Quebec and Newfoundland: 581–87. — Phylogeny of the Cambrian trilobite family Catillecephalidae and the ontogeny of Welleraspis: 599–612. — Revision of the trilobite genus Maryvillia Walcott: **30** ('56) 1266–69. — Additional fossils from the Middle Cambrian Mt. Whyte formation of the Canadian Rocky Mountains: **31** ('57) 955–72. — Trempealeauian trilobites from the Conococheague, Frederick, and Grove limestones of the central Appalachians: **33** ('59) 375–98. — Dresbachian and Franconian trilobites of the Concocheague and Frederick limestones of the central Appalachians: **35** ('61) 104–24. — Middle Cambrian ptychoparioid trilobites from the conglomerates of Quebec: **37** ('63) 575–94. — Additions to the Upper Cambrian fauna from the conglomerate boulders at Levis, Quebec: 1009–17. — Middle Cambrian trilobites of the Pleasant Hill formation in central Pennsylvania: **39** ('65) 1007–14. — Revision of the North American species of the Cambrian trilobite genus Pagetia: **40** ('66) 502–11. — Lower Cambrian agnostid trilobites of North America [29]): **41** ('67) 189–96. — New name for the trilobite Hawkinsia Rasetti: **42** ('68) 1313.

Naturaliste canadien Faunes cambriennes des conglomérats de la formation de Sillery: **72** ('45) 53–67. — Description supplémentaire de trois genres de trilobites cambriens: 117–24.

Naturwissenschaften Über die Natur der durchdringenden Berylliumstrahlung: **20** ('32) 252f., 350.

Bitte Anmerkung auf Seite 4201 beachten!

Nuclear Sci. Abstr. A note of the alpha-gamma angular correlation in radiothorium [4])[20]): **7** ('53) 48.

Nuntius radiologicus [Siena] L'opinione di un fisico sopra i "raggi mitogenetici": **6** ('38) 1–.

Nuovo Cimento Sopra l'effetto Raman nei cristalli: (N.S.) **9** ('32) 72–75. — Nuovi radioelementi prodotti con bombardamento di neutroni [2])[10])[26]): **11** ('34) 442–51. — Ricerche sui neutroni lenti [10]): **12** ('35) 201–10. — Risultati moderni della fisica nucleare: **14** ('37) 376–79. — Measurement of the refractive index of a plasma in the optical region [3]): (10) **13** ('59) 1296–99.

Physical Rev. On the absorption law for slow neutrons [26])[11])[8])[23]): **49** ('36) 104. — On the absorption of slow neutrons in boron [21])[11])[23]): 777. — Some experiments with photoneutrons [21])[11])[23]): **50** ('36) 189. — On the resonance capture of slow neutrons [11]). 328–31. — On the scattering of neutrons from the C+D reaction [2])[5])[27]): **56** ('39) 881–84. — Scattering of thermal neutrons by crystals: **58** ('40) 321–25. — Capture cross sections for thermal-energy neutrons, 1 [18]): 554–56; ~ 2: 869f. — Mean life of slow mesotrons: **59** ('41) 613. — Evidence for the radioactivity of slow mesotrons: 706–08. — Disintegration of slow mesotrons: **60** ('41) 198–204. — Resonance absorption of neutrons in rhodium, antimony and gold [9])[18]): **61** ('42) 469–75. — Deflection of mesons in magnetized iron: **66** ('44) 1–5. — An attempt to detect thermal energy positrons [20]): **79** ('50) 397. — Continuous gamma radiation of beta emitters [20]): **83** ('51) 187f. — The alpha-gamma angular correlation in radiothorium [4])[20]): **89** ('53) 182–85. — The continuous gamma-ray spectrum accompanying beta decay [6])[20]): 679–83. — Gamma-ray spectrum of ionium (^{230}Th) [7]): **91** ('53) 315–18. — Gamma-ray spectrum of ^{77}As [7]): 1191–95. — Triton-induced activities in magnesium and aluminum [16])[17]): 1229–31. — Radiative electron capture in ^{55}Fe [20]): **94** ('54) 407f. — Decay of ^{57}Co [20]): **97** ('55) 837f.; **98** ('55) 1870f. — Decay of ^{220}Rn and ^{222}Rn [20]): **102** ('56) 464. — Decay of ionium (^{230}Th) [7])[20]): 800f.

Problemi attuali Sci. e Cultura L'espansione del fondo marino e la deriva dei continenti: **148** ('71) 14 S.

Proc. roy. Soc., London, Ser. A Artificial radioactivity produced by neutron bombardment, 1 [10])[2])[1])[26]): **146** ('34) 483–500; ~ 2 [2])[1])[10])[24])[26]): **149** ('35) 522–58.

Rend. Ist. sup. Sanità Gli isotopi radiattivi ed i principi fisici del loro uso come indicatori: **12** ('49) 586–94.

Annali Ist. sup. Sanità Il concetto di entropia nella meccanica statistica: **6**.1970 ('71) 393–413.

Ricerca sci. Uno spettrografo per raggi "gamma" a cristallo di bismuto [10]): **4** II ('33) 299–302. — Sopra un forte preparato di radio D ottenuto nell'Istituto Fisico di Roma: **5** I ('34) 3–. — Radioattività provocata da bombardamento di neutroni, 3 [2])[1])[10])[26]): 452f.; ~ 4 [2])[1])[10])[26]): 652f.; ~ 5 [2])[1])[10])[26]): **5** II ('34) 21 f.; ~ 7 [2])[1])[10])[24])[26]): 467–70; ~ 8 [2])[1])[10])[24])[26]): **6** I ('35) 123–25. — Sulla possibilità di produrre elementi di numero atomico maggiore di 92 [10])[1]): **5** I ('34) 536f. — Azione di sostanze idrogenate sulla radioattività provocata da neutroni, 1 [10])[2])[24])[26]): **5** II ('34) 282f.; ~ 2 [24])[10]): 380f. — Un generatore artificiale di neutroni [2])[10]): **8** II ('37) 40–43. — Azione del boro sui neutroni caratteristici dello iodio [10]): **9** II ('38) 472f. — Conversione interna dei raggi gamma e X del radio D [2]): **10** ('39) 111–14. — Sulle radiazioni emesse dal gadolinio per cattura dei neutroni lenti [2]): 115–18. — Generatore di neutroni a 1000 kV [27])[2])[5]): 623–32. — Sulla diffusione dei neutroni prodotti nella reazione $^{12}C + {}^{2}D \rightarrow {}^{13}N + {}^{1}n$ [2])[5])[27]): 633–37.

Science [USA] Enrico Fermi†: **121** ('55) 449–51.

Scientia Nuclear physics and the measurement of geologic time: **4** ('53) 47–.

Scienza e Tecnica Progressi recenti della fisica nucleare: **1** ('37) 337–.

Smithsonian miscell. Collect. Middle Cambrian stratigraphy and faunas of the Canadian Rocky Mountains: **116** ('51) 277 S. (Publ. 4046). — Lower Cambrian ptychopariid trilobites from the conglomerates of Quebec: **128**, Nr. 7 ('55) 35 S. (Publ. 4216). — Upper Cambrian trilobite faunas of north-eastern Tennessee: **148**, Nr. 3 ('65) 127 S. (Publ. 4598). — New Lower Cambrian trilobite faunule from the Taconic sequence of New York: Nr. 9 ('66) 52 S. (Publ. 4662). — Lower and Middle Cambrian trilobite faunas from the Taconic sequence of New York: **152**, Nr. 4 ('67) 111 S. (Publ. 4710).

Trans. New York Acad. Sci. Problems of Cambrian stratigraphy and paleontology in Quebec: (2) **8** ('46) 177–.

Usp. fizič. Nauk Durch Beschießung mit Neutronen erzeugte künstliche Radioaktivität, 1 [2])[10])[26]): **14** ('34) 933– [russ.]; ~ 2 [2])[1])[10])[24])[26]): **15** ('35) 838– [~].

Z. Physik Über die Anregung der Neutronen in Beryllium: **78** ('32) 165–68. — Über die beim Einfangen von langsamen Neutronen emittierten γ-Strahlen: **97** ('35) 64–69.

Mit: [1]) O. D'Agostino; [2]) E. Amaldi; [3]) U. Ascoli-Bartoli; [4]) J. Battey; [5]) D. Bocciarelli; [6]) P. Bolgiano; [7]) E. C. Booth; [8]) J. R. Dunning; [9]) H. Feeny; [10]) E. Fermi; [11]) G. A. Fink; [12]) E. A. Frederickson; [13]) H. H. Goldsmith; [14]) H. J. Harrington; [15]) B. F. Howell; [16]) E. Iwersen; [17]) W. S. Koski; [18]) C. Lapointe; [19]) C. Lochman; [20]) L. Madansky; [21]) D. P. Mitchell; [22]) M. L. Nicosia; [23]) G. B. Pegram; [24]) B. Pontecorvo; [25]) G. O. Raasch; [26]) E. Segrè; [27]) G. C. Trabacchi; [28]) A. R. Palmer; [29]) G. Theokritoff.

Bitte Anmerkung auf Seite 4201 beachten!

VI **RASHEVSKY,** Nicolas. Physik (Biophysik), math. Biol. and Soziol. — Stud., 1919–20 Assist., Univ. Kiev; '20–21 Lector, Robert College, Konstantinopel; '21–24 Prof., Russ. Univ., Praha; '24–34 Research Physicist, Westinghouse Research Laboratories, East Pittsburgh, Pa.; '34–35 Rockefeller Fellow, '35–38 Assist. Prof. math. Biophysics, '38–46 Assoc. Prof., '46–64 Prof., '48–64 Chairman of the Committee on math. Biol., Univ. of Chicago, Ill.; '64–70 Prof. and Research math. Biologist, Mental Health Research Inst., Univ. of Michigan, Ann Arbor, Mich.; '71–72 Founder and Pres., Mathematical Biology, Inc., Holland, Mich.

*1899, Sept. 20, Černigov, Ukraine; †1972, Jan. 16, Holland, Mich.

Zum 65. Geb.tag Festgabe: Bull. math. Biophysics **27** ('65) Special issue, 332 S.; darin S. 3f.: Biogr.; 5: H. D. Landahl, A letter read to Prof. Rashevsky at a dinner in his honor, December 11, 1964; 9f.: P. Greene, To Prof. Rashevsky, December 11, 1964 [Poem].

Nekr. A. F. Bartholomay, G. Karreman, H. D. Landahl, Bull. math. Biophysics **34** ('72) 3 S. vor Nr. 1 (m. Bildn.). — Gedenkheft: Bull. math. Biol. **35** ('73) Nr. 1/2 (= S. 1–274).

H. Rendiconti della Scuola internazionale di fisica "Enrico Fermi", XVI corso, Varenna 1960: Aspetti fisicomatematici della biologia (New York '62); darin eig. Beitr. 493–524: General mathematical principles in biology.

MH. L. F. Richardson, Arms and insecurity; a mathematical study of the causes and origins of war (Pittsburgh, Pa.–London '60).

HZ. Bull. math. Biophysics **1** ('39)–**34** ('72) Nr. 1.

S. Mathematical thinking in the social sciences (P. F. Lazarsfeld) (Glencoe, Ill. '54) 67–104, 419f.: Two models: Initiative behavior and distribution of status. — Biological interactions in normal and neoplastic growth; a contribution to the host–tumor problem (M. J. Brennan, W. L. Simpson) (Boston, Mass. '62) (Henry Ford Hospital, International symposium 12) 519–32: Some theoretical considerations on organization and homeostasis with possible reference to neoplastic growth. — Progress in brain research (N. Wiener, J. P. Schadé) **2**: Nerve, brain and memory models (Amsterdam–New York '63) 244–56: Mathematical theory of the effects of cell structure and of diffusion processes on the homeostasis and kinetics of the endocrine system with special reference to some periodic psychoses. — Neuere Ergebnisse der Kybernetik. Bericht über die Tagung der Deutschen Arbeitsgemeinschaft Kybernetik, Karlsruhe 1963 (München–Wien '64) (Elektronische Rechenanlagen, Beiheft 7) 137–49: Metric and relational regulatory mechanisms in the organism. — Progress in biocybernetics (N. Wiener, J. P. Schadé) 1 (Amsterdam–London–New York '64) 188–200: Man–machine interaction in automobile driving; 2 ('65) 186–99: Some cybernetic aspects of sociology: Cybernetics of segregation. — Scientists at work. Festschrift in honor of Herman Wold (T. Dalenius, G. Karlsson, S. Malmquist) (Stockholm '70) 195–200: Some ideas on the nature of research.

W. Mathematical biophysics. Physico-mathematical foundations of biology (Chicago, Ill.–Cambridge '38) 13+340 S.; Neuauflagen: (Chicago, Ill. '48) 23+669 S.: **1** ³(New York '60) 26+488 S., **2** ³('60) 462 S. — Advances and applications of mathematical biology (Chicago, Ill. '40) 13+214 S. — Development of mathematical biophysics in USA from 1939 to 1945 inclusive (Roma '46) 28 S. (Pontificia Academia Scientiarum, Relationes de auctis scientiis tempore belli a. 1939–1945, 14). — Mathematical theory of human relations. An approach to a mathematical biology of social phenomena (Bloomington, Ind. '47) 14+202 S. (Mathematical biophysics monograph series, 2); Neuaufl.: ('49) 202 S. — Mathematical biology of social behavior (Chicago, Ill. '51) 12+256 S.; Neuaufl.: ('59) 20+320 S. — Mathematical principles in biology and their applications (Springfield, Ill. '61) 16+128 S. (American lectures series, 414). — Some medical aspects of mathematical biology (Springfield, Ill. '64) 23+314 S. (~ 550). — Studies in the application of topology to general biology. Final report on research under US PHS grant GM-05181 (formerly RG-5181) July 1, 1957–Dec. 31, 1964 (Chicago, Ill. '65) 13 S. — Looking at history through mathematics (Cambridge, Mass.–London '68) 16+199 S.

Acta biotheoret. [Leiden] Mathematical theory of the transmission of excitation from one tissue to another: **3** ('37) 81–86 [m. deutscher u. französ. Zusammenfassg.]. — The relation of mathematical biophysics to experimental biology: **4** ('38/39) 133–53 [~]. — Some remarks on the mathematical biophysics of organic asymmetry: 197–203 [~]. — Mathematical biophysics in its relation to the cancer problem: **5** ('40) 139–54 [~]. — A suggestion for a mathematical expression for biological and social organization: **8** ('46/48) 60–66.

American Physics Teacher Some physico-mathematical aspects of nerve-conduction: **1** ('33) 126–. — Mathematical biophysics: **3** ('35) 141–.

Bitte Anmerkung auf Seite 4201 beachten!

Annals New York Acad. Sci. Organic form as determined by function: **63** ('55) 442–53. — Mathematical foundations of general biology: **96** ('62) 1105–16.

Biological Rev. Cambridge philos. Soc. Physico-mathematical methods in biological sciences: **11** ('36) 345–63.

Bull. math. Biophysics The mechanism of cell division: **1** ('39) 23–30. — Mathematical biophysics of the cell with reference to the contractility of tissues and amoeboid movements: 47–62. — Plasticity of central nervous systems: 93f. — Mathematical biophysics of growth: 119–27. — Physico-mathematical aspects of some problems of organic form: **2** ('40) 109–21. — Contributions to the mathematical biophysics of organic form, 3: Deformation of shell-shaped cellular aggregates: 123–26. — Mathematical molecular biophysics: 177–81. — Some remarks on the movement of chromosomes during cell division: **3** ('41) 1–3. — Mathematical biophysics of temporal sequences of stimuli: 89–92. — Nature of correlations between different characteristics of organisms: 93–95. — Mathematical biophysics of auditory perception with special reference to theory of aesthetic ratings of combinations of musical tones: **4** ('42) 27–32. — Alternate approach to mathematical biophysics of perception of combinations of musical tones: 89f. — Further contributions to the mathematical biophysics of visual aesthetics: 117–20. — Outline of a new mathematical approach to general biology, 1: **5** ('43) 33–47; ~ 2: 49–64. — Note on the Hamiltonian principle in biology and in physics: 65–68. — On the form of plants and animals: 69–73. — Theory of amoeboid movements: 95–98. — Mathematical biophysics of cell division: 99–102. — Origin of life: 165–69. — Studies in the physico-mathematical theory of organic form: **6** ('44) 1–59. — Mathematical biophysics of amoeboid movements ¹)³): 61–63. — Mathematical biophysics of blood circulation, 1: Relation between pressure and flow of a viscous fluid in an elastic tube: **7** ('45) 25–33; ~ 2: 35–39. — Mathematical biophysics of visual aesthetics: 41–45. — Mathematical approach to cancer problem: 69–81. — Mathematical biophysics of some mental phenomena [,1]: 115–31; ~ 2: Anxieties and elations: **8** ('46) 1–6. — Mathematical biophysics of abstraction and logical thinking: **7** ('45) 133–48. — A reinterpretation of mathematical biophysics of the central nervous system in the light of neurophysiological findings: 151–60. — Some remarks on the boolean algebra of nervous nets in mathematical biophysics: 203–11. — A suggestion for another statistical interpretation of the fundamental equations of the mathematical biophysics of the central nervous system: 223–26. — The neural mechanism of logical thinking: **8** ('46) 29–40. — Further contributions to a probabilistic interpretation of the mathematical biophysics of the central nervous system: 51–57. — Structure of quadruped extremities: 83–93. — Mathematical biophysics of psychoses: **9** ('47) 1–8. — Mathematical biophysics of interaction of two or more individuals which may be of interest in mathematical sociology: 9–15. — Mathematical theory of vibrations of walls of blood vessels: 123–26. — Theory of amoeboid movements: 179–84. — Can elastic stresses in gels cause the elongation and division of a cell?: **10** ('48) 85–89. — On periodicities in metabolizing systems: 159–74. — A note on biological periodicities: 201–04. — A note on the probabilistic approach to the cancer problem: 205–10. — Time-variable osmotic pressure produced by coupled reactions as a possible cause of cell division: **11** ('49) 1–7. — A note on the diffusion drag forces: 9–13. — A note on a case of non-linear diffusion: 15–17. — A diffusion problem: 97–103. — Mathematical biology of social behavior, 1: 105–13; ~ 2: 157–63; ~ 3: 255–71; ~ 4: Imitation effects as a function of distance: **12** ('50) 177–85. — Some suggestions for a possible approach to a mathematical biophysics of mitosis: **11** ('49) 173–82. — A neural mechanism for hedonistic behavior: 283–86. — A note on Landahl's theory of psychophysical discrimination: **12** ('50) 39–42. — Psychophysical discrimination with more than two stimuli: 215–20. — A remark on Landahl's theory of learning: 237–40. — A remark on the distribution of conservative quantities: 339–41. — Outline of a mathematical biology of leadership: 343–51. — Some biosociological aspects of the mathematical theory of communication: 359–78. — Suggestions for a mathematical biology of some cultural developments: **13** ('51) 51–59. — Outline of a mathematical biosociology of beliefs and prejudices: 61–68. — A suggestion for a mathematical approach to the problem of the effect of climatic factors on health: 79–84. — A note on the theory of communication through social channels: 139–46. — A note on imitative behavior and information: 147–51. — Mathematical biosociology of beliefs and prejudices: 289–301. — Prolegomena to a dynamics of ideologies: **14** ('52) 95–118. — The problem of exchange between two or more individuals, motivated by hedonistic consideration: 137–40. — The effect of environmental factors on the rates of cultural developments: 193–201. — Mathematical biology of division of labor between two individuals or two social groups: 213–27. — Some suggestions for a new theory of cell division: 293–305. — Imitative behavior in non-uniformly spatially distributed populations: **15** ('53) 63–71. — Outline of a mathematical approach to history: 197–234. — Some quantitative aspects of history: 339–59. — A construction to the mathematical biology of the rates of historical development: **16** ('54) 117–28. — Topology and life: In search of general mathematical principles in biology and sociology: 317–48. — Note on a combinatorial problem in topological biology: **17** ('55) 45–50. — Some theorems in topology and a possible biological implication: 111–26. — Some remarks on topological biology: 207–18. — Life, information theory, and topology: 229–35. — The geometrization of biology: **18** ('56) 31–36, 233–35. — Contributions to topological biology: Some considerations on the primordial graph and on some possible transformations: 113–28. — What type of empirically verifiable predictions can topological biology make?: 173–88. — A neutral mechanism for adjustment to optimal conditions, with possible reference to visual accommodation: 189–98. — Studies in mathematical biosociology of imitative behavior, 1: Effects of income distribution: 323–36. — Outline of a possible mathematical approach to the problem of the effects of environment upon the incidence of some psychoneuroses: **19** ('57) 41–59. — Contributions to the theory of imitative behavior: 91–119. — A note on the geometrization of biology: 201–04. — Remark on an interesting problem in topological biology: 205–08. — A contribution to the search of general mathematical principles in biology: **20** ('58) 71–93. — A note on a possible mathematical approach to the theory of individual freedom: 167–74. — A comparison of set-theoretical and graph-theoretical approaches in topological biology: 267–73. — A note on biotopology of reproduction: 275–80. — A note on topological biology: **21** ('59) 97–100. — A set-theoretical approach to biology: 101–06. — Some remarks on the mathematical theory of nutrition of fishes: 161–83. — A note on the nature and origin of life: 185–93. — Some remarks on the mathematical aspects of automobile driving: 299–308. — Suggestion for a possible approach to molecular biology: 309–26. — Mathematical biophysics of automobile driving: 375–85. — On imitative behavior [,1]: **22** ('60) 63–71; ~ 2: Time course of change from one behavior to another: **23** ('61) 405–11; ~ [3]: **27** ('65) 175–85; ~ [4]: 311–13. — Contributions to relational biology: **22** ('60) 73–84. — Role of the individual in social dynamics: 207–15. — Further contributions to the mathematical biophysics of automobile driving [,1]: 257–62; A contribution to the mathematical biology of automobile driving, 2: Passing as a case of psychophysical discrimination: 263–67. — Life, information theory, probability, and physics: 351–64. — Some remarks on molecular biology: 365–70. — On the mutual influence of individuals in a society: **23** ('61) 15–18. — Contribution to the mathematical biophysics of automobile driving: 19–29. — Biological epimorphism, adequate design, and the problem of regeneration: 109–13. — A contribution to the theory of egoistic and altruistic interactions: 115–34. — On relations between sets [,1]: 233–35; ~ 2: **28** ('66) 117–24; ~ 3: **29** ('67) 639–42. — Abstract mathematical molecular biology [,1]: **23** ('61) 237–60; ~ 2:

Bitte Anmerkung auf Seite 4201 beachten!

Some relational consequences of the "one gene - one enzyme" hypothesis: **24** ('62) 327–34. — On the unreliability of judgments of certain social situations by minority groups: **23** ('61) 413–16. — Contributions to the theory of imitative behavior: The number of political parties as determined by biological and social factors: **24** ('62) 1–3. — A note on energy expenditure in walking on level ground and uphill: 217–27. — On the function and design of the lung: 229–42. — Automobile driving as psychophysical discrimination: 319–25. — Mathematical biology of learning to drive an automobile: **25** ('63) 51–58. — The principle of adequate design and the cardiovascular system: 59–74, 341. — Note on psychophysical discrimination with more than two stimuli: 155–63. — A note on a variational problem in biology and sociology: 297–301. — Two remarks on the mathematical biology of automobile driving: **26** ('64) 57–61. — A neurobiophysical model of schizophrenias and of their possible treatment: 167–85. — Some remarks on Rosen's quantum-mechanical approach to genetics: 187–91. — Mathematical biology of automobile driving, 1: The shape of the tracking curve on an empty straight road: 327–32; ~ [2]: **29** ('67) 181–86, 187f.; ~ 3: **30** ('68) 153–62; ~ 4: **32** ('70) 71–78; ~ 5: 173–78. — Some possible quantitative aspects of a neurophysiological model of schizophrenias: **27** ('65) 21–26. — Victor Sergeevich Ivlev, 1907–1964: 231f. — A note on the cybernetics of segregation: 305–10. — The representation of organisms in terms of predicates: 477–91. — Harold A. White, 1933–1965: 501f. — Further studies of some aspects of a neurobiophysical model of schizophrenia: **28** ('66) 125–35. — Physics, biology and sociology: a reappraisal: 283–308; Physics, biology and sociology, 2: Suggestion for a synthesis: **29** ('67) 643–48. — A note on relations between sets: **28** ('66) 309–13. — On mass behavior: 465 75. — Reward and punishment in learning with possible reference to punishment for crime: 477–81. — Further studies on the shape of the tracking curve of an automobile and its dependence on biological parameters of the driver: 645–54. — A sociological approach to biology: 655 61. — Organic sets [,1]: Outline of a general theory of biological and social organisms: **29** ('67) 139–52; ~ 2: Some general considerations: **30** ('68) 163–74. — Hyman Garshin Landau, 1909–1966: **29** ('67) 189f. — Organismic sets and biological epimorphism: 389–93. — Mathematical theory of the possible role of intercellular fluid and of vascularization on physiological periodicities: 395–401. — A suggestion for a new approach to the mathematical theory of imitative behavior: 863–77. — Note from the editor: **30** ('68) 1. — Some possible theoretical implications of experiments on the chemical transfer of memory: 341–49. — A remark on the possible use of non-oriented graphs in biology: 351–53. — A note on the development of organismic sets: 355–57. — A contribution to the mathematical biology of social behavior: Riots by oppressed groups: 501–18. — On possible reversible changes between arational and rational behavior of society: 519–25. — Mathematical theory of biological periodicities [,1]: Formulation of the n-body problem: 735–49; ~ 2: Effect of active transport: **31** ('69) 591–603. — A suggestion of a new approach to the theory of some biological periodicities: **30** ('68) 751–60. — Outline of a unified approach to physics, biology and sociology: **31** ('69) 159–98. — Some consequences of Henry Poincaré's hypotheses about the biological nature of the three-dimensionality of our space: 199–203. — A contribution to the mathematical biology of social behavior: Comparison of non-violent resistance and of riots by oppressed groups: 205–13. — A note on the mathematical theory of the effect of nervous stress on coronary thrombosis: 403–16. — Multiple relational equilibria: Polymorphism, metamorphosis and other possibly similar phenomena: 417–27. — Some considerations on relational equilibria: 605–11. — Some remarks on the mathematical bio-sociology of the relativity of injustice: 789–95. — A remark on the course of development of organismic sets: **32** ('70) 79–81. — Contributions to the theory of organismic sets: Why are there only two sexes?: 293–301; ~: Leadership: 391–401; ~ 2: Aggressiveness and submissiveness: **33** ('71) 49–54; ~ 3: 55–66. — Ernesto Trucco, 1922–1970: **32** ('70) 457f. — The approximation method, relational biology and organismic sets: 485–98. — Two definitions of stability of equilibria: **33** ('71) 157–64. — A note on non-periodic undamped oscillations, with special reference to brain waves: 281–93. — Relational forces and structures produced by them: 321–38. — Mathematical biophysics of sustained non-periodic oscillations of excitation and inhibition in the central nervous system: 539–53. — Sporadic sustained non-periodic oscillations in the activities of organismic sets: 555–59. — Suggestions for a mathematical biology of some pathological phenomena in the central nervous system, with special reference to some epilepsies: 561–69. — A note on sporadic non-periodic oscillations in the activity of the endocrine system and on the endocrine - nervous system feedback: **34** ('72) 65–69. — A neural circuit which exhibits some features of epileptic attacks: 71 78. — A note on epilepsies and similar disorders: 213–22. — Suggestions for a mathematical model of a pathological neuron with spontaneous repetitive discharges: 223–30. — Some remarks on the central nervous system: 231–42. — A remark on sensory deprivation from the point of view of organismic sets: 439–41. — Organismic sets: Sex in animal and human societies: 559–63. — — Vermutlich weitere Arbeiten in den Bänden **1** bis **6**.

Bull. math. Biol. Organismic sets. Scientific creativity, its spread and applications: **35** ('73) 339–44. — The diffusion and metabolic differences between soma and axon of a neuron: 421–29. — The epileptic neuron, 1: 709–14; ∼ 2: **36** ('74) 1–16.

Cold Spring Harbor Sympos. quantitat. Biol. Physico-mathematical aspects of cellular multiplication and development: **2** ('34) 188–98. — Physico-mathematical aspects of excitation and conduction in nerves: **4** ('36) 90–97. — Permeability of cells, its nature and measurement from the point of view of mathematical biophysics [2]): **8** ('40) 9–16.

Growth Outline of a mathematical biophysics of cellular forms and movements: **2** ('38) 213–22.

J. gen. Physiol. On the physical nature of "cytotropism" and allied phenomena and their bearing on the physics of organic form: **15** ('31/32) 289–306.

J. gen. Psychol. Outline of a physico-mathematical theory of the brain: **13** ('35) 82–111.

Kolloid-Z. Mathematische Biophysik: **78** ('37) 353–55.

Philosophy Sci. Foundations of mathematical biophysics: **1** ('34) 176–96. — Physico-mathematical aspects of the gestalt problem: 409–19. — The biophysics of space and time: **2** ('35) 73–85. — Outline of a mathematical theory of human relations: 413–30.

Physics Further studies on the theory of spontaneous dispersion of small liquid systems that are the seats of physico-chemical reactions: **2** ('32) 303–08. — Some physico-mathematical aspects of nerve conduction [,1]: **4** ('33) 341–49; ∼ 2: **6** ('35) 308–14. — Mechanism of division of small liquid systems that are the seats of physico-chemical reactions [,1]: **5** ('34) 374–79; ∼ 2: Instability of two-phase systems: **6** ('35) 35–37. — On electric charges of disperse systems which are the seats of physico-chemical reactions: 33f. — Mathematical physics of metabolizing systems with reference to living cells: 117–19. — Further studies on the mathematical physics of metabolizing systems with reference to living cells [,1]: 343–49; ∼ 2: **7** ('36) 260–63.

Protoplasma Further studies on the physical aspects of cellular growth and multiplication: **15** ('32) 427–47. — Contributions to the theoretical physics of the cell: **16** ('32) 387–96. — Outline of a physico-mathematical theory of excitation and inhibition: **20** ('33) 42–56. — Note on the mathematical theory of oxygen consumption at low oxygen pressures: 125–30. — The theoretical physics of the cell as a basis for a general physico-chemical theory of organic form: 180–88.

Psychometrika [USA] Mathematical biophysics and psychology: **1** ('36) 1–21. — Further contributions to the mathematical theory of human relations: 21–31. — Mathematical biophysics of delayed reflexes in connection with the theory of error elimination: 265–73. — Mathematical biophysics of conditioning: **2** ('37) 199–209. — Contribution to the mathematical biophysics of visual perception with special reference to the theory of aesthetic values of geometrical patterns: **3** ('38) 253–71. — Studies in mathematical theory of human relations, 1: **4** ('39) 221–39; ∼ 2: 283–99; ∼ 3: **5** ('40) 203–10.

Rhode Island med. J. Some medical aspects of mathematical biology: **47** ('64) 74–79.

Science [USA] Physicomathematical aspects of biology: **132** ('60) 1702–04.

Suppl. Nuovo Cimento Mathematical models and general mathematical principles in biology: (10) **18** ('60) 140–48.

Thalès Mathematical biology of the central nervous system with special reference to the problems of Gestalt and perception of relations: **7** ('51) 51–68.

Traffic Safety Man–machine interaction in automobile driving: **9** ('65) 101–07.

Trans. New York Acad. Sci. General mathematical principles in biology: (2) **21** ('58) 128–34.

Mit: [1]) R. Buchsbaum; [2]) H. D. Landahl; [3]) H. E. Stanton.

VI **RASMUSSEN,** Knud Johan Victor. Grönland- u. Eskimoforschung. — 1906–09 in Grönland Studium der Eskimo-Folklore; '09 Gründer der Missionsstation Nordstjernen in North Star Bay, '10 Namensänderung: Thule, von dort aus zahlreiche wiss. Expeditionen: '10–14, '16–18, '19 '21–24, '31–32, '33. — '24 Dr. h.c. (Univ. København); '27 Hon.D. (Univ. of St. Andrews, Scotland). — '09 Ritter, '24 Kommandeur des Dannebrog-Ordens (Dänemark); '19 Nordstern-Orden (Schweden); '19 Vega-Goldmedaille (Schwed. Ges. f. Anthropol. u. Geogr.); '21 Médaille d'or La Roquette (Soc. de Géogr., Paris); '23 Founders Gold Medal (Roy. Geogr. Soc. London); '25 Hans-Egede-Medaille (Königl. Geogr. Ges., København); '25 Charles P. Daly Gold Medal (Amer. Geogr. Soc., New York); '26 Jane M. Smith Award (Nation. Geogr. Soc., Washington, D.C.); '26 League of Walkers [New York] Medal; '33 Officier de la Légion d'Honneur (Frankreich); Orden „Weiße Rose" (Finnland); St.-Olav-Orden (Norwegen); Verdienstmedaille in Silber und in Gold (Dänemark).

Bitte Anmerkung auf Seite 4201 beachten!

*1879, Juni 7, Jakobshavn, Westgrönland; †1933, Dez. 21, Gentofte, København.

Ehrung Knud-Rasmussen-Land (Ostgrönland). — Knud-Rasmussen-Museum in Hudested (Dänemark) [Knud Rasmussens ehemaliges Landhaus] (vgl. K. Sand, Grønlandske Selsk. Årsskr. **1939**, 105–13).

Zur Biogr. H. Bauer, Ein Leben für die Eskimo. Das Schicksal des Forschers Knud Rasmussen (Leipzig '60) 209 S. — K. Birket-Smith, Med Knud Rasmussen blandt indlands-eskimoerne i Canada. 5. Thule-ekspedition 1921–24 (København '32) 4 S. (Ledetraad ved folkelig universitetsundervisning, Nr. 7); Knud Rasmussen's saga (København '36, '41) 6+128 S.; in: Les explorateurs célèbres (A. Leroi-Gourhan) (Genève '47) (La galerie des hommes célèbres, 2) 258–60. — J. Bond, Rasmussen in retrospect: North **8** ('61) 36f. (m. Bildn.). — P. Freuchen, Knud Rasmussen, som jeg husker ham. Fortalt for ungdommen (København '34) 122 S. (m. Bildn.), [2]('35), . . ., [4]('57) 134 S., engl.: I sailed with Rasmussen (New York '58, '61) 224 S.; Das Jubiläum der Arktischen Station: Grønland **1957**, 280 [dän.]. — C. C. A. Gabel-Jørgensen, Dr. Knud Rasmussen's contributions to the exploration of the south-east coast of Greenland, 1931–1933: Geographical J. **86** ('35) 32–53 (m. Bildn.). — E. Knuth, Fridtjof Nansen og Knud Rasmussen; en slægtstudie (København '48) 48 S. (m. Bildnissen). — K. Oldendow, Grønland **1960**, 261–72 (m. Bildn.). — E. Rindom, Auf der Schulbank mit Knud Rasmussen: Gads danske Mag. **28** ('34) 120–24 [dän.]. — T. Thomsen, Knud Rasmussen (København '39) 46 S. — E. Wieser, Knud Rasmussens letzte Grönlandfahrt (Salzburg '36) 205 S. (m. 78 Kunstdruckbildern und Original-Aufnahmen). — H. Zieger, Knud Rasmussen (Braunschweig '49) 74 S. (Helden des Friedens). — Bogen om Knud. Skrevet af hans venner [10 biographische Aufsätze verschiedener Autoren] (København '43) 314 S. — Erichsen e Rasmussen nell'esplorazione della Groenlandia, Universo [Firenze] **15** ('34) 603–06. — Knud Rasmussen und sein Werk: Højskolebladet **1939**, 377–79 [dän.]. — Das Knud-Rasmussen-Denkmal [Ansprachen von K. Birket-Smith und N. Rosing bei der Enthüllungsfeier]: Grønland **1964**, 81–88 [dän.].

Nekr. Gedenkheft: Geografisk Tidsskr. **37** ('34) Nr. 1; darin 3–30: T. Mathiassen, Knud Rasmussen's sledge trip expeditions and the establishment of the Thule trading station [dän. u. engl.]; 31–42: C. C. A. Gabel-Jørgensen, Knud Rasmussen; summary of his travels in East Greenland and some words of remembrance [dän. u. engl.] (m. Gedenkworten von D. Jenness S. 37); 43–61: K. Birket-Smith, Knud Rasmussen as an eskimologist [dän. u. engl.]; 62–68: O. Rosing, Ansprache bei der Gedenkfeier für K. Rasmussen [grönländ., dän. u. engl.]. — K. Birket-Smith, Danmarksposten **15** ('34) 2f. (m. Bildn.); Ethnologischer Anz. **3** ('34) 291–94; J. Soc. Américanistes Paris (N.S.) **25** ('33) 371–74 [engl.]. — A. W. Brøgger, Nordens Kalender **1935**, 113–22 (m. Bildn.). — M. A. D'jakonov, Bjul. arktičesk. Inst. SSSR **4** ('34) Nr. 2, 76–79. — Y. M. Goblet, Annales Géogr. **43** ('34) 329–31. — O. Holtedahl, Norsk geogr. Tidsskr. **5** ('34) 1–3. — E. H. Kranck, Terra [Helsinki] **46** ('34) 42–44. — P. La Cour, Tilskueren **52** ('35) II, 94–99. — T. Mathiassen, Højskolebladet **1934**, 1–4 (m. Bildn.); Svensk geogr. Årsb. **10** ('34) 212–17 [m. engl. Zusammenfassg.] (m. Bildn.). — E. Migliorini, Boll. R. Soc. geogr. ital. (6) **11** ('34) 133–36. — P. Nörlund, Årsbok, Vet.-Soc. Lund **1934**, 179–88 (m. Bildn.). — V. Nordmann, Meddelelser dansk geol. Foren. **8** ('31/35) 411. — H. B. S. Ostermann, Grønlandske Selsk. Årsskr. **1933/34**, 5–11. — C. Harries, T. Thomsen, ibid. 12–19. — C. Pergameni, Bull. Soc. roy. belge Géogr. **58** ('35) 25–27. — C. R[abot], Illustration [Paris] **91** ('33) 598 (m. Bildn.). — G. Regelsperger, Revue gén. Sci. pures et appl. **45** ('34) 228. — H. Rudolphi, Petermanns geogr. Mitt. **80** ('34) 18. — A. Schmücker, Natur u. Volk **64** ('34) 190–96. — V. Stefansson, Geographical Rev. **24** ('34) 336f. — W. Thalbitzer, American Anthropologist (N.S.) **36** ('34) 585–94 (m. Bildn.); Knud Rasmussen als Grönlandforscher: Danske Studier **1934**, 1–8 [dän.]. — T. Thomsen, Nationalmuseets Arbejdsmark **1934**, 5–8 (m. Bildn.); Nordisk Tidskr. Vet., Konst och Industri (N.S.) **10** ('34) 145–64. — C. Winther, Folkeskolen **51** ('34) 5–7. — Boletim Soc. geogr. Lisboa **52** ('34) 51f. — Geographical J. **83** ('34) 173–75. — Géographie **61** ('34) 78f. — Nature [London] **133** ('34) 129f.

Zum 25. Todestag A. Schmücker, Polarforschung **27**. 1957 ('59) 43–45.

Teilsammlungen Mindeudgave (P. Freuchen, T. Mathiassen, K. Birket-Smith) **1**: Min rejsedagbog [1912–1913]; Grønland langs Polhavet (København '34) 348 S.; **2**: Fra Grønland til Stillehavet ('34) 416 S.; **3**: Nye mennesker; Foran dagens øje; Under nordenvindens svøbe; Myter og sagn fra Grønland ('35) 393 S., darin S. 381–92: R. Sand, Knud Rasmussens Tätigkeit im und für den Thule-Distrikt [dän.]. — Knud Rasmussen og Grønlandsmonopolet. En dokumentation (H. A. Ø. Bistrup) (København '36). — Knud Rasmussen's posthumous notes on the life and doings of the East Greenlanders in olden times (H. Ostermann) (København '38) 214 S. (Meddelelser om Grønland, 109, 1). — Knud Rasmussen's posthumous notes on East Greenland legends and myths (H. Ostermann) (København '39) 182 S. (~ 109, 3). — The Mackenzie Eskimos after Knud Rasmussen's posthumous notes (H. Ostermann) (København '42) 164 S. (Report of the 5th Thule Expedition, 1921–1924, 10, 2). — The Alaskan Eskimos as described in the posthumous notes of Dr. Knud Rasmussen (H. Ostermann, E. Holtved) (København '52) 292 S. (~ 10, 3). —

I bjørnejægernes og åndemanernes land. Skildringer og oplevelser fra Grønland (T. Kristensen) (København '45) 195 S.; daraus separat erschienen (engl. u. dän.): An unusual bearhunt; Bjørnen i vågen (København '56), ²('58) 42 S.; dasselbe engl. u.d.T.: The bear in the ice hole [zusammengebunden mit P. H. Lundsteen, Greenland and its people] (København '62) [insgesamt] 39 S., ²('65) 44 S. (Royal Danish Ministry of Foreign Affairs). — Knud Rasmussen und Thule: Grønland **1961**, 24–26 [dän.]. — The people of the Polar north; a record (G. Herring) [Neudruck] (Detroit, Mich. '75) 358 S.

Briefe Knud Rasmussen schreibt an Fridtjof Nansen: Polarårboken **1945**, 17–26 [dän.].

S. Grønland 1932. Udgivet i forbindelse med Grønlandsudstillingen i København 1932 (København '32): Die Geschichte der Erforschung Grönlands [dän.]. — Proc. 5th Pacific science congress, Victoria and Vancouver, B.C., 1933, **4** (Toronto '34) 2767–72: Eskimos and stone age peoples; 2889–96: Adjustment of the Eskimos to European civilization with special emphasis on the Alaskan Eskimos. — Societies around the world as interpreted by anthropology, geography, and sociology (I. T. Sanders) **1** (Lexington, Ky. '52): The family among the Netsilik Eskimo; auch in der gekürzten einbändigen Neuaufl.: Societies around the world (New York '56).

W. Festens gave; eskimoiske Alaska-eventyr (København '29) 207 S., ²('59) 159 S.; engl.: The eagle's gift; Alaska Eskimo tales (New York–Toronto '32) 14+235 S.; deutsch: Die Gabe des Adlers; eskimoische Märchen aus Alaska (Frankfurt a. M. '37, '49) 216 S. — Snehyttens sange (København '30) 160 S., ²('61) 149 S.; deutsch: Schneehüttenlieder; eskimoische Gesänge (A. Schmücker) (Essen–Freiburg, Br. '47) 191 S.; engl.: Eskimo poems from Canada and Greenland (Pittsburgh, Pa. '73) 23+149 S. — Intellectual culture of the Copper Eskimos (København '32) 350 S. (Report of the 5th Thule Expedition 1921–24, 9); hieraus und aus Report ... Nr. 7 [('30)] Auszug u.d.T.: Beyond the high hills, a book of Eskimo poems (Cleveland, O. '61) 32 S., (New York '72) 32 S. — Den store slæderejse (København '32) 6+148 S., ²('34), ³('37), ⁴('43) 142 S., ⁵('54) 134 S., ⁶('56), ⁷('58), ⁸('60), ⁹('64), ¹⁰('68) 135 S.; deutsch: Die große Schlittenreise (Einführung v. A. Schmücker, Knud Rasmussen, ein Heldenleben der Arktis) (Essen '46) 14+245 S. (m. Bildn.), ²(Mainz '58) 234 S. (m. Bildn.); französ.: En traîneau du Groënland à l'Alaska (Paris '48) 247 S. (m. Bildn.) (Bibliothèque des voyages, 13); russ.: (Leningrad '35) 252 S., (Moskva '58) 180 S. — Polarforskningens saga (København '32) 398 S. (Jordens erobring (Aa. Krarup-Nielsen), 6), (2. Aufl. herausg. v. C. Erichsen) ²('42) 408 S.; deutsch: Heldenbuch der Arktis; Entdeckungsreisen zum Nord- und Südpol (Leipzig '33) 318 S. — Rasmussens Thulefahrt; zwei Jahre im Schlitten durch unerforschtes Eskimoland [Gekürzte Übersetzung von: Fra Grønland til Stillehavet ('25)] (F. Sieburg) (Frankfurt a. M. '34) 346 S.; engl.: Across arctic America; narrative of the fifth Thule Expedition [Neudruck] (New York '69) 20+388 S. — Min rejsedagbog; skildringer fra den første Thule-Ekspedition ⁴(København '35) 160 S., ⁵('42), ⁶('57) 160 S.; deutsch: Mein Reisetagebuch; über das grönländische Inlandeis nach dem Peary-Land ¹⁻⁴(Berlin '38), ⁵⁻⁹('42) 39+219 S., Auszug u.d.T.: Quer durch Grönland (Reutlingen '29) 31 S. (Bunte Bücher, 193), ..., ³('43) 31 S. — Alaskan Eskimo words (H. Ostermann) (København '41) 84 S. (Report of the 5th Thule Expedition 1921–24, 3, 4).

American-scandinavian Rev. Five Eskimo poems: **44** ('56) 163–67.

Geografisk Tidsskr. South-East Greenland. The sixth Thule Expedition, 1931, from Cape Farewell to Angmagssalik: **35** ('32) 169–97. — South-East Greenland. The seventh Thule Expedition, 1932, from Cape Farewell to Umivik: **36** ('33) 35–43 [m. dän. Zusammenfassg.].

Geographical Rev. Explorations in southeastern Greenland. Preliminary report of the sixth and seventh Thule Expeditions: **23** ('33) 385–93.

Jorden runt Eskimos – ein Volk der Steinzeit – und wir selbst: **5** ('33) 547–60 [schwed.].

Natur u. Volk Der Zweikampf der Moschusochsen: **68** ('38) 510–14.

Neue Rdsch. Der Zweikampf der Moschusochsen: **49** ('38) 269–76. — Lieder der Eskimos: 469–75.

Radio [København] Alte eskimoische Lebensanschauung: **1** ('32) Nr. 6, 24f. [dän.].

Wissen u. Fortschritt Der Zweikampf der Moschusochsen: **13** ('39) 44–46.

Woche Eskimos – Steinzeitvolk – und wir selbst: **1933**, 29.

VI **RASTALL,** Robert Heron. Geol. — 1899–1903 Stud., '03–06 Harkness Scholar and '06–13 and '26– Fellow at Christ's College, '10–19 Demonstrator, 19–34 Lecturer econ. Geol., '24–44 Pres. of Catholic Assoc., Univ. of Cambridge. — '26 Gold Medal (Roy. Geol. Soc. Cornwall); '46 Lyell Medal (Geol. Soc. London).

*1871, Nov. 8, Ruswarp, Whitby, Yorks.; †1950, Febr. 3, Ruswarp, Whitby, Yorks.

Nekr. O. M. Bulman, Geological Mag. **87** ('50) 73–76 (m. Bildn. u. Faks.). — W. H. Wilcockson, Nature [London] **165** ('50) 425.

HZ. Geological Mag. **58** ('21) – **70** ('33).

Bitte Anmerkung auf Seite 4201 beachten!

MHZ. Geological Mag. **56** ('19) – **57** ('20), **71** ('34) – **86** ('49).

S. Encyclopaedia Britannica; a new survey of universal knowledge **1** (Chicago, Ill.–London–Toronto– . . . '65) 654f.: Alluvium; **5** ('65) 203: Cerargyrite; **8** ('65) 702: Esker; **14** ('65) 659: Malachite. [Alle Artikel auch in früheren Auflagen seit '29].

W. The petrology of the sedimentary rocks (m. F. H. Hatch) (M. Black) [3](London '38) 383 S. (Text-book of petrology, 2), Neudrucke: ('50), ('53), ('57), ('62); (J. T. Greensmith) [4]('65) 408 S., [5](London–New York '71) 3+502 S. — Textbook of geology (m. P. Lake) [5](London '41) 8+491 S., ('47) 8+490 S.

Geological Mag. The Hunstanton Red Rock: **69** ('32) 131–35. — A bibliography of the tectonics of England and Wales: 233–37. — On the preparation of geological manuscripts: **70** ('33) 481–88. — The petrography of the Blea Wyke series [1]): **72** ('35) 125–38. — On brookite crystals in the Dogger: **75** ('38) 433–40. — On rutile in the Dogger: **76** ('39) 109–15. — Black oolites in the Dogger of North-East Yorkshire [1]): 273–81 (fälschlich paginiert als 225–33). — Sedimentary formations of abnormal thickness: 322–26. — The Blea Wyke beds and the Dogger at Peak, Yorkshire [1]): 362–72. — The Yorkshire Dogger, 1: The coastal region [1]): **77** ('40) 177–97, 257–75; ~ 2: Lower Eskdale [1]): **78** ('41) 351–70; ~ 3: Upper Eskdale [1]): **80** ('43) 209–30; ~ 4: Rosedale and Farndale [1]): **86** ('49) 201–25, 265–78. — The Cleveland axis: **80** ('43) 30–36, 80. — Rainfall, rivers and erosion: **81** ('44) 39–44. — Palaeozoic, Mesozoic and Kainozoic: a geological disaster: 159–65. — The granite problem: **82** ('45) 19–30. — Significance of variation in granites: **84** ('47) 29–32. — Accuracy in geological place-names: **86** ('49) 110–12.

Nature [London] Terminology in the geological sciences: **151** ('43) 294f., 448.

Proc. Yorkshire geol. Soc. The petrography of some jurassic sandstones in Eskdale: **22** ('32) 93–99. — Alfred Harker, 1859–1939: **24**.1938 ('39) 73–75. — Xenoliths at Threlkeld, Cumberland: 223–32. — A carbonate rock at Threlkeld, Cumberland: 233f. — The ore deposits of the Skiddaw District: 328–43.

Mit: [1]) J. E. Hemingway.

VI **RASUWAJEW,** Grigory →
VI **RAZUVAEV,** Grigorij Alekseevič

V,VI **RAVEAU,** Camille. Physik. — Jusqu'à 1886 Elève, Ecole Normale Supér., Paris; Travailleur sci., Conservat. des Arts et Métiers, Paris; 1904–46 Secrétaire de la rédaction de C.R. hebd. Séances Acad. Sci., Paris; '13–26 Bibliothécaire de l'Institut Pasteur. — '12 Prix Fernand Holweck, '22 Prix Hughes, '39 Prix Pierson-Perrin (Acad. Sci. Paris). (⊠)
*1867, Jan. 11, Paris;
†1953, Apr. 15, Neuilly.

Nekr. L. de Broglie, C.R. hebd. Séances Acad. Sci., Paris **236** ('53) 1517f.

Annuaire, Assoc. amicale Secours anciens Elèves Ecole norm. sup. Robert Lespiau†: **1949**, 25f.

V,VI **RAVENNA,** Ciro Edmondo Lazzaro. Chem., Agrochem. — 1923–38 Prof. ord. Chim. agr. e ('23–36) Dir. del R. Ist. Super. Agrario, Pisa → ('37–38) Pres. della Fac. agrar., Univ. di Pisa. — '31 Cavaliere dell'Ordine della Corona d'Italia.
*1878, Nov. 13, Ferrara;
†1939, [?] (nach Deportation vermutlich in deutschem KZ umgekommen).

W. Manuale di analisi chimica agraria e bromatologica [3](Bologna '32) 19+392 S. — Chimica pedologica. Il terreno agrario ed i fertilizzanti (Bologna '35) 15+334 S. — Chimica agraria (Torino '36) 12+326 S. — Chimica vegetale. Neuaufl. (Bologna '46) 780 S.

Boll., R. Ist. super. agrar., Pisa Sopra un nuovo ciclodipeptide dell'acido aspartico [1]): **8** ('32) 307–18. — Sui supposti ciclodipeptidi dall'asparagina [1]): 319–28. — Il contributo della chimica all'agricoltura: **9** ('33) 424–38. — Esperienze sulla fertilizzazione dell'atmosfera, 1: 606–16; ~ 2: **10** ('34) 405–48; ~ 3: **11** ('35) 511–14; ~ 4: **12** ('36) 774–76.
Boll. Fac. agrar. Univ. Pisa Sul meccanismo di utilizzazione da parte delle piante verdi delle sostanze organiche assorbite dall'esterno: **13** ('37/38) 251–59. — Esperienze sulla fertilizzazione dell'atmosfera, 5: 406–12.

Gazz. chim. ital. Sopra un nuovo ciclodipeptide dell'acido aspartico [1]): **62** ('32) 1019–24. — Sul contegno dell'acido aspartico al riscaldamento con gli cerina e sui supposti ciclodipeptidi dall'asparagina [1]): **63** ('33) 103–09.

Mit: [1]) R. Nuccorini.

VI **RAWDON,** Henry S. Metallurgie. — Chief of the Metallurgy Division, National Bur. of Standards, Washington, D.C. (⊠)
*1880;
†1954, Mai 14.

Todesanzeige Science [USA] **119** ('54) 900.

S. Symposium on corrosion testing procedures, Chicago, Ill., 1937 (American Society for Testing

Bitte Anmerkung auf Seite 4201 beachten!

Materials) (Philadelphia, Pa. '37) 36–56, 129–31: Atmospheric corrosion testing.

Engineering Continuous-flow corrosion tests of steel pipe [1]): **140** ('35) 208.

Mechanical World and Engng. Rec. Continuous-flow corrosion tests of steel pipe [1]): **98** ('35) 169.

Metal Progr. Cold-treating metallic alloys – the effect of cooling in liquid air or dry ice: **21** ('32) Nr. 2, 29–33.

Metals and Alloys Ferrous metallurgical developments during past five years: **5** ('34) 207–12. — Finishes for metal products: **14** ('41) 481f.

Proc. amer. Soc. Testing Mater. Effect of sulfur on forging steel. Reports of the joint committee on investigation of the effect of phosphorus and sulfur in steel [u. a.]): **34** I ('34) 87–112; **36** I ('36) 88–91. — Report of a committee on the effect of added phosphorus on the properties of steel with 0,1% of carbon [u. a.]): **34** I ('34) 113–23. — Continuous-flow corrosion tests of steel pipe [1]): **35** II ('35) 233–41.

Mit: [1]) L. J. Waldron.

VI **RAWLING,** Sidney Owen. Chem., Photogr. — 1912– Stud., Univ. College London; '18–20 Lecturer, Univ. of Aberdeen; '20–30 Research Scientist, '26–30 Associate, Brit. Photogr. Research Assoc.; '30–38 Research Scientist, Ilford Laboratories, Ilford, Essex, '39– Chief of Administrative Control of the Laboratories of Ilford Factory at Brentwood, Essex, then until '56 Head of Techn. Service Departm., furthermore Chairman of the Company's Educational Panel, Ilford Ltd.; Examiner and Chairman, Photographic Advisory Committee of the City and Guilds of London Inst.

[Geburtsdatum nicht ermittelt];
†1956, Nov. 2.

Nekr. J. Mitchell, British J. Photogr. **103** ('56) 615; Photographic J. **97** ('57) 30, 35, 36.

S. Bericht über den 8. Internationalen Kongreß für wissenschaftliche und angewandte Photographie, Dresden 1931 (J. Eggert, A. von Biehler) (Leipzig '32) 56–63: The combination of silver ions with gelatin in the presence of silver halides [1]); 96f.: The standardization of blackening measurement. — Procès-verbaux, rapports et mémoirs, IXe Congrès international de photographie scientifique et appliquée, Paris 1935 (Paris '36) 338–44: Quelques effets de l'addition d'une thiocarbamide à une émulsion pendant la maturation en refonte et influence de la concentration en ions hydrogènes.

Bitte Anmerkung auf Seite 4201 beachten!

W. Infra-red photography (London–Glasgow '33) 10+57 S. (Blackie's "Technique" series), (Boston, Mass. '34); [2](London–Glasgow '35, '36) 12+66 S.; [3]('39), Neudrucke: ('45), ('46).

J. chem. Soc., London Bertram Vincent Storr, 1878–1934: **1934**, 1479f.

J. Soc. Dyers and Colourists Infra-red photography: **50** ('34) 97–100.

Nature [London] Infra-red photography: **132** ('33) 733–36. — Sensitometry since Hurter and Driffield: **151** ('43) 210–13.

Photographic J. Some notes on the present state of sensitometry units: **72** ('32) Suppl., 1–5. — Colour filters, with special reference to their use in photography: **74** ('34) 295–305. — Sensitometry since Hurter and Driffield: **83** ('43) 49–55.

Rep., Meeting british Assoc. Advancement Sci. Modern views of the action of developers in photography: **107** ('37) 336.

Scientific J. roy. College Sci. Chemical themes in photography: **5** ('35) 16–26.

Mit: [1]) J. Mitchell.

VI **RAWLINS, Jr.,** Charles Henry. Math., Mech. — 1919–22 Instructor, U.S. Naval Acad., Annapolis, Md.; '22–28 Assist. Prof., '28–38 Assoc. Prof., '38–55 Prof., '55 Prof. Emer., U.S. Naval Postgrad. School, Annapolis, Md. ('22–52) and Monterey, Cal. ('52–55). (☒)

*1889, Febr. 16, Seaford, Del.;
†.

VI **RAWLINS,** Francis Ian Gregory. Physik., Kristallogr. — 1934–60 Physicist and (later on) Scientific Adviser, '48–60 Deputy Keeper, National Gallery, London; '49–58 Secretary-general, '58–64 Vice Pres., Int. Inst. for the Conservat. of Museum Objects; '53–65 Chairman, Governors of Liddon House; 56–69 Techn. Dir., Central Council for the Care of Churches. — '60 Commander of the Order of the British Empire.

*1895, Juli 8, London;
†1969, Mai 2, Hassocks, Sussex.

Bildn. Studies Conservat. **19** ('64) Nov.-Nr. (Titelbild).

Zur Biogr. Nature [London] **185** ('60) 656f.

Nekr. M. Davies, Yearb. roy. Soc. Edinburgh **1970**, 39–41.

H. Faraday Society, London. The first fifty years, 1903–1953 (London '53).

HZ. Studies Conservat. 1952–1958.

W. The physics and chemistry of paintings (London '37) 52 S. (The Royal Society of Arts, Cantor lectures). — From the National Gallery laboratory (London '40) 10 S. Text, 50 Tafeln. — Aesthetics and the Gestalt; a collection of essays and other writings (Edinburgh '53) 227 S.

British J. Aesthetics Religion and aesthetics: **6** ('66) 375–84.

British J. Radiol. x-Rays in the study of pictures: **12** ('39) 239–45.

Bull., Inst. Physics Physical methods in the care of museum objects: **1954**, Apr.-Nr., 1–12. — Contemporary literature in the history and philosophy of science: **1963**, Jan.-Nr., 1–3. — Mathematical physics at Trinity College, Dublin, in the 19th century: **1964**, Febr.-Nr., 29–35.

Church quarterly Rev. Angels and demons: **155** ('54) 402–04.

Endeavour Science in the service of the fine arts: **2** ('43) 93–98. — Scientific methods in the conservation of pictures: **7** ('48) 104–10. — Some scientific investigations at the National Gallery, London [7]): **13** ('54) 140–46.

J. chem. Soc., London Arthur Pillans Laurie, 1861–1949: **1950**, 429f.

J. Colloid and Interface Sci. Chemical physics at the National Gallery, London: **11** ('56) 324–26.

J. Instn. Heating and Ventilating Engr. Atmospheric pollution, with special reference to the National Gallery: **5** ('37) 400–24. — Some physical aspects of the storage of works of art: **11** ('43) 175–85.

J. Oil and Colour Chemists' Assoc. Scientific examination of paintings: **34** ('51) 337–45.

J. roy. Soc. Arts Physics and chemistry of paintings: **85** ('37) 933–48, 949–68, 971–88. — Beneath the surface of old pictures: **91** ('43) 151–54.

J. sci. Instruments A cell for refractivity measurements on minute crystals [2]): **11** ('34) 282–84. — The physics of art: **19** ('42) 17–22.

Memoirs and Proc. Manchester lit. and philos. Soc. Natural philosophy and the fine arts: **88**. 1946/47 ('47) 63–76.

Museum [UNESCO] Air conditioning at the National Gallery, London: **4** ('51) 194–97.

Museums J. A novel infra red camera for art gallery work: **38** ('39) 186f. — The control of temperature and humidity in relation to works of art: **41** ('42) 279–83. — Ultraviolet radiation from fluorescent lamps [3]): **52** ('52) 84f.

Nature [London] The natural philosophy of paintings: **140** ('37) 219f. — Measurement of art: **146** ('40) 292. — Care of works of art in war-time: **150** ('42) 112–14. — First Sir Joseph J. Thomson memorial lecture: 279. — The National Gallery in war-time: **151** ('43) 123–28. — Adventures in phenomenology: **154** ('44) 504–06. — Natural science and the fine arts: **159** ('47) 628–30. — A. N. Whitehead†: **161** ('48) 268. — G. S. W. Marlow† [4]): 672f. — Methodology of science in the service of the arts: **163** ('49) 390–93. — The Scientific Department of the National Gallery [7]): **164** ('49) 601–03. — George Berkeley, 1685–1753: **172** ('53) 326f. — Boole's "The Laws of Thought": **177** ('56) 554f.

Official Yearb. nation. Assembly Church England The future of church building. Evolution of a new style: **74** ('57) 29f.

Paint Technol. Paint technics at the National Gallery [7]): **15** ('50) 291–99.

Philosophy and phenomenol. Res. Epistēmē and Technē: **10** ('50) 389–97.

Proc. Cambridge philos. Soc. Modified ionic states in crystals [5]): **28**. 1931/32 ('32) 522–30.

Proc. roy. Soc. Med. The intensification of the fluorescent image in radiology: **43** ('50) 411f.

Rep. Progr. Physics The physics of paintings: **9** ('42/43) 334–48.

Research [London] Air-conditioning in the conservation of paintings: **1** ('47/48) 357–62. — Scientific methods in the care of works of art: **11** ('58) 2–6.

Science Progr. [London] Physical laboratory at the National Gallery: **30** ('35) 236–42. — Chemical physics of paintings: **33** ('39) 493–502. — Scientific method and the art gallery [7]): **40** ('52) 585–603.

Studies Conservat. Densitometry of photographic films and plates: **1** ('54) 131–34. — Soft x-rays in the examination of paintings: 135–38. — The cleaning of stonework: **3** ('57) 1–23.

Technical Studies Field fine Arts Studies in the colorimetry of paintings, 1: **4** ('36) 179–86; ~ 2: **5** ('37) 150–56; ~ 3: **9** ('41) 207–20. — Optical properties of some common varnishes: **6** ('38) 180–82. — Physical factors in x-ray photography: **7** ('38) 73–79. — Evidence: its nature and place in the scientific examination of paintings: **8** ('39) 75–82. — A tintometric comparison of artists' pigments: **9** ('40) 3–10. — Brief methods of describing paint [6]): **10** ('41/42) 37–46. — The rheology of painting: 59–72. — A further comment on the grip of the artist's brush: 157–60. — Tura's "Madonna and Child enthroned": a study in Gestalt: 224–29.

Trans. honorable Soc. Cymmrodorion The war-time storage in Wales of pictures from the National Gallery, London, 2: Some technical problems: **1945/46**, [?]–193.

Bitte Anmerkung auf Seite 4201 beachten!

Trans. Faraday Soc. Anisotropic melts: a study in change of state: **29** ('33) 993f. — Surface chemistry: **49** ('53) 582–84.

Z. Kristallogr., Kristallgeom., Kristallphysik, Kristallchem. The absorption spectrum of anhydrous ferric chloride [5]): **83** ('32) 41.

Mit: [1]) —; [2]) C. W. Hawksley; [3]) W. E. Rawson-Bottom; [4]) E. K. Rideal; [5]) C. P. Snow; [6]) G. L. Stout; [7]) A. E. A. Werner.

VI **RAY,** Bidhu Bhusan. Physik. — Stud. (C. V. Raman), 1921–35 Lecturer, '35–44 Prof., Univ. of Calcutta. — '26 Elliot Gold Medal and Cash (Roy. Asiatic Soc. of Bengal). (⊠)
*1894 [?];
†1944, Juli 29.

Nekr. Nature [London] **154** ('44) 818f.

Arkiv Mat., Astron. och Fysik On the emission lines and absorption edges in the L series of Ba and Cs [9]): **24B** ('33/34) Nr. 13, 5 S.

Indian J. Physics and Proc. indian Assoc. Cultivat. Sci. Secondary K-absorption edges of cobalt salts in solid and liquid solutions [4])[1]): **14** ('40) 37–54. — Allotropes of tellurium by x-ray diffraction [3]): **15** ('41) 233–40. — x-Ray diffraction of allotropes of selenium [7])[4]): 389f.

Proc. nation. Inst. Sci. India On the K-spectra of elements (11Na–15P) and conduction electrons, 1 [2]): **7** ('41) 419–51. — Secondary K-absorption edges of iron and its compounds in the solid state and in solution [10]): 453–70.

Science and Culture K-Absorption edges of cobalt in metallic cobalt and its compounds [4])[1]): **4** ('39) 528f. — The fluorescence of organic compounds by x-rays [7])[3])[4]): **5** ('40) 496f.; ~ 2 [3])[7]): 568f.

Z. Physik Messungen der K-Absorptionsgrenzen der Elemente 37Rb bis 50Sn [8]): **88** ('34) 218–25.

Mit: [1]) N. Bagchi; [2]) B. Bhowmik; [3]) H. Bose; [4]) S. R. Das; [5]) —; [6]) —; [7]) K. D. Gupta; [8]) E. C. Ingelstam; [9]) G. Kellström; [10]) S. Sen.

VI **RÂY,** Jnanendra Nath. Chem. — 1934– Prof., Univ. of the Punjab, Lahore, Punjab; later on (ca. '53) Research Chemist, Inst. of Sci., Bombay. — — Weitere Daten nicht bekannt. (⊠)
*1898, Febr. 17, Tilli, Dacca, Bengal.

Chemistry and Industry Vasicine [43]): **12** ('34) 698f. — Action of nitrous acid on the methyl ether of rottlerin [43])[49]): **1938**, 134.

Current Sci. β-6-Amino-3,4-dimethoxybenzoylpropionic acid [26]): **2** ('33/34) 247f. — Vasicine and peganine [43]): 388–90. — Constitution of vasicine [43])[29]): **3** ('34/35) 352f. — Vasicine [43]): 552; **4** ('35/36) 304f. — The oxidation products of vasicine with hydrogen peroxide [19])[37])[43]): 158f. — A new method of oximation [22]): **5** ('36/37) 75. — 6-Aceto-7-oxy-coumarin [18])[25]): 646. — Rottlerin, 1 [43])[49]): **6** ('37) 156; ~ 2 [43])[49]): 277; ~ 3 [43])[49]): 333; ~ 4 [43])[49]): 606–08; ~ 5 [6])[27])[43]): **8** ('39) 165f. — Biochemical synthesis of colouring matter by an Indian strain of Penicillium [13]): 409–11. — Constitution of rottlerin [43])[49]): 558; ~: **9** ('40) 80. — L. Ruzicka: 5–8. — Molecular weight of the methyl ether of tetrahydro-rottlerone [43])[49]): 136f. — Recovery of agar from used media [49]): **13** ('44) 98f. — Method for the synthesis of amino acids and related compounds [39]): **22** ('53) 146.

Indian J. med. Res. Pharmacological action of certain derivatives of cotarnine [20])[36]): **21** ('33) 249–53.

Indian med. Rec. Local anesthetics: **57** ('37) 353f.

J. amer. chem. Soc. Chemotherapy: Attempts to find antimalarials, 2: Pyrryl indoles [1])[45]): **54** ('32) 3988–92.

J. chem. Soc., London Experiments on the synthesis of isoquinoline derivatives, 2 [43])[55]): **1932**, 2510–13; ~ 3: A synthesis of corydaldine [41]): **1934**, 1263f. — Vasicine [19])[37])[43]): **1932**, 2740–44. — Experiments on the synthesis of cyanomaclurin and its derivatives, 1: 3,5,7,2′,4′-Pentamethoxyflavan [9]): **1933**, 288–90. — Quinoline derivatives, 1: Furanoquinolines [26])[32]): 1087–89; ~ 3: β-2-Amino-4,5-dimethoxybenzoylpropionic acid and its derivatives [26])[58]): **1934**, 1326–28. — Experiments on the synthesis of santene and its derivatives, 1 [41]): 1328f. — Experiments on the synthesis of bergapten and its derivatives, 1: Furocoumarins [55])[59]): **1935**, 813–16. — The constitution of vasicine [29])[43]): 1277–79. — The electrolytic reduction of vasicine [43]): **1936**, 686–88, 1570. — Rottlerin [43])[49]): **1937**, 1862–65. — Acridine derivatives, 1 [15])[43]): **1938**, 304f.; ~ 2 [16])[43]): **1939**, 476–78. — Experiments on the synthesis of local anaesthetics, 3 [5])[18]): **1938**, 657–59.

J. indian chem. Soc. Studies in chemotherapy: Attempts to prepare antimalarials, 3: Derivatives of cotarnine [3])[36]): **9** ('32) 215–23; ~ 4: ≈ [3])[33]): **10** ('33) 197–201. — A synthesis of brazilinic acid [55])[60]): 617–20. — Quinoline derivatives, 2: Pyrazolinoquinolines [43])[56]): **11** ('34) 427–31; ~ 4 [43])[50]): **13** ('36) 260–63. — Vasicine [8])[43]): **12** ('35) 395–99. — Methoxy-oxypalmatine [13]): **13** ('36) 478–81. — Synthesis of new local anaesthetics, 2 [18])[34]): **14** ('37) 237–40; ~ 4 [18])[61]): **17** ('40) 400–04; ~ 5 [18])[52]): 619–22. — Some bases of physiological interest [10])[13])[43]): **14** ('37) 344–48. — Synthesis of quinazolines (and benzoglyoxalines), 5 [4])[43]): **15** ('38) 152–59. —

Bitte Anmerkung auf Seite 4201 beachten!

Rottlerin, 2 [43][49]): 393–98; ~ 4: Derivatives of isorottlerin [27][43]): **16** ('39) 405–09. — Biochemistry of Aerobacter aerogenes and Bacillus cereus [13]) [47][12]): **17** ('40) 117–24. — A new formula for chaksine, the alkaloid of Cassia absus, and some experiments on its constitution [31][18][43]): 281–84. — Sulfonamides, 1 [28][43]): 495–98; ~ 2 [18][53]): **18** ('41) 209–12. — New synthesis of isoquinoline derivatives [18][30]): 213–16. — Synthesis of oreoselone, 1 [38]) [46]): **23** ('46) 365–70; ~ 2 [18][51][23]): 370–72. — Industrial development of India – present and future: **27** ('50) 47–61. — A possible synthetic gasoline industry in India: **28** ('51) 53–58. — Constitution of chaksine, 1 [21]): **33** ('56) 225–36. — Synthesis of some amino acids and related products, 1 [39]): 455–58. — Experiments on the synthesis of cyanomaclurin and related substances, 2 [14]): **35** ('58) 83–87. — DL-Serine [21]): 695. — Chemistry of vasicine and chaksine: 697–703. — Acharya Ray and the chemical research in modern India: **38** ('61) 423–31. — Reduction of esters to related alcohols [42][24]): 705–07. — The plan and the chemical industries: **43** ('66) 6–18.

J. indian chem. Soc., Industr. and News Edit. Citric acid fermentation [11][47]): **7** ('44) 103–06. — Determination of acetylmethylcarbinol in fermented medium [47][45]): 107–12. — Nessler's reagent and acetylmethylcarbinol [45][47]): 167f.

J. prakt. Chem. Versuche zur Darstellung von Mitteln gegen Malaria [3][36]): (N.S.) **136** ('33) 117–20.

Nature [London] Horace B. Dunnicliff†: **182** ('58) 1771f.

Proc. nation. Inst. Sci. India Loss of morphine in Indian opium on storage [17][57]): **1** ('35) 107–14. — Some recent developments in the study of the constitution of natural products: **5** ('39) 205–09. — Structure of rottlerin, 3 [43][49]): 249–51.

Science and Culture Synthesis of natural products: **4** ('38) 319–21. — Chaksine [2][54]): **12** ('46) 201. — Synthesis of dihydroisoflavones and isoflavones [48]): **18** ('53) 600. — Amines with antihistaminic action [40]) [44]): **23** ('57) 313f. — Constitution of chaksine [21]): **24** ('58) 146f.

Mit: [1]) J. S. Aggarwal; [2]) M. L. Aggarwal; [3]) G. S. Ahluwalia; [4]) A. Ahmed; [5]) S. Bagchee; [6]) H. S. Bakshi, [7]) —; [8]) M. L. Beri; [9]) A. L. Bhalla; [10]) H. C. Bhatnagar; [11]) A. N. Bindal; [12]) H. Chaudhuri; [13]) N. N. Chopra; [14]) R. B. Desai; [15]) M. L. Dhar; [16]) B. S. Duegan; [17]) H. B. Dunnicliff; [18]) K. N. Gaind; [19]) T. P. Ghose; [20]) K. S. Grewal; [21]) S. K. Guha; [22]) K. C. Gulati; [23]) I. S. Gupta; [24]) N. D. Gupta; [25]) S. K. Gupta; [26]) M. A. Haq; [27]) R. S. Jalota; [28]) G. L. Juneja; [29]) H. R. Juneja; [30]) S. Kapoor; [31]) H. R. Kapur; [32]) M. L. Kapur; [33]) K. N. Kaul; [34]) A. W. Khan; [35] —; [36]) B. D. Kochhar; [37]) S. Krishna; [38]) S. Kumar; [39]) P. B. Mahajani; [40]) J. R. Merchant; [41]) L. M. Mohunta; [42]) A. Mukherji; [43]) K. S. Narang; [44]) R. K. Pandya; [45]) A. U. Qureshi; [46]) L. Ram; [47]) M. Ram; [48]) A. Ray; [49]) B. S. Roy; [50]) T. D. Sachdeva; [51]) K. N. Sareen; [52]) B. Sarin; [53]) R. P. Sehgal; [54]) D. C. Sen; [55]) S. S. Silooja; [56]) A. Singh; [57]) G. Singh; [58]) M. Tuffail-Malkana; [59]) V. R. Vaid; [60]) P. R. Wadha; [61]) J. N. Yajnik.

V,VI **RÂY, Sir Prafulla Chandra.** Chem. — 1916–36 Prof., '36–44 Prof. Emer., Univ. College of Sci. and Technol., Calcutta. — '24–26, '30–31 Pres., Indian Chem. Soc.; Founder-Dir., Bengal Chem. Pharmaceut. Works. — '40 Sir William Jones Memorial Medal (Roy. Asiatic Soc. Bengal). (⊠)

*1861, Aug. 7 (2?), Raruli, Khulna, Bengal;

†1944, Juni 16, Calcutta.

Zur Biogr. S. S. Bhatnagar, J. indian chem. Soc. **29** ('52) 714–20. — M. Prasad, ibid. **41** ('64) 605–21. — M. Gupta, Prafullachandra Rây; a biography (Bombay '66) 16+158 S. (m. Bildn. u. Schr.verz.) (Bhavan's book university, 134). — P. Ray, Biographical Mem. Fellows nation. Inst. sci. India **1** ('66) 59–76 (m. Bildn., Faks., Schr.verz.). — C. Sharma, Sir P. C. Ray and Sir S. Radhakrishnan (New York '41) 64 S. (Leaders of modern India, Grade 5). — Nature [London] **140** ('37) 762.

Zum 70. Geb.tag Festgabe: Sir Prafulla Chandra Rây. Seventieth birthday commemorative volume (Calcutta '33) 5+362 S. (m. Bildn. u. Faks.) (J. indian chem. Soc., Spec. number). — M. Prasad, Life and work of Sir P. Rây: J. Univ. Bombay **2** ('33) Nr. 2, 307–27 (m. Schr.verz.). — Nature [London] **129** ('32) 895; **131** ('33) 866f.

Zum 80. Geb.tag Nature [London] **148** ('41) 135.

Nekr. B. B. Dey, Sir Prafulla Chandra Rây memorial lecture: J. indian chem. Soc. **26** ('49) 433–54. — G. D. Kellog, ibid. **21** ('44) 253–60 (m. Bildn. vor S. 223, Schr.verz. 142 Nrn.). — J. N. Mukherjee, J. chem. Soc., London **1946**, 216–18. — J. L. Simonsen, Nature [London] **154** ('44) 76.

Zum 100. Geb.tag Acharya Prafulla Chandra Rây. Birth centenary souvenir volume (Calcutta University) (Calcutta '62) 10+310 S.

Autobiogr. Life and experiences of a Bengali chemist (Calcutta–London '32) 8+557 S.; Ausgabe in 2 Bänden: **1** (Calcutta '32), **2** ('35); Neuaufl. u.d.T.: Autobiography of a Bengali chemist (Calcutta '58) 15+461 S.; in Bengali: (Calcutta '37).

S. History of chemistry in ancient and medieval India (Priyadaranjan Rây) (Calcutta '56). History of Hindu chemistry [Auszüge aus der '02–'09 erschienenen mehrbändigen Monographie].

W. The industrial development of India (Nagpur '32) 26 S. (Nagpur University, Rao Bahadur Bapu Rao Dada Kinkhede lectures, 3). — A treatise on

Bitte Anmerkung auf Seite 4201 beachten!

dietetics [in Bengali] (m. H. Vishvâsa) (Calcutta '36).

J. indian chem. Soc. Complex compounds of iridium, 1: Compounds with organic sulphides [1]): **9** ('32) 251–57; ~ 2: Compounds of organic sulphides and pyridine [1])[5]): **10** ('33) 275–79; ~ 3: Compounds with ammonia and ethylamine [1]): **11** ('34) 517–20; ~ 4 [4]): **13** ('36) 138–40. — Thioketonic esters, 3: Alkylation of ethyl thioacetoacetate [8])[4]): **10** ('33) 75–79. — Varying valency of platinum with respect to mercaptanic radicals, 8 [4]): **11** ('34) 737–42. — On the fluorination of organic compounds, 1 [6])[9]): **12** ('35) 93–95; ~ 2 [9]): **13** ('36) 427f.

Nature [London] A new method of fluorination of organic compounds: **132** ('33) 173. — Fluorination of organic compounds: Monofluoracetone [10])[9]): 749f. — Isomorphism and the chemical constitution: Constitution of formic acid and formates: **133** ('34) 646f. — Synthesis of thiocamphor and other cyclic thioketones: **134** ('34) 1010. — Synthesis of two isomeric bis-thiocamphors: **138** ('36) 548.

Science and Culture Progress of chemistry in ancient India: **2** ('37) 497–500. — Separation of the coagulating principle from the other active substances present in venom of Vipera ruselli [3])[2]): **4** ('39) 738f.

Z. anorg. u. allg. Chem. Eine neue Art komplexer Platinverbindungen: Drei- und fünfwertiges Platin, 4 [7]): **203** ('32) 401–04; ~ 5 [7]): **211** ('33) 62–64; ~ 6 [4]): **215** ('33) 201–04; ~ 7 [4]): **220** ('34) 247–49.

Mit: [1]) N. Adhikari; [2]) S. S. De; [3]) B. N. Ghosh; [4]) N. N. Ghosh; [5]) R. Ghosh; [6]) H. C. Goswami; [7]) S. C. S. Gupta; [8]) S. K. Mitra; [9]) A. C. Ray; [10]) P. B. Sarkar.

VI **RÂY, Priyada Ranjan (Priyadaranjan).** Chem. — 1919– Lecturer, Univ. of Calcutta; later on Prof., Departm. of inorg. Chem., Indian Assoc. for the Cultivation of Sci., Calcutta. — — Weitere Daten nicht bekannt. (☒)

*1888, Jan. 16, Chittagong, Bengal.

H. History of chemistry in ancient and medieval India; incorporating the History of Hindu chemistry by P. C. Ray (Calcutta '56).

Ue. (aus d. Deutschen) E. H. Riesenfeld, Manual of practical inorganic chemistry, qualitative analysis and inorganic preparations (Calcutta '33) 23+471 S.

S. Proc. Symposium on the chemistry of co-ordination compounds, Agra, India, 1959, **1** (Allahabad '60) 1–24: Recent advances in the chemistry of co-ordination complexes; **2** ('60) 64–67: Structure of metal complexes of Schiff bases derived from 3-formylsalicylic acid and amines or amino acids [32]); 162–71: Dicyanobiguanide cobalt(III) complexes [46]); **3** ('60) 49–56: Reactions and stability of metal guanylalkylurea complexes [20]); 188–97: Stabilization of the valency state of manganese and rhenium by complex formation [36]); 198f.: Stabilization of vanadium(IV) by formation of complexes with biguanides [5]); 200–09: 3-Oximinomethylsalicylic acid as a co-ordinate ligand and its use in analytic chemistry [34]).

W. The theory of valency and the structure of chemical compounds. Cooch-Behar professorship lecture for 1941 (Calcutta '46) 7+82 S. (Indian Association for the Cultivation of Science, Special publication 12). — Outlines of inorganic chemistry (Calcutta '54) 310 S. — Chemistry of bi- and tripositive silver (m. D. Sen) (New Delhi '60) 33 S. (National Institute of Sciences of India monographs, Silver jubilee issue). — Fifty years of science in India: Progress of chemistry (Calcutta '64) 296 S. — Caraka saṃhitā, a scientific synopsis (m. H. N. Gupta) (New Delhi '65) 8+120 S.

Biographical Mem. Fellows nation. Inst. Sci. India Prafulla Chandra Rây, 1861–1944: **1** ('66) 59–73. — Hemendra Kumar Sen, 1888–1945: 85–95. — Rames Chandra Ray, 1890–1959: 156–63.

Chemical Reviews Complex compounds of biguanides and guanylureas with metallic elements: **61** ('61) 313–59.

Chymia [Philadelphia] Chemistry in Kautilya: **5** ('59) 64–72.

Current Sci. A penta-coordinated cobaltic complex and its magnetic susceptibility [18]): **5** ('37) 476.

Inorganic Syntheses Sodium and potassium nickel(IV) paraperiodates: **5** ('57) 201–04. — Metal biguanide complexes: **6** ('60) 65–68. — Chromium(III) biguanide complexes: 68–71. — Tris(1-phenylbiguanide)cobalt(III) salts: 71–74. — Ethylenebisguanide-silver(III) compounds: 74–79. — Copper(II) complexes of 1-phenylbiguanide-p-sulphonic acid: **7** ('63) 6–8.

J. indian chem. Soc. On the constitution of molecular compounds: P. C. Rây volume ('33) 161–69. — The decomposition of thiosulphato-pentacyano-cobaltic acid and the isomerism of thiosulphuric acid: **10** ('33) 631–35. — Dithiosulphatodiethylenediamine-cobaltiates [29]): 655–58. — Compounds of hexamethylene tetramine with complex cobalt salts and the nature of residual affinity [2]): **11** ('34) 125–31. — Compounds of dimethylglyoxime with cobaltous chloride [43]): 899–904. — Hydrazinates of metallic thiosulphates [30]): **12** ('35) 50–52. — Magnetic susceptibilities of cobaltic salts and the nature of the cobaltic ion [43]): 190–93. — Dimercaptothiobiazole as an analytical reagent [25]): 308–17. — A short note on the chromium biguanide complexes [38]): 621. — Complex metal-ammonium selenites and

Bitte Anmerkung auf Seite 4201 beachten!

selenito-metalammines [21]): **13** ('36) 494–501. — Complex compounds of biguanide with tervalent metals, 1: Chromium biguanidines [38]): **14** ('37) 670–84; ~ 2: Chromium biguanidines [22]): **15** ('38) 347–49; ~ 3: Chromium phenylbiguanidines [22]): 350–52; ~ 4: Chromium bisbiguanidines [38]): 353–58; ~ 5: Thiocyanates of chromium biguanides [38]): 633–38; ~ 6: Cobaltic trisbiguanidine [18]): **16** ('39) 621–28; ~ 7: Cobaltic trisphenylbiguanidines [8]): 629–33; ~ 8: Resolution of cobaltic trisbiguanide complex into its optically active enantiomerides [18]): **18** ('41) 289–97; ~ 9: Action of mercuric chloride and silver nitrate on chromium and cobaltic trisbiguanidinium hydroxides, and the constitution of biguanide metallic complexes [47]): 298–306; ~ 10: Hydroxo-aquo cobaltic bisbiguanidine and its salts [23]): **19** ('42) 1–8; ~ 11: Silver (Ag^{III}) ethylenedibiguanide hydroxide and its salts [12]): **21** ('44) 47–50; ~ 12: Cis-trans isomerism in cobalt biguanide complexes; diammino-, hydroxoammino-, diaquo-, hydroxoaquo-, diacido-, and hydroxoacidocobaltibisbiguanidinium [28]): **23** ('46) 73–84; ~ 13: Ampholytic inner-metallic cobaltic complexes with naphthylbiguanide o-sulphonic acid and phenylbiguanide p-sulphonic acid and their salts [19]): **25** ('48) 589f.; ~ 14: Cobalt(ic) and chromium meta-phenylenedibiguanide complexes [16]): **26** ('49) 137–43. — Complex compounds of biguanide with bivalent metals, 1: Copper biguanidines [1]): **16** ('39) 617–20; ~ 2: Nickel biguanidines [33]): **18** ('41) 217–24; ~ 3: Copper and nickel phenylbiguanidines and their different modifications [12]): 609–22; ~ 4: Palladium biguanidine and its salts [23]): **20** ('43) 19–21; ~ 5: Copper and nickel m-phenylenedibiguanidine and their salts [47]): 200–02; ~ 6: Copper, nickel, and cobaltic phenylbiguanide-p-sulphonic acid [47]): 250–52; ~ 7: Copper, nickel, and cobalt(ous) ethylenedibiguanide salts; cobaltous biguanidinium sulphate and hydroxide [23]): 291–97; ~ 8: Copper and nickel α-naphthylbiguanidines [35]): **21** ('44) 163–66; ~ 9: Ampholytic inner-metallic copper and nickel complexes with naphthylbiguanide o-sulphonic acid and phenylbiguanide-p-sulphonic acid and its salts [19]): **25** ('48) 563–70; ~ 10: Two modifications of copper N-diethylbiguanide [22]): **26** ('49) 144–48; ~ 11: p-Acetamidophenylbiguanide and p-phenylenedibiguanide compounds of copper, nickel, and chromium [24]): **27** ('50) 411–15; ~ 12: Copper and nickel piperazine dibiguanide and their salts [14]): 651–54; ~ 13: Copper, nickel, and palladium complexes with N^1- and N^5-substituted biguanides [32]): **29** ('52) 381–85. — Reactions and exchange of active iodine in an inorganic system [13]): **17** ('40) 524f. — Determination of zinc in snake venoms by the micro chinaldine method: 681–84. — Biguanide sulphate as a reagent for the determination of copper [37]): **18** ('41) 149–54. — Composition and constitution of paramolybdates [47]): 397–406. — Kinetics and mechanism of the racemization of optically active cobaltic tribiguanide complex [18]): **20** ('43) 81–92. — Magnetic susceptibility of cobaltous complexes and their constitution [23]): 323–28. — Gray and Cruickshank's method and the diamagnetic susceptibilities of dicyandiamide, acetamide and cyanuric acid [47]): 359–64. — Magnetic susceptibility and constitution of nitroso-pentammine cobalt salts [23]): 409–13. — Composition and constitution of ethylenebiguanide [12]): **21** ('44) 41–43. — Normal and poly-molybdates of some complex cations and the composition and constitution of metamolybdates [41]): 139–44. — Oxalato-molybdates of some complex metallic cations [41]): 149f. — Magnetochemical studies in valency and molecular constitution, 1: iso-Polymolybdates [15]): 159–62; ~ 2: Magnetic moment and molecular configuration of triple nitrites and metallic cyanides containing elements of the first transitional series [39]): **23** ('46) 161–70; ~ 3: Heteropoly-molybdates and -tungstates with multivalent metal atoms in the complex [6][41]): **25** ('48) 51–56; ~ 4: Tetrapositive nickel as alkali nickel periodates [41]): 205–08; ~ 5: Valency of nickel, and nature of the bond in arsenical nickel ores [44]): 209–12; ~ 6: Bond type and stereochemistry of four-coordinated copper complexes [44]): 473–82. — Hemendrakumar Sen, 1888–1945: **22** ('45) 189–95. — Metal-biguanide polyhalides [6]): 197–206. — Copper biguanide chloride as a reagent for determination of mercury[6]): 229–32. — Stereochemistry of nickel, copper, and silver: **25** ('48) 3–12. — Cystine as an analytical reagent. Estimation of copper, cadmium, cobalt, nickel, and zinc; and their separation from calcium, barium, and magnesium [6]): **27** ('50) 297–304. — Stability of cobaltic biguanide complexes [17][22]): 493–508. — Physicochemical studies of the stability of ethylene dibiguanide complex of tripositive silver [42]) [22]): 619–26. — Resolution of tris-phenylbiguanide cobaltic chloride and a study of the kinetics of racemization of the levo gyrate [47][18]): 641–46. — Complex compounds of thiocyanodiamidine with metallic elements, 1 [14]): 673–75; ~ 2 [32]): **29** ('52) 279–83. — Inner-metallic complex salts of salicylaldimino acids with polycyclic rings, 1 [31]): **27** ('50) 707–17; ~ 2 [31]): **32** ('55) 505–09. — Complex dicyanobisethylenediamine cobaltic compounds [41]): **28** ('51) 59–64. — Monobiguanide and heterochelate copper complexes [16]): 347–53. — Stability of chromium(III) biguanide and chromium(III) phenylbiguanide complexes [4][22]): **29** ('52) 157–68. — Transformation of biguanide into dicyandiamidine [27]): 811–22. — Complex compounds of dicyandiamidine and phenyldicyanodiamidine with copper, nickel, cobalt, and palladium [3]): 865–70. — Studies on the chemistry of rhenium, 1: Complex oxalates of quadrivalent rhenium [42]): **30** ('53) 171–80; ~ 2: Complex compounds of quadrivalent rhenium with gallic acid[42]): 181–84; ~ 3: Complex compounds of quadrivalent rhenium with pyrocatechol [42]): 253f. — A study of the complex compounds of diglycyl-

Bitte Anmerkung auf Seite 4201 beachten!

ethylenediamine with bivalent metals [11)][22]): 185–97. — Heteropoly acids of niobium and tantalum with iodic and periodic acids [42]): 250–52. — Gilbert John Fowler, 1868–1953: 441f. — A study of the complex formation of salicylamide with uranyl ion and a colorimetric method for the estimation of uranium [11)][42]): 491–95. — A study on the decomposition of tripositive silver complex: Silver ethylenedibiguanide nitrate [42]): 519–24. — Chemistry of the dicyandiamidines and biguanides and their metallic complexes: **32** ('55) 141–56. — Inner-metallic complex salts of hydroxylaldimino-hydroxamic acids with polycyclic rings, 1 [31]): 567–71. — Inner-metallic complex salts of hydroxylaldimino acids with polycyclic rings, 1 [31]): 581–88. — Inner-metallic complex salts of oxyaldimines with polycyclic rings [31]): 604–08. — Metal chelate complexes of sulphosalicylaldehyde with polycyclic rings [31]): 633–43. — Salicylamidoxime as an analytical reagent, 1: Reactions of salicylamidoxime with metal ions [4]): **33** ('56) 21–28; ~ 2: Gravimetric estimation of copper and nickel and their separation from other metals [4]): 65–72. — Madame Irène Joliot-Curie†: 365–67. — Complex compounds of bipositive silver with pyridine carboxylic acids, 1: Argentic nicotinate and isonicotinate [5]): 503–06; ~ 2: Argentic compounds of pyridinedicarboxylic acids [5]): **34** ('57) 207–12; ~ 3: Argentic compounds of pyridinetricarboxylic acids [5]): 859–62. — A study on the metal complexes of ethylenediaminetetra-acetic acid [20]): **33** ('56) 727–31. — Stability of inner-metallic complexes [16]): 841–51. — Spectrophotometric studies on ferrous complexes of quinoline and pyridine carboxylic acids, 1: Ferrous quinaldinate system [5]): **35** ('58) 297–303; ~ 2: Ferrous picolinate system [5]): 493–98; ~ 3: Ferrous dipicolinic acid and ferrous quinolinic acid systems [5]): 817–29. — Rubeanic acid and its derivatives as colorimetric reagents, 1: Spectrophotometric determination of cobalt, nickel, palladium, silver, and ruthenium [48]): 432–44; ~ 2: Dimethyl- and diethylrubeanic acids [48]): 589–94; ~ 3: N,N'-Bis-(2-hydroxyethyl)- and N,N'-diisoamylrubeanic acids: 633–40; ~ 4: N,N'-Dibenzyl- and N,N'-diphenylrubeanic acids [48]): 725–32. — Complex compounds of manganese(III) with biguanides [36]): 595–600. — Complex compounds of manganese(IV) with biguanides [36]): 601–09. — Dicyano cobalt(III) biguanide complexes [46]): **36** ('59) 201–08. — Hydroxy- and alkoxy-alkylbiguanide metal complexes, 1: Copper complexes [46]): 373–87; ~ 2: Nickel and palladium complexes [46]): 489–95; ~ 3: Cobalt and chromium complexes [46]): 581–84; ~ 4: Instability constants of copper and nickel complexes [46]): **37** ('60) 303–13. — Guanylalkylureas and their metallic complexes, 1: Synthesis of guanylalkylureas [20]): **36** ('59) 499–504; ~ 2: Complex compounds of copper [20]): 567–75; ~ 3: Complex compounds of nickel [20]): 576–80. — Spectrophotometric studies of the stability of copper biguanide chelates [36]): 849–59. — 3-(Hydroxyiminomethyl) salicylic acid as an analytical reagent, 1: Gravimetric estimation of copper and nickel [34]): **37** ('60) 133–40: ~ 2: Spectrophotometric determination of uranium [34]): 141–45. — Rubeanic acid and its derivatives as chelating ligands and analytical reagents [48]): **38** ('61) 535–55. — Role of co-ordination complexes in biological processes: **41** ('64) 1–19.

J. and Proc. Instn. Chemists, India Microchemical methods and their applications in inorganic chemistry: **23**, 2 ('51) 49–60.

Mikrochemie Quinaldinic acid as a micro-reagent, 1: Estimation of zinc and its separation from manganese [9]): **17** ('35) 11–13; ~ 2: Estimation of copper and its separation from cadmium, manganese, nickel, cobalt etc. [25]): 14–16; ~ 3: Estimation of zinc in the presence of iron, aluminium, uranium, beryllium and titanium [9]): **18** ('35) 89–91.

Mikrochemie verein. Mikrochimica Acta Quinaldinic acid as a micro-reagent, 4: Estimation of zinc in the presence of copper, or of silver and mercury [40]): **27** ('39) 64–66 [m. deutscher u. französ. Zusammenfassg.].

Nature [London] A new type of complex silver compounds with tervalent silver: **151** ('43) 643. — Composition and constitution of ethylenebiguanide: **152** ('43) 694f. — Tetrapositive nickel as alkali nickel periodates [41]): **157** ('46) 627.

Proc. nation. Inst. Sci. India Technical production of potassium permanganate and the extraction of potash salts in India: **9** ('43) 143–45. — The history of chemistry in India: **18** ('52) 341–43.

Science and Culture Nuclear chemistry – chemistry of the future: **1** ('35) 79–83. — Extension of the periodic table and the elements beyond uranium: **4** ('38) 167–76. — Chemical investigation of artificial radioelements: **5** ('39) 209–18. — Chemistry and cosmology in ancient India: **13** ('47/48) 263–71. — Colorimetric estimation of uranium, vanadium, and molybdenum by aromatic hydroxamic acids [6]): **18** ('52/53) 97f. — The colorimetric estimation of uranium(VI) and iron(III) [4]): **19** ('53/54) 466f. — Salicylhydroxamic acid as a colorimetric reagent for titanium [48)][11]): **20** ('54/55) 146. — Rubeanic acid as a colorimetric reagent for cobalt, nickel, palladium, and silver [48]): 455f. — Colorimetric estimation of palladium with rubeanic acid by solvent extraction [48]): 609f. — Bipositive silver nicotinate [5]): 613f. — Diphenyl rubeanic acid as a colorimetric reagent [48]): **21** ('55/56) 170f. — Bipositive silver complex with cinchomeronic acid [5]): 474f. — 3- and 5-Oximinomethylsalicylic acids as analytical reagents [34]): 547. — Substituted (ethyl, methyl and benzyl) rubeanic acids as colorimetric reagents [48]): 694f. — Teaching of chemistry on the historical background: **22** ('56/57) 434–37. — Ethanolbigua-

Bitte Anmerkung auf Seite 4201 beachten!

nide as a complexing ligand[46]): 519. — Complex compounds of tri- and tetrapositive manganese with biguanides[36]): **23** ('57) 158–60. — Biguanide complexes of quinquevalent rhenium[36]): **25** ('59) 384f. — The role of science and culture in the cause of education: **26** ('60) 171–73.

Trans. Bose Res. Inst., Calcutta Application of diamagnetism to the solution of chemical problems: **20** ('55) 33–40. — Magnetic moment in relation to valency and molecular configuration: **22** ('58) 175–91.

Z. analyt. Chem. Chinaldinsäure als analytisches Reagens, 1: Bestimmung und Trennung von Kupfer, Zink, Cadmium und Uran; colorimetrische Bestimmung von Eisen[9]): **95** ('33) 400–14; ~ 2: Die Bestimmung von Zink in Gegenwart von Eisen, Aluminium, Uran, Beryllium und Titan[30]): **100** ('35) 324–27; ~ 3: Die Bestimmung von Zink in Gegenwart von Kupfer, Silber und Quecksilber[18]): **115** ('39) 265–68. — Salicylhydroxamic acid as an analytical reagent, 2: Colorimetric estimation of uranium, molybdenum, vanadium, and iron (III)[6]): **154** ('57) 103–13.

Z. anorg. u. allg. Chem. Einfache und komplexe Jodate von Titan[38]): **208** ('32) 100–06; **210** ('33) 304. — Substituierte komplexe Cyano-kobaltiate, 1: μ-Sulfito-decacyano-hexakalium-dikobaltiate: **208** ('32) 392–96; ~ 2: Disulfito-tetracyano-kobaltiate und der Einfluß der Substitution auf die Eigenschaften komplexer Ionen[10]): **211** ('33) 173–84; [3]: Diaquotetracyano-kobaltisäure und ihre Salze, Kobalticyanide[26]): **220** ('34) 154–62; ~ 4: Aquopentacyano-kobaltisäure und ihre Salze[18]): **234** ('37) 65–74. — Einfache und komplexe Jodate des vierwertigen Bleis[38]): **217** ('34) 376–80.

Mit: [1]) P. N. Bagchi; [2]) M. Bakshi; [3]) G. Bandopadhyay; [4]) D. Bandyopadhayay; [5]) B. Banerjee; [6]) A. (S.) Bhaduri; [7]) —; [8]) H. P. Bhattacharya; [9]) M. K. Bose; [10]) S. C. Chackrabarty; [11]) A. K. Chakraburtty; [12]) K. Chakravarty; [13]) S. Chatterjee; [14]) A. K. Choudhury; [15]) S. C. Das; [16]) B. Das Sarma; [17]) A. K. De; [18]) N. K. Dutt; [19]) R. K. Dutt; [20]) R. L. Dutta; [21]) A. N. Ghosh; [22]) N. N. Ghosh; [23]) S. P. Ghosh; [24]) C. Goutam; [25]) J. Gupta; [26]) T. Guptachaudhuri; [27]) N. Kundu; [28]) A. N. Majumdar; [29]) S. N. Maulik; [30]) A. K. Mazumdar (Majundar); [31]) A. K. Mukherjee; [32]) S. N. Poddar; [33]) B. C. Purakayastha; [34]) A. K. Ray; [35]) H. Rây; [36]) M. M. Ray; [37]) J. Roy-Chowdhury; [38]) H. Saha; [39]) H. Sahu; [40]) T. C. Sarkar; [41]) B. Sarma; [42]) D. Sen; [43]) D. C. Sen; [44]) D. N. Sèn; [45]) —; [46]) N. R. Sengupta; [47]) S. K. Siddhanta; [48]) J. Xavier.

VI **RAY,** Rames Chandra. Chem. (anorg.). — 1927–46 Prof., '40–60 Head of Departm. of Chem., '46 Prof. Emer., Sci. College, Patna Univ., Patna, Bihar; '40– Chemical Adviser to the Government of Bihar; '44 Pres. of Chem. Sect., Indian Sci. Congress Assoc. (⊠)

*1890, Jan. 20, Taki, Bengal; †1959, Dez. 3.

Zur Biobibliogr. P. Ray, Biographical Mem. Fellows nation. Inst. Sci. India: **1** ('66) 156–64 (m. Bildn., Faks., Schr.verz.).

Nekr. Nature [London] **186** ('60) 679f.

Chemistry and Industry Borohydrates: **1946**, 322–24.

J. chem. Soc., London The ternary system potassium permanganate – potassium fluoborate – water[1]): **1932**, 384–86. — The hydrolysis of magnesium boride[8]): **1935**, 1694f. — Two lower oxides of boron[8]): **1941**, 742–44.

J. indian chem. Soc. An attempt to correlate the constitution of glass with the potential at glass-electrolyte interfaces[3])[7]): **19** ('42) 61–66. — Pyridine complexes of metallic perchlorates, 1[8]): **20** ('43) 32–36; ~ 3[8]): Composition and stability of copper pyridine perchlorates in aqueous solution[8]): **25** ('48) 247–50. — Hydrides of nickel[6]): **20** ('43) 213–17. — Hydrides of cobalt[6]): **23** ('46) 61–66. — Hydrides of iron[6]): 67–72.

Nature [London] Lower oxides of boron: **149** ('42) 305.

Proc. nation. Inst. Sci. India The importance of sodium silicate solutions and the possibility of their manufacture from locally available raw materials[3]): **9** ('43) 157–61.

Trans. Faraday Soc. Adsorption of water by silica gel and an examination of Patrick's adsorption formula[3]): **30** ('34) 997–1007. — The ternary system potassium perchlorate – potassium fluoborate – water at 25°[5]): 1161–63. — The ternary system potassium fluoborate – potassium periodate – water at 35°[5]): **31** ('35) 1312–14. — A rapid micro method for the determination of melting points[2]): **32** ('36) 741–43. — Certain isomeric compounds of boron, hydrogen and oxygen: **33** ('37) 1260–66. — On the constitution of sodium silicate solutions[3])[4]): **38** ('42) 104–08. — Pyridine complexes of metallic perchlorates, 2: Dissociation pressures and pressure-composition isothermals of copper pyridine perchlorates[8]): **44** ('48) 790–95.

Ferner eine Broschüre "Chemistry of boron" ('47) (Sukhraj Roy lectures in natural science at the University of Patna, 1944/45).

Mit: [1]) K. K. Chatterjee; [2]) V. Dayal; [3]) P. B. Ganguly; [4]) A. B. Lal; [5]) H. C. Mitra; [6]) R. B. N. Sahai; [7]) B. P. Sarkar; [8]) P. C. Sinha.

V,VI **RAYLEIGH,** Lord Robert John (Robert John Strutt, 4th Baron Rayleigh). Physik. — 1920 Prof. Emer., '36–47 Chairman of the governors, Imperial College of Sci.,

Bitte Anmerkung auf Seite 4201 beachten!

South Kensington, London; '29 Pres. of Sect. of Math. and Physics, '38 Pres., British Assoc. for the Advancem. of Sci.; '32–39 Chairman, Executive Committee of the National Physical Laboratory; '34–36 Pres., Physical Soc., London; '39, '42 Vice-Pres., '45–47 Pres., Roy. Instn., London. — '20 Rumford Medal (Roy. Soc., London).

*1875, Aug. 28, Terling Place, Essex; †1947, Dez. 13, Terling Place, Essex.

Zur Biogr. J. G., Scientific Monthly **45** ('37) 471–73 (m. Bildn.). — C. P. Haskins, ibid. **47** ('38) 285 (m. Bildn.). — Nature [London] **140** ('37) 456. — The Nobel Prize winners and the Nobel Foundation 1901–37 (Zürich '38) 40 (m. Bildn. S. 399).

Nekr. [Viscount] Cherwell [= F. A. Lindemann], Monthly Notices roy. astron. Soc. **108** ('48) 51–53. — Sir A. C. Egerton, Obituary Notices Fellows roy. Soc. London **6** ('48/49) 503–38 (m. Bildn., Faks., Schr.verz.). — Proc. Soc. psych. Res. **48** ('48) 330f.

S. Scientific papers and addresses of the Hon. Sir Charles A. Parsons (G. L. Parsons) (Cambridge '34) XV–XXVIII: Some personal reminiscences of Sir Charles Parsons. — Verhandelingen, op 25 Mei 1935 aangeboden aan P. Zeeman ('s Gravenhage '35) 26–30: An experiment on the action of foreign gases in promoting the formation of active nitrogen.

W. The life of Sir J. J. Thomson, O. M., sometime Master of Trinity College, Cambridge (Cambridge '42) 10+299 S.; Neudruck: (London '69) 299 S. — The life of John William Strutt, Third Baron Rayleigh, O. M., F. R. S. Neuaufl. (Madison, Wis. '68) 27+439 S.

Endeavour Meteorites and some of the problems which they present: **3** ('44) 127–34.

J. chem. Soc., London Sir Joseph J. Thomson. A memorial lecture at Royal Institute of Great Britain: **1942**, 467–.

J. Soc. psych. Res. Hyperaesthesia?: **32** ('41).

M. S. N. Monthly Sci. News Why round pebbles are rare?: **1943**, März-Nr. — An electrical experiment of Newton: **1944**, Sept.-Nr.

Nature [London] Metastable atoms in mercury fluorescence: **129** ('32) 344. — The glow in photoelectric cells: **130** ('32) 365f. — Beryllium and helium: **131** ('33) 724. — [Anonym] MM. Osty's investigations of Rudi Schneider: **133** ('34) 747–49, 828f. — Passage of helium through apparently compact solids: **135** ('35) 30. — The green flash at sunset: 760. — Passage of helium through compact solids: 993. — Optical contact: **139** ('37) 781–83. — The light thought to have been seen in the neighbourhood of alternate current magnets: **140** ('37) 423. — Neon and argon in the earth's crust: **141** ('38) 410. — Presentation of the Kelvin Medal to Sir J. J. Thomson: 883f. — Nitrogen and argon in the earth's crust: 970. — Vision in nature and vision aided by science: **142** ('38) 327–36. — Science and warfare: 336–38. — Bending of glass under long continued stress: **145** ('40) 29. — History of the vacuum flask: 625, 940. — McLennan: A pioneer of Canadian science: **146** ('40) 111. — J. J. Thomson†: 352. — R. W. Wood of Baltimore: **149** ('42) 650f. — Newton as an experimenter: **150** ('42) 706–09. — Laboratory synthesis of diamond: **151** ('43) 394. — J. B. Hannay and the artificial production of diamonds: **152** ('43) 597. — Optical topics in part connected with Charles Parsons: 676–82. — Metallic searchlight mirrors: **153** ('44) 112. — Pebbles of regular shape, and their reproduction in experiment: **154** ('44) 169–71. — Simple teaching apparatus in physics: 392. — Contributions of the Imperial College to the conquest of disease: **156** ('45) 520–23. — Luminous phenomena in oxygen: **159** ('47) 777.

Obituary Notices Fellows roy. Soc. London Richard Tetley Glazebrook, 1854–1935 [3]): **2** ('36/39) 29–56. — Joseph John Thomson, 1856–1940: **3** ('39/41) 587–97. — Pieter Zeeman, 1865–1943: **4** ('42/44) 591–95. — Charles Vernon Boys, 1855–1944: 771–88.

Proc. physic. Soc. Further experiments in illustration of the green flash at sunset: **46** ('34) 487–98. — Some reminiscences of scientific workers of the past generation and their surroundings: **48** ('36) 217–46 (m. Bildn.). — Sir William Bragg†: **54** ('42) 531–35. — The spinning and floating of light bodies in an electric field: **56** ('44) 73–75.

Proc. roy. Instn. Great Britain Optical contact: **29**.1935/37 ('37) 432–43. — Pebbles of regular shape and their reproduction in experiment: **33**.1943/46 ('48) 91–98.

Proc. roy. Soc. London, Ser. A Fluorescent excitation of mercury by the resonance frequency and by lower frequencies, 3: **135** ('32) 617–27; ~ 4: **137** ('32) 101–16; ~ 5: **139** ('32) 507–17. — On a large scale crystalline structure in certain glasses of exceptional composition: **137** ('32) 55–61. — Beryllium and helium, 1: The helium contained in beryls of varied geological age: **142** ('33) 370–81. — The bending of marble: **144** ('34) 266–79. — The dark interval in mercury fluorescence: **146** ('34) 272–80. — Note on the oxygen afterglow: **150** ('35) 34–36. — Light of the night-sky: Analysis of the intensity variations at three stations [2]): **151** ('35) 22–55. — Active nitrogen of long duration, law of decay, and of increased brightness on compression: 567–84. — A study of glass surfaces in optical contact: **156** ('36) 326–49. — Studies on the passage of helium at ordinary temperature through glasses, crystals, and organic materials: 350–57. — The surface layer of

Bitte Anmerkung auf Seite 4201 beachten!

polished silica and glass with further studies on optical contact [4]): **160** ('37) 507–26. — An attempt to detect the passage of helium through a crystal lattice at high temperatures: **163** ('37) 376–80. — Nitrogen, argon and neon in the earth's crust with applications to cosmology: **170** ('39) 451–64. — New studies on active nitrogen, 1: Brightness of the after-glow under varied conditions of concentration and temperature: **176** ('40) 1–15; ~ 2: Incandescence of metals in active nitrogen, and quantitative estimates of energy liberated: 16–27; ~ 3: Experiments to show that traces of oxygen or other impurity affect primarily the walls of the vessel, and not the phenomena in the gas space: **180** ('42) 123–39; ~ 4: The ionisation associated with active nitrogen: 140–50. — The stone-iron meteorites called pallasites: a synthetic study of their structure and probable mode of formation: **179** ('41/42) 386–93. — The ultimate shape of pebbles, natural and artificial: **181** ('42/43) 107–18. — Newton as an experimenter: 244–50. — Pebbles, natural and artificial; their shape under various conditions of abrasion: **182** ('43/44) 321–35. — Long duration of the Balmer spectrum in excited hydrogen: **183** ('44/45) 26–32. — Experimental production of red and yellow sandstones from chalybeate water: **186** ('46) 411–22. — The surprising amount of energy which can be collected from gases after the electric discharge has passed: **189** ('47) 296–99.

Proc. roy. Soc., London, Ser. B. Newton as an experimenter: **131** ('42/43) 224–30.

Proc. Soc. psych. Res. On a method of silhouette photography by infra-red ray for use in mediumistic investigation: **41** ('33) 89–98. — Report of a series of sittings with Rudi Schneider [1]): 255–. — The problem of physical phenomena in connexion with psychical research. (Presidential address): **45** ('38) 1–18. — The question of lights supposed to have been observed near the poles of a magnet: 19–24. — Some recollections of Henry Sidgwick: 161.

Rep. annu. Meeting, Brit. Assoc. Advancement Sci. Presidential address, Part 1: Vision in nature and vision aided by science: **1938**, 1–17; ~ Part 2: Science and warfare: 17–20.

Science [USA] Vision in nature and vision aided by science: (N.S.) **88** ('38) 175–81, 204–07. — Science and warfare: 207f.

Scientific Monthly Advances in physics: **45** ('37) 385–401.

Trans., Essex archaeol. Soc. What is a Terling that Hubert de Burgh took sanctuary in 1232?: **21** ('33) 1–.

Trans. Instn. Mining and Metallurgy Institution of Mining and Metallurgy dinner: **47** ('38) 20–22.

Trans. North East Coast Instn. Engr. and Shipbuilders First Parsons memorial lecture. Vote of thanks to Sir Frank Smith: **53** ('36) 50–.

Mit: [1]) Lord C. Hope; [2]) H. S. Jones; [3]) F. J. Selby; [4]) R. Thompson.

VI **RAYNOR,** George Emil. Math. — 1931–35 Assist. Prof., '35–46 Assoc. Prof., '46–64 Prof., '48–60 Head of Departm. of Math. and Astron., '64 Prof. Emer., Lehigh Univ., Bethlehem, Pa.
*1895, Febr. 27, San Francisco, Cal.; †1975, Sept. 25, Bethlehem, Pa.

Zur Biogr. Lehigh Alumni Bull. **1950/51**, Dez./Jan.-Nr., S. 5 (m. Titelbildn.).

Nekr. Lehigh Alumni Bull. **1975**, Herbst-Nr.

W. Elements of mechanics (m. J. B. Reynolds) (Ann Arbor, Mich. '43) 7+136 S.; Supplement: Answers to exercises ('43) 17 S.

American math. Monthly Numbers equal to the sum of the digits of their n[th] powers: **40** ('33) 285f. — On n+2 mutually orthogonal hyperspheres in Euclidean n-space: **41** ('34) 424–38. — Note on magic circles: **60** ('53) 640.

Annals Math. The Dirichlet-Neumann problem for the sphere: (2) **35** ('34) 74–99.

Bull. amer. math. Soc. On Serret's integral formula: **45** ('39) 911–17.

Sphinx [Bruxelles] Sur les carrés panmagiques et symétriques d'ordre impairement pair: **8** ('38) 33–36.

VI **RAZUVAEV,** Grigorij Alekseevič. Chem. (org.). — Bis 1925 Stud., Univ. Leningrad; '24–28 wiss. Arbeitsleiter, '28 stellvertr. Dir., '29–31 Laborleiter, Hochdruck-Inst. d. Akad. Wiss. UdSSR, Leningrad; '25–27 Lektor, zeitweilig Laborleiter, Militärtechn. Akad., Leningrad; '28– Mitbegründer, dann Leiter d. Abteilg. f. org. Chem., Staatl. Hochdruck-Inst., Leningrad; '29–30 wiss. Mitarbeiter bei Prof. H. Wieland, Bayr. Akad. Wiss., München; '31–34 Prof. m. Lehrstuhl, Technol. Inst. Leningrad; '42–46 Produktionsleiter eines chem. Betriebes in Uchta, ASSR der Komi; '46 Dr. d. chem. Wiss., Inst. f. org. Chem., Akad. Wiss. UdSSR; '46–72 Prof. m. Lehrstuhl, '56–62 Dir. d. Forschungsinst. f. Chem., '72– Prof., (Lobačevskij-)Univ. Gorkij; '64–69 Dir. d. Labor. f. d. Stabilisierung v. Polymeren, '69– Dir. d. Inst. f. Chem., Akad. Wiss. UdSSR, Gorkij. — '58, '69, '75

Bitte Anmerkung auf Seite 4201 beachten!

Leninpreise, '61 Leninorden, '68 Ehrenurkunde d. Präsidiums d. Obersten Sovets, '69 Ehrentitel "Held d. Sozialistischen Arbeit", '71, '75 Staatspreise (UdSSR); '66 Ehrentitel "Verdienter Wissenschaftler u. Techniker d. RSFSR".

*1895, Aug. 23 (11), Moskva.

Zur Biogr. G. G. Petuchov, Leninpreisträger Prof. G. A. Razuvaev: Trudy Chim. i chim. Technol. **1** ('58) 439–44 [russ.] (m. Bildn.).

Zum 70. Geb.tag Ju. A. Ol'dekop, N. A. Majer, Ž. obščej Chim. **36** ('66) 173–77 (m. Bildn. u. Schr.verz.-Auszug). — Izvest. Akad. Nauk SSSR, Ser. chim. **1965**, 1319 (m. Bildn.).

Zum 80. Geb.tag N. S. Vasilejskaja, Ž. org. Chim. **12** ('76) 3.

Zur Bibliogr. Ein Aufsatz über die Arbeiten Razuvaevs in: Premii Lenina udostoeny v oblasti chimii [Leninpreise auf dem Gebiet der Chemie] (Moskva '67) (Novoe v žizni, nauke, technike. 11 Serija: Chimija, 1967, 2) (m. Bildn.).

S. Trudy VI Vsesojuznogo mendeleevskogo s-ezda po teoretičeskoj i prikladnoj chimii [Arbeiten des 6. Mendeleev-Unionskongresses für theoretische und angewandte Chemie], Char'kov 1932, **2**, 1 (Char'kov–Kiev '35) 1005: Untersuchungen auf dem Gebiete der heterozyklischen Arsenderivate [russ.]. — Problemy mechanizma organičeskich reakcij. Trudy Kievskogo soveščanija 1952 g. [Probleme des Mechanismus organischer Reaktionen. Arbeiten eines Kongresses in Kiev 1952] (E. A. Šilov) (Kiev '53) 78–87: Mechanismus photochemischer Reaktionen metallorganischer Verbindungen [russ.]. — Sbornik statej po obščej chimii [Sammlung von Aufsätzen auf dem Gebiet der allgemeinen Chemie] **1** (Moskva–Leningrad '53) 275–77: Photoreaktionen metallorganischer Verbindungen des Quecksilbers in Lösungen, 12: Photoreaktionen von Diphenylquecksilber und Bis-p-chlorphenylquecksilber [233]); **2** ('53) 981–83: ~ 13: Photoreaktionen von Diäthylquecksilber [233]); 1514–16: Reaktionen von Tetraphenylblei und Tetraphenylzinn mit Metallchloriden, die keine beständigen metallorganischen Verbindungen bilden [93])[354])[166]); 1517–20: Reaktionen von Dibenzylquecksilber mit Metallchloriden, die keine beständigen metallorganischen Verbindungen bilden [93]). [Alle Arbeiten russ.]. — Voprosy chimičeskoj kinetiki, kataliza i reakcionnoj sposobnosti. Doklady k Vsesojuznomu soveščaniju po chimičeskoj kinetike i reakcionnoj sposobnosti [Fragen der chemischen Kinetik, der Katalyse und der Reaktionsgeschwindigkeit. Vorträge bei der Unionskonferenz über chemische Kinetik und Reaktionsgeschwindigkeit] (V. N. Kondrat'ev, N. M. Ėmanuel') (Moskva '55) 790–97: Reaktionen freier Radikale in der flüssigen Phase [russ.]. — Chimija perekisnych soedinenij; vtoroe soveščanie [Die Chemie der Peroxyverbindungen; 2. Konferenz], Moskva 1961 (Moskva '63) 198–206: Grundlagen der Untersuchung organischer Peroxyverbindungen [russ.]; 283–90: Reaktionen von Peroxyverbindungen mit Äthylderivaten von Zinn, Silicium und Quecksilber [~] [341]); 303f.: Reaktionen von Acylperoxiden in Gegenwart von wasserfreiem $AlCl_3$ [~] [174]). — Metody polučenija i analiza veščestv osoboj čistoty. Trudy vsesojuznoj konferencii [Methoden der Darstellung und Analyse von Substanzen besonderer Reinheit. Arbeiten einer Unionskonferenz], Gorkij 1968 (Moskva '70) 123f.: Besonderheiten der thermischen Zersetzung einiger Allylpalladiumkomplexe [russ.] [134])[348])[82]); 125–28: Thermoreaktionen einer Reihe von zinnorganischen Derivaten [~] [145])[82]). — Organic peroxides (D. Swern) **3** (New York '72) 141– [Titel des Beitrags nicht ermittelt] [317])[81])[45]). — Sintez i issledovanie ėffektivnosti chimikatov dlja polimernych materialov. Materialy vsesojuznoj naučno-techničeskoj konferencii 1972 [Synthese und Untersuchung der Wirksamkeit von Chemikalien für polymere Stoffe. Materialien einer wissenschaftlich-technischen Unionskonferenz 1972] (Čerkassy '74) 30–33: Die Stabilisierung von Polyvinylchlorid [russ.] [92])[332])[79])[196])[331])[198])[179])[338])[141])[217])[294]).

W. Svobodnye radikaly v chimii [Freie Radikale in der Chemie] (m. V. N. Latjaeva) (Moskva '60) 39 S. (Vsesojuznoe Obščestvo po rasprostraneniju političeskich i naučnych znanij, Ser. 9: Fizika i chimija, 23). — Metalloorganičeskie soedinenija v ėlektronike [Metallorganische Verbindungen in der Elektronik] (m. B. G. Gribov, G. A. Domračev, B. A. Salamatin) (Moskva '72) 479 S.

Ber. dtsch. chem. Ges. Über Abscheidung metallischen Quecksilbers aus dessen organischen Derivaten [156]): **65** ('32) 613–22. — Nitrosoderivate der Phenarsazin-Reihe: Einwirkung von Nitrosylchlorid auf Derivate des dreiwertigen Arsens: 666–72. — Übergang des Phenylradikals aus einem metallorganischen Derivat auf ein anderes Metall [367]): 1507–11. — Über die intensiv gefärbten Reduktionsprodukte der Dihydrophenarsazin-Derivate: **66** ('33) 463–66. — Katalytischer Zerfall metallorganischer Verbindungen [156]): 854–58; ~ 2 [156]): 1210–13.

Chimija geterociklič. Soedinenij Reaktion des Äthylensulfids mit Isothiocyanaten [90])[288]): **1967**, Nr. 2, 223–27 [russ.].

Dokl. Akad. Nauk SSSR Photoreaktionen quecksilberorganischer Verbindungen in Lösungen [233]): **64** ('49) 77–80. — Magnetische Suszeptibilität und Struktur des reduzierten Dihydrophenarsazins [222])[246])[260]): 365–68. — Reaktionen zwischen Bromsuccinimid und einigen quecksilberorganischen Verbindungen [335]): **67** ('49) 851–54. — Photochemische Reaktionen von jodorganischen Verbindungen [314]):

Bitte Anmerkung auf Seite 4201 beachten!

1049–52. — Reaktionen des Benzoylperoxids mit 1,2-Dichloräthan und 1,1,2,2-Tetrachloräthan [233]) [16]): **74** ('50) 73–76. — Reaktion von Diphenylquecksilber und Diäthylquecksilber mit Bromamiden, Hypobromiten von Säuren und mit Perbenzoesäure [335]): 279–82. — Reaktionen von Tetrachlorkohlenstoff mit Alkoholen [335]): **80** ('51) 69–72. — Reaktion symmetrischer quecksilberorganischer Verbindungen mit Jod [274]): **85** ('52) 575–78. — Reaktionen freier Radikale bei $Me[B(C_6H_5)_4]$ [45]): 815–18. — Eine neue Methode der Synthese von quecksilberorganischen Verbindungen [233])[114]): **88** ('53) 77f. — Verwendung von Deuterium bei der Untersuchung photochemischer Reaktionen metallorganischer Verbindungen in der flüssigen Phase [244])[258])[207]): **90** ('53) 569–72. — Untersuchung der Reaktionen der freien Radikale der Komplexe $Me[BR_4]$[45]): **91** ('53) 861–64. — Durch freie Radikale herbeigeführter Zerfall von Quecksilbersalzen organischer Säuren [233]) [188]): **98** ('54) 613–16. — Untersuchung der Radikalreaktionen des Pentaphenylphosphors [,1] [235]): **104** ('55) 552–54; ~ [2]: Bestimmung der Struktur von Pentaphenylphosphor mit Hilfe von Deuterium [243]) [235]): 733–36. — Photodecarboxylierung von Quecksilbersalzen [233]): **105** ('55) 738–40. — Sulfonierung von Diphenylmethan [90]): **111** ('56) 842–44. — Photoreaktionen chromorganischer Verbindungen [304])[82]): 1264–66. — Über die Struktur chromorganischer Verbindungen [304])[82])[243])[73])[213]): **113** ('57) 1293f. — Thermischer Zerfall und Oxydation von Dicyclohexylquecksilber in Benzol [243])[361])[164]): **114** ('62) 810–12. — Paramagnetische Elektronenresonanz in einigen chromaromatischen Verbindungen mit "Sandwich"-Struktur [73])[342])[304])[82]): **115** ('57) 118–21. — Austausch von Radikalen in Gegenwart von $AlCl_3$ [243])[13]): **118** ('58) 960–63. — Darstellung und Eigenschaften einiger Trichlortitanalkoxyverbindungen mit sekundären und tertiären Alkylgruppen [33]) [90]): **122** ('58) 618–20. — Polarographische Reduktion einiger chromaromatischer Verbindungen mit "Sandwich"-Struktur [155])[339])[304])[82]): 1029–31. — Über die Reaktion von Phenylradikalen mit Benzol [243])[355]): **127** ('59) 348–51. — Einige chemische Eigenschaften von Phenyltitantriisopropylat und seine katalytische Wirkung bei der Polymerisation von Olefinen [33])[90]): 581–83. — Untersuchung der Übertragung von Phenylradikalen [243])[355]): 803f. — Über die Bestimmung aluminiumorganischer Verbindungen nach der Indikatormethode [111]): **128** ('59) 309–11. — Oxydation von Hexaäthyldiblei mit einigen Aralkylhydroperoxiden [5])[45])[171])[317]): **129** ('59) 321–24. — Wege zur Bildung von Hexachloräthan bei Photoreaktionen von Tetrachlorkohlenstoff mit Alkoholen [335])[234]): **130** ('60) 102–04. — Über Nebenprodukte der Reaktion von Dibenzoylperoxid mit Benzol [355])[243]): 336f. — Isolierung eines hexazyklischen Produktes der Autokondensation von Cyclohexanon [360])[319]): **131** ('60) 850–52. — Über einige Fälle der Umlagerung organischer Reste in organischen Blei-, Zinn- und Siliciumverbindungen [341]) [78])[79]): **132** ('60) 364–66. — Einige Reaktionen des Dicyclopentadienyldiphenyltitans [174])[349]): **134** ('60) 612–14. — Die Oxydation des Dicyclohexylquecksilbers [243])[361])[164]): **135** ('60) 87–90. — Reaktionen von Diphenylquecksilber mit Benzol [243])[128]): 342–45; **137** ('61) 760. — Untersuchung des Mechanismus der thermischen Zersetzung von Percarbonaten in Lösung [324])[243]): **136** ('61) 628–30. — Durch Percarbonate eingeleitete Anlagerung von Isopropanol an Maleinsäure [324])[243]): 1349f. — Reaktionen von Acylperoxiden mit organischen Blei-, Zinn- und Siliciumderivaten [79])[341])[276]): **137** ('61) 618–21. — Thermochemie der Reaktion von Hexaäthyldistannan mit Dibenzoylperoxid [253])[322])[229]): **138** ('61) 852–55. — Reaktionen von Dibenzoylperoxid mit Derivaten des Titanocens [174])[349]): 1126–29. — Durch KU2-Kationenaustauscherharz katalysierter Zerfall von Cumolhydroperoxid [317])[120]): **139** ('61) 1128–31. — Über die Reaktion von Äthylenoxid mit Schwefelkohlenstoff [90])[114]): **140** ('61) 623–25. — Über die Oxydation von β-Naphthol und einigen seiner Derivate mit Peroxyverbindungen [61])[47])[109])[222]): 1096–99. — Über die Isotopenanalyse von Stickstoff durch die ESR-Methode [176])[61]): 1327–29. — Oxydation von Diisopropylquecksilber [243])[361])[164]): **141** ('61) 107–09. — Zerfall von Diphenylquecksilber in Cyclohexan und Cyclohexen [243])[128])[164]): 371–73. — Über die Reaktion der Chlorderivate von Alkenthiocarbonaten mit Ammoniak und Aminen [90]): **142** ('62) 838–40. — Zerfalls- und Bildungswärme von Dicyclohexyl- und Dimethylperoxodicarbonat [253])[322])[324])[140]): **143** ('62) 133–36. — Über die Reaktion von 3-Aminopropan-1,2-thiocarbonat mit Ammoniak und Aminen [90]): 633–35. — Über den Mechanismus der homogenen radikalischen stereospezifischen Polymerisation von Vinylchlorid in Aldehyden [208])[162]) [270])[42]): 1116–18. — Reaktion von Benzoylperoxid mit Triäthylalkoxyzinnverbindungen [341])[79])[276]): 1348–50. — Reaktionen von Acylperoxiden mit Diäthylquecksilber [209])[341]): **144** ('62) 132–34. — Der thermische Zerfall und die Oxydation des Dicyclohexylquecksilbers in Benzol [243])[361])[164]): 810–12. — Durch Peroxide eingeleitete homolytische Reaktionen von zinnorganischen Verbindungen mit Alkylhalogeniden [78])[341]): **145** ('62) 347–50. — Untersuchung der Struktur organischer Verbindungen mit Hilfe der ESR-Methode [61])[31]): 1071–74. — Freie Radikale bei der Oxydation von Phenolen in Gegenwart komplexer Katalysatoren [109])[61]): **147** ('62) 368–71. — Einfluß organischer Verbindungen mit einem geschlossenen System konjugierter π-Bindungen auf die Stereospezifität der Polymerisation von Propylen [208])[56]): 636–38. — Isomerisierung des Phenylradikals bei den Reaktionen von Dibenzoylperoxid [355]): **148** ('63) 863–66. — Thermochemie des Tetraäthylgermans und des Hexaäthyldigermans [253]) [322])[131]): **149** ('63) 324–26. — Polymerisation von Äthylen an einem chlorierten Gemisch von metallischem Titan und Aluminium [208)92)346)]: 1351–53. — Reaktionen von Methyltitantrichlorid mit metallischem Quecksilber und Sublimat [33)]: **150** ('63) 325–27. — Neue Phenylderivate des Titans [174)197)136)]: 566–69. — Einleitung der Tieftemperaturpolymerisation von Vinylchlorid mit Triäthylaluminium bei kokatalytischer Wirkung von Sauerstoff [208)270)111)]: **151** ('63) 110–13. — Bis-[triäthylgermyl]-quecksilber als erste germaniumorganische Verbindung des Quecksilbers [341)104)]: 1326–28. — Oxydation von Aluminiumalkylen [111)208)29)]: **152** ('63) 114–16. — Oxydation quecksilberorganischer Alkylverbindungen [361)84)243)]: 633–39. — Untersuchung der Reaktionen organischer Quecksilber- und Bleiverbindungen nach der Isotopen- und massenspektroskopischen Methode [243)128)84)]: 1122–25. — Gewinnung und einige Eigenschaften des Komplexes von Methyltitantrichlorid mit Tetrahydrofuran [33)]: 1363f. — Homolytische Reaktionen des Tetraäthylgermans [341)104)]: **153** ('63) 104–06. — Über die Möglichkeit der Isomerisierung des Phenylradikals in freiradikalischen Reaktionen von Diphenylquecksilber [355)211)]: **154** ('64) 164f. — Polymerisation einiger Olefin- und Vinylmonomerer an Diäthylbuten-(1)-yl-(1)-aluminium in Gegenwart von Titanhalogeniden [208)270)]: 1398–401. — Homolytische Reaktionen von germanium- und siliciumorganischen Quecksilberverbindungen [341)104)]: **155** ('64) 830–32. — Erste metallorganische Verbindungen mit Si–Si–Hg- und Si–Hg–Ge-Gruppen [341)104)116)]: 1108–10. — Reaktion des Diisopropylquecksilbers mit Chloroform und Tetrachlorkohlenstoff [361)84)243)]: **156** ('64) 393–95. — Neue Monocyclopentadienylderivate des Titans [174)349)350)]: 1121–23. — Einige Gesetzmäßigkeiten der Flüssigphasenoxydation von Diisopropylquecksilber mit Sauerstoff [5)84)361)]: **157** ('64) 1395–98. — Einleitung der Polymerisation von Vinylchlorid durch Reaktion von Triäthylaluminium mit halogenhaltigen organischen Verbindungen [208)270)]: **158** ('64) 170–72. — Bis-[triäthylgermyl]-cadmium. Synthese und Eigenschaften [341)51)]: 382–84. — Reaktion von Triäthylstannan und seiner Analogen mit Zinkdiäthyl [341)153)161)102)]: 884–87. — Tieftemperaturpolymerisation von Vinylchlorid eingeleitet durch die Reaktion von Aluminiumalkylen mit Halogenen [208)270)]: **159** ('64) 158f. — Zersetzung von Derivaten von Bis-[cyclopentadienyl]-titan in Lösungsmitteln [174)349)]: 383f. — Thermochemie von Tetraäthylsilan und Hexaäthyldisilan [322)253)]: 1106–08. — Einleitung der Polymerisation von Vinylchlorid durch Reaktionen ungesättigter Chlorkohlenstoffe mit Triäthylaluminium [270)208)148)254)]: **160** ('65) 143f. — Kopolymerisation von Vinylchlorid mit Olefinen an Ziegler-Systemen [208)111)56)]: 1093–96. — Einleitung der Polymerisation mit organischen Peroxydicarbonaten [324)122)]: **161** ('65) 614–16. — Untersuchung der Umsetzung von Diphenylquecksilber mit Alkoholen mit Hilfe der Isotopen- und massenspektroskopischen Methode [84)361)243)]: **163** ('65) 119–22. — Durch Reaktionen von Tetrachlorkohlenstoff mit titanorganischen Verbindungen eingeleitete Polymerisation von Vinylchlorid [208)174)270)]: 906–08. — Synthese und Eigenschaften des tert.-Butylesters der β-(Trimethylsilyl)-peroxypropionsäure [341)44)]: 1389–92. — Tris-[triäthylsilyl]-antimon und seine Analogen [341)161)283)]: **166** ('66) 99–102. — Organoperoxoquecksilberverbindungen [94)]: **169** ('66) 355–57. — Freie Radikale bei der Diphenylaralkylaminoxydation [1)3)]: 579–82. — Die Radikal-Ionen des Diarylamins und ihre Komplexe in Lösungen [1)]: 847–50. — Untersuchung der Struktur bi- und trielementorganischer Verbindungen nach der PMR-Methode [86)341)161)36)]: **170** ('66) 333–36. — Synthese und Struktur fester Telomerer des Vinylchlorids [360)357)319)247)]: 1092–95. — Einfluß von Chlorwasserstoff auf den thermischen Abbau von Polyvinylchlorid [331)211)332)]: 1342f. — Phenylderivate und Vanadin [174)355)136)]: **172** ('67) 1337–39. — Synthese und Eigenschaften von Tris-[triäthylgermyl]-thallium [161)341)209)]: **173** ('67) 834–36. — Thermische Zersetzung des Tetramethyltitans [174)197)]: 1353–55. — Thermochemie einiger titanorganischer Verbindungen [322)253)325)174)349)]: **174** ('67) 1374–76. — Umlagerung von siliciumhaltigen Analogen des 2,4,6-Tri-tert.-butyl-phenoxyls [335)219)]: **175** ('67) 620–23. — Umlagerung siliciumhaltiger Aroxyle [67)335)219)]: **177** ('67) 600–03. — Die Reaktionen einiger zinnorganischer Verbindungen mit Tetrachlorkohlenstoff in Gegenwart von frischgefälltem Kupfer [79)99)]: 1113–15. — Neue Darstellungsmethoden von bimetallorganischen Verbindungen mit Germanium-Übergangsmetall-Bindungen [104)89)304)161)341)]: **179** ('68) 1333–35. — Oxydation von Bis-[triäthylgermyl]-quecksilber mit Sauerstoff [5)105)97)]: **180** ('68) 1119–21. — Reaktion von Nitrobenzol mit stabilen freien Radikalen [1)]: **182** ('68) 95f. — Metallorganische Peroxothalliumverbindungen und einige ihrer Reaktionen [209)81)]: 1342f. — Synthese von polyelementorganischen Verbindungen mit verzweigten Ketten aus Si- und Ge-Atomen [104)341)11)153)]: **183** ('68) 338–40. — Aufspaltung der Fe–C_5H_5-Bindung im Ferriciniumkation durch chelatbildende Agentien [318)82)]: 850f. — Allyl-[β-diketonato]-eisenkomplexe [82)304)318)]: 1085f. — Synthese und einige Reaktionen von 1-Adamantancarbonsäure-tert.-butylperester [39)90)46)]: 1346–49. — Reaktionen des Benzol-[cyclopentadienyl]-eisenkations mit β-Diketonen [240)82)318)]: **184** ('69) 105–07. — Chromfällung aus der Dampfphase beim Zerfall organischer Chromverbindungen [82)205)101)]: 395f. — Infrarotspektren trisubstituierter Silane und d_π–p_π-Wechselwirkung [86)63)341)210)]: **185** ('69) 100–02. — Thermische Zersetzung von Tetraphenyltitan in Gegenwart von Diphenylacetylen [174)136)25)]: 369f. — Katalytische Oxydation einiger bimetallorganischer Verbindungen in Gegenwart von Liganden [5)97)105)]: 1293–96. — Reaktion von Bis-[triphenylgermyl]-cadmium mit Hydroxylverbindungen [341)51)183)]: **186** ('69) 101–

Bitte Anmerkung auf Seite 4201 beachten!

03. — Austausch von $(C_2H_5)_3$Ge- und $(C_2H_5)_3$Si-Radikalen in Quecksilberverbindungen. Neue Methode zur Darstellung von Derivaten mit Ge–Hg–C- und Si–Hg–C-Gruppen [341][104][91]: 1082–85. — Reaktion des Benzoylperoxids mit Dicyclopentadienylphenylderivaten des Titans und Vanadins [174][182]: **187** ('69) 340–42. — Über die Bildung von Komplexen aus stickstoffhaltigen freien Radikalen und Lewis-Säuren [1][325]: 571–73. — Reaktion der Bis-aren-tetraphenylborat-Komplexe des Chroms [149][243][361]: 821–23. — Metallorganische Peroxyverbindungen des Thalliums [209][81]: 1072–74. — Untersuchung der thermischen Zersetzung germaniumorganischer Verbindungen [82][133][145][225]: **188** ('69) 607f. — Synthese und thermische Zersetzung der Peroxide $(C_6H_5)_4$-$SbOOSi(C_6H_5)_3$ und $(C_6H_5)_4SbOOGe(C_6H_5)_3$ [363][45]: 830–32. — Über den Mechanismus der Autoxydation von Bis-[triisopropylgermyl]-quecksilber [5][105][9]: 1303–05. — Benzylderivate des Titanocens [174][349]: **189** ('69) 103f. — Kerndynamische Polarisation beim Zerfall von Peracetylisopropylcarbonat [261][47][81][135]: 341–43. — Tetra-[pentafluorphenyl]-titan [174][136][195]: **191** ('70) 620f. — Photoreaktion antimonorganischer Peroxyverbindungen in Chlorbenzol und Polyhalogenmethanen [363][45][287]: **193** ('70) 355–58. — Austauschreaktionen von Bis-[triäthylgermyl]-quecksilber mit Quecksilberderivaten von Metallcyclopentadienyltricarbonylen [104][341][304][89][43]: **194** ('70) 1083–85. — Über die Besonderheiten der Autoxydation des Triäthylthalliums [5][97][81]: **195** ('70) 1091–93. — Freie Radikale bei der Oxydation des 1,3-Diphenyl-3-oxytriacens [1][55]: **197** ('71) 823–25. — Aromatische N-Oxytriacene als Quelle freier Phenylradikale [1][55]: **198** ('71) 601–04. — Komplexe von o-Semichinonen mit Chloriden von Metallen der III. Gruppe [1][144]: **201** ('71) 624–27. — Reaktion des Triphenylsilyllithiums mit Diäthylaluminiumbromid [186][309]: 1122–24. — Reaktionen bimetallorganischer Verbindungen mit Elektronenübergang [51][341][1][183]: **202** ('72) 593f. — Reaktionen des Dicyclopentadienyldiphenyltitans mit Phenylderivaten des Lithiums, Zinks, Cadmiums und Quecksilbers [174][349][77][110]: 1090–92. — Pentafluorphenyltitantrichlorid [174][136]: **203** ('72) 126–28. — Katalytische Eigenschaften von bei der thermischen Zersetzung metallorganischer Verbindungen dargestellten Metallen [292][82][265][112][203]: 848–51. — Freiradikal-Zerfall der Silbersalze von N-Oxytriacenen [269][55][1]: **205** ('72) 370f. — ESR-Spektren von 2,6-Di-tert.-butyl-4-dialkylaminophenoxyl-Radikalen [1][144]: 1093–95. — Freie Radikale bei der Reaktion von 2,4,6-Tri-tert.-butyl-4-brom-2,5-cyclohexadienon mit Diäthylamin [1][144]: **206** ('72) 889–92. — Zerfallsreaktionen von $(C_5H_5)_2Ti[Ge(C_6H_5)_3]_2$ in verschiedenen Lösungsmitteln [174][336][349][195]: 1127–29. — Über Benzylderivate des Vanadins [174][182][83]: **208** ('73) 876f. — Die thermische Zersetzung des Dicyclopentadienylphenylvanadins [174][182][178]: 1116f. — Synthese und Eigenschaften unsymmetrischer und gemischter Germylcadmiumverbindungen [51][341]: **211** ('73) 116–19. — Untersuchung freier β-chlorhaltiger Nitroxyradikale in Lösung mittels der ESR-Methode [1][55]: **212** ('73) 374–77. — Einstufige Oxydation von Metallen mit Hilfe von o-Chinonen in Gegenwart von Lithiumhalogeniden [1][218]: **215** ('74) 1113–16. — Synthese und einige Reaktionen sterisch behinderter Chinoazide [1][144][221]: 1390–93. — Reaktionen von Carbonsäuren mit Dicyclopentadienylderivaten des Vanadins und des Titans [174][182][358]: **216** ('74) 573f. — Kopplungseffekte im angeregten Zustand der Elektronen bei Benzolderivaten [170][86][291][250]: 812–15. — ESR-Spektren von o-Semichinolaten des einwertigen Thalliums [218][1]: **217** ('74) 1083–86. — ESR-Spektren von Chelatkomplexen des dreiwertigen Thalliums [144][1][104][17][218]: **218** ('74) 844–47. — Untersuchung der Reaktion von Phenylradikalen mit Aminen mit Hilfe der ESR-Methode. Aminonitroxyradikale [1][55]: **220** ('75) 116–19. — Kopplungseffekte bei siliciumorganischen Derivaten des Cyclopropans [170][86][210][281][278]: 376–79. — Synthese und einige Reaktionen von $(C_5H_5)_2VGeR_3$ [51][349][174][306]: 854f. — Untersuchung der Kettenübertragungsreaktion bei der Polymerisation von Methylmethacrylat und Styrol mit Hilfe substituierter Silane [260][297][282][86][127][51]: 1085–87. — Zerfallsreaktionen von Ferriciniumsalzen [2][1]: 1317–20. — Direkte Synthese des Chrom-bis-[äthylbenzoats] [82][362]: **223** ('75) 617f. — Hydrolytische Spaltung von $Cp_2VCH_2SiMe_3$ und $Cp_2VN(SiMe_3)_2$ [174][104][182][158]: 1144f. — Einfluß von Tetrahydrofuran auf die Reaktion quecksilber- und zinnorganischer Verbindungen mit Tetrachlorkohlenstoff [361][10][117]: **225** ('75) 336f. — Untersuchung der Reaktionen von Pentaphenylwismut [235][273]: 581f. — Thermolyse von Cyclopentadienylverbindungen des Zirkons [349][203][65]: 827–29. — Untersuchung von Komplexen mit Ladungsübertragung von Derivaten des Benzolchromtricarbonyls und einiger verwandter Verbindungen mit der elektronenspektroskopischen Methode [86][170][14][289][137]: **227** ('76) 878–81. — Organooxy- und Siliciumorganooxytitantrichloride als Katalysatoren der „Ziegler“- Polymerisation des Äthylens [270][118][208]: **228** ('76) 892–95. — Elektrochemische Aspekte des Übergangs eines Elektrons bei organischen Reaktionen [1][218][325][53][221]: **230** ('76) 589–92. — Die Zerfallsreaktionen von Biscyclopentadienylderivaten des Zirkons in Lösungsmitteln [174][349][336][65][298]: **231** ('76) 114f. — Herstellung von Block-Mischpolymerisaten aus Vinylmonomeren unter Einleitung der Reaktion mittels Radikalen von quecksilber- und zinnorganischen Verbindungen [282][361][302][204]: 353–55. — Reaktionen bei der thermischen Zersetzung von Dicyclopentadienylderivaten des Vanadins [203][153][349][55][84]: 626–29. — Wanderungsgeschwindigkeit der Trimethylsilyl- und der Triphenylsilylgruppen bei der Dimerisation von siliciumhaltigen Phenoxylradikalen [219][144][184][335]: 897–99. — Reaktionen des Dicyclopentadienylvana-

dins mit RHgCl [104][174][158][182][231]: 1138f. — Komplexe von Übergangsmetallen mit einem o-Semichinonliganden [185][1]: **235** ('77) 824–27. — Ein neuer stabiler Komplex des zweiwertigen Palladiums mit paramagnetischem Liganden [323][265][1]: 1323–26. — o-Semichinonkomplexe des einwertigen Kupfers und Silbers [218][55][1]: **236** ('77) 620–23. — Trimethylsilylderivate des Titans [174][349][197][336]: **237** ('77) 605–07. — Die thermische Spaltung von Cyclopentadienylmangantricarbonylverbindungen des Antimons und des Wismuts [82][273][318]: 852–54. — Untersuchung der Reaktionen von Pentaphenylantimon und Pentaphenylwismut [235][273][303][232]: **238** ('78) 361–63. — Untersuchung der durch aerobe Polymerisation von Vinylmonomeren entstandenen polymeren Überzüge auf quecksilber- und zinnorganischen Verbindungen [361][302][204][282]: **239** ('78) 106–08. — Über die katalytische Aktivität komplex gebundenen Chlorwasserstoffs bei der Polymerisation von α-Olefinen [270][123][208]: 338–41. — Untersuchung der Komplexbildung von Arylderivaten des Quecksilbers mit Sauerstoff durch Elektronenemissionsspektroskopie [262][170][86][361]: 617–20. — Hexamethylcyclotrisilperoxan [120][103][290][71][311]: **242** ('78) 132–35. — Reaktion von Bleitetraäthyl mit 3,5- und 3,6-Di-tert.-butyl-benzochinon-1,2 [1][227][55]: 609–12. — Reaktion von Biscyclopentadienylderivaten des Zirkons mit lithiumorganischen Verbindungen [349][336][197]: **243** ('78) 1212–14. — Darstellung und Eigenschaften gemischter Vanadiumacetylacetonatderivate $R_nV(acac)_2$ [174][349][83]: **245** ('79) 1397–400. — — Alle Arbeiten russ.

European Polymer J. Investigation of stabilizing action of mixtures of organic phosphites with trialkyl(aryl)tin isocyanates in the thermal degradation of polyvinyl chloride [332][79][331][196][198][179]: **10** ('74) 211–15 [m. französ., italien. u. deutscher Zusammenfassg.].

Inorganica chim. Acta Biscyclopentadienyl compounds of trivalent vanadium with vanadium-element bonds [174][104][158][182][380]: **31** ('78) L357–L360.

Izvest. Akad. Nauk SSSR, Ser. chim. Synthese und einige Eigenschaften des Diäthoxyaluminiumperoxykumyls [111][208][352]: **1962**, 1555–59. — Reaktionen von Peroxiden mit Hexaäthyldistannan und Hexaäthyldisilan [341][161]: 2008–14. — Umsetzung von Aluminiumalkylen mit Wasserstoff [208][369][111]: **1963**, 637–39. — Kernmagnetische Resonanz von Siliciumhydriden [61][86][248][353][242]: 1130–32. — Polymerisation von Methylmethacrylat in Gegenwart aluminiumorganischer Verbindungen [208][111]: 1483–87. — Untersuchung der Reaktion des Methylisothiocyanats mit Äthylenoxid mit Hilfe der PMR-Methode [86][90][288]: 1518–21. — Protonenresonanzspektren einiger substituierter Germaniumhydride [86][61][248][366][320]: 1865–68. — Reaktionen des Aluminiumtriisopropylats mit Acylperoxiden [309][209]: **1964**, 162–64. — Gesetzmäßigkeiten der PMR-Spektren einiger Germaniumverbindungen [86][61][248][366]: 373–75. — Perbenzoylalkyl(aryl)carbonate, 1: Initiatoren für die Polymerisation von Vinylverbindungen [81][90]: 426–30; ~ 2: Reaktion von Perbenzoylcyclohexylcarbonat mit einigen organischen Lösungsmitteln [81][216]: 430–35; Peracylalkyl(aryl)carbonate, 7: Reaktion von Peracetylcyclohexylcarbonat und Peracetylisopropylcarbonat mit Cyclohexen und Cyclohexan [308][81]: **1968**, 2350–54. — Reaktion von Äthylenoxid mit Methylisothiocyanat [90][288]: **1964**, 737f. — 2,4,6-Tris-[trimethylsilyl]-phenoxyl-(1), ein monomeres, gegenüber Sauerstoff relativ beständiges Radikal [61][313][353][248]: 776. — Homolytische Reaktionen des Tetraäthylzinns mit Propylbromid [341][78][104]: 848–54. — PMR-Spektren einiger Vinylsiliciumverbindungen [86][61][210]: 928–30. — PMR-Spektren einiger elementorganischer Verbindungen des Siliciums und Germaniums [86][61][210][160]: 1312f. — PMR-Spektren einiger Allylsiliciumverbindungen [86][61][243][210]: 1521–23. — Wechselwirkung des 2,4,6-Triphenylphenoxylradikals mit Lösungsmitteln [61][230][297][66]: 1530–32. — Sterische Effekte und Oxydation einiger Phenole [370][61][109]: 1717–19. — Über die Reaktion von Alkenoxiden mit Methylisothiocyanat [90][288]: 2051–55. — Dehydrochlorierung von Polyvinylchlorid und einige chemische Eigenschaften des erhaltenen Polyens [81][243]: **1965**, 1109f. — Photoreaktion von Quecksilberchlorid mit Chloroform in Gegenwart von Pyridin [335]: 1285f. — Reaktionen von Phenylverbindungen der Elemente der III. Gruppe mit Benzol: 1489–91. — Neue Reaktionen von Bis-[triäthylgermyl]-cadmium: 1665–67. — 2,4-Di-tert.-butyl-6-trimethylsilylphenol und das entsprechende Phenoxyl [219][335][61]: **1966**, 181f. — Einige Gesetzmäßigkeiten der PMR-Spektren von elementorganischen Verbindungen der IV. Gruppe [86][61]: 437–43. — Reaktionen von Bis-[triäthylgermyl]-cadmium [341][51][368]: 562–64. — Umsetzung von Vinylchlorid mit einigen aluminiumorganischen Verbindungen [208][270][168]: 658–61. — Über die Struktur der Amine, die bei der Reaktion metallischer Derivate des Diphenylamins mit Halogenaralkylen entstehen [1][3]: 1469f. — Die Reaktion molekularen Jods mit Tetraarylhydrazinen [1]: 1744–47. — Die Reaktion von Methylcyclohexanen mit konzentrierter Schwefelsäure [95][319][268][360]: 1958–63. — Einige Reaktionen des dehydrochlorierten Polyvinylchlorids [234][335]: **1968**, 482–85. — Reaktionen eines Polyens mit einigen Peroxyverbindungen und 12%iger Salpetersäure [81][159]: 1586–89. — Bis-[triphenylgermyl]-cadmium [51][183][341]: 2141–43. — Reaktion von Quecksilberalkoxyverbindungen mit Chloroform [277][361]: 2803–05. — Reaktion von Vanadintetrachlorid mit Alkyllithium [174][182]: 2820–22. — Synthese und einige Reaktionen antimonorganischer Peroxide vom Typ $(C_6H_5)_4SbOOR'$ [363][45]: **1969**, 2007–13. —

Bitte Anmerkung auf Seite 4201 beachten!

Einige heterolytische Reaktionen des Pentaphenylphosphors und des Pentaphenylantimons [235)113)]: 2234–38. — Synthese und einige Reaktionen des Diäthylthalliumäthoxy-α-peroxy-tert.-butyls [209)81)214)]: **1970**, 465f. — Teplomerisation des Vinylchlorids mit Chloroform und Estern der Trichloressigsäure [33)368)86)]: 637–40. — Reaktionen bimetallorganischer Verbindungen mit Überführung eines Elektrons [51)1)341)]: **1971**, 892. — Über die paramagnetischen Produkte der Reaktion von Aluminiumhalogeniden mit p-Chloranil [1)144)]: 1827–29. — Reaktion des Dimeren des Cyclopentadienyleisendicarbonyls mit β-Diketonen [82)318)304)]: 2079. — Reaktion des Bis-äthylbenzolchroms mit Kupferacetylacetonat [82)2)]: 2082–84. — Oxydationsreaktionen sterisch behinderter siliciumhaltiger Phenole in Gegenwart von molekularem Sauerstoff [335)109)59)43)]: 2392–96. — Selektive Spaltung der Ge–Cd-Bindung bei Bis-[triäthylgermyl]-cadmium [51)183)341)]: 2403–06. — Synthese und einige Reaktionen des $(C_5H_5)_2Ti[Ge(C_6H_5)_3]_2$ [174)336)349)]: **1972**, 1658f. — Paramagnetische Produkte der Reaktion von Bis-[1,3,5-tri-tert.-butylcyclohexadien-2,5-on-4]-1-peroxid mit Aluminium-, Gallium- und Indiumhalogeniden [1)144)218)]: 2272–76. — Reaktion sterisch abgeschirmter siliciumhaltiger Phenole mit Peroxiden, 1: Reaktionen mit Di-tert.-butylperoxid und Dicyclohexylperoxydicarbonat [67)335)]: 2276–83. — 1-Aryl-3-tert.-butyl-3-oxytriacene, 1: Synthese und oxydative Zersetzung [1)269)2)]: **1973**, 68–71. — Untersuchung der stabilisierenden Wirkung einiger bleihaltiger Verbindungen und ihrer Gemische mit organischen Phosphiten bei der thermischen Zersetzung des Polyvinylchlorids [332)79)331)198)179)]: 2759–64. — Freiradikalische Reaktionen von N-Oxytriacenen, die räumliche Substituenten enthalten [1)269)]: **1974**, 617–22. — Die Rolle der Komplexbildung bei Oxydationsreaktionen metallischen Quecksilbers mit o-Chinonen [218)1)]: **1975**, 159–61. — Anionenumlagerung bei Reaktionen von o-Bromphenoxysilanen mit n-Butyllithium [219)337)335)]: 182–85. — Nachweis des Radikalcharakters des Mechanismus der thermischen Zersetzung von Polyacrylaten [364)324)282)]: 553–56. — Darstellung metallorganischer Peroxyverbindungen und ihre Umwandlungen [15)]: 1769–85. — Reaktionsgeschwindigkeit des Hexakis-[pentafluorphenyl]-digermans [36)341)]: 1820–25. — Synthese von Alumoxanen durch Reaktion von aluminiumorganischen Verbindungen mit kristallisiertem Kupfersulfat [270)223)208)]: 2547–53. — Bis-[phenyldimethylsilyl]-quecksilber [104)124)341)300)]: **1976**, 204–07. — Über die Darstellung einer stabilen Verbindung mit der Gruppierung O–Hg–Ge [17)104)87)]: 447–49. — Synthese und Eigenschaften von Tris-[tris-(trimethylsilylmethyl)-stannyl]-thallium [125)279)341)]: 1342–46. — Reaktion von Bis-[π-allyl]-dipalladiumdichlorid mit Diäthylcadmium und Bis-[triäthylgermyl]-cadmium [82)51)329)186)]: 2120–22. — Vanadocen-Komplexe mit der Benzylgruppe und mit Phenanthrenchinon [349)24)55)]: 2604–06. — Reaktionen von Silyl- und Germylquecksilberderivaten mit substituierten o-Chinonen [104)17)1)144)]: 2762–67. — Synthese und Eigenschaften des Hydrazintetracarbonsäuremethylesters [277)79)113)]: 2811f. — Reaktionen räumlich behinderter o-Chinone mit Alkylderivaten von Elementen der III. Gruppe [1)144)104)17)]: **1977**, 1128–32. — Gewinnung stabiler Katalysatoren bei der thermischen Spaltung bimetallorganischer Verbindungen [292)82)225)329)359)151)]: 1202. — Pyrocatechinolat- und Semichinolatkomplexe von Übergangsmetallen [265)2)1)]: 1642–45. — Reaktionen siliciumorganischer Peroxide mit Dicarbonsäureanhydriden [23)81)79)7)]: **1978**, 180–84. — Synthese und Zerfall von Dicyclopentadienyl(methyl)vanadinchlorid [153)349)203)55)]: 700–02. — Anwendung der massenspektrometrischen Methode zur Untersuchung der thermischen Spaltung von Tetraalkylgermanen [292)30)365)]: 1316–22. — Biscyclopentadienylniobdiferrocenyl [273)82)318)]: 2177f. — Untersuchung der Reaktionsgeschwindigkeit von Allylpalladiumcyclopentadienyl [265)255)323)1)]: 2422–24. — Synthese von Phenylisocyanat durch Carbonylierung des Nitrobenzols mit Kohlenmonoxid in Gegenwart von Palladiumkomplexen [371)201)109)337)70)295)]: 2567–71. — Triäthylgermyl- und Triäthylstannylderivate des Titanocens und des Zirkonocens [349)336)174)327)88)]: 2584–88. — Einfluß nukleophiler Stoffe auf die Reaktionen quecksilberorganischer Verbindungen mit Polychlormethanen [361)262)164)]: **1979**, 1331–36. — Reaktionen von Bis-(phenylchromtricarbonyl)-quecksilber mit Kupferchlorid [289)14)]: 1379–81. — — Alle Arbeiten russ.

J. organometallic Chem. [Amsterdam] Phenyl derivatives of organotitanium compounds [174)193)136)]: **2** ('64) 388–97. — Tris-(triethylsilyl)-antimony and related compounds [341)161)283)]: **6** ('66) 474–83. — The synthesis of triethylsilyllithium and triethylgermyllithium and the investigation of some of their reactions [341)104)153)]: **7** ('67) 353–57. — Rearrangement of 2,4-di-tert.-butyl-6-trimethylsilylphenoxyl [335)219)]: 531–33. — The investigation of the bis-(triethylgermyl)-mercury oxidation with oxygen [5)105)97)]: **14** ('68) 339–47. — Synthesis of organometallic compounds with Si–Hg–C and Ge–Hg–C groupings [341)104)11)]: **17** ('69) 340–44. — Reactions of bis-(triphenylgermyl)-cadmium with protic reagents [341)51)183)]: **21** ('70) 107–13. — Oxidation of bis-(triethylsilyl)-mercury by oxygen in the presence of triphenylphosphine [5)105)275)]: **27** ('71) 201–05. — On the influence of tris-(triethylgermyl)-stibine association on its oxidation by oxygen [5)97)]: 207–11. — Syntheses of chalcogen containing silyl- and germylmercury compounds (Preliminary communication) [104)341)8)143)]: **28** ('71) Nr. 3, C42–C44. — Reactions of bis-(triethylgermyl)-cadmium with alkyl halides involving a one-electron transfer process [341)51)183)6)]: **31** ('71) 311–17. — Synthesis and stability of mixed

Bitte Anmerkung auf Seite 4201 beachten!

sandwich chelate transition metal complexes [82)318)2)]: **32** ('71) 113–20. — Syntheses of diethyl-(triphenylgermylperoxy)-thallium and diethyl-(triphenylsilylperoxy)-thallium and a study of their reactivities [81)308)119)]: **37** ('72) 233–38. — The synthesis and properties of bis-(phenyltricarbonylchromium)-mercury [243)14)289)]: 313–16. — Thermal decomposition of alkoxy and aroxy derivatives of pentavalent phosphorus and antimony compounds [235)]: **38** ('72) 77–82. — Auto-oxidation of ethyl-(triethylsilyl)-mercury [105)5)]: **40** ('72) 43–47. — Oxidation of bis-(triethylgermyl)-mercury in the presence of tert.-butyl alcohol [5)105)]: 49–54. — Reactions of triphenylstibene with tert.-butyl- and triphenyl-silyl hydroperoxides [45)158)363)98)]: 151–57. — Tetrakis-(pentafluorophenyl)-vanadium (Preliminary communication) [174)182)306)]: **46** ('72) Nr. 1, C13f. — Phenylzirconium derivatives [174)349)252)]: **49** ('73) 441–44. — The formation of a reversible complex between diethylcadmium and oxygen [5)97)]: **57** ('73) 71–75. — Syntheses and reactions of triethylgermyllithium, -sodium, -potassium, -rubidium and -caesium in weak solvating solvents [104)341)91)124)]: **64** ('74) 307–14. — One-electron transfer in reactions of organomercury compounds with di-tert.-butyl-substituted o-quinone [1)104)341)17)218)]: 327–34. — Enhanced reactivity of the germanium–germanium bond in hexakis-(pentafluorophenyl)-digermane [36)341)284)]: **74** ('74) Nr. 1, C4–C6. — Electron transfer reactions of some hindered silicon-containing phenols with phenylmercuric hydroxide [335)337)]: **80** ('74) 19–28. — New routes to pentafluorophenyl derivatives with germanium–chalcogen bonds [36)189)341)]: **82** ('74) 65–71. — Interaction of dicyclopentadienyltitanium dichloride with bis-(triethylgermyl)-cadmium and -mercury [174)349)51)336)]: **87** ('75) 93–99. — Some reactions of tetrabenzylvanadium [174)349)182)83)55)]: **93** ('75) 113–18. — Reactions of compounds containing Sn–Li and Ge–Li bonds with organic and organometallic peroxides [125)21)341)120)121)]: **96** ('75) 213–23. — Reactions of triethylsilylpotassium and related compounds with vinyltrimethylsilane in benzene solution [104)91)124)341)]: **97** ('75) 25–29. — Alkyloxy- and silyloxy-derivatives of P^V and Sb^V [235)45)363)273)]: **99** ('75) 93–106. — Reactivity of the germanium–germanium bond in 1,1,1-triethyl-2,2,2-tris-(pentafluorophenyl)-digermane [36)341)35)]: **110** ('76) 149–57. — Tricarbonylchromiumphenylboric acid [14)4)289)]: **111** ('76) 131–35. — Synthesis of stannyl- and germyl-mercuric derivatives of platinum and palladium [301)22)259)36)189)]: **112** ('76) Nr. 3, C47–C49. — New rearrangement of triphenyl-(triphenylsilylperoxy)-germane catalyzed by nucleophiles [125)21)341)120)121)]: **117** ('76) 231–36. — Electronic absorption spectra of some benzenechromiumtricarbonyl derivatives [170)86)143)14)289)]: **128** ('77) 213–18. — Interaction of bis-(cyclopentadienyl)-vanadium with organocadmium compounds [174)349)55)153)306)]: **129** ('77) 169–74. — Synthesis and properties of alkoxy derivatives of vanadium $R_2V(OR')_2$ [174)83)182)349)55)]: **131** ('77) 43–48. — Preparation and some reactions of organogermylmercurylplatinum complexes and related compounds [36)189)190)301)22)259)]: 399–408. — Ferrocenyl derivatives of dicyclopentadienyl-titanium, -zirconium and -hafnium [82)273)318)]: **141** ('77) 313–17. — The investigation of complexing organic derivatives of group IV and V elements with oxygen by electronic emission spectroscopy [86)170)105)262)5)20)]: **148** ('78) 147–54. — Study of the mechanism of the catalytic rearrangement of triphenyl-(triphenylsilylperoxy)-germane [120)125)121)21)341)]: **153** ('78) 25–30. — Synthesis and reactivity of nickel o-semiquinolate complexes [323)265)1)]: **157** ('78) 353–58. — ESR investigation of copper(I) complexes with o-semiquinolate ligands [55)1)]: **160** ('78) 361–71. — Pentafluorophenylgermylbismuth compounds [36)115)]: **162** ('78) 289–95. — Interaction of diphenylzinc with "titanocene" and its derivatives [174)349)267)]: **164** ('79) 41–46. — Kinetics of the catalytic rearrangement of organosilicon peroxides [120)103)121)125)]: **165** ('79) 281–86. — Interaction of diphenylzink with "titanocene" and its derivatives [174)349)267)]: **174** ('79) 41–46. — Interaction of distannanes with substituted o-quinones [378)109)55)1)144)]: 47–55. — Migration of hydrogen atoms from cyclopentadienyl rings to metals and hydrogen exchange reactions upon thermal decomposition of dicyclopentadienyl compounds of Ti and Zr [203)376)]: 62–74. — Kinetics and mechanism of dimethylcadmium auto-oxidation in decane [5)383)382)]: **177** ('79) 91–99.

J. Polymer Sci. Radical decomposition of various peranhydrides and peresters [324)181)90)]: **52** ('61) 123–29 [m. französ. u. deutscher Zusammenfassg.].

J. Polymer Sci., Polymer Letters Edit. Thermal degradation of ethylene – vinyl acetate copolymer [332)62)85)]: **11** ('73) 521–23.

J. Polymer Sci., Polymer Symposia On the mechanism of the thermal degradation of polyvinyl acetate [332)62)43)]: **42** ('73) 1363–75.

Kinetika i Kataliz Modifizierung der Ziegler-Katalysatoren [56)208)]: **6** ('65) 941–44 [russ.].

Neftechimija Katalytische Systeme für die Polymerisation von Äthylen [208)92)]: **4** ('64) 572–75 [russ.].

Organometallic Chem. Rev. [Amsterdam] Covalent organic compounds of titanium [174)]: **2** ('67) 349–81. — Organometallic compounds with metal–metal bonds between different metals [341)161)]: **3** ('68) 323–423.

Organometallics chem. Synthesis [Lausanne] Organosilyl- and organogermyl-mercury derivatives for the synthesis of organometallic compounds of silicon and germanium [341)161)]: **1** ('71) 205–21.

Plaste u. Kautschuk Zur Darstellung von stereo-

Bitte Anmerkung auf Seite 4201 beachten!

regulärem Polyvinylchlorid [270][208][286]: **10** ('63) 464–66.

Plastičeskie Massy Einfluß der Natur zinnorganischer Fungizide auf die Pilzfestigkeit plastifizierten Polyvinylchlorids [37][236][167][27][79]: **1977**, Nr. 1, 63f. [russ.].

Priroda [SSSR] Sandwich-Verbindungen. Ein neuer Typ metallorganischer Komplexe[304]: **1964**, Nr. 1, 29–32 [russ.]. — Eine neue Stoffklasse. Forschungen und Entdeckungen auf dem Gebiet organischer Titanderivate [174]: **1966**, Nr. 5, 48–53 [~].

Pure and appl. Chem. Organosilicon and organogermanium derivatives with silicon–metal and germanium–metal bonds [341]: **19** ('69) 353–74.

Revue Chim., Acad. Républ. popul. roumaine Schwefelhaltige hochmolekulare Verbindungen auf Alkenoxid-Basis [90]: **7** ('62) 1197–202 [russ.].

Sborn. naučn. Rabot, Inst. fiziko-org. Chim. Akad. Nauk Belorussk. SSR Mechanismus der Reaktion von Benzoylperoxid mit Benzol [355][243]: Nr. **8** ('60) 41–43 [russ.]. — Über den Zerfall des Acetylcyclohexansulfonylperoxids in organischen Lösungsmitteln [181][90]: 44–50 [~]. — Radikalische Reaktionen von Percarbonaten[324]: 51–57 [~]. — Katalytische Polymerisation des Propylens unter Einwirkung von Titanverbindungen: 76–79 [~].

Sintezy org. Soedinenij Diphenylzinndichlorid: **1** ('50) 41f. [russ.]. — N-Phenylquecksilbersuccinimid [341]: **2** ('52) 136f. [~].

Soobšč. o naučn. Rabot. Členov vses. chim. Obšč. im. Mendeleeva Die thermische Spaltung von Benzoylperoxid in Lösungsmittelgemischen [216]: **1953**, Nr. 4, 52f. [russ.]. — Die Auslösung der Reaktion zwischen Tetrachlorkohlenstoff und Isopropanol mit Benzoylperoxid [216]: **1954**, Nr. 1, 4–6 [~].

Synthesis inorg. and metal-org. Chem. Cyclopentadienyldibenzyltitanium(III) and dibenzyltitanium(II) [174][336][349]: **2** ('72) 33–39.

Tetrahedron Gewinnung und Eigenschaften einiger titanorganischer Verbindungen [33][90]: **6** ('59) 154–60. — Some reactions of organotin compounds with metal–metal bonds [341][276]: **18** ('62) 667–74. — The reactions of bis-arene-chromium with alkyl halides [82]: **19** ('63) 341–43.

Tetrahedron Letters Heterolytic isomerization of some acylsulphonyl peroxides [181][90]: **1961**, 527–29.

Trudy Chim. i chim. Technol. Kinetik der Oxydation von Cumol durch Luft [372][257][317]: **1958**, Nr. 1, 36–49. — Decarboxylierungsreaktionen organischer Quecksilbersalze [233]: 178–81. — Kinetik der Reaktion von Acetylbenzoylperoxid mit Isopropanol [174][257][317]: Nr. 3, 487–95. — Verwendung von titanorganischen Verbindungen als Katalysatoren für die Polymerisation von Propylen [33]: 654–58; Titanverbindungen als Katalysatoren für die Polymerisation von Olefinen, 2 [33][90]: 659 63. — Darstellung von Äthylcellosolve an Ionenaustauscherharzen [254][212]: 667–69. — Darstellung von Diäthylquecksilber nach der Amalgam-Methode unter Zugabe eines Dimethylformamid-Katalysators [243][64][u. a.]: **1959**, Nr. 1, 214–18. — Reaktion von Benzoylperoxid mit Benzol [243][355]: Nr. 2, 271–79. — Indikatormethode der Analyse aluminiumorganischer Verbindungen [111]: Nr. 3, 611–14. — Darstellung der Dichlorbrenztraubensäure [90][305][245]: 644–48. — Reaktion von Nitromethan mit Benzoylperoxid [216][1][192]: **1960**, Nr. 1, 115–18. — Untersuchung der Thermo- und Photopolymerisation des Vinylchlorids mit Hilfe markierter Peroxide [243][81]: Nr. 2, 193–96. — Untersuchung des Prozesses der Chlorierung von Polyvinylchlorid mit Hilfe markierter Atome [299][243][175][104]: 197–202. — Oxydation des Triäthylaluminiums und Untersuchung der katalytischen Eigenschaften der Oxydationsprodukte [111][76][u. a.]: Nr. 3, 373–80. — Darstellung von Äthylcellosolve an Ionenaustauscherharzen aus der Dampfphase [254][212]: 482f. — Reaktion des Dichlorcarbens mit Quecksilberverbindungen [335][228]: 638f. — Homolytische Spaltung metallorganischer Verbindungen der IV. Gruppe mit Metall–Metall-Bindung [341][78][276]: **1961**, Nr. 1, 58–68. — Reaktion aliphatischer Ester mit freien Hydroxylradikalen [39]: 143–49. — Untersuchung freiradikalischer Reaktionen metallorganischer Verbindungen mit Hilfe markierter Verbindungen [243]: 150–56. — Über einige Reaktionen, die durch Titanoxychlorid katalysiert werden [33][90]: Nr. 3, 605–10. — Über die Struktur von $C_{18}H_{30}O_3$, eines Autokondensationsproduktes von Cyclohexanon [319][360][95]: 611–15. — Oxydation und Zerfall von Biscyclopentadienyldiphenyltitan in Benzol [174][349]: 616–21. — Einige Reaktionen des Hexaphenyldiplumbans [93][356][26]: 622–28. — Reaktionen von Acylperoxiden in Gegenwart von wasserfreiem Aluminiumchlorid [174]: 640–43. — Polymerisation von Methylmethacrylat in Gegenwart eines Gemisches von Dialkylquecksilber und Zinntetrachlorid [260][302][347]: **1962**, Nr. 1, 78–81. — Über die Änderung des Charakters einer Polymerisation, die in Gegenwart aluminiumorganischer Verbindungen verläuft [208]: Nr. 2, 454–58. — Über die Geschwindigkeit der Reaktionen freier Hydroxylradikale mit aliphatischen Estern in Lösung [39]: **1963**, Nr. 1, 155–60. — Homolytische Zerfallsreaktionen metallorganischer Verbindungen: Nr. 2, 278–88.

Durch das Redox-System Dicyclohexylperoxydicarbonat–Dimethylanilin ausgelöste Polymerisation der Vinylmonomeren [324][206][122]: **1966**, Nr. 1, 17–21. — Über die Charakteristik der Formen des Polyvinylchlorids [326][249]: Nr. 2, 193–97. — Kovalente organische Titan-, Zirkon- und Vanadinderivate [174][349]: **1973**, Nr. 2, 3–15. — Mercurierung von Benzol-

Bitte Anmerkung auf Seite 4201 beachten!

chromtricarbonyl [14][289][243]: 31f. — Reaktionen von Derivaten des Bis-(phenylchromtricarbonyl)-quecksilbers [14][289][251][243]: 33f. — Thermische Zersetzung des Tetraphenyltitans in Gegenwart von Zinnchlorid und Hexaphenyldistannan [136][25][174]: 117f. — Synthese und einige Reaktionen des Tetramesityltitans [174][136][203]: **1974**, Nr. 4, 35f. — — Alle Arbeiten russ.

Uč. Zap. gor'kovsk. gos. Univ. Photoreaktionen metallorganischer Verbindungen. Phenylderivate [96][314]: Nr. **15** ('49) 91–93 [russ.]. — Über einige Reaktionen des α-Methylmercurinaphthalins [48]: Nr. **24** ('53) 143–45 [~]. — Untersuchung der freiradikalischen Reaktionen des Komplexes $M(BR_4)$ [45]: Nr. **32** ('58) 169–73 [~]. — Reaktionen von Tetrachlorkohlenstoff mit Cyclohexanol [335]: 175–78 [~].

Ukrainskij chim. Ž. Austauschreaktionen beim Thermo- und Photozerfall metallorganischer Verbindungen [243][314][343]: **22** ('56) 45–47 [russ.].

Usp. Chim. Neue Polymerisationsaktivatoren [233][94]: **21** ('52) 379–421 [russ.]. — Freiradikalische Reaktionen des Tetrachlorkohlenstoffs [335]: **22** ('53) 36–61 [~]. — Kovalente metallorganische Verbindungen der Übergangsmetalle [174]: **34** ('65) 585–617 [~]. — Metallorganische Peroxyverbindungen und ihre Umsetzung [45]: **45** ('76) 2196–232 [~].

Vestn. Akad. Nauk SSSR Homolytische Reaktionen in flüssiger Phase [174][45]: **1961**, Nr. 4, 124–27 [russ.]. — Gemeinschaftsarbeit von Wissenschaftlern und Ingenieuren: **1965**, Nr. 6, 63–65 [~]. — Die Synthese, Untersuchung und Anwendung organischer Peroxidverbindungen [335]: Nr. 12, 108f. [~].

Vysokomolekuljarnye Soedinenija Effect of amines on the stereospecific polymerization of polystyrene [208][92][373]: **1** ('59) 1691–95. — Effect of polar additives on stereospecific polymerization of propylene [208][92][50]: **2** ('60) 404–07. — The role of oxygen in the polymerization of vinylidene chloride [208]: 1239–45. — New cycloketonic peroxides as vinyl polymerization initiators [90][139][266]: **3** ('61) 1176–80. — Mechanism of kinetic chain-termination in the radical polymerization of vinyl chloride with participation of ^{14}C-labeled initiators [243][81]: 1549–53. — Nitrogeneous peroxides as initiators of polymerization of vinyl monomers, 1 [173][216][260][61]: 1794–99. — On the modification of polypropylene [208][272]: **4** ('62) 351–56. — Asymmetric acyl organosulfonic peroxides as initiators of vinyl polymerization [181][90][374]: 357–60. — Organomercury initiation of vinyl polymerization [260][361][302][347]: 371–75. — Heterogeneous catalytic polymerization of ethylene in the presence of $TiCl_3+Al+AlCl_3$ and $TiCl_3+(Al+HCl)$ [208][92]: 1495–502. — Interaction between dibenzochromium and acrylonitrile and the mechanism of polymerization of the latter [82]: 1822–28. — Copolymerization of styrene and propylene in the presence of a heterogeneous Ziegler-Natta catalyst system [208][272]: 1833–38. — The role of the hetero-component in stereospecific polymerization on Ziegler-Natta catalysts [208][92]: **5** ('63) 655–58. — Polymerization of vinyl chloride in the presence of Ziegler-type catalysts [208][111][299][92][42]: 1030–34. — Heterogeneous catalytic polymerization of ethylene in the presence of metal–metal chloride systems [208][92][307]: 1371–75. — Stereospecific effect in the homogeneous free radical polymerization of vinyl chloride in aldehydes [208][162][270]: 1615–19. — Low-temperature polymerization of vinyl chloride in the presence of the system organoaluminium compound – oxygen [208][270][111]: **6** ('64) 269–73. — Nitrogen containing peroxides as polymerization initiators of vinyl monomers, 3 [173][61][216][260]: 1068–71. — Copolymerization of propylene with styrene in the presence of α-$TiCl_3+Al(C_2H_5)_3$ [56][177][208]: 1313–17. — Catalytic activity of the organoaluminium compound – peroxide system in the low temperature polymerization of vinyl chloride [270][208]: 1323–26. — Nature of the modifying action of aromatic compounds on the stereospecific polymerization of propylene [56][208]: 1656–61. — Modification of the Ziegler-Natta catalysts for olefin polymerization [208][56][49]: **7** ('65) 39–44. — Thermal stability of suspension polyvinylchloride [249][326]: 531–35. — Polymerization of vinyl chloride in the presence of the system alkyl aluminium – alkyl halide, 1 [270][208][157]: 539–45. — Some relations in the polymerization of vinyl chloride in the presence of Ziegler catalysts [111][208][270][199]: 1364–67. — On the stabilizing effect of maleic acid anhydride on the thermolysis of polyvinyl chloride [332][211]: **8** ('66) 2032f. — — Alle Arbeiten russ. m. engl. Zusammenfassg.

Vysokomolekuljarnye Soedinenija, Ser. A On the autocatalytic character of the thermolysis of polyvinyl chloride [331][211][332]: **9** ('67) 2119–25 [russ. m. engl. Zusammenfassg.]. — Some specificities of the thermolysis of polyvinyl chloride and polyvinylidene chloride [332][331]: **13** ('71) 1183–89 [~]. — Thermische Spaltung siliciumhaltiger Polyacrylate [324][72][381]: **20** ('78) 1282–88 [~]. — Untersuchung der Polymerisation des Äthylens in homogenen katalytischen Systemen $R_2V(Ot\text{-}Bu)_2\text{-}Et_nAlCl_{3-n}$ [377][379][349][379][349][174][83]: 1808–12 [~].

Vysokomolekuljarnye Soedinenija, Ser. B Auslösung der Polymerisation der Vinylmonomeren mit organischen Peroxydicarbonaten [324][122]: **9** ('67) 208–11. — Hemmung der Polymerisation der Vinylmonomeren durch Diphenylperoxydicarbonat [324][40]: **10** ('68) 38–41. — Über den Einfluß des Triäthylsilans auf die thermische Zersetzung des Polyvinylchlorids [211][332]: **11** ('69) 661–64. — Über den thermischen Abbau eines Vinylchlorid–Acrylsäurenitril-Kopolymeren [324][332][122][169][72]: **12** ('70) 821–24. — Einfluß von Zinkchlorid auf die thermische

Bitte Anmerkung auf Seite 4201 beachten!

Zersetzung von Polymethacrylat und Polybutylacrylat [147][282][324]: **15** ('73) 404f. — Zum Mechanismus des thermischen Zerfalls von Polyvinylacetat [62][332][85]: 537–39. — Einfluß von Zinksalzen auf die thermische Zersetzung von Polymethacrylaten [68][282][324][56][152][147]: **16** ('74) 660–62. — Zum Mechanismus der stabilisierenden Wirkung zinnorganischer Isocyanate bei der thermischen Zersetzung von Polyvinylchlorid [280][324]: **17** ('75) 237f. — Einfluß einiger elektrophiler Agenzien auf die thermische Zersetzung von Polyvinylchlorid [211][332]: **18** ('76) 267–69. — Untersuchung der Reaktion von Polyvinylchlorid mit Galliumtrichlorid nach der Methode der Elektronenabsorptionsspektroskopie [211][170][332]: 655–58. — — Alle Arbeiten russ.

Z. Chem. Bimetallorganische Verbindungen. Neue Synthesen und Reaktionen [341][161]: **11** ('71) 53–60.

Ž. fizič. Chim. Die Kinetik der Reaktion von Isopropanol mit Tetrachlorkohlenstoff, ausgelöst durch Benzoylperoxid [317][216][264]: **31** ('57) 1203–09 [russ. m. engl. Zusammenfassg.].

Ž. obščej Chim. Über Abscheidung metallischen Quecksilbers aus dessen organischen Derivaten [156]: **1** ('32) 864–74. — Nitrosoverbindungen der Phenarsazinreihe: Die Einwirkung von Nitrosylchlorid auf Derivate des dreiwertigen Arsens [106]: **2** ('32) 183–88. — Ringsprengung heterozyklischer Arsenderivate [156]: 529–33. — Nitrierung und Bromierung heterozyklischer Arsenverbindungen [156]: 889–92. — Zur Frage einer Synthese von metallorganischen Verbindungen des Titans [38]: **3** ('33) 367f. — Der katalytische Zerfall metallorganischer Verbindungen [156]: 792–97; ~ 2 [156]: **4** ('34) 647–52. — Die Umsetzung metallorganischer Verbindungen mit einigen Derivaten des Dihydrophenarsazins: 629–31. — Reaktionen des Übergangs von Phenylradikalen in metallorganischen Verbindungen [156]: **5** ('35) 361–65. — Oxyderivate des 10-Alkyl(Aryl)-9,10-dihydrophenarsazins, 2: Synthese und Eigenschaften des Monooxy-10-R,R'-9,10-dihydrophenarsazins [194]: 570–74; ~ 3: Synthese einiger Derivate vom Betaintypus [194][12]: 575–79. — Dihydroxide von tertiären Arsinen, Arsoniumbasen und ihre Salze [194][106]: 721–27. — Photoreaktionen von Organometallverbindungen des Quecksilbers in Lösungen, 1: Reaktionen des Diphenylquecksilbers [233]: **19** ('49) 736–39; ~ 2: ≈ [233]: 1483–86; ~ 3: Photoreaktionen von Dibenzylquecksilber [233]: 1487–89; ~ 4: Photoreaktionen von Di-o-tolylquecksilber [233]: **20** ('50) 181–84; ~ 5: Photoreaktionen von α,α-Dinaphthylquecksilber [233]: 506–09; ~ 6: Reaktionen von Dimesitylquecksilber [233][154]: **21** ('51) 650–55; ~ 7: Reaktionen von Diphenylquecksilber [233]: 1122–24; ~ 8: Reaktionen in Lösungsmittelgemischen [233]: 2197–99; ~ 10: Reaktionen von Dimethylquecksilber [233][200]: **22** ('52) 480–84; ~ 14: Photoreaktionen von β-Mercuri-bispropionsäure und ihrem Dimethylester [233][174]: **24** ('54) 260–62. — Photoreaktionen jodorganischer Verbindungen [314]: **20** ('50) 175–80; **21** ('51) 1974–79. — Photoreaktionen von Phenylquecksilberhydroxid [243]: 646–50. — Radikalabspaltung asymmetrischer Derivate des vierwertigen Zinns [96]: 1010–15. — Freie Radikale bei Zerfallsreaktionen von Benzolazotriphenylmethan, Nitrosoacetanilid und Benzolazotrinitromethan in Lösungen [94]: 1118–22. — Reaktion einiger quecksilberorganischer Verbindungen mit Succinimid [233][341]: 1283–87. — Reaktionen von Diphenylquecksilber mit Chloriden von Metallen, die keine beständigen metallorganischen Verbindungen geben [93]: **22** ('52) 484–89. — Reaktionen quecksilberorganischer Verbindungen mit Fettsäureamiden [341]: 640–43. — Reaktionen von Arylquecksilberhydroxiden [243]: **23** ('53) 37–41. — Freie Radikale bei den Zerfallsreaktionen von Benzylaminodiazobenzol in Lösungsmitteln [94][237]: 435–38. — Die Reaktion von Diphenylquecksilber mit Tetrachlorkohlenstoff [233]: 587–89. — Die Reaktion von Acylperoxiden mit metallischem Quecksilber [233][114]: 589–93. — Die Reaktion von Isopropylmagnesiumchlorid mit Chlorkohlensäuremethylester [233]: 1173–75. — Die thermische Zersetzung von Benzoylperoxid in einem Gemisch von Tetrachlorkohlenstoff und Methanol [216][310]: 1376–79. — Die thermische Zersetzung von Benzoylperoxid in den Lösungsmittelgemischen Benzol–Nitrobenzol und Nitrobenzol–Tetrachlorkohlenstoff [216][310]: 1379–81. — Die Reaktion von Tetrachlorkohlenstoff mit Äthanol [304]: 1519–22. — Die Reaktionen von Acylperoxiden mit Metallen und Metallchloriden (Zinn und Antimon) [216][80][233]: **24** ('54) 262–65. — Untersuchung der Komplexverbindungen Met[BAr_4] [45]: 1415–21. — Bemerkung zum Artikel von A. A. Bol'šakova: "Reaktion von Methyl-α-naphthylquecksilber und Methylphenylquecksilber mit organischen Säuren": 1693f. — Photozerfall von Pentachloräthan [235]: 1771–75. — Kettenreaktionen von Tetrachlorkohlenstoff mit Alkoholen [216][344]: **25** ('55) 495–99. — Eine neue Methode zur Synthese von Alkylverbindungen des Quecksilbers aus Quecksilbersalzen organischer Säuren [233][188]: 697–705. — Die Kondensation von Benzol mit einigen symmetrischen Chloräthern [90]: 1711–13. — Die oxydative Wirkung einiger Acylperoxide [312][208]: **26** ('56) 473f. — Kondensation von Cyclohexanon mit Ammoniak [360][319]: 601–04. — Die Rolle des Sauerstoffs im Anfangsstadium der Polymerisation von Vinylchlorid [208][286]: 1082–87. — Die Reaktion von tetrasubstituierten Silanen mit Tetrachlorkohlenstoff [79]: 1107–10. — Reaktionen asymmetrischer Acylperoxide mit Quecksilber [233][174]: 1110–13. — Freiradikalische Reaktionen des Tetrableiacetats [233][304][333]: 1683–85. — Katalytischer Zerfall des Phenylquecksilberhydroxids in Lösungsmitteln [243][126]: 1685–87. — Kettenreaktion von Tetrachlorkohlenstoff mit Isopropanol, ausgelöst durch acetylierte und benzoylierte Hydroperoxide von 1-Hydroxycyclohexanon

Bitte Anmerkung auf Seite 4201 beachten!

[150][216][317]: 1981–86. — Die Reaktionen von Acetylbenzoylperoxid mit Alkoholen und Essigsäure [174]: 1986–91. — Die Reaktion von Hexachloräthan mit Isopropanol, ausgelöst durch Benzoylperoxid [216][162]: 2224–28. — Pentaphenylphosphor [,3] [235]: 2531–37; Untersuchung von Radikalreaktionen des Pentaphenylphosphors, 4: Die Reaktion des Pentaphenylphosphors mit Methyljodid; Untersuchung des Mechanismus der Radikalreaktionen des Pentaphenylphosphors mit Hilfe von Diphenylpikrylhydrazin und Diphenylpikrylhydrazyl [235][293]: **27** ('57) 1466–69. — Die Reaktionen von Acylperoxiden mit Quecksilber [233]: 196–99. — Darstellung und Eigenschaften einiger Derivate des Thioxanthen-S,S-dioxids mit Indikatoreigenschaften [90]: 3092–97. — Polymeres Vinylchloridperoxid [208]: **28** ('58) 983–91. — Darstellung und Eigenschaften einiger Arylderivate von Thioxanthydrol-S-dioxid, die Indikatoreigenschaften besitzen [90]: 1225–27. — Zinkorganische Verbindungen als Katalysatoren für die Polymerisation von Propylen [33][90]: 1623–26. — Die Chlorierung von Äthylenglykol [305][90]: 1827–31. — Die Reaktionen von Acylperoxiden mit Metallen [174]: 2233–39. — Die Chlorierung von Olefinchlorhydrinen [305][90]: 3004–08. — Autokondensation von Cyclohexanon bei niedrigen Temperaturen [319][360]: **29** ('59) 1454–57. — Chlorierung von α-Chloraldehyden [305][90]: 2978–80. — Untersuchung der Reaktionen des Pentaarylphosphors: Bestimmung der Gleichwertigkeit der Gruppen mit Hilfe von Deuterium [243][235]: 2980–83. — Die thermische Zersetzung von Bleitetraäthyl und Dibleihexaäthyl in der flüssigen Phase [,1] [341][350]: 3662–72; Die thermische Zersetzung von Bleitetraäthyl und Dibleihexaäthyl, 2: Die Zersetzung eines Gemisches von Bleitetraäthyl, Dibleihexaäthyl und Bleidiäthyl [341][350]: **30** ('60) 967–72; Die thermische Zersetzung von Bleitetraäthyl, Bleihexaäthyl und ihren Analogen, 3: Homolytische Spaltung von Bleihexaäthyl und Dizinnhexaäthyl [341][276]: 2498–506; ~ 4: Einfluß des sich ablagernden Bleis, der Gefäßwände und einiger anderer Faktoren auf den Zerfallsprozeß [341][350]: 4099–104; ~ 5: Zersetzung und Disproportionierung von Dizinnhexaäthyl [341][78][350]: **31** ('61) 1712–17. — Chlorierung von Propylenglycol [305][90]: **30** ('60) 653–57. — Synthese von 2-substituierten 4,4-Pentamethylen-5,6-tetramethylen-2,3,4,5-tetrahydropyrimidinen [319][360]: 1020–23. — Reaktion von Dibleihexaäthyl mit Halogenalkylen [341][78]: 1310–16. — Einige Reaktionen von Triphenylaluminium [209][243]: 1996–2002. — Über die Autokondensation von zyklischen Ketonen und die Kondensation mit Ammoniak [319][360][375]: 2042–47. — Radikalreaktionen von Percarbonaten, 1: Thermischer Zerfall von Dibenzyl- und Dicyclohexylperoxydicarbonat in Benzol und Isopropylalkohol [324]: 2387–93; ~ 2: Die Zersetzung von Dicyclohexylperoxydicarbonat in Benzol und Essigsäure in Gegenwart von Metallen und Metallsalzen [324]: **31** ('61) 3132–36. — Untersuchung der Radikalreaktionen von Pentaphenylantimon [235][315][69]: **30** ('60) 3234–37. — Synthesen mit Hilfe freier Hydroxylradikale, 1: Oxydative Dimerisation von aliphatischen Äthern und Estern [39]: 4094–99; ~ 2: Reaktionen aliphatischer Ester mit Hydroxylradikalen [39]: **31** ('61) 3440–47; ~ 3: Die Reaktion von Alkylacetaten mit Hydroxylradikalen [39]: **32** ('62) 2320–24; ~ 4: Untersuchung der Reaktion von n-Buttersäuremethylester und Propionsäureäthylester mit Fenton-Reagens [39]: **33** ('63) 2021–27; ~ 6: Die Reaktion von Hydroxyl- und Cyclohexyloxyradikalen mit n-Propylacetat und Toluol [39][132][316]: **34** ('64) 3081–85. — Der Zerfall von Acylperoxiden in Säuren [174][243]: **31** ('61) 268–74. — Die Untersuchung der thermischen Zersetzung des Acetylcyclohexansulfonyloxids in verschiedenen Lösungsmitteln [181][90]: 274–80. — Die Reaktion von Bleitetraäthyl mit Halogenkohlenwasserstoffen [78][341]: 998–1003. — Die Reaktion von Schwefeldioxid mit einigen Alkylenoxiden [90][114]: 1328–32. — Über den Zerfall einiger niedermolekularer Polysulfite [90][114]: 1332–34. — Über die Struktur einiger zinnorganischer Polymerer [276][341]: 1401. — Reaktionen von Triäthyl- und Triphenylaluminium mit Dibenzoylperoxid in Benzollösung [209][243]: 2340–43. — Über die Oxydation von Triphenylaluminium und Phenyllithium [209][243]: 2343–47. — Untersuchung der Reaktionsfähigkeit von Phenyllithium durch Austauschreaktionen [243][102][44]: 2347–49. — Untersuchung der Reaktion von Pentaphenylphosphor mit Benzol mit Hilfe markierter Atome [243][235]: 2350–53. — Freiradikalische Reaktionen von Dicyclopentadienyldiphenyltitan [174][349]: 2667–74. — Untersuchungen über den Mechanismus der Disproportionierung des Dizinnhexaäthyls [341][276]: 3762–68. — Über einige durch Aluminiumchlorid katalysierte Reaktionen von elementorganischen Verbindungen der IV. Gruppe [341][79][142][78]: 4056. — Die Photoreaktion des Tetrachlorkohlenstoffs mit Dioxan [335][51][191]: 4057f. — Die Reaktion einiger Alkenoxide mit Kohlenoxysulfid, 1 [90][114]: **32** ('62) 994–96; ~ 2 [90][114]: 2940–42. — Die Synthese peroxidischer aluminiumorganischer Verbindungen [111]: 1006f. — Über die Oxydation von Bis-(cyclopentadienyl)-diphenyltitan mit Wasserstoffperoxid [174][349]: 1354f. — Die Reaktion des Selenanhydrids mit den Oxiden einiger Alkene [90][75]: 1508–11. — Reaktionen von Benzoylalkansulfonylperoxiden mit organischen Lösungsmitteln [181][90]: 2033–39. — Synthese und Eigenschaften von Diäthylzinndibenzoat [276][341]: 2152–54. — Photochemische Reaktionen zinnorganischer Verbindungen mit einigen Halogenverbindungen [341][104][41]: 2154–60. — Reaktionen von Peroxiden mit organischen Silicium-, Zinn- und Bleiderivaten [341][79]: 2161–69. — Reaktion von Dizinnhexaäthyl mit Halogenverbindungen [78][341]: 2515–20. — Austausch von Aluminiumtriphenyl mit Benzol [209][128]: 3453. — Über die Oxydation des Aluminiumtriphenyls [209][243][129]:

Bitte Anmerkung auf Seite 4201 beachten!

3454. — Die thermische Zersetzung von Bis-(1-methylpercarbonatocyclohexyl)-peroxid [138)90)]: **33** ('63) 131–38. — Darstellung und polarographisches Verhalten von Derivaten des Bis-(äthylbenzol)-chroms [340)82)155)]: 285–90. — Reaktion von Tetraäthylsilan und seinen Analogen mit Alkylhalogeniden [341)79)]: 613–17. — Thermische Zersetzung von Benzoylperoxid in Phenylcyclohexan [355)]: 673–76. — Autoxydation von 1-Phenylcyclohexen-(1) [355)]: 851–53. — Reduzierende Eigenschaften von Triäthylzinnhydrid [341)153)]: 1041f. — Reaktion einiger Oxide und Thiooxide von Alkenen mit Schwefelkohlenstoff [90)114)]: 1366–69. — Thermische Zersetzung einiger titanorganischer Verbindungen [33)]: 2389–94. — Reaktionen von Bleitetraphenyl und Dibleihexaphenyl mit Benzol [243)128)]: 2394–97. — Über Komplexe von Aluminiumalkylen mit Alkoholen [111)]: 2423f. — Reaktionen von Quecksilberdiphenyl mit Toluol [243)164)314)]: 2764–66. — Reaktionen von o-Chromdibenzol und seinen Homologen mit Alkylhalogeniden [82)84)]: 3084–88. — Oxydation von Zinkdiphenyl und Magnesiumdiphenyl [102)243)180)]: 3358–60. — EMR-Spektren von Ionenradikalen, die sich bei Redoxreaktionen von Thioxanthenol-5,5-dioxid bilden [90)296)]: 3749–55. — Untersuchung der thermischen Zersetzung von Bis-[1-alkyl(aryl)percarbonatocycloalkyl]-peroxiden in Benzol [138)90)]: 3989–93. — Thermische Zersetzung von Bis-[1-alkyl(aryl)percarbonatocycloalkyl]-peroxid in Isopropanol [138)90)]: 3993–98. — Reaktionen von Benzoylperoxid mit quecksilberorganischen Verbindungen [341)209)]: **34** ('64) 675–79. — Reaktionen von Zinntetrapropyl und -tetraisopropyl mit Dibenzoylperoxid [341)44)]: 1005–09. — Disproportionierung von Hexaäthyldigerman [341)104)153)]: 1645–47. — Reaktion von Peroxydicarbonaten mit Lösungsmitteln, katalysiert mit Eisenchlorid. Direkte Einführung der Cyclohexyloxycarboxygruppe in den aromatischen Ring [132)39)]: 2093f. — Die Chlorierung von Olefinoxiden [90)330)]: 2784–87. — Reaktion von Triäthylzinnhydrid mit organischen Zinn-, Quecksilber- und Wismutderivaten [341)153)]: 2787–91. — Untersuchung von Reaktionen des Zinkdiphenyls mit Isotopen- und massenspektrometrischen Methoden [243)102)263)]: 3812–15. — Reaktionen von Alkenoxiden mit Isothiocyanaten, 1 [90)288)]: 4018–22; ~ 2: Synthese und Eigenschaften von 2-Phenylimino-1,3-thioxolan [90)288)]: 4090–94. — Reaktionen von Bis-(cyclopentadienyl)-diphenyltitan mit Benzylchlorid und Triphenylchlormethan [174)349)]: **35** ('65) 169–74. — Thermische Zersetzung quecksilberorganischer Verbindungen in deuteriumhaltigen Lösungsmitteln, 1: Zersetzung von Diisopropylquecksilber in Benzol [84)361)243)]: 174–77. — Bimetallorganische Verbindungen mit Ge–Bi-Bindungen [161)341)]: 394. — Bis-(triäthylsilyl)-cadmium [341)51)]: 395f. — Chlorierung einiger Alkensulfide [90)330)]: 475–79. — Reaktion von Triphenylwismut mit Benzol [243)328)84)]: 481–84. — Oxydation von Cadmiumdiphenyl in organischen Lösungsmitteln [239)174)]: 900–03. — Reaktionen von Aluminiumtriisopropanolat mit Peroxiden und Anhydriden [309)209)]: 1095–98. — Darstellung und einige Eigenschaften des Isopropanolats des Isopropylquecksilbers [361)5)84)]: 1152–56. — Oxydation von Zinkdiphenyl in Cyclohexan, Chloroform und Tetrachlorkohlenstoff [102)84)243)]: 1164–66. — Kinetik und Mechanismus der Oxydation von Diisopropylquecksilber in flüssiger Phase [5)84)361)]: 1440–47. — Komplexe des Titandiphenyls mit Tetrahydrofuran und Ammoniak [174)136)]: 1498f. — Reaktionen aluminiumorganischer Verbindungen mit Acylperoxiden und -anhydriden [309)]: 1672–76. — Reaktion des tert.-Butylperbenzoats mit organischen Derivaten von Zinn, Germanium und Silicium [341)44)]: 2033–36. — Tris-(triäthylgermyl)-thallium [341)209)161)]: **36** ('66) 160. — Reaktion von Diisopropylquecksilber mit tert.-Butylhydroperoxid und Benzoylperoxid [361)84)243)]: 258–61. — Synthese und Reaktionen von Triäthylgermyllithium [341)104)153)]: 952f. — Einige Reaktionen von Bis-(cyclopentadienyl)-titan und Monocyclopentadienylphenyltitan [174)349)136)]: 1491–98. — Photo- und Thermozersetzung von Cadmiumdiphenyl in organischen Lösungsmitteln [239)]: 1702–05. — Reaktionen von Triäthylsilyl- und Triäthylgermyllithium mit Kohlenwasserstoffen der Äthylenreihe [341)104)153)]: 2025f. — Reaktionen von Tetraalkylzinnverbindungen mit Tetrachlorkohlenstoff, ausgelöst durch den Sauerstoff der Luft [341)44)]: **37** ('67) 204–07. — Reaktion von Antimonpentaphenyl mit Methyljodid [235)270)]: 216f. — Reaktion von Kobaltocen mit Eisen- und Nickelcarbonyl [243)89)28)]: 672–74. — Thermo- und Photozersetzung indiumorganischer Verbindungen [243)277)84)361)]: 1516–20. — Synthese und Zersetzungsreaktionen des tert.-Butylesters der β-(Triäthylgermyl)-peroxypropionsäure [341)44)]: 2334–38. — Einige Reaktionen von Titantetramethyl [174)197)]: 2339–45. — Thermo- und Photozersetzung von Dialkylderivaten des Zinks [102)243)]: **38** ('68) 3–7. — Tris-(triphenylsilyl)-antimon und -wismut [341)125)161)]: 205. — Reaktion von Benzoylperoxid mit Aluminiumtriäthyl und organischen Thalliumverbindungen [209)]: 249–51. — Reaktionen des Triäthylsilans und seiner Analogen mit Bleitetraäthyl [341)125)161)]: 906–11. — Einige Reaktionen von Bis-(cyclohexyl)-cadmium [239)34)]: 1723–26. — Synthese und Reaktionsfähigkeit einiger bielementorganischer Verbindungen mit Si–Hg-, Ge–Hg-, Si–Li- und Ge–Li-Bindungen [341)104)153)11)]: 1803–09. — Reaktion von Aluminiumtriäthyl mit organischen Peroxiden [309)81)226)]: **39** ('69) 123–28. — Reaktion von Titantetramethyl mit Tetrachlorkohlenstoff [174)165)197)]: 147–50. — Reaktionen von Dicyclopentadienylvanadin mit Acylperoxiden [174)182)]: 408–13. — Reaktion von Thalliumtriäthyl mit Acylperoxiden [81)209)]: 690–93. — Bis-(triphenylgermyl)-quecksilber [341)51)183)]: 979–82. — Die thermische Zersetzung zinnorganischer Verbindungen [82)145)]: 1106–08. — Re-

Bitte Anmerkung auf Seite 4201 beachten!

aktionen metallorganischer Verbindungen des Zinns mit Äthylenglykol [145][82]: 1108–10. — Reaktionen des Aluminiumtriphenyls mit organischen Peroxyverbindungen [309][81]: 1595–98. — Synthese und Eigenschaften von Tris-(triphenylsilyl)-antimon und verwandter Verbindungen [341][125][161]: 2005–11. — Reaktionen von Phenylderivaten des Zinns und des Bleis mit Äthylenglykol und Diäthylamin [145][82]: 2048–50. — Reaktion des Cadmiumdiäthyls und des Cadmiumdiphenyls mit organischen Peroxiden [239][218][52]: 2490–93. — Thermische Spaltung alkylsubstituierter Bis-aren-π-komplexe des Chroms und des Molybdäns [243][14]: 2494–98. — Triäthylgermyl-(triäthylgermyloxy)-quecksilber [5][97][105]: 2499–501. — Einige Reaktionen des Tetracyclohexylzinns [82][145][108]: **40** ('70) 325–27. — Reaktionen einer Reihe von zinnorganischen Verbindungen mit Diäthylamin [145][82]: 327–29. — Reaktion von Schwefel mit Bis-(triäthylsilyl)- und Bis-(triäthylgermyl)-quecksilber [104][8][341]: 939. — Reaktion von Bis-(trimethylzinn)-dichlormethan mit Benzoylperoxid [277]: 2594–97. — Reaktionen von Triphenylchlormethan mit Bis-(triäthylgermyl)-quecksilber und -cadmium [51][341]: **41** ('71) 716. — Reaktionen von Dicyclopentadienylverbindungen des Titans und des Vanadins mit Nitrobenzoylperoxiden [174][182]: 1556–60. — Einige Reaktionen von Dicyclopentadienylverbindungen des Vanadins [174][182][306]: 2718–23. — Thermische Zersetzungsreaktionen einiger Bis-(acyloxyäthylen)-peroxydicarbonate in Chlorbenzol und in Äthylenglykoldiacetat [100][181][90]: 2724–26. — Einige Reaktionen des Triäthyldiäthylaminosiliciums und des Triäthyldiäthylaminozinns mit Peroxiden [81][220][308]: **42** ('72) 152–57. — Reaktion alkylierter Phenole mit organischen Quecksilberverbindungen [337][335]: 548–54. — Über die Peracylderivate des dreiwertigen Thalliums [81][57]: 1975–79. — Reaktion von Bis-(triäthylgermyl)-cadmium mit Carbonylverbindungen und mit Verbindungen, die Mehrfachbindungen enthalten [51][341][54]: **43** ('73) 629–32. — Synthese und Reaktionen von Triäthylgermylnatrium und -kalium [104][91][341]: 1315–19. — Einige Reaktionen von Bis-(triphenylsilyl)-äthylaluman [186][309][60]: 1523–28. — Einige Reaktionen aluminiumorganischer Verbindungen mit den Bindungen Al–O–C und Al–O–Si [186][309][130]: 2410–16. — Reaktion von $(Ph_3Si)_2AlEt \cdot 2LiBr \cdot 2$(Tetrahydrofuran) mit Diphenylacetylen [186][309]: 2416–18. — Mercurierung sterisch abgeschirmter siliciumhaltiger Phenole [335][337]: **44** ('74) 135–42. — Reaktionen zinnorganischer Verbindungen in Gegenwart von Kupfer [79][113][74]: 573–78. — Reaktionen substituierter Bromphenoxytrimethylsilane mit Magnesium [335][67]: **45** ('75) 2434–39. — Elektronenspektren von aus silicium- und germaniumorganischen Benzolderivaten gebildeten Komplexen mit Ladungsübergang [170][86][291][250][366]: 2439–44. — tert.-Butyl- und Cumylester der γ-(Trimethylsilyl)- und der γ-(Dimethylsilyl)-peroxybuttersäure [44][54][256]: **46** ('76) 857–61. — Tetrakis-(pentafluorphenyl)-zirkon [174][182][271]: 931 f. — Die Thermostabilität der Diäthylalumooxyderivate des Germaniums und des Zinns [309]: 2550–55. — Einstufige Oxydationsreaktionen sterisch abgeschirmter germaniumhaltiger Phenole. Darstellung eines gemischten silicium- und germaniumhaltigen sterisch behinderten Phenols [335][234][337][219]: 2720–24. — α-Methyl-β-(trimethylsilyl)-peroxypropionsäure-tert.-butylester [44][54][190]: **47** ('77) 97–100. — Homolytische Spaltung des β-(Triäthylgermyl)-peroxypropionsäure-tert.-butylesters [44][58][285][54]: 1760–63. — Reaktion von Pentamethylchlordisilan mit dem Lithiumsalz des tert.-Butylhydroperoxids [44][285]: 2270–75. — Zur Frage der Stabilität sterisch behinderter Silicium- und Germaniumverbindungen von Phenolen [234][335][67]: **48** ('78) 141–44. — Reaktionen des Pentamethylchlordisilans mit Peroxyverbindungen [44][285]: 1380–85. — Matrizensynthese von Alkylferrocenen [224][202][82][362][238][146]: 2132. — Reaktion von tert.-Butylperoxid und tert.-Butylperoxytrimethylsilan mit Tributylbor in Tetrachlorkohlenstoff [384][81]: 2494–500. — Reaktion des Dicyclopentadienylniobdichlorids mit Bis-(triäthylgermyl)-cadmium [82][186][51]: 2547–49. — Einige Reaktionen von Pentafluorphenylhalogeniden des Germaniums und Zinns [36][341][189]: 2706–12. — — Alle Arbeiten russ.

Ž. org. Chim. Radikalreaktionen organischer Peroxydicarbonate, 3: Reaktion von Dicyclohexylperoxydicarbonat mit Dimethylanilin [324][206][122]: **1** ('65) 79–82; ~ 4: Thermische Zersetzung des Diphenylperoxydicarbonats in inaktiven Lösungsmitteln [324][122]: 274–80. — Isomerisierung einiger substituierter Olefinoxide unter der Einwirkung von Hydroxylradikalen [90][215]: 1567–70. — Durch Lewis-Säuren katalysierte Reaktionen von Peroxiden, 1: Reaktion von Bis-(cyclohexyloxycarbonyl)-peroxid mit aromatischen Verbindungen [132][39]: 1927–33; ~ 2: Reaktionen einiger Acylperoxide mit Toluol unter dem Einfluß von Bortrifluorid und seiner Verbindungen [132][39]: **2** ('66) 1372–77; ~ 3: Alkylsauerstoff-Heterolyse von Di-tert.-butylperoxid und einem Hydroperoxid [132]: **3** ('67) 993–98. — Chlorierung von Olefinoxiden durch tert.-Butylhypochlorit [90][330]: **1** ('65) 2128–31. — Oxydation von Aluminiumalkanolaten [309]: 2244. — Reaktion von Hydroxylradikalen mit 1,2-substituierten Epoxiden [90][215]: **2** ('66) 256–58. — Perbenzoylalkyl(aryl)-carbonate, 4: Thermische Zersetzungsreaktion des Perbenzoylmethylcarbonats in Tetrachlorkohlenstoff und Chloroform [81][308]: 857–62; ~ 5: Reaktionen des Perbenzoylcyclohexylcarbonats mit Tetrachlorkohlenstoff und Chloroform [81][216][308]: **3** ('67) 1602–04; Peracylalkyl(aryl)-carbonate, 6: Synthese und einige Reaktionen des Peracetylcyclohexylcarbonats [308][81][107]: **4** ('68) 1030–36; ~ 8: Reaktionen einiger Alkoxyradikale mit Tetrachlorkohlenstoff [308][81]: **6** ('70) 237–40. — Percarbonate mit

Bitte Anmerkung auf Seite 4201 beachten!

dreigliedrigem Heterocyclus [90)][330)]: **2** ('66) 973–78. — Oxydation des 2,6-Di-tert.-butyl-4-methylphenols in Gegenwart eines Kupferpyridinkomplexes als Katalysator [109)][335)][61)]: 1233–36. — Reaktionen einiger gesättigter einbasischer Säuren mit Wasserstoffperoxid bei UV-Bestrahlung [316)][39)][345)]: 2007–11. — Reaktion von Alkenoxiden mit Hydroxylradikalen [90)][32)]: 2041–45. — Reaktion von 1,1-Diphenyläthylhydroperoxid mit Benzoylisocyanat und Phenylisocyanat [173)][18)]: **4** ('68) 73–75. — Chloralkylierung von tert.-Butylhydroperoxid [81)][351)]: 1302f. — Einige Reaktionen von α-Chloräthyl-tert.-butylperoxid mit magnesiumorganischen Verbindungen [81)][351)]: **6** ('70) 657f. — Über die Wanderung siliciumorganischer Substituenten in Phenoxylradikalen [335)][219)][337)][334)]: 980–83. — Reaktionen von α-Chloräthyl-tert.-butylperoxid mit einigen metallorganischen Verbindungen [351)][81)]: **7** ('71) 2484–86. — Reaktionen von α-Chloralkyl-tert.-butylperoxiden mit tertiären Aminen [351)][81)]: **8** ('72) 552–55. — Synthese und Eigenschaften polymerer Peroxide der Phenylester von Acrylsäuren [39)][19)]: 1601–08. — Zum 250. Jahrestag der Akademie der Wissenschaften der UdSSR. Die Rolle der Akademie der Wissenschaften bei der Entwicklung der organischen Chemie und Technologie [15)]: **10** ('74) 897–907. — Darstellung sterisch behinderter Phenole mit Trialkylgermylsubstituenten. Die ersten germaniumhaltigen Aroxyle [335)][234)][219)][144)][337)]: 2257–62. — Die thermische Zersetzung von Diphenylperoxydicarbonat in Isopropanol, in Tetrachlorkohlenstoff und in ihrem Gemisch [324)][321)][144)]: **13** ('77) 1879–82. — — Alle Arbeiten russ.

Ž. prikl. Chim. Die Oxydation des Arsentrioxids durch den Sauerstoff der Luft bei hohen Temperaturen [194)]: **5** ('32) 25–30 [russ.]. — Die Oxydation von Arsensulfid durch Luftsauerstoff in alkalischem Medium unter Druck bei hoher Temperatur [194)][187)]: **6** ('33) 206–19 [~]. — Oxyderivate des 10-Alkyl-(Aryl)-9,10-dihydrophenarsazins [194)]: 669–76 [~].

Ž. strukturnoj Chim. Struktur der protonierten Tetraphenylhydrazin-Ionenradikale [1)][241)]: **5** ('64) 307–09 [russ.].

Ž. vses. chim. Obšč. im. Mendeleeva Chlorierung von Pivalinaldehyd [305)]: **5** ('60) 596f. — Reaktionen von Hexaäthyldistannan mit organischen Halogenderivaten [341)][78)][245)]: 707. — Zersetzung von Dicyclohexyldiperoxycarbonat in Lösung in Gegenwart einiger Metalle und Metallsalze [324)]: **6** ('61) 473f. — Darstellung von zyklischen Alkenthiocarbonaten [90)][114)]: 588f. — Freie Radikale in Reaktionen metallorganischer Verbindungen: **7** ('62) 325–31. — Darstellung von Methylquecksilbersalzen [174)][197)]: 594. — Bildung des Furanringes bei der katalytischen Dehydrierung von 2-Cyclohexylidencyclohexanon [319)][95)][360)]: **9** ('64) 593f. — Reaktionen von Alkoxyradikalen in der flüssigen Phase [324)][81)]: **11** ('66) 202–07. — — Alle Arbeiten russ.

Mit: 1) G. A. Abakumov; 2) L. G. Abakumova; 3) A. A. Abramova; 4) A. A. Alad'in; 5) Ju. A. Aleksandrov; 6) L. V. Aleksandrova; 7) A. K. An; 8) V. S. Andreevičev; 9) N. V. Anfilov; 10) G. I. Anikanova; 11) E. A. Archangel'skaja (= 91)); 12) S. E. Arkina; 13) A. G. Artem'ev; 14) A. N. Artemov; 15) A. Ja. Averbuch; 16) I. F. Bagaev; 17) P. Ja. Bajuškin; 18) N. V. Balukova; 19) R. A. Barabašina; 20) Ju. Ju. Baryšnikov; 21) T. A. Basalgina; 22) V. V. Bašilov; 23) G. V. Basova; 24) V. A. Bastrykin; 25) A. P. Batalov; 26) N. N. Baženova; 27) V. A. Bejrechova; 28) V. P. Beketov; 29) M. D. Belova; 30) O. P. Berežanskaja; 31) V. B. Berlina; 32) E. P. Bešenova; 33) L. M. Bobinova; 34) A. M. Bobrova; 35) L. N. Bočkarev; 36) M. N. Bočkarev; 37) G. G. Bočkareva; 38) I. F. Bogdanov; 39) L. S. Boguslavskaja; 40) K. F. Bol'šakova; 41) I. A. Borodavko; 42) D. N. Bort; 43) G. N. Bortnikov; 44) T. N. Brevnova; 45) T. G. Brilkina; 46) G. V. Brovkina; 47) A. L. Bučačenko; 48) Z. I. Bugaeva; 49) G. I. Burlakova; 50) V. K. Bychovskij; 51) V. T. Byčkov; 52) I. V. Bykova; 53) Ju. V. Čečet; 54) N. F. Čerepennikova; 55) V. K. Čerkasov; 56) R. P. Černovskaja; 57) V. V. Česnokov; 58) T. A. Česnokova; 59) G. V. Čevkinova; 60) V. K. Chamylov; 61) M. L. Chidekel'; 62) L. V. Chochlova; 63) S. Ja. Choršev; 64) V. P. Chripunov; 65) V. I. Chruleva; 66) A. P. Chrušč; 67) I. L. Chržanovskaja; 68) R. Ja. Chvilivickij; 69) B. M. Cigin; 70) A. L. Čimiškjan; 71) I. Cinker; 72) V. A. Čudakova; 73) Ju. D. Cvetkov; 74) N. E. Cyganaš; 75) L. M. Degtjareva; 76) O. I. Demin; 77) T. P. Denisova; 78) Ju. I. Dergunov; 79) O. S. D'jačkovskaja; 80) E. P. Dlin; 81) V. A. Dodonov; 82) G. A. Domračev; 83) V. V. Drobotenko; 84) O. N. Družkov; 85) Z. B. Dubova; 86) A. N. Egoročkin; 87) E. A. Emelina; 88) N. L. Ermolaev; 89) V. I. Ermolaev; 90) V. S. Ėtlis; 91) E. A. Fedorova(-Archangel'skaja) (= 11)); 92) G. T. Fedoseeva; 93) M. S. Fedotov; 94) E. I. Fedotova; 95) K. L. Feller; 96) V. V. Fetjukova; 97) G. N. Figurova; 98) A. I. Filimonov; 99) V. I. Fionov; 100) V. A. Fomin; 101) K. K. Fukin; 102) R. F. Galiulina; 103) A. V. Ganjuškin; 104) E. N. Gladyšev; 105) V. N. Glušakova; 106) D. A. Godina; 107) A. A. Golubev; 108) V. A. Gončarov; 109) L. V. Gorbunova; 110) Ju. P. Gorelov; 111) A. I. Graevskij; 112) B. G. Gribov; 113) I. K. Grigor'eva; 114) L. N. Grobov; 115) N. I. Gur'ev; 116) T. G. Gurikova; 117) T. V. Guseva; 118) A. I. Il'jasova; 119) T. A. Ivanova; 120) V. A. Jablokov; 121) N. V. Jablokova; 122) D. M. Janovskij; 123) Ju. B. Jasman; 124) L. O. Juntila, 125) G. S. Kalinina; 126) R. V. Kalinina; 127) L. I. Kamyšenkova; 128) Ju. A. Kaplin; 129) R. V. Kaplina; 130) T. T. Karabanova; 131) N. V. Karjakin; 132) N. A. Kartašova; 133) B. S. Kaverin; 134) G. B. Kazarinov; 135) A. V. Kessenich; 136) G. A. Kiljakova; 137) V. G. Kiriličeva; 138) A. I. Kirillov; 139) N. I. Kirillov; 140) A. S. Kirillova; 141) P. A. Kirpičnikov; 142) I. G. Kiseleva; 143) A. A. Klimov; 144) E. S. Klimov; 145) K. G. Kočetichina; 146) N. S. Kočetkova; 147) L. S. Kočneva; 148) L. M. Kogan; 149) A. A. Kokšarova; 150) G. A. Kolpovskaja; 151) N. F. Kononov; 152) N. A. Kopylova; 153) S. P. Korneva; 154) M. N. Koroleva; 155) I. A. Koršunov; 156) M. M. Koton; 157) N. V. Kovaleva; 158) E. V. Krasil'nikova; 159) Ju. N. Krasnov; 160) A. L. Kravčenko; 161) O. A. Kruglaja(-Ščepetkova) (= 276)); 162) A. G. Kronman; 163) —; 164) L. F. Kudrjavcev; 165) V. I. Kulemin; 166) N. A. Kul'vinskaja, 167) L. N. Kurganova; 168) G. L. Kutergina; 169) A. P. Kut'in; 170) V. A. Kuznecov; 171) A. A. Kvasov; 172) —; 173) N. M. Lapšin; 174) V. N. Latjaeva; 175) A. Ja. Lazaris; 176) O. L. Lebedev; 177) V. P. Lebedev; 178) M. R. Leonov; 179) A. F. Lepaev; 180) N. V. Lichovidova; 181) V. R. Lichterov; 182) A. N. Lineva; 183) O. V. Linzina; 184) N. Š. Ljapina; 185) A. V.

Bitte Anmerkung auf Seite 4201 beachten!

Lobanov; 186) I. V. Lomakova; 187) E. V. Lopatina; 188) N. A. Majer; 189) L. P. Majorova; 190) N. P. Makarenko; 191) A. E. Makar'eva; 192) R. A. Makaryčeva; 193) A. V. Mališeva; 194) V. S. Malinovskij; 195) G. Ja. Mal'kova; 196) L. N. Malyšev; 197) A. V. Malyševa; 198) I. P. Malyševa; 199) K. M. Malyševa; 200) Z. N. Mančinova; 201) V. I. Manov-Juvenskij; 202) R. B. Materikova; 203) V. P. Mar'in; 204) L. M. Mazanova; 205) V. V. Mel'nikov; 206) L. N. Michotova; 207) G. P. Mikluchin; 208) K. S. Minsker; 209) E. V. Mitrofanova; 210) V. F. Mironov; 211) V. N. Mjakov; 212) N. V. Moiseeva; 213) Ju. N. Molin; 214) L. N. Mol'kova; 215) E. P. Morozova; 216) B. N. Moryganov; 217) N. A. Mukmeneva; 218) V. A. Muraev; 219) D. V. Muslin; 220) N. I. Mysin; 221) A. I. Nečuev; 222) M. B. Nejman; 223) Ju. Ja. Nel'kenbaum; 224) A. N. Nesmejanov; 225) B. A. Nesterov; 226) G. V. Nesterov; 227) V. I. Nevodčikov; 228) L. A. Nikitina; 229) P. N. Nikolaev; 230) E. I. Novikova; 231) Ju. N. Novotorov; 232) I. E. Ochlopkova; 233) Ju. A. Ol'dekop; 234) Ė. P. Olejnik; 235) N. A. Osanova; 236) Ju. V. Ovčinnikov; 237) A. G. Ovčinnikova; 238) N. P. Palicyn; 239) V. N. Pankratova; 240) A. V. Pavlyčeva; 241) V. A. Pestunovič; 242) A. D. Petrov; 243) G. G. Petuchov; 244) G. P. Petuchov; 245) N. M. Pinčuk; 246) A. Ja. Plotnikov; 247) E. G. Pomeranceva; 248) V. A. Ponomarenko; 249) Z. V. Popova; 250) N. A. Pritula; 251) N. A. Puchnarevič; 252) A. M. Rabinovič; 253) I. B. Rabinovič; 254) N. S. Rabovskaja; 255) O. F. Račkova; 256) S. Ch. Ratušnaja; 257) B. A. Redoškin; 258) A. F. Rekaševa; 259) O. A. Reutov; 260) A. V. Rjabov; 261) S. V. Rykov; 262) A. V. Šabanov; 263) N. N. Šabanova; 264) M. K. Safonova; 265) K. G. Šal'nova; 266) E. M. Samarina; 267) T. P. Samarina; 268) Ju. Ju. Samitov; 269) Ė. P. Sanaeva; 270) Ju. A. Sangalov; 271) E. N. Šapalin; 272) I. Z. Šapiro; 273) V. V. Šarutin; 274) A. V. Savickij; 275) V. Ja. Savukova; 276) O. A. Ščepetkova (= 161)); 277) V. I. Ščerbakov; 278) V. V. Ščerbinin; 279) E. A. Ščupak; 280) V. N. Sedel'nikova; 281) V. D. Šeludjakov; 282) Ju. D. Semčikov; 283) G. S. Semčikova; 284) O. Ju. Semenov; 285) V. V. Semenov; 286) A. S. Ševljakov; 287) E. P. Silkovskaja; 288) A. P. Sineokov; 289) N. I. Sirotkin; 290) V. E. Šklover; 291) S. E. Skobeleva; 292) T. A. Sladkova; 293) I. A. Šlapnikova; 294) V. S. Šmarlin; 295) A. V. Smetanin; 296) A. N. Smirnov; 297) L. A. Smirnova; 298) L. I. Smirnova; 299) Z. S. Smoljan; 300) V. S. Sokolov; 301) V. I. Sokolov; 302) V. A. Sokolova; 303) A. I. Sorokin; 304) Ju. A. Sorokin; 305) I. F. Spasskaja; 306) N. N. Spiridonova; 307) B. P. Štarkman; 308) T. I. Starostina; 309) L. P. Stepovik; 310) V. A. Stepuškina; 311) Ju. T. Stručkov; 312) L. V. Stupen'; 313) B. R. Šub; 314) M. A. Šubenko; 315) N. P. Šulaev; 316) V. E. Šurygin; 317) V. A. Šušunov; 318) O. N. Suvorova; 319) S. V. Svetozarskij; 320) S. S. Svireževa; 321) V. N. Tarunina; 322) V. I. Tel'noj; 323) I. A. Teplova; 324) L. M. Terman; 325) V. D. Tichonov; 326) N. V. Tichova; 327) S. Ja. Timošenko; 328) V. A. Titov; 329) S. N. Titova; 330) N. N. Trofimov; 331) L. S. Troickaja; 332) B. B. Troickij; 333) V. M. Tverdova; 334) S. N. Uspenskaja; 335) N. S. Vasilejskaja; 336) G. A. Vasil'eva; 337) N. N. Vavilina; 338) L. V. Verižnikov; 339) L. I. Vertjulina; 340) L. N. Vertjulina; 341) N. S. Vjazankin; 342) V. V. Voevodskij; 343) V. A. Vojtovič; 344) A. S. Volkova; 345) Z. P. Volkova; 346) N. A. Vorob'eva; 347) G. A. Voskobojnik; 348) O. N. Vylegžanina; 349) L. I. Vyšinskaja; 350) N. N. Vyšinskij; 351) S. N. Zaburdjaeva; 352) V. N. Zacharova; 353) N. A. Zadorožnyj; 354) T. N. Zajčenko; 355) B. G. Zateev; 356) T. B. Zavarova; 357) V. I. Zegel'man; 358) S. V. Zelenev; 359) V. S. Zemcova; 360) E. N. Zil'berman; 361) S. F. Žil'cov; 362) V. D. Zinov'ev; 363) T. I. Zinov'eva; 364) S. S. Zislina; 365) B. M. Zolotarev; 366) G. Ja. Zueva; 367) A. E. Žurov; 368) V. L. Zvezdin; 369) V. I. Birjukov; 370) V. V. Karpov; 371) B. K. Nefedov; 372) O. A. Kolmakov; 373) L. A. Savel'ev; 374) A. V. Gorelik; 375) G. S. Volkov; 376) Ju. A. Andrianov; 377) A. A. Baulin; 378) V. A. Carapkin; 379) S. S. Ivančev; 380) A. P. Kosina; 381) N. I. Kostrikov; 382) N. V. Kuznecova; 383) S. A. Lebedev; 384) M. A. Lopatin.

Bitte Anmerkung auf Seite 4201 beachten!

VI **READ,** John. Chem. — 1923–63 Prof. and Dir. of Chem. Research Labor., United College of St. Salvator and St. Leonard, Univ. of St. Andrews, Scotl.; '35 Sc.D., Univ. of Cambridge; '48 Pres., Chem. Sect. of the Brit. Assoc. for the Advancem. of Sci. — '49 Premio Europeo-Cortina (Cortina, Ital.); '59 Dexter Award in History of Chem. (Amer. Chem. Soc.). (⊠)
*1884, Febr. 17, Maiden Newton, Dorset; †1963, Jan. 21, St. Andrews, Scotl.

Zur Biogr. Nature [London] **166** ('50) 15.

Zum 65. Geb.tag R. E. Oesper, J. chem. Educat. **26** ('49) 172f. — British Sci. News **3** ('49) Nr. 25, 1f.

Nekr. I. G. M. Campbell, K. R. Webb, Chemistry and Industry **1963**, 829f. (m. Bildn.). — E. L. Hirst, Biographical Mem. Fellows roy. Soc. **9** ('63) 237–60 (m. Bildn., Faks., Schr.verz.); Chemistry and Industry **1963**, 829; Nature [London] **198** ('63) 336f.; Proc. chem. Soc., London **1963**, 353–55.

S. Chemical Society, London. A record of the centenary celebrations 1947 (London '48) 54–64: Chemical personalities a century ago. — An eighteenth century lectureship in chemistry; essays and bicentenary addresses relating to the Chemistry Department of Glasgow University (A. Kent) (Glasgow '50) (Glasgow University publications, 82): Joseph Black, M. D.: the teacher and the man (78 S.).

W. Belinda's ups and downs. A Westcountry comedy in one act. (A Somerset dialect play) (Wincanton, Somerset '34) 30 S. — A textbook of organic chemistry. Historical, structural and economic [2](London '35) 14+703 S.; [3]('43), Neudruck: ('48); (m. F. D. Gunstone) [4]('58) 12+610 S. — A chapter in the chemistry of essential oils (London '36) 34 S. (Institute of Chemistry of Great Britain and Ireland, Streatfield memorial lecture, 19). — Prelude to chemistry; an outline of alchemy, its literature and relationships (London '36, New York '37) 24+327 S.; (London '39); (Cambridge, Mass. '66) 24+327 S. (The M.I.T. paperback series, 57). — Historic St. Andrews and its university (St. Andrews '39) 30 S.; (Edinburgh–London '41) 26 S. (Britain and its people, 14); ^{2}(St. Andrews '45); ^{3}('46); ^{4}('47); ^{5}('55) 31 S. — Handbook of the United College, University of St. Andrews (St. Andrews '40) 30 S., . . ., ^{3}('48) 30 S. — Explosives (Harmondsworth–New York '42) 159 S. (Pelican books, 100); (Melbourne '43) 159 S.; span.: Explosivos (Buenos Aires '47) 183 S. (Colección Pingüino, T[ecnica] 4). — A direct entry to organic chemistry (London '43) 13+268 S.; ('48); ('53); ('54); (New York '60); (London '61) 268 S.; deutsch: Organische Chemie, Grundlagen und Anwendungen (Stuttgart '50) 191 S. (CES-Bücherei, 41); italien.: Che cos'è la chimica organica (Milano '52) 273 S. (Avventure del pensiero, 83). — The alchemist in life, literature and art (London–Toronto–New York '47) 12+100 S. — Humour and humanism in chemistry (London '47) 23+388 S.; (New York '53); span.: Humor y humanismo en la química (Madrid '53) 20+322 S. — Farmer's joy (Edinburgh–London '49) 9+274 S. — Through alchemy to chemistry; a procession of ideas and personalities (New York–Toronto '56, London '57) 17+206 S.; (London '61), (London–New York '63) 206 S.; französ.: De l'alchimie à la chimie (Paris '59) 285 S.; span.: Por la alquimia a la química; procesión de ideas y de personalidades (Madrid '60) 20+190 S.; italien.: Dall'alchimia alla chimica (Milano '60) 270 S. (Panorami scientifici, 26). — An introduction to organic chemistry. Neuaufl. (London '47).

Aberdeen Univ. Studies William Davidson of Aberdeen: the first British professor of chemistry (Tercentenary memorial lecture): Nr. **129** ('51) 32 S.

Advancement Sci. Specialization and culture in chemistry: **5** ('48) 175–83. — Alchemy and alchemists: **9** ('52) 25–30.

Ambix Alchemy under James IV of Scotland: **2** ('38) 60–67. — William Davidson of Aberdeen: **9** ('61) 70–101.

Archives int. Hist. Sci. William Davidson, first professor of chemistry at the Jardin du Roi (1648): 4 ('51) 660–66.

Ber. dtsch. chem. Ges. Die Darstellung von N-Methyl-menthylaminen usw. mittels einer neuen N-Alkylierungsmethode [6]): **71** ('38) 2544–52.

British Sci. News Piperiton 1788–1933: **2** ('47/48) Nr. 13, 2–7. — A modern contribution to Pasteur's first method of optical resolution: **3** ('49/50) 128–.

Chemist and Druggist Alchemy in Scotland: **128** ('38) 742–45.

Chemistry and Industry Alchemy and alchemists: **51** ('32) 1030f. — An old balance: **54** ('35) 1028.

Chymia [Philadelphia] Scottish alchemy in the seventeenth century: **1** ('48) 139–51.

Endeavour Vignette of a master and his masterpiece: **1** ('42) 36f. — Chemistry of the Australian bush: **3** ('44) 47–56. — Teniers' "Alchemists": **4** ('45) 94–.

Farmaco [Pavia] Ricerche sulla chimica della flora Australiana: **6** ('51) 352–66.

J. chem. Educat. Science, literature and human thought (Dexter Award address): **37** ('60) 110–.

J. chem. Soc., London The complete optical resolution of chloroiodomethanesulphonic acid [11]): **1932**, 2723–27. — Researches in the menthone series, 10: The complete optical resolution of DL-neomenthol by means of L-menthol [5]): **1933**, 167–70; ~ 11: Diagnosis and characterisation of stereoisomeric menthols [5])[10]): 170–73; ~ 12: Isolation and characterisation of the neoisomenthols [5]): **1934**, 313–17; ~ 13: The relative molecular configurations of the menthols and menthylamines [5]): 1779–83; ~ 14: DL-1-Hydroxymenthone, DL-menthane-1,3-diols, and DL-Δ^{6}-neomenthen-3-ol [17]): **1937**, 237f.; ~ 15: L-trans-Δ^{4}-Menthen-3-ol [10]): **1939**, 1037–40; ~ 16: D-Neoisopulegol [16]): 1306–09; ~ 17: Configurations of menthols and menthylamines [12]): **1952**, 153–58; ~ 18: Pyrolysis of (—)menthyl acetate [12]): 2067–69. — Researches in the carvone series, 1: Some ketones and amines [8]): **1934**, 226–33; ~ 2: Some unsaturated alcohols [8]): 233–37; ~ 3: Carvomenthols, L-isocarvomenthone, and L-isocarvomenthylamine [8]): **1935**, 1138–43; ~ 4: Optically active carvotanacetol and carvotanacetylamines [17]): **1937**, 239–42; ~ 5: Configurations of carvomenthones and carvomenthylamines and their steric relation to menthones [12]): **1952**, 159–61. — The catalytic hydrogenation of diosphenol [18]): **1934**, 238–42. — D-$\Delta^{3,8(9)}$-p-Menthadiene from D-pulegone [5]): 242f. — Piperitone, 12: The two varieties of piperitol [18]): 308–13; ~ 13: The polymorphism of benzylidene-DL-piperitone and some analogues [3])[13]): **1936**, 1598–600. — New methods in stereochemistry, 1: A new method for preparing pure D- and L-borneol [1]): **1934**, 1773–75; ~ 2: New ways of resolving DL-menthol [1]): 1775–79; ~ 3: Some new optically active reagents for ketones and aldehydes [4]): **1936**, 1222–25. — The optically active diphenylhydroxyethylamines and isohydrobenzoins, 6: The di-o-methoxyphenylhydroxyethylamines and related substances [19]): **1935**, 1120–23; ~ 7: The 1,2-cyclohexanediols and related compounds [19]): 1269–73. — The different reaction velocities of enantiomers with a common optically reagent, 1: Some new reactions of D- and L-camphor-10-sulphonylchlorides [4]): **1936**, 1219–22; ~ 2: Reactions between stereoisomeric menthols and menthyl isocyanates [14]): **1952**, 812–16. — Researches on phellandrenes, 3: The correlation of L-α-phellandrene with L-4-isopropyl-Δ^{2}-cyclohexen-1-one [4])[3]): **1936**, 1595–97; ~ 4: A comparison of the catalytic dehydrogenation of L-α-phellandrene and L-piperitone [3]): 1781–83. — Researches in the thujone series,

Bitte Anmerkung auf Seite 4201 beachten!

1: The thujones and some thujyl alcohols and thujylamines [16]): **1938**, 2016–21; ~ 2: The catalytic hydrogenation of D-sabinol [16]): **1939**, 1040–45; ~ 3: A contribution to the chemistry of Sabina ketone [16]): 1415–18. — George J. Robertson†: **1940**, 104f. — James Colquhoun Irvine, 1877–1952: **1954**, 476–91.

J. Pharm. and Pharmacol. Some steps in the development of stereochemistry: **5** ('53) 1–17.

J. roy. Inst. Chem. Schools of chemistry in Great Britain and Ireland, 1: The United College of St. Salvator and St. Leonard in the University of St. Andrews: **77** ('53) 8–.

J. roy. Soc. Arts Chemistry as an instrument of culture (4th Pope memorial lecture): **98** ('50) 686–98.

J. Soc. chem. Industry The reduction of ketones by lithium aluminium hydride [9]): **72** ('53) 436.

J. Soc. chem. Industry, Trans. A method for the production of synthetic L-menthol and D-menthol [5]): **51** ('32) 329–32. — The preparation of pure D-neomenthol from L-menthol [5]): **53** ('34) 52f. — Some new experiments on the optical resolution of externally compensated alcohols [18]): 53f. — A study of catalytic dehydrogenation in the dibenzyl series [3]): **55** ('36) 347–49.

Memoirs and Proc. Manchester lit. and philos. Soc. Alchemy: Instrument of culture: **104**.1961/62 ('62) 14–20.

Nature [London] John Mayow's place in chemistry: **129** ('32) 157f. — Humour and humanism in Baeyer's laboratory: **131** ('33) 294f. — Sir David Orme Masson†: **140** ('37) 534–36. — [Note to:] Social relations of science: **141** ('38) 741. — The Pope collection of alchemical paintings and engravings: **147** ('41) 243. — Chemistry in Ireland: **148** ('41) 633. — Czechoslovak medical students at Oxford: **151** ('43) 366. — W. A. Knight†: **163** ('49) 713. — St. Salvator's College, St. Andrews: Quincentenary celebration: **166** ('50) 541f. — Alchemy and alchemists: **168** ('51) 759–62. — Alchemy and art: **169** ('52) 479–81. — F. T. Brooks†: 606f. — Sir James Irvine†: **170** ('52) 13f. — Tadeusz Estreicher†: 184f. — Natural origin of optically active substances and optical resolution by symmetric agents: **171** ('53) 843f. — H. E. Fierz-David†: **172** ('53) 523. — Fluorine in the human skeleton: 1156.

Obituary Notices Fellows roy. Soc. London Alexander McKenzie† [15]): **8** ('52/53) 207–23. — J. C. Irvine (1877–1952): 459–85.

Proc. chem. Soc., London Alchemy and literature: **1957**, 138–43. — Alchemy and art: **1958**, 162–66. — James Younger MacDonald†: **1961**, 179f.

Proc. roy. Instn. Great Britain A musical alchemist: **29**.1935/37 ('37) 57–64. — Alchemy and art: **35** ('53) 286–92.

Bitte Anmerkung auf Seite 4201 beachten!

Recueil Trav. chim. Pays-Bas N-Methylated menthylamines and piperitylamines [2]): **69** ('50) 539–44.

St. Andrews Univ. Publ. Men of science: the chemists: **48** ('50) 95 S.

Scientia Michael Scot: A Scottish pioneer of science: **64** ('38) 190–97 [französ.: Suppl., 96–102]. — A chemist looks at Chaucer: **80** ('46) 53–.

Tetrahedron, Suppl. The life and the work of Perkin: **1** ('58) 1–32.

Mit: [1]) J. Clark; [2]) W. W. Cuthbertson; [3]) J. Dewar; [4]) A. S. Galloway; [5]) W. J. Grubb; [6]) J. A. Hendry; [7]) —; [8]) R. G. Johnston; [9]) D. Lloyd; [10]) D. Malcolm; [11]) A. M. McMath; [12]) N. L. McNiven; [13]) D. R. Morrison; [14]) D. S. P. Roebuck; [15]) R. Roger; [16]) A. G. Short; [17]) G. Swann; [18]) J. Walker; [19]) N. A. B. Wilson.

VI **REBINDER** (Rehbinder), Petr Aleksandrovič. Physik, Chem. (physik.). — Stud. 1917–21 Univ. Rostov-na-Donu, '22–24 Staatsuniv. Moskva; '20–22 Mittelschullehrer f. Physik u. Chem., Kislovodsk u. Pjatigorsk; '22 Lehrer an d. Arbeiterfakultät, Bergakad. Moskva; '22–32 wiss. Mitarbeiter, dann leitender Physiker d. Labor. f. Molekularphysik im Inst. f. Physik u. Biophysik, '34–37 Gründer u. Leiter d. Labor. f. Molekularphysik am Physikal. Inst., '35–72 Gründer u. Leiter d. Abteilg. f. disperse Systeme am Kolloid-Elektrochem. Inst. → ('45) Inst. f. Physikal. Chem., '59–63 Leiter d. Polymeren-Abteilg. u. d. Labor. f. Strukturbildg. in Polymeren u. ihren Lösungen am Inst. f. Physikal. Chem., Akad. Wiss. UdSSR, Moskva; '23–26 Lehrer, '26–29 Doz., '29–41 Prof. u. Leiter d. Forschungslabor. f. Molekularphysik, '30–41 Leiter d. Lehrstuhls f. physikal. Chem., Staatl. Pädagog. Inst. "K. Liebknecht", Moskva; '29–35 wiss. Berater, '32–35 Leiter d. Labor. f. physikal. Chem. disperser Systeme, Inst. f. angew. Mineral. u. Buntmetallurgie, zugleich Leiter d. Labor. f. physikal. Chem. d. Oberflächenerscheinungen u. d. Flotationstheorie, Zentrales Staatl. Buntmetall-Forschungsinst., Moskva; '30–37 Prof., Inst. f. Buntmetalle u. Gold, Moskva; '34 Dr. d. physikal.-math. Wiss., '35 Dr. d. chem. Wiss.; '40–41 Prof. u. Leiter d. Lehrstuhls f. physikal. Chem., Chem.-Technol. Inst. "D. I. Mendeleev", Moskva; '41–44 Prof. Kolloidchem., Staatsuniv. Kazan'; '42–72 Prof. u. Leiter d. Lehrstuhls f. Kolloidchem., Staatsuniv. Moskva; '44–48 Prof., Technol. Inst. f. d. Nahrungsmittelind., Moskva; '58–

62 Vorsitzender d. Ständ. Kommiss. f. synthet. oberflächenaktive Stoffe, Staatl. wiss.-techn. Komitee b. Ministerrat d. UdSSR; '59–72 Vorsitzender d. Komitees f. physikal. u. Kolloidchem., Wiss. Ingenieur-Techn. Unionsges. f. Nahrungsmittelind.; '62–72 Vorsitzender d. physikal.-chem. Sekt. u. des Rates, Haus d. Wissenschaftler, Moskva; Mitglied bzw. Vorsitzender zahlreicher weiterer wiss. Kommissionen. — '65 Dr. rer. nat. h.c. (Bergakad. Freiberg); '70 Dr. rer. nat. h.c. (Univ. Budapest). — '42 Staatspreis II. Kl., '54, '68 Lenin-Orden, '58 Rotbannerorden, '68 Ehrentitel "Held d. sozialist. Arbeit", '68 Goldmedaille "Sichel und Hammer", '70 Jubiläumsmedaille "Für heldenhafte Arbeit" anläßl. d. 100. Geburtstages V. I. Lenins (UdSSR); '53 A. N. Bach-Preis, '55 Akademie-Preis (Akad. Wiss. UdSSR). (☒)

*1898, Okt. 3 (Sept. 21), Petersburg;
†1972, Juli 12, Moskva.

Entdeckung '28 Festigkeitsverminderung von Festkörpern bei Adsorption von Gasen oder Flüssigkeiten (Re(h)binder-Effekt).

Zur Biogr. L. Iochved, Kommunističeskaja Molodež' **1933**, Nr. 2, 66–71 (m. Bildn.). — M. Kruglyc'kyj in: Nauka i kul'tura. Ukraïna 1968 [Wissenschaft und Kultur. Die Ukraine 1968] (Kyïv '68) 160–63: Die Wissenschaft des Akademiemitglieds Rebinder [ukrain.] (m. Bildn.). — A. B. Taubman, Usp. Chim. **12** ('43) Nr. 1, 3–9 (m. Bildn. u. Schr.verz.-Auswahl 37 Nrn.). — Vestn. Akad. Nauk SSSR **1947**, Nr. 1, S. 93 (m. Bildn.); **1968**, Nr. 12, 125f. (m. Bildn.). — Znanie - Sila **1947**, Nr. 3, S. 1 (m. Bildn.).

Zum 50. Geb.tag M. P. Volarovič, B. Ja. Jampol'skij, Kolloidnyj Ž. **11** ('49) 127f. (m. Bildn.). — Vestn. Akad. Nauk SSSR **1949**, Nr. 3, 83f.

Zum 60. Geb.tag Festband: Dejaki pytannja fizyko-chimičnoï mechaniky metaliv [Einige Fragen der physikalisch-chemischen Mechanik der Metalle] (Kyïv '58) 144 S. — O. P. Mtschedlow-Petrossian, Silikat-Technik **9** ('58) 479 (m. Bildn.). — A. B. Taubman, Ž. fizič. Chim. **32** ('58) 2467–69 (m. Bildn.). — Izvest. Akad. Nauk SSSR, Otdel. chim. Nauk **1958**, 1 S. vor S. 1285 (m. Bildn.). — Die Arbeiten P. A. Rebinders und seiner Schule auf dem Gebiet der Wissenschaft von den Oberflächenerscheinungen in dispersen Systemen und der physikalisch-chemischen Mechanik: Kolloidnyj Ž. **20** ('58) 515–26 [russ.] (m. Bildn. u. Schr.verz.-Auswahl 43 Nrn.). — Maslobojno-žirovaja Promyšl. **1958**, Nr. 12, S. 42 (m. Bildn.). — Vestn. Akad. Nauk SSSR **1959**, Nr. 3, S. 114.

Zum 70. Geb.tag E. Ščukin, Ogonek **1968**, Nr. 41, S. 20 (m. Bildn.). — A. B. Taubman, Ž. fizič. Chim. **42** ('68) 3002f. (m. Bildn.). — Fizika i Chim. Obrabotki Materialov **1968**, Nr. 5, 3–6 (m. Bildn.). — Fizika v Škole **1968**, Nr. 5, 23–27 (m. Bildn.). — Fiziko-chim. Mech. Materialov **4** ('68) 499–501 (m. Bildn.). — Inženerno-fizič. Ž. **15** ('68) 731–33 (m. Bildn.). — Izvest. Akad. Nauk SSSR, Neorg. Mater. **4** ('68) 1 S. vor S. 1833 (m. Bildn.). — Izvest. Akad. Nauk SSSR, Ser. chim. **1968**, Nr. 10, 2179 (m. Bildn.). — Kolloidnyj Ž. **30** ('68) 635–43 (m. Bildn. u. Schr.verz.-Auszug). — Plastičeskie Massy **1968**, Nr. 12, S. 68 (m. Bildn.). — Stroitel'stvo Truboprovodov **1969**, Nr. 2, S. 21 (m. Bildn.). — Uzbekskij chim. Ž. **1968**, Nr. 5, 78f. (m. Bildn.). — Vestn. mosk. Univ., Ser. II **24** ('69) Nr. 1, 106–08 (m. Bildn.).

Nekr. Inženerno-fizič. Ž. **23** ('72) 936f. (m. Bildn.). — Izvest. vysšich učebnych Zavedenij, Krasnodar, Piščevaja Technol. **1972**, Nr. 4, 7f. (m. Bildn.). — Kolloidnyj Ž. **34** ('72) 645 (m. Bildn.). — Vestn. Akad. Nauk SSSR **1972**, Nr. 10, 117f. (m. Bildn.).

Zum 75. Geb.tag Fiziko-chim. Mech. Materialov **9** ('73) Nr. 6, 3f. — Kolloidnyj Ž. **35** ('73) 823–27 (m. Bildn.).

Zur Biobibliogr. K. F. Žigač, A. B. Taubman, O. V. Isakova, Petr Aleksandrovič Rebinder (Moskva '58) 123 S. (m. Bildn. u. Faks.) (Materialy k biobibliografii učenych SSSR, Serija chim. nauk, 27); 2. Aufl. von A. B. Taubman, R. I. Kuz'menko, I. A. Machrova ²('71) 184 S. (m. Bildn. u. Faks.) (~ 45).

H. (Redakt.) A. B. Taubman, Rukovodstvo k laboratornym zanjatijam po fiziko-chimii kolloidov i teorii flotacii [Leitfaden für Laboratoriumsübungen zur physikalischen Chemie der Kolloide und zur Theorie der Flotation] (Moskva–Leningrad '32); darin eig. Beitr. 5f.: Einleitung [russ.]. (Redakt.) Issledovanija po fiziko-chimii techničeskich suspenzij [Untersuchungen zur physikalischen Chemie technischer Suspensionen] (Moskva '33) darin eig. Beiträge 5f.: Einleitung [russ.]; 7–59: Untersuchungen über die angewandte physikalische Chemie der Suspensionen [~]; 131–43: Methoden der Untersuchung von Stabilisatoren (Emulgatoren, Schutzkolloiden); kolloid-physikalische Eigenschaften von Alizarinrot [~] [198]); 144–61: Physikalisch-chemische Grundlagen der mechanischen Dispergierung (Mahl-, Bohr-, Schleif- und Schneidprozesse) (Verminderung der Härte unter dem Einfluß von Adsorptionsschichten grenzflächenaktiver Stoffe) [~] [88]). — (Redakt.) Fiziko-chimija mojuščego dejstvija. Sbornik naučno-issledovatel'skich rabot Sektora mojuščich sredstv VNIIŽa [Physikalische Chemie der Waschwirkung. Sammlung von Forschungsarbeiten der Waschmittel-Abteilung des Unions-Forschungsinstituts für Fette] (Moskva–Leningrad '35); darin eig. Beiträge 3f.: Vorwort [russ.]; 5–34: Physikalisch-chemische Grundlagen der Wissenschaft von der Waschwirkung [~]. — (Redakt.) Issledovanija v oblasti prikladnoj fiziko-chimii poverchnostnych javlenij; issledovanija po teorii flotacii; poverchnostnye javlenija v obrabotke metallov i splavov; fiziko-chimija burenija i droblenija (izmel'čenija) [Untersuchungen auf dem Gebiet der angewandten physikalischen Chemie der Oberflächenerscheinungen; Untersuchungen über die Theorie der Flotation; Oberflächenerscheinungen bei der Bearbeitung von Metallen und Legierungen; physikalische Chemie des Bohrens und Zerkleinerns (Mahlens)] (Moskva–Leningrad '36) (Osnovnye trudy CGINCVETMETa za pjatiletie 1930–1934, 1); darin eig. Beiträge 7–24: Untersuchungen auf dem Gebiet der angewandten physikalischen Chemie der Oberflächenerscheinungen im Zentralen Forschungsinstitut für Buntmetalle [russ.]; 27–46: Benetzungshysterese bei Flotationsprozessen und die Wirkung auf die Adsorptionsschichten [~] [121])[174]); 193–216: Physikalische Chemie der Schmierung und der Dispersion von Metallen und Legierungen [~] [88]); 225–48: Physikalisch-chemische Grundlagen der Modifizierung von Metallen und Legierungen durch geringe Zusätze oberflächenaktiver Stoffe [~] [122]); 251–68: Der Rehbinder-Effekt (Verminderung der Dispersionsarbeit) in Anwendung auf die Beschleunigung und Erleichterung von Bohrprozessen [~] [88]). — (Redakt.) Ė. L. Lederer, Fiziko-chimičeskie osnovy mylovarenija [Physikalisch-chemische Grundlagen der Seifensiederei] (Moskva–Leningrad '36); darin eig. Beiträge 3f.: Vorwort [russ.]; 184–215: Physikalisch-chemische Grundlagen der Waschwirkung [~]. — (Redakt.) M. M. Kusakov, Metody opredelenija fiziko-chimičeskich charakteristik neftjanych produktov [Methoden zur Bestimmung physikalisch-chemischer Charakteristika von Erdölprodukten] (Moskva–Leningrad '36); darin eig. Beitr. 15f.: Vorwort [russ.]. — (Redakt.) Molekuljarno-poverchnostnye javlenija v processach pečatanija i naučnye osnovy litografii [Molekulare Oberflächenerscheinungen bei Druckprozessen und die wissenschaftlichen Grundlagen der Lithographie] (Moskva '36) (Trudy Naučno-issledovatel'skogo instituta poligrafičeskoj i izdatel'skoj promyšlennosti OGIZa, 4); darin eig. Beiträge 7–15: Die Bedeutung der physikalischen Chemie der Oberflächenerscheinungen in der modernen Technik [russ.]; 17–88: Molekulare Oberflächenerscheinungen bei Druckprozessen und die wissenschaftlichen Grundlagen der Lithographie [~]. — (Redakt.) Fiziko-chimičeskie osnovy processov pečatanija i issledovanija pečatnych krasok [Physikalisch-chemische Grundlagen der Druckprozesse und die Untersuchung von Druckfarben] (Moskva '37) (~ 5), darin eig. Beiträge 3–6: Vorwort [russ.], 7–28: Molekulare Oberflächenerscheinungen bei Ölfarben und Lacken [~]; niederländ.: (Amsterdam '46). — (Redakt.) Sessija po fiziko-chimičeskim problemam obogaščenija i pererabotki rud zvetnych metallov (v Sverdlovsk). Tezisy dokladov [Konferenz über physikalisch-chemische Probleme der Aufbereitung und Verarbeitung von Buntmetallerzen (in Sverdlovsk). Thesen der Vorträge] (Moskva–Leningrad '38). — (Redakt.) P. D. Dankov, Stroenie i svojstva poverchnosti tverdogo tela [Struktur und Eigenschaften der Oberfläche des festen Körpers] (Moskva–Leningrad '40). — (Redakt.) A. I. Curinov, Novoe o glinach i glinistych rastvorach, primenjaemych v burenii na neft' [Neues über Tone und Tonspülungen in Anwendung auf Bohrungen nach Erdöl] (Moskva–Leningrad '40); darin eig. Beiträge 3–5: Vorwort [russ.]; 103–19: Einfluß des Mediums und der Substanzen, die adsorbiert werden, auf die Eigenschaften von Tonspülungen (kolloidale Tonsuspensionen), die durch die üblichen und durch neue Verfahrensweisen hergestellt wurden [~]. — (Redakt.) V. B. Margaritov, Fiziko-chimija kaučuka i reziny [Physikalische Chemie des Kautschuks und des Gummis] (Moskva–Leningrad '41); darin eig. Beitr. 5–7: Vorwort [russ.]. — (Redakt.) Ochlaždajuščie i smazočno-režuščie židkosti. Masla, ėmul'sii i vodnye rastvory, primenjaemye pri obrabotke metallov rezaniem [Kühlflüssigkeiten und Schmierflüssigkeiten für die Zerspanung. Öle, Emulsionen und wäßrige Lösungen in Anwendung auf die Metallbearbeitung durch Zerspanung] (Moskva–Leningrad '41); darin eig. Beitr. 6–10: Vorwort [russ.]. — (Redakt.) L. M. Rozenfel'd, Fiziko-chimija stojkich vozdušno-mechaničeskich pen, primenjaemych v požarotušenii [Physikalische Chemie der stabilen lufthaltigen Schäume in Anwendung auf die Brandbekämpfung] (Moskva–Leningrad '41); darin eig. Beitr. 4f.: Vorwort [russ.]. — (Redakt.) P. S. Prochorov, Ognezaščita derevjannych konstrukcij i sooruženij [Brandschutz für Holzkonstruktionen und Holzbauten] (Moskva–Leningrad '43); darin eig. Beitr. 3f.: Vorwort [russ.]. — (Redakt.) L. A. Šrejner, K. F. Žigač, Burenie spurov s promyvkoj i dobavkami ponizitelej tverdosti [Bohrung von Bohrlöchern mit Spülung unter Zusatz von Festigkeitsverminderern] (Moskva–Leningrad '43). — (Redakt.) N. N. Petrova, R. N. Ošer, Rukovodstvo po vyboru, izgotovleniju i primeneniju smazočno-ochlaždajuščich židkostej dlja cholodnoj obrabotki metallov [Anleitung zur Auswahl, Herstellung und Anwendung von Schmier- und Kühlflüssigkeiten für die Kaltbearbeitung von Metallen] [2](Moskva '44). — (Redakt.) V. P. Tonkošurov u. a., Osnovy chimičeskogo deėmul'girovanija neftej [Grundlagen der chemischen Deemulgierung von Erdölen] (Moskva–Leningrad '46); darin eig. Beitr. 3f.: Vorwort [russ.]. — (Redakt.) S. A. Durov, Fiziko-chimičeskie osnovy penistogo perebrosa kotlovoj vody [Physikalisch-chemische Grundlagen des Überschäumens von Kesselwasser] (Moskva–Leningrad '48); darin eig. Beitr. 3–5: Vorwort [russ.]. — (Redakt.) N. A. Figurovskij, Sedimentometričeskij analiz [Sedimentometrische Analyse] (Moskva–

Bitte Anmerkung auf Seite 4201 beachten!

Leningrad '48). — (Redakt.) L. A. Šrejner, Tverdost' chrupkich tel. Analiz metodov izmerenija i količestvennye škaly tverdosti [Die Härte spröder Körper. Analyse der Meßmethoden und quantitative Härteskalen] (Moskva–Leningrad '49); darin eig. Beitr. 3–5: Vorwort [russ.]. — (Redakt.) V. Klejton, Ėmul'sii, ich teorija i techničeskie primenenija [W. Clayton, The theory of emulsions and their technical treatment] (Moskva '50); darin eig. Beiträge 5–10: Vorwort [russ.]; 11–71: Die heutigen Vorstellungen über die Stabilität, Bildung und Zerstörung von Emulsionen und die Methoden ihrer Untersuchung [~] 171). — (Redakt.) R. N. Ošer, Izgotovlenie i primenenie smazočno-ochlaždajuščich židkostej, ispol'zuemych pri obrabotke metallov rezaniem [Herstellung und Anwendung von Schmier- und Kühlflüssigkeiten bei der spangebenden Bearbeitung von Metallen] (Moskva–Leningrad '50), darin eig. Beitr. 3–5: Vorwort [russ.]; deutsch: (Leipzig '54); 3. Aufl. u.d.T.: Proizvodstvo i primenenie smazočno-ochlaždajuščich židkostej (Moskva '63), darin eig. Beitr. 3f.: Vorwort [russ.]. — (Redakt.) Ju. M. Butt, T. M. Berkovič, Vjažuščie veščestva s poverchnostno-aktivnymi dobavkami [Bindemittel mit oberflächenaktiven Zuschlägen] (Moskva '53); darin eig. Beitr. 6–27: Physikalisch-chemische Grundlagen der Wirkung organischer oberflächenaktiver Zuschläge im Zementbrei, in Mörteln und in Beton [russ.]. — (Redakt.) S. A. Dmitriev, Myla i novye mojuščie sredstva [Seifen und neue Waschmittel] (Moskva '53). — (Redakt.) A. G. Kul'man, Kolloidy v chlebopečenii [Kolloide beim Brotbacken] (Moskva '53); darin eig. Beitr. 3–5: Vorwort [russ.]. — (Redakt.) V. I. Lichtman, Vlijanie sredy na pročnost' metallov [Einfluß des Mediums auf die Widerstandsfähigkeit von Metallen] [Vorlesung] (Moskva '53). — (Redakt.) V. V. Stol'nikov, Vozduchovovlekajuščie dobaki v gidrotechničeskom betone [Luftbindende Zusätze in hydrotechnischem Beton] (Moskva–Leningrad '53); darin eig. Beitr. 3–5: Vorwort [russ.]. — B. V. Osin, Negašenaja izvest' kak novoe vjažuščee veščestvo [Ungelöschter Kalk als neues Bindemittel] (Moskva '54); darin eig. Beitr. 6–12: Einleitung [russ.]. — (Redakt.) G. V. Karpenko, Vlijanie aktivnych židkich sred na vynoslivost' stali [Einfluß aktiver flüssiger Medien auf die Dauerfestigkeit von Stahl] (Kiev '55); darin eig. Beitr. 5f.: Vorwort [russ.]. — (Redakt.) I. I. Artobolevskij, A. P. Bessonov, A. V. Šljachtin, O mašinach vibracionnogo dejstvija [Über Maschinen mit Vibrationswirkung] (Moskva '56). — (Hauptredakt.) Ėlektrokinetičeskie svojstva kapilljarnych sistem. Monografičeskij sbornik ėksperimental'nych issledovanij, vypalnennych pod rukovodstvom I. I. Žukova ego učenikam [Elektrokinetische Eigenschaften von Kapillarsystemen. Sammlung experimenteller Untersuchungen, durchgeführt unter Leitung von I. I. Žukov von seinen Schülern] (Moskva–Leningrad '56); darin eig. Beitr. 5f.: Vorwort [russ.]. — (Redakt.) V. I. Akunov, Sovremennye vibracionnye izmel'čiteli bez meljuščich tel [Moderne Vibrationszerkleinerung ohne Mahlkörper] (Moskva '57); darin eig. Beitr. 3–5: Vorwort [russ.]. — (Redakt.) A. G. Kul'man, Fizičeskaja i kolloidnaja chimija [Physikalische Chemie und Kolloidchemie] [2](Moskva '57); [3]('63). — (Redakt.) M. L. Morgulis, Vibracionnoe izmel'čenie materialov [Zerkleinerung von Materialien durch Vibration] (Moskva '57); darin eig. Beitr. 3–5: Vorwort [russ.]. — (Redakt.) V. Ė. Lejrich, Ju. A. Savvina, Nekotorye issledovanija processov strukturoobrazovanija složnych vjažuščich [Einige Untersuchungen von Prozessen der Strukturbildung bei zusammengesetzten Bindemitteln] (Moskva '59). — (Redakt.) V. Ė. Lejrich, Ju. A. Savvina, Nekotorye svojstva steklovidnoj fazy portland-cementnogo klinkera [Einige Eigenschaften der glasartigen Phase von Portlandzementklinker] (Moskva '59). — (Redakt.) VIII Mendeleevskij s-ezd po obščej i prikladnoj chimii. Referaty dokladov i soobščenij [VIII. Mendeleev-Kongreß für allgemeine und angewandte Chemie. Referate der Vorträge und Mitteilungen], 5: Sekcija kolloidnoj chimii [Sektion Kolloidchemie] (Moskva '59); darin eig. Beiträge 87–89: Grundlegende Probleme der physikalisch-chemischen Mechanik disperser und hochmolekularer Strukturen [russ.]; 90f.: Physikalisch-chemische Grundlagen der Steuerung der Strukturen und der mechanischen Eigenschaften von Tonen und tonigen Gesteinen [~] 198). — (Redakt.) S. Ja. Vejler, V. I. Lichtman, Dejstvie smazok pri obrabotke metallov davleniem [Die Wirkung von Schmiermitteln bei der Druckverformung von Metallen] (Moskva '60); darin eig. Beitr. S. 3: Vorwort [russ.]. — (Redakt.) S. A. Rejtlinger, Ju. V. Čechovskij, Mechanizmy perenosa gazov i židkostej čerez beton i metody issledovanija struktury por betona [Mechanismus des Durchgangs von Gasen und Flüssigkeiten durch Beton und Methoden der Untersuchung der Porenstruktur des Betons] (Moskva '61). — (Redakt.) G. A. Babaljan, I. I. Kravčenko, I. L. Marchasin, G. V. Rudakov, Fiziko-chimičeskie osnovy primenenija poverchnostnoaktivnych veščestv pri razrabotke neftjanych plastov [Physikalisch-chemische Grundlagen der Verwendung oberflächenaktiver Stoffe bei der Ausbeutung erdölführender Schichten] (Moskva '62). — (Redakt.) Issledovanija v oblasti fiziko-chimičeskoj mechaniki dispersij glinistych mineralov (Kiev '65), darin eig. Beitr. 3f.: Vorwort [russ.]; engl.: Investigation of the physico-chemical mechanics of clay mineral dispersions (Jerusalem–New York '67). — (Redakt.) L. A. Kozarovickij, Bumaga i kraska v processe pečatanija (Fiziko-chimičeskie osnovy ich vzaimodejstvija i metody issledovanija technologičeskich svojstv) [Papier und Farbe beim Druckprozeß (Physikalisch-chemische Grundlagen ihrer Wechselwirkung und Methoden der Untersuchung der technologischen Eigenschaften)] (Moskva '65). — (Redakt.) I. G. Šatalova, N. S. Gorbunov, V. I. Lichtman, Fiziko-chimičeskie osnovy vibracionnogo uplotnenija poroškovych materialov (Moskva '65); engl.: Physicochemical principles of vibratory compacting (in: Vibratory compacting; principles and methods (New York '67) = Perspectives in powder metallurgy, 2). — (Hauptredakt.) Fiziko-chimičeskaja mechanika dispersnych struktur. Sbornik statej [Physikalisch-chemische Mechanik disperser Strukturen. Sammlung von Aufsätzen] (Moskva '66); darin eig. Beiträge 3–16: Physikalisch-chemische Mechanik disperser Strukturen [russ.]; 53–59: Einfluß der Temperatur auf die rheologischen Eigenschaften wäßriger Lösungen von Natriumoleat [~] [135])[34]); 199–205: Befestigung von Lehmböden durch Zusätze wasserlöslicher linearer Polymeren (Polyacrylamid) und kationenaktiver Substanzen [~] [216])[198]); 206–11: Prozesse chemischer Wechselwirkung und Strukturbildung durch Kristallisation in konzentrierten Suspensionen, die Calciumhydroxid und Calciumaluminate ($CaO \cdot Al_2O_3$ und 3 $CaO \cdot Al_2O_3$) enthalten [~] [194]) [23])[237]); 212–15: Einfluß von Elektrolyten auf das Hydratationsabbinden von Calciumoxid [~] [97])[194]); 216–19: Räumliche Veränderung beim Abbindeprozeß des Gipshalbhydrats [~] [194])[183]); 281–89: Steuerung der rheologischen Eigenschaften konzentrierter Dispersionen von Zement in Wasser zur Gewinnung der stabilsten Struktur der bindenden Zwischenschicht des Zementsteins [~] [239])[141]). — (Redakt.) O prirode schvatyvanija tverdych tel [Über die Natur des Abbindens fester Körper] (Moskva '68).

MH. (Mitredakt.) Pridanie gruntam vodonepronicaemosti i mechaničeskoj pročnosti [Wie man Böden wasserdicht macht und ihnen mechanisch Festigkeit verleiht] (Moskva–Leningrad '42); darin eig. Beitr. 3f.: Einführung [russ.]; 5f.: Grundlagen der Methoden zur Abdichtung des Bodens gegen Wasser und andere Flüssigkeiten und zur Verleihung mechanischer Bodenfestigkeit [~] [148]). — (Mitredakt.) A. G. Mollot, Instruktivnye ukazanija po primeneniju ponizitelej tverdosti pri burenii špurov na otkrytych gornych razrabotkach [Instruktion für die Anwendung von Festigkeitsverminderern bei der Bohrung von Sprenglöchern in Tagebaubergwerken] (Moskva '50). — (Mitredakt.) G. I. Krasovskaja, L. E. Černenko, S. Ja. Šalyt, Fiziko-chimičeskie osnovy piščevych proizvodstv [Physikalisch-chemische Grundlagen der Nahrungsmittelproduktion] (Moskva '52). — (Hauptredakt.) I. I. Žukov, Izbrannye trudy [Ausgewählte Arbeiten] (Moskva '52); darin eig. Beitr. 3f.: Vorwort [russ.]. — (Mitredakt.) Trudy III Vsesojuznoj konferencii po kolloidnoj chimii [Arbeiten der 3. Unionskonferenz über Kolloidchemie], Minsk 1953 (Moskva '56); darin eig. Beitr. 7–18: Strukturbildung und spontane Dispersion in Suspensionen [russ.]. — (Hauptredakt.) Primenenie poverchnostno-aktivnych veščestv v neftjanoj promyšlennosti. Trudy 1-ogo Vsesojuznogo soveščanija po primeneniju poverchnostno-aktivnych veščestv v neftjanoj promyšlennosti i ich proizvodstvu [Anwendung oberflächenaktiver Stoffe in der Erdölindustrie. Arbeiten der 1. Unionskonferenz über die Anwendung oberflächenaktiver Stoffe in der Erdölindustrie und über deren Herstellung] (Moskva '61); darin eig. Beitr. 8–32: Oberflächenaktive Substanzen, ihre Bedeutung und ihre Anwendung in der Erdölindustrie [russ.]. — Primenenie ~. Trudy 2-ogo Vsesojuznogo ~ (Moskva '63); darin eig. Beitr. 3–7: Oberflächenaktive Stoffe bei der Bohrung nach Erdöl und den Erdölgewinnungsprozessen [russ.]. — Primenenie ~. Trudy 3-ego Vsesojuznogo ~ (Moskva '66). — (Mitredakt.) Reologija. Teorija i priloženija [Rheologie. Theorie und praktische Anwendung] (Moskva '62); darin eig. Beiträge 5f.: Vorwort zur russischen Ausgabe [russ.] [172]); 817–22: Ergänzung [~]. — (Mitredakt.) Fiziko-chimičeskaja mechanika počv, gruntov, glin i stroitel'nych materialov [Physikalisch-chemische Mechanik von Böden, Tonen und Baumaterialien] (Taškent '66); darin eig. Beiträge S. 5: Vorwort [russ.]; 9–25: Strukturbildungsprozesse in dispersen Systemen [~]. — (Mitredakt.) Primenenie poverchnostno-aktivnych veščestv i drugich chimičeskich reagentov v neftedobyvajuščej promyšlennosti [Anwendung oberflächenaktiver Stoffe und anderer chemischer Reagenzien in der rohölfördernden Industrie] **4** (Moskva '70). — (Mitredakt.) Trudy (Vsesojuznoj) Konferencii po fiziko-chimičeskoj mechanike dispersnych materialov [Arbeiten der (Unions-)-Konferenz für physikalisch-chemische Mechanik disperser Materialien], Minsk 1969, **1** (Minsk '70) – **5** ('73). — (Mitredakt.) Uspechi kolloidnoj chimii [Fortschritte der Kolloidchemie] (Moskva '73); darin eig. Beiträge 5–8: Probleme der modernen Kolloidchemie [russ.] [62]); 9–29: Wechselbeziehung zwischen den Oberflächen- und Volumeneigenschaften von Lösungen oberflächenaktiver Stoffe [~].

HZ. (Hauptredakt.) Kolloidnyj Ž. 1968–1972.

S. Bol'šaja sovetskaja ėnciklopedija [Große Sowjetenzyklopädie] **22** (Moskva '35) 672–74: Diffusion; **25** ('32) 397–401: Flüssigkeiten; **64** ('33) 226f.: Emulsionen; 227: Emulsionskolloide; **14** [2](Moskva '52) 434–36: Dispergierung; **18** [2]('53) 595–98: Verdampfung (physikalischer Teil); **22** [2]('53) 5–9: Kolloidchemie; 354: Kondensation (in der Kolloidchemie); **25** [2]('54) 181f.: Lyotrope Reihen; **28** [2]('54) 124f.: Molekularphysik; **31** [2]('55) 292f.: Osmose; **32** [2]('55) 306: Schaum; 324f.: Schaumbildner; **33** [2]('55) 340f.: Oberflächenaktive Stoffe; 343f.: Oberflächenerscheinungen; **39** [2]('56) 384: Schmierung (bei der Metallbearbeitung); 388f.: Benetzung; 425f.: Marian Smoluchovskij; **40** [2]('57) 400: Stabilisierung von Kolloiden; **41** [2]('56) 320f.: Suspensionen; **42** [2]('56) 424: Thixotropie; **46** [2]('57) 144f.: Chemisch-mechanische Bearbeitung; **49** [2]('57) 36f.: Emulsionen; 235f.: Eötvössche Gleichung; **51** [2]('58) 303: Herbert Freundlich. [Alle Beiträge russ.]. —

Techničeskaja ènciklopedija [Technische Enzyklopädie] **16** (Moskva '32) 86–88: Schäume; 395f.: Pyknometer; 508–10: Schmelzen; 738f.: Dichte; 854–60: Oberflächenspannung; **17** ('32) 329f.: Polarität; 470–73: Thermodynamisches Potential; **18** ('32) 674f.: Piezometrie; **20** ('33) 384–94: Freie Oberflächenenergie; 394–96: Freie Energie; 446–50: Sedimentometrie; 806: Synerese; **21** ('33) 215: Latente Wärme; 309f.: Benetzung; 393f.: Solvatation; **22** ('33) 474–77: Suspensionen; 531: Spheroidzustand; 703–06: Härte; 944–48: Wärmekapazität; **23** ('34) 655f.: Tonometrie; **24** ('34) 452f.: Spezifisches Volumen; 536f.: Ultrafiltration; 544–46: Ultrazentrifugierung; 577–79: Elastizität; 879–82: Physikalische Chemie; **25** ('34) 30–40: Flotation; **26** ('34) 326f.: Ebullioskopie; 630f.: Elektrokinetische Erscheinungen; 689–91: Elektroosmose; 713–15: Elektrophorese; 745–52: Emulsionen; **1** ²(Moskva '39) 363–67: Aggregatzustände; **4** ²('37) 437: Kapillarität; **6** ²('38) 772–74: Moleküldipol; 917–23: Diffusion. [Alle Beiträge russ.]. — V. Naumov, Chimija kolloidov [Kolloidchemie] ³(Leningrad '32) 184–284: Oberflächenerscheinungen und Adsorption [russ.]. — Kolloidnyj grafit. Sbornik statej [Kolloidaler Graphit. Sammlung von Aufsätzen] (Moskva '32) 10–21: Neue Untersuchungen zur physikalischen Chemie der Suspensionen in Anwendung auf suspendierten Graphit [russ.]. — Materialy rasširennogo proizvodstvennogo soveščanija po okisleniju parafina [Materialien einer erweiterten Produktionsberatung (am Moskauer Chemisch-Technologischen Institut „D. I. Mendeleev") über die Paraffinoxydation] (Moskva '32) 78–88: Oxydiertes Paraffin als Flotationsmittel und als technische oberflächenaktive Substanz [russ.]. — Materialy k proektu plana naučno-issledovatel'skich rabot po cvetnym metallam na vtoroe pjatiletie [Materialien zum Entwurf des Plans der Forschungsarbeiten über Buntmetalle im Rahmen des 2. Fünfjahrplans] (M. V. Zajcev) (Moskva '32) 22–31: Forschungsarbeiten auf dem Gebiet der physikalischen Chemie [russ.][u. a.]). — Trudy Naučno-techničeskoj konferencii po mojuščim sredstvam [Arbeiten einer wissenschaftlich-technischen Konferenz über Waschmittel] (Moskva '33) 3–12: Physikalisch-chemische Grundlagen der Waschwirkung [russ.]. — Spravočnik fizičeskich, chimičeskich i technologičeskich veličin [Tabellen physikalischer, chemischer und technologischer Größen] **10** (Moskva '33) 7–62: Eigenschaften von Oberflächenschichten: Oberflächenspannung, Oberflächenenergie und andere Eigenschaften [russ.]. — Abrazivy [Schleifmittel] **1** (Leningrad '34) 417–31: Physikalische Chemie der mechanischen Dispergierung von Mineralen und Gesteinen [russ.][246]). — Materialy Konferencii po fizikochimii kolloidov v chlebopečenii [Materialien einer Konferenz über die physikalische Chemie der Kolloide beim Brotbacken] (Moskva '34) 17–21: Physikalische Chemie der Oberflächenerscheinungen und der dispersen Systeme bei den Prozessen des Brotbackens [russ.]. — Novye metody techničeskogo kontrolja v zavodskoj laboratorii chimičeskoj promyšlennosti [Neue Methoden der technischen Kontrolle im Betriebslaboratorium der chemischen Industrie] (Moskva–Leningrad '35) 148–53: Analysenmethoden und Produktionskontrolle auf der Grundlage der molekularen Oberflächenerscheinungen [russ.]; 153–55: Physikalische Chemie der Oberflächenerscheinungen und der dispersen Systeme in der analytischen Praxis [~]. — Trudy VI Vsesojuznogo Mendeleevskogo s-ezda po teoretičeskoj i prikladnoj chimii [Arbeiten des VI. Mendeleev-Unionskongresses über theoretische und angewandte Chemie], Char'kov 1932, **2**, 1 (Char'kov–Kiev '35) 207f.: Physikalische Chemie der Flotationsprozesse; der heutige Stand der Theorie der Flotation [russ.]; 208–10: Die Benetzungsisothermen als Grundlage der Theorie der Flotation [~]; 233: Verminderung der Korrosionsgeschwindigkeit bei Metallen im sauren Medium durch den Einfluß von oberflächenaktiven Substanzen [~][203]). — Fizičeskij slovar' [Physikalisches Wörterbuch] (P. N. Belikov) **1** (Moskva '36) 29f.: Absorption; 37f.: Avogadrosches Gesetz; 38f.: Avogadrosche Zahl; 41f.: Autokoagulation; 49–54: Aggregatzustände; 64–67: Adsorbentien; 67f.: Kinetik der Adsorption; 68–73: Adsorptionsisothermen; 73–78: Adsorption; 88f.: Flotationsaktivatoren; 93f.: Aktivkohlen; 151f.: Anisotropie; 273: „Batavische Tränchen"; 325: Biokolloide; 338f.: Boyle-Mariottesches Gesetz; 364–69: Brownsche Bewegung; 401–04: van-der-Waalssche Gleichung; 634f.: Gaskonstante; 654–59: Gase; 723f.: Gay-Lussacsches Gesetz; 726f.: Gele; 756f.: Heterogenität; 769–71: Gibbssche Gleichung; 794–96: Hydrophilie; 796f.: Hydrophobie; 820–22: Benetzungshysterese; 822f.: Sorptionshysterese; 848f.: Homogenität; **2** ('37) 30: Daltonsches Gesetz; 49f.: Doppelschichten; 70–72: Drückend wirkende Flotationsmittel; 94–97: Joulesches Gesetz; 131–34: Molekularer Dipol; 149f.: Dispersionsmittel; 150–56: Dispersion; 156f.: Dispersionsanalyse; 163: Dispersionsgrad; 163–66: Disperse Systeme; 187–94: Diffusion; 221f.: Zerkleinerung; 237f.: Rauche; 276–79: Flüssigkeiten; 281f.: Schmierigkeit; 286: Jurinsches Gesetz; 308f.: Abbinden; 328f.: Schutzeffekt; 331f.: Schutzstoffe; 398f.: Sole; 399f.: Goldzahl; 467f.: Isotropie; 470f.: Isoelektrischer Punkt; 629–32: Kapillarimeter; 634f.: Kapillarkonstante; 635–39: Kapillardruck; 639f.: Kapillarhebung; 640-43: Theorie der Kapillarität; 643f.: Kapillarwellen; 644–46: Kapillarbewegung; 646f.: Kapillarerscheinungen; 647f.: Kapillaranalyse; 650–53: Tropfen; 807f.: Kistjakovskijsche Regel; 810: Clapeyronsche Gleichung; 825f.: Koagulatoren; 861–63: Kollektoren; **3** ('37) 14f.: Kolloidchemie; 17f.: Kolloide; 101f.: Kontakterscheinungen; 159f.: Benetzungswinkel; 239–43: Kritische Temperatur; 287f.: Laplacesche Gesetze der Kapillarität; 339–42: Lyosorp-

Bitte Anmerkung auf Seite 4201 beachten!

tion; 342f.: Lyotrope Reihen; 343f.: Lyophilie [120]); 369: Langmuirsche Gleichung; 542: Metastabiler Zustand; 599: Mizellionen; 616f.: Modifikatoren; 617–21: Modifikationen; 638–40: Molekularphysik; 642: Molekularkraft; 680–82: Waschwirkung; 682f.: Waschmittel; 695–97: Seifen; 713–17: Füllstoffe; 747–49: Neumannsches Dreieck; 859–61: Okklusion; 863f.: Oleophilie; **4** ('38) 36f.: Parachor; 49f.: Partialdruck; 59–61: Adsorptionspassivierung; 69–71: Schaumbildner; 73–75: Schäume; 75: Peptisatoren; 134–36: Perrinsche Regel; 190–94: Oberflächenenergie; 194f.: Oberflächenaktive Stoffe; 195–203: Oberflächenspannung; 205–09: Oberflächenviskosität, -elastizität und -festigkeit; 209f.: Oberflächenschichten; 210–16: Oberflächenerscheinungen; 251–53: Polieren; 262f.: Semikolloide; 453–55: Blasen; 595f.: Fließen; 801–05: Sedimentometrische Analyse; 835: Sensibilisierung; 888–90: Siebanalyse; 893–97: Härtemessung; 924–29: Benetzung; 929–33: Benetzungsisothermen; 999–1001: Spaltbarkeit; 1076f.: Stabilisierung; 1082f.: Traubesches Stalagmometer; 1163–65: Suspensionen; **5** ('39) 19–22: Härte; 129f.: Benetzungswärme; 221–23: Traubesche Regel; 322–24: Ultrazentrifuge; 332–34: Elastizität; 369: Stabilität disperser Systeme; 437–39: Ausflockung; 439–41: Flotation; 441–43: Flotationsmittel; 620: Sprödigkeit; 705–07: Šiškovskijsche Gleichung; 953f.: Emulgatoren; 955: Emulgierung; 955–61: Emulsionen; 1001: Eötvössche Regel. [Alle Beiträge russ.]. — Novye issledovanija v oblasti teorii flotacii [Neue Untersuchungen auf dem Gebiet der Theorie der Flotation] (Moskva–Leningrad '37) 8–44: Zur physikalischen Chemie der Flotationsprozesse [russ.]. — Sovremennye problemy kolloidnoj chimii v koževennoj promyšlennosti [Moderne Probleme der Kolloidchemie in der Lederindustrie] (N. P. Peskov) (Moskva '37) 75–84: Die physikalische Chemie der molekularen Oberflächenerscheinungen in der Lederindustrie [russ.]. — Sbornik sokraščennych dokladov Konferencii po rezaniju metallov [Sammlung gekürzter Vorträge, gehalten auf einer Konferenz über spangebende Metallbearbeitung] (Moskva–Leningrad '37) 59–69: Physikalisch-chemische Grundlagen der Anwendung von Schmier- und Kühlflüssigkeiten und aktiver Zusätze zu ihnen bei der spangebenden Metallbearbeitung [russ.]. — Sovremennye problemy fiziko-chimii i chimičeskoj technologii [Aktuelle Probleme der physikalischen Chemie und der chemischen Technologie] **2** (Moskva '38) 133–40: Übersicht über die Arbeiten von A. I. Bačinskij auf dem Gebiet der Molekularphysik [russ.]. — Matematika i estestvoznanie v SSSR. Očerki razvitija matematičeskich i estestvennych nauk za dvadcat' let [Mathematik und Naturwissenschaft in der UdSSR. Studien zur Entwicklung der Mathematik und der Naturwissenschaften seit 20 Jahren] 1917–1937 (Moskva–Leningrad '38) 431–64: Die physikalische Chemie von Oberflächenerscheinungen und disperser Systeme in der UdSSR in Anwendung auf die Technik [russ.]. — Sessija po fiziko-chimičeskim problemam obogaščenija i pererabotki rud cvetnych metallov, Sverdlovsk. Tezisy dokladov [Tagung über physikalisch-chemische Probleme über die Aufbereitung und Verarbeitung von Buntmetallerzen, Sverdlovsk. Thesen der Vorträge] (Moskva–Leningrad '38) 3–5: Methoden zur Beschleunigung des Bohrens harter Gesteine (insbesondere von Kiesen) mit Hilfe von Festigkeitsverminderern [russ.]; 7f.: Physikalisch-chemische Grundlagen der Flotation der Kupfer- und der Kupfer-Zink-Erze des Urals [~]. — Vsesojuznaja konferencija po treniju i iznosu v mašinach, **1**: Doklady [Unionskonferenz über Reibung und Verschleiß in Maschinen, **1**: Vorträge] (Moskva–Leningrad '39) 484–504: Physikalisch-chemische Grundlagen der Verschleißerscheinungen an gleitenden Flächen und der Schmierung bei hohen Drücken [russ.] [159]); **2**: Doklady, vystuplenija i rezoljucija [Vorträge, Ansprachen und Resolutionen] ('40) 353–56, 376f.: Ansprachen [~]. — Jubilejnyj sbornik naučnych trudov (Moskovskogo instituta cvetnych metallov i zolota im M. I. Kalinina) 1930–1940 [Sammlung wissenschaftlicher Arbeiten anläßlich des 10jährigen Bestehens des Moskauer Instituts für Buntmetalle und Gold "M. I. Kalinin"] **9** (Moskva–Leningrad '40) 214–20: Messung der maximalen Benetzungswinkel als Methode zur Charakterisierung des Haftvermögens von Mineralkörnern gegenüber den Blasen bei Flotationsprozessen [russ.] [219]). — Naučno-issledovatel'skie raboty chimičeskich institutov i laboratorij Akademii nauk SSSR za 1939 god. Sbornik referatov [Forschungsarbeiten der chemischen Institute und Laboratorien der Akademie der Wissenschaften der UdSSR 1939. Sammlung von Referaten] (Moskva–Leningrad '40) 58f.: Physikalische Chemie der Prozesse der mechanischen Dispergierung fester Körper und die Entwicklung der Theorie der Methode der Festigkeitsverminderer [russ.] [221])[255])[246])[11]); 59: Untersuchung der Anwendbarkeit der Methode der Festigkeitsverminderer bei Bohrungen nach Erdöl in den festen Gesteinsschichten der Lagerstätte "Vtoroj Baku" [~] [221])[255])[246])[198])[126])[22])[176]); 59f.: Wirkung von Schmier- und Kühlflüssigkeiten bei der Metallbearbeitung durch Zerspanung und durch Druck und die physikalisch-chemischen Grundlagen der Verschleißerscheinungen und der Schmierung bei hohen Drücken [~] [159])[162])[81]). — Naučno-issledovatel'skie raboty ~ za 1940 god. Sbornik referatov (Moskva–Leningrad '41) 126f.: Zur Theorie der Wirkungsweise der Festigkeitsverminderer: Entstehung von Zonen eines Vorstadiums des Reißens bei elastischer und plastischer Verformung; Einfluß des Mediums und der zu adsorbierenden Substanzen auf die Verformung von Festkörpern [russ.] [221])[41]); 127: Komplexe Anwendung von Festigkeitsverminderern bei Bohrungen in den Gebieten "Vtoroj Baku" [~] [225])[221]); 127f.: Zur Theorie der wesentlichen Eigenschaften

Bitte Anmerkung auf Seite 4201 beachten!

der bei Erdölbohrungen verwendeten Tonspülungen und die Strukturbildung in diesen Spülungen [~] [198]) [147]); 128f.: Anwendung neuer Schmierflüssigkeiten für die zerspanende Metallbearbeitung durch Feilen und Schleifen [~] [159]); 131f.: Untersuchung des Mechanismus der Verstärkung von Gummi aus synthetischem Kautschuk durch verschiedene Arten von Siliciumdioxid-"Weißruß" als aktivem Füllstoff [~] [1])[245])[252]). — Naučno-issledovatel'skie raboty ~ za 1941–1943 gg. Sbornik referatov (Moskva–Leningrad '45) 236f.: Zur physikalisch-chemischen Theorie der Metallbearbeitung [russ.] [221])[159])[246]); 237: Der Elektrokapillareffekt der Härteverminderung von Metallen [~] [246]). — Soveščanie po vjazkosti židkostej i kolloidnych rastvorov [Konferenz über die Viskosität von Flüssigkeiten und kolloidalen Lösungen] 1 (Moskva–Leningrad '41) 361–80: Die Viskosität disperser Systeme und die Strukturbildung [russ.]; 2 ('44) 173–77: Untersuchung der Viskositätsanomalie (d. h. der struktur-mechanischen Eigenschaften) von Schmiermitteln bei niedrigen Temperaturen [~] [19])[145]); 226f., 242: Diskussionsbeiträge zum Thema "Viskosität von Schmiermitteln" [~]. — Voprosy techniki dobyči nefti i burenija na promyslach Vtorogo Baku. Materialy techničeskogo soveščanija v Narkomnefti 1943 g. [Fragen der Technik der Erdölgewinnung und der Bohrtechnik im Betrieb "Vtoroj Baku". Materialien einer technischen Konferenz beim Volkskommissariat für Erdölindustrie 1943] (Moskva–Leningrad '43) 117–21: Grundlagen der Demulgierung des Erdöls [russ.]. — Sovetskaja chimija za dvadcat' pjat' let. Sbornik statej [25 Jahre sowjetische Chemie. Sammlung von Aufsätzen] 1919–1942 (N. N. Semenov) (Moskva–Leningrad '44) 120–29: Die Entwicklung der physikalischen Chemie von Oberflächenschichten in der UdSSR und ihre Anwendung [russ.]. — Referaty naučno-issledovatel'skich rabot za 1944 g., Otdelenie chimičeskich nauk Akademii nauk SSSR [Referate der Forschungsarbeiten 1944, Chemische Abteilung der Akademie der Wissenschaften der UdSSR] (Moskva–Leningrad '45) 130f.: Theorie der Wechselwirkung zwischen den Adsorptionsschichten und den inneren Oberflächen fester Körper bei Deformationsprozessen [russ.] [221])[125]); 131: Der Elektrokapillareffekt der Härteverminderung von Metallen [~] [246]); 131f.: Untersuchung des Effektes der Erleichterung der spangebenden Verformung von Metallen unter dem Einfluß oberflächenaktiver Substanzen in Abhängigkeit von den mechanischen Bedingungen des Angriffs und der Struktur des Metalls [~] [159])[221]); 132f.: Einfluß der zu adsorbierenden Substanzen auf die Kinetik der Härtung und der Rekristallisation von Metallen beim Prozeß ihrer Verformung [~] [124]); 133f.: Physikalisch-chemische Grundlagen der Demulgierung von Erdölemulsionen [~] [198]); 134f.: Eine Methode zur Untersuchung der Bildung und des Zerfalls von [Oberflächen-]Filmen [~] [214]); 135f.: Phasenumkehr in Emulsionen [~] [1])[68]); 204–06: Zur physikalisch-chemischen Theorie der Metallbearbeitung [~]. — Referaty ~ za 1945 g., Otdelenie techničeskich nauk ~ (Moskva-Leningrad '47) 162: Wissenschaftlich-technische Grundlagen des Verschlammungsprozesses für die Verhütung und Löschung unterirdischer Brände; struktur-mechanische (thixotrope) Eigenschaften von Tonpulpen [russ.] [209]) [64]). — Obščee sobranie Akademii nauk SSSR 1–4 ijulja 1946 g. [Hauptversammlung der Akademie der Wissenschaften, Juli 1946] (Moskva–Leningrad '47) 61–83: Neue physikalisch-chemische Erscheinungen bei der Verformung und Bearbeitung fester Körper [russ.]. — Jubilejnyj sbornik, posvjaščennyj tridcatiletiju Velikoj Oktjabr'skoj socialističeskoj revoljucii [Jubiläumsband (der Akademie der Wissenschaften der UdSSR) anläßlich des 30. Jahrestages der Großen Sozialistischen Oktoberrevolution] 1 (Moskva–Leningrad '47) 533–61: Physikalisch-chemische Untersuchungen von Verformungsprozessen an Festkörpern [russ.]. — Kolloidy v piščevoj promyšlennosti [Kolloide in der Nahrungsmittelindustrie] (A. V. Dumanskij) (Moskva '49) 21–39: Probleme der Emulsionen und Schäume in der Nahrungsmittelindustrie [russ.]. — Rol' gazov i reagentov v processach flotacii. Trudy soveščanija po teorii flotacionnogo obogaščenija [Rolle der Gase und Reagenzien bei den Flotationsprozessen. Arbeiten einer Konferenz über die Theorie der Flotationsaufbereitung], Moskva 1948 (Moskva–Leningrad '50) 13–31: Bedeutung der Ausflockung und der Schaumbildung bei den Flotationsaufbereitungsverfahren [russ.]. — Tezisy dokladov na Vsesojuznoj konferencii po kolloidnoj chimii [Thesen der Vorträge auf der Unionskonferenz über Kolloidchemie], 1950 (Kiev '50) 5–8: Strukturbildung und Thixotropie in Kolloidsystemen [russ.]; 78–82: Neue Methoden zur Untersuchung der struktur-mechanischen Eigenschaften und Sol-Gel-Transformationen in Kolloidsystemen und in Lösungen von Hochpolymeren [~]. — Obogaščenie nemetalličeskich poleznych iskopaemych metodom flotacii. Trudy Soveščanija po teorii i praktike flotacionnogo obogaščenija [Die Aufbereitung nichtmetallischer Bodenschätze mit Hilfe der Flotationsmethode. Arbeiten einer Konferenz über Theorie und Praxis der Flotationsaufbereitung], Moskva 1950 (I. N. Plaksin) (Moskva '52) 26–42: Benetzungswinkel und ihre Rolle bei der Flotation [russ.]. — Naučnye čtenija (Techničeskogo soveta Ministerstva piščevoj promyšlennosti SSSR) 1951 g. [Wissenschaftliche Texte (des Technischen Rates beim Ministerium für Nahrungsmittelindustrie der UdSSR) 1951] (Moskva '52) 127–34: Struktur-mechanische Eigenschaften von Schokoladenmassen als hochdisperse strukturierte Suspensionen [russ.]. — Trudy Vsesojuznoj konferencii po kolloidnoj chimii [Arbeiten der Unionskonferenz über Kolloidchemie], Kiev 1950 (Kiev '52) 215–26: Über die Steigerung der Adhäsion* polarer Klebstoffe an

Bitte Anmerkung auf Seite 4201 beachten!

Gummi [russ.] [248])[31])[230]). — Trudy II Naučnotechničeskoj sessii Instituta MECHANOBR [Arbeiten der II. Wissenschaftlich-technischen Konferenz des Unionsforschungsinstituts für mechanische Verarbeitung mineralischer Rohstoffe] (Moskva '52) 88–102: Benetzungswinkel und ihre Bedeutung in der Theorie der Flotationsprozesse [russ.]; 271–81: Diskussionsbeitrag [~]. — Tezisy k dokladam na diskussii po strukturno-mechaničeskim svojstvam piščevych sistem [Thesen zu den Vorträgen bei der Diskussion über die struktur-mechanischen Eigenschaften von Nahrungsmittelsystemen] (Moskva '52) 3–5: Struktur-mechanische Eigenschaften kolloidaler und hochmolekularer Systeme in der Nahrungsmitteltechnologie [russ.]. — Tezisy dokladov na Vsesojuznoj konferencii po kolloidnoj chimii 1953 g. [Thesen der Vorträge auf der Unionskonferenz über Kolloidchemie 1953] (Minsk '52) 144–47: Strukturbildung und Peptisation in wäßrigen Suspensionen [russ.]. — Bor'ba s silikozom. Sbornik statej [Der Kampf gegen die Silikose. Sammlung von Aufsätzen] (A. A. Skočinskij) (Moskva '53) 57–68: Erhöhung des Entstäubungsvermögens von Wasser durch Zusätze von Benetzungsmitteln [russ.] [198])[100]). — Anton Vladimirovič Dumanskij (Kiev '55) 9–20: Kurzer Abriß der wissenschaftlichen, pädagogischen und gesellschaftlichen Tätigkeit [russ.]. — Voprosy stroitel'stva gidroėlektrostancij (Po materialam naučnotechničeskich konferencij, provedennych Akademiej nauk SSSR i Stalingradgidrostroem) [Fragen der Errichtung von Wasserkraftwerken (Nach Materialien wissenschaftlich-technischer Konferenzen der Akademie der Wissenschaften der UdSSR und "Stalingradgidrostroj"] (Moskva '55) 8–18: Physikalisch-chemische Vorstellungen über den Mechanismus des Abbindens und Erhärtens mineralischer Bindemittel [russ.] [125]). — Razrabotka merzlych gruntov rezaniem i udarom (Materialy soveščanija 1954) [Schneidende und schlagende Bearbeitung von Frostböden (Materialien einer Konferenz 1954)] (Moskva '55) 55–58: Physikalische Chemie der Zertrümmerung von Frostböden [russ.]. — Nekotorye voprosy ustalostnoj pročnosti stali s učetom vlijanija aktivnoj sredy [Einige Fragen der Gestaltfestigkeit von Stahl unter Berücksichtigung des Einflusses eines aktiven Mediums] (Kiev '55) 5–14: Adsorptionswirkung des Mediums auf die mechanischen Eigenschaften von Festkörpern [russ.]. — Tezisy dokladov Soveščanija po primeneniju bitumov v stroitel'stve [Thesen der Vorträge auf der Konferenz über die Verwendung von Bitumen im Bauwesen] (Moskva '55) 3–5: Über die struktur-mechanischen Eigenschaften disperser und hochmolekularer Systeme [russ.]. — Tezisy dokladov Chimičeskogo fakul'teta Moskovskogo gosudarstvennogo universiteta (Jubilejnaja naučnaja sessija, posvjaščennaja 200-letiju Universiteta 1955 g.) [Thesen der Vorträge der Chemischen Fakultät der Moskauer Staatsuniversität (Wissenschaftliche Jubiläumssitzung anläßlich der 200-Jahrfeier der Universität)] (Moskva '55) 36–38: Strukturbildung in kolloidalen und hochmolekularen Systemen [russ.]. — Trudy Soveščanija po teorii technologii betonov [Arbeiten der Konferenz über die Theorie der Betontechnologie], Erevan 1953 (Erevan '56) 7–25: Physikalisch-chemische Vorstellungen über den Mechanismus des Abbindens und Erhärtens mineralischer Bindemittel [russ.]. — Trudy Soveščanija po chimii cementa [Arbeiten der Konferenz über die Chemie des Zements], Moskva 1955 (P. P. Budnikov u. a.) (Moskva '56) 125–37: Physikalisch-chemische Vorstellungen über den Mechanismus des Abbindens und Erhärtens mineralischer Bindemittel [russ.]; 472: Über neue Untersuchungsmethoden [~]. — Trudy Soveščanija po inženerno-geologičeskim svojstvam gornych porod i metodam ich izučenija [Arbeiten der Konferenz über die geologisch-technologischen Eigenschaften von Gesteinen und über die Methoden ihrer Untersuchung] (V. A. Priklonskij) **1** (Moskva '56) 31–44: Struktur-mechanische Eigenschaften von tonigen Gesteinen und die modernen Vorstellungen über die physikalische Chemie der Kolloide [russ.]; 410–19: Kolloidale Löslichkeit organischer Flüssigkeiten in Hydrosolen oberflächenaktiver Substanzen [~] [135]) [171]). — Flotacionnye reagenty i ich svojstva [Flotationsmittel und ihre Eigenschaften] (Moskva '56) 5–9: Grundlegende physikalisch-chemische Probleme hinsichtlich der Flotationsmittel [russ.]. — Sbornik, posvjaščennyj pamjati akademika P. P. Lazareva [Sammlung von Aufsätzen zum Gedenken an das Akademiemitglied P. P. Lazarev] (Moskva '56) 113–31: Über die Natur der Plastizität und der Strukturbildung in dispersen Systemen [russ.]. — Sbornik naučnych rabot po chimii i technologii silikatov [Sammlung wissenschaftlicher Arbeiten über die Chemie und Technologie der Silicate] (Ju. M. Butt, M. A. Matveev) (Moskva '56) 3–7: Petr Petrovič Budnikov [russ.] [109]). — Bol'šaja medicinskaja ėnciklopedija [Große medizinische Enzyklopädie] **1** ²(Moskva '56) 179–83: Aggregatzustände; 289–92: Adsorption; 514–16: Oberflächenaktivität; **4** ²('57) 539–43: Brownsche Bewegung; **6** ²('58) 117f.: Aussalzen. [Alle Beiträge russ.]. — Razvitie teorii trenija i iznašivanija. Trudy Soveščanija po voprosam teorii trenija i iznašivanija [Die Entwicklung der Theorie der Reibung und des Verschleißes. Arbeiten der Konferenz über Fragen der Theorie der Reibung und des Verschleißes], 1954 (Moskva '57) 47–56: Einfluß eines oberflächenaktiven Mittels auf die Feststoffreibung und den Verschleiß [russ.] [54]). — Povyšenie kačestva slivočnogo masla, vyrabatyvaemogo potočnym sposobom. Materialy naučno-techničeskoj konferencii [Verbesserung der Qualität der im Fließbandverfahren hergestellten Tafelbutter. Materialien einer wissenschaftlich-technischen Konferenz] (Moskva '57) 10–14: Strukturbildungprozesse und ihre Rolle bei der Tafelbutterproduktion [russ.] [247]). — Neuere Ent-

Bitte Anmerkung auf Seite 4201 beachten!

wicklung auf dem Gebiet der Theorie und Praxis der Hochpolymeren. Bericht von der Hauptjahrestagung 1956 (Berlin '57) (Mitteilungsblatt der Chemischen Gesellschaft der DDR, Sonderheft 1957) 109f.: Viskoelastische Eigenschaften der Hochpolymerlösungen und Methoden ihrer Bestimmung. — Electrical phenomena and solid–liquid interface. Proc. 2nd International congress of surface activity 3 (London '57) 492–505: Structure formation in the hardening of binding materials [194]; 563–80: Effect of surface active media on strains and rupture in solids [119]. — Vsesojuznoe naučno-techničeskoe soveščanie po intensifikacii processov i uluščeniju kačestva materialov pri suške v osnovnych otrasljach promyšlennosti i sel'skom chozjajstve, 1956g. Plenarnye zasedanija [Wissenschaftlich-technische Unionskonferenz über die Intensivierung von Verfahren und die Verbesserung der Qualität der Materialien bei der Trocknung in den wichtigsten Zweigen der Industrie und der Landwirtschaft, 1956. Vorträge auf der Plenarsitzung] (Moskva '58) 20–33: Über die Formen der Bindung von Feuchtigkeit an Materialien bei Trocknungsvorgängen [russ.]. — Četvertaja Vsesojuznaja konferencija po kolloidnoj chimii [4. Unionskonferenz über Kolloidchemie], Tbilisi 1958. Tezisy dokladov [Thesen der Vorträge] (Moskva '58) 5f.: Aktuelle Probleme der Kolloidchemie [russ.]; 124f.: Zur Theorie der spontanen Dispersion von Festkörpern [~] [15][82]; 128f.: Bildung neuer Oberflächen beim Angriff auf einen Festkörper durch ein oberflächenaktives Mittel [~] [192]; 130–32: Mechanismus der Strukturbildung durch Kristallisation bei der Erhärtung mineralischer Bindemittel [~] [194]; 170f.: Bedeutung der Bildung von Kristallisations- und Koagulationsstrukturen bei der Tafelbutterproduktion [~] [233][247]. — Materialy po geologii, mineralogii i ispol'zovaniju glin v SSSR. Doklady na meždunarodnom soveščanii po glinam v Brjussele v 1958 g. [Materialien zur Geologie, Mineralogie und Nutzbarmachung der Tone in der UdSSR. Vorträge auf der Internationalen Konferenz über Tone, Bruxelles 1958] (Moskva '58) 115–22: Physicochemical fundamentals of controlling the structures and mechanical properties of clays and clay rocks [russ. m. engl. Zusammenfassg.] [198]. — Uglegrafitovye materialy i ich primenenie v apparatostroenii [Graphitmaterialien und ihre Verwendung im Apparatebau] (Moskva '58) (Komitet po korrozii i zaščite metallov Vsesojuznogo soveta Naučno-techničeskogo obščestva, Sbornik 5) 39–41: Einige Bemerkungen über die physikalisch-chemischen Grundlagen der Wirkung des Graphits als Füllstoff [russ.]. — Dejaki pytannja fizykochimičnoï mechaniky metaliv [Einige Fragen der physikalisch-chemischen Mechanik der Metalle] (Kyïv '58) 7–16: Über die physikalisch-chemische Mechanik [ukrain.]. — Malaja sovetskaja ėnciklopedija [Kleine Sowjetenzyklopädie] 6 ³(Moskva '59) 116: Molekularphysik [russ.]. — Povyšenie ėffektivnosti tormoznych ustrojstv. Svojstva frikcionnych materialov [Erhöhung der Wirksamkeit von Bremsvorrichtungen. Eigenschaften der Friktionsmaterialien] (Moskva '59) 3–7: Igor' Viktorovič Kragel'skij [russ.] [190]. — Vsesojuznoe soveščanie po fizike pročnosti [Unionskonferenz über die Physik der Festigkeit] 1959 (Sverdlovsk '59) 22–24: Gesetzmäßigkeiten und Mechanismus des Einflusses geringer oberflächenaktiver Zusätze auf die Verformungs- und Festigkeitseigenschaften metallischer Einkristalle [russ.] [119][192][93][157][72]. — Fizičeskij ėnciklopedičeskij slovar' [Physikalisches enzyklopädisches Wörterbuch] 1 (Moskva '60) 19f.: Adhäsion; 187: Bingham-Švedovsche Formel; 276f.: Viskosimetrie; 355–58: Viskosität (Innere Reibung); 400: Gele; 428: Gibbs-Helmholtzsche Gleichung; 586f.: Dispergierung; 597f.: Disperse Systeme. [Alle Beiträge russ.]. — M. V. Vasil'ev, S. Z. Guščev, Tvoi tajny priroda! ... Besedy s sovetskimi učenymi o nerešennych problemach nauki i techniki [Deine Geheimnisse, Natur! ... Gespräche mit sowjetischen Wissenschaftlern über ungelöste Probleme der Wissenschaft und Technik] (Moskva '60) 24–29: Zement – das Material der Zukunft [russ.]. — Problemy tektonofiziki. Trudy I Vsesojuznogo tektonofizičeskogo soveščanija [Probleme der Tektonophysik. Arbeiten der 1. Tektonophysikalischen Unionskonferenz] 1957 (V. V. Belousov, M. V. Gzovskij) (Moskva '60) 51–54: Struktur-mechanische Eigenschaften von Gesteinen [russ.]. — Tezisy dokladov i soobščenij na Tret'em seminare po osnovnym voprosam vysokoproizvoditel'nogo šlifovanija [Thesen der Vorträge und Mitteilungen beim III. Seminar über grundlegende Fragen des Schnellschleifens] (Moskva '60) 6–8: Untersuchung des Einflusses oberflächenaktiver Mittel zusammen mit Schmierflüssigkeiten auf die Verformung und Zerspanung von Festkörpern (in Anwendung auf die Metallbearbeitung) [russ.]. — III. Internationaler Kongreß für grenzflächenaktive Stoffe, Köln am Rhein 1960. Vorträge in Originalfassung, 1: Sekt. A (Mainz '61) 209–11: Structures colloïdales dans les solutions et les couches d'adsorption des détergents; leur relation à la stabilisation des systèmes dispersés [232]; 2: Sekt. B ('61) 686–88: Action des substances tensioactives dans les processus de dispersion des solides et formation des structures spatiales dans les suspensions. — Doklady i soobščenija na Soveščanii po primeneniju poverchnostno-aktivnych veščestv i ėmul'sij v dorožnom stroitel'stve [Vorträge und Mitteilungen für die Konferenz über die Anwendung oberflächenaktiver Substanzen und Emulsionen im Straßenbau] (Moskva '61) 5–18: Oberflächenaktive Zusätze beim Bau von Straßendecken und bei der Bodenbefestigung [russ.]. — Trudy Soveščanija po teoretičeskim osnovam techničeskoj melioracii gruntov [Arbeiten der Konferenz über die theoretischen Grundlagen der technischen Bodenmelioration] 1960 (E. M. Sergeev) (Moskva '61) 11–20: Die physi-

Bitte Anmerkung auf Seite 4201 beachten!

kalisch-chemische Mechanik als Grundlage bei der Bodenbefestigung im Straßenbau und bei der Produktion von Baumaterialien dafür [russ.]. — Vsesojuznoe soveščanie naučnych rabotnikov v Kremle 12–14 ijunja 1961 [Unionskonferenz der Wissenschaftler im Kreml, 12.–14. Juni 1961] (Moskva '61) 288–90: Ansprache [russ.]. — Primenenie melkich peskov v betone i metody podbora sostava betona [Verwendung von Feinsanden im Beton und Methoden der Auswahl der Betonzusammensetzung] (Moskva '61) 29–32: Über die Verwendung von Feinsanden im Beton [russ.] [141]). — Poverchnostnye javlenija v metallach i splavach i ich rol' v processach poroškovoj metallurgii [Oberflächenerscheinungen bei Metallen und Legierungen und ihre Rolle bei Prozessen der Pulvermetallurgie] (Kiev '61) 184–93: Einfluß dünner oberflächenaktiver metallischer Filme auf die struktur-mechanischen Eigenschaften ein- und polykristalliner Metalle [russ.] [72]) [157])[192]). — V Vsesojuznaja konferencija po kolloidnoj chimii [5. Unionskonferenz über Kolloidchemie], Odessa 1962. Tezisy dokladov [Thesen der Vorträge] (Moskva '62) 5–7: Möglichkeiten zur Steuerung der Festigkeit von Festkörpern und von strukturierten dispersen Systemen [russ.]; 166f.: Über die Natur der elastischen Deformierung koagulationskolloider Strukturen in Suspensionen [~] [192]); 249f.: Strukturbildung durch Kondensation als allgemeine Methode zur Herstellung poröser polymerer Materialien [~] [247]). — Novoe v chimii i technologii cementov. Trudy Soveščanija po chimii i technologii cementov 1961 g. [Neues in der Chemie und der Technologie der Zemente. Arbeiten einer Konferenz 1961] (Moskva '62) 202–13: Die Entstehung der Härte von Kristallisationsstrukturen und die Bedingungen für die Entwicklung ihrer Stabilität [russ.] [194]). — Kratkaja chimičeskaja ėnciklopedija [Kurze chemische Enzyklopädie] **2** [2](Moskva '63) 95f.: Schutzkolloide; 109f.: Sole; 412–14: Kapillarerscheinungen; 569–72: Sieden; 610: Koaleszenz; 643–46: Kolloidchemie; 646f.: Kolloidsysteme. [Alle Beiträge russ.]. — Fiziko-chimičeskie zakonomernosti dejstvija smazok pri obrabotke metallov davleniem [Physikalisch-chemische Gesetzmäßigkeiten der Wirkung von Schmiermitteln bei der Druckverformung von Metallen] (Moskva '63) 5–30: Physikalische Chemie der Schmierwirkung beim Ziehen [russ.] [99]) [245])[119]). — Naučnye osnovy podbora i proizvodstva katalizatorov [Wissenschaftliche Grundlagen der Auswahl und Herstellung von Katalysatoren] (Novosibirsk '64) 21–27: Über die Erhöhung der mechanischen Festigkeit poröser disperser Körper – Sorbentien und Katalysatoren [russ.] [192])[134]). — Pljus chimizacija ... [Plus Chemisierung ...] **2** (Moskva '64) (Novoe v žizni, nauke, technike, Serija 11: Chimija, 2) 45–49: Zerstörung – ein Weg zur Verfestigung [russ.]. — Chimija — tvorec novych materialov [Die Chemie – Schöpferin neuer Werkstoffe] (Moskva '65) (~ 3) 16–24: Ein Weg zu höherer Festigkeit – durch Zerstörung (Physikalisch-chemische Mechanik der Werkstoffe) [russ.]. — Vsesojuznoe naučno-techničeskoe soveščanie po intensifikacii processov suški v chimičeskoj i smežnych s neju otrasljach promyšlennosti [Wissenschaftlich-technische Unionskonferenz über die Intensivierung von Trocknungsprozessen in der chemischen Industrie und in angrenzenden Industriezweigen], Moskva 1965. Tezisy dokladov i soobščenij, Sekcija 1: Teorija processov suški [Thesen der Vorträge und Mitteilungen, Sektion 1: Theorie der Trocknungsprozesse] (Moskva '65) 34–36: Das Vibrationswirbelbett und seine Erzeugung bei der Trocknung streubarer Materialien [russ.] [36])[141]). — Poverchnostnye javlenija v rasplavach i voznikajuščich v nich tverdych fazach [Oberflächenerscheinungen in Schmelzen und in ihnen entstehenden festen Phasen] (Nal'čik '65) 507–13: Über die Herstellung feindisperser metallischer Emulsionen unter der Bedingung äußerst niedriger Oberflächenspannungen zwischen den Phasen [russ.] [253]) [93])[192])[119]). — The use of surfactants in the petroleum industry (New York '65) (Consultants Bureau Enterprises, Inc.) 1–16: Surfactants: their importance and applications in the petroleum industry; 17–19: Surfactants in petroleum drilling and recovery processes. — Spektŭr 65 [Spektrum 1965] (Sofija '65) 181–84: Die Wissenschaft von der großen Festigkeit [bulgar.] (m. Bildn.). — Detskaja ėnciklopedija [Enzyklopädie für Kinder] **3** [2]('66) 412–15: Bemerkenswerte Erscheinungen an der Grenze zwischen zwei Körpern [russ.]. — Novye materialy v technike i nauke: Prošloe, nastojaščee, buduščee [Neue Materialien in Technik und Wissenschaft. Vergangenheit, Gegenwart, Zukunft] (Moskva '66) 17–37: Entwicklung der physikalisch-chemischen Mechanik der Materialien als neues Grenzgebiet der Wissenschaft [russ.]. — Vstreči s buduščim [Begegnungen mit der Zukunft] (Moskva '66) 74–92: Die Wissenschaft von der Festigkeit [russ.]. — Problemy fiziko-chimičeskoj mechaniki voloknistych i poristych dispersnych struktur i materialov. Materialy konferencii 1965 [Probleme der physikalisch-chemischen Mechanik von faserigen und porösen dispersen Strukturen und Materialien. Materialien einer Konferenz 1965] (Riga '67) 5–43: Physikalisch-chemische Mechanik poröser und faseriger disperser Strukturen [russ.] [247]). — Razvitie fizičeskoj chimii v SSSR [Die Entwicklung der physikalischen Chemie in der UdSSR] (Moskva '67) (Sovetskaja nauka i technika za 50 let. 1917–1967) 239–57: Kolloidchemie [russ.]. — Sovremennye problemy fizičeskoj chimii, **3**: Voprosy kataliza, adsorbcii i fiziko-chimičeskoj mechaniki [Moderne Probleme der physikalischen Chemie, **3**: Fragen der Katalyse, der Adsorption und der physikalisch-chemischen Mechanik] (Moskva '68) 334–414: Probleme der Bildung disperser Systeme und von Strukturen in diesen Systemen; physikalisch-chemische Mechanik von dispersen Strukturen und Festkörpern [russ.]. — Obrabotka

Bitte Anmerkung auf Seite 4201 beachten!

plastmass v mašinostroenii [Bearbeitung von Kunststoffen im Maschinenbau] (Moskva '68) 7–11: Über die Bedeutung von Randbedingungen in der physikalisch-chemischen Mechanik der Prozesse der Bearbeitung plastischer Werkstoffe [russ.]. — VI Jubilejnaja vsesojuznaja konferencija po kolloidnoj chimii. Tezisy dokladov i soobščenij [VI. Jubiläumsunionskonferenz über Kolloidchemie. Thesen der Vorträge und Mitteilungen] (Voronež '68) 7–10: Rheologie und physikalisch-chemische Mechanik disperser Strukturen [russ.]; 88f.: Untersuchung der Stabilität von Koagulationsstrukturen in äußerst konzentrierten Suspensionen [~] [144])[17])[252]). — Materialy k VI Vsesojuznomu soveščaniju po zakrepleniju i uplotneniju (Teorija i metody iskusstvennogo ulučšenija gruntov različnych petrografičeskich tipov) [Materialien zur VI. Unionskonferenz über Befestigung und Abdichtung (Theorie und Methoden der künstlichen Verbesserung von Böden unterschiedlicher petrographischer Typen)] (Moskva '68) 20–24: Neues über die Verwendung anorganischer Bindemittel zur Verfestigung disperser Materialien [russ.] [129]). — VIII. Internationaler Kongreß für Erzaufbereitung (Leningrad '68) 14: Moderne physikalisch-chemische Wissenschaft als Grundlage der Prozesse bei Aufbereitung der Bodenschätze (m. Bildn.) (auch in engl. u. in französ. Ausgaben erschienen). — Vsesojuznyj simpozium o prirode trenija tverdych tel. Obzornye doklady po teme: "Vsaimodejstvie poverchnostej. Adgezija i deformacija poverchnostnych sloev pri trenii" [Unionssymposium über die Natur der Reibung fester Körper. Übersichtsreferate zum Thema: "Wechselwirkung zwischen Oberflächen. Adhäsion und Deformation von Oberflächenschichten bei der Reibung"] (Minsk '69) 3–16: Einfluß aktiver Schmiermittel auf die Deformierung der Reibung ausgesetzter Oberflächen [russ.]. — Proc. 5th International congress of surface activity, Barcelona 1968, **1** (Barcelona '70) 1–19: Efficacité des substances tensio-actives dans diverses applications en connexion avec la structure moléculaire et leur état en solution et dans les couches d'adsorption. — Proc. 5th International congress on rheology, Kyoto 1968, **2** (Tokyo '70) 375–85: On the rheology of thixotropically structurized disperse systems; complete rheological curves for thixotropic coagulation structures. — Plenarnye doklady i rešenija VI Vsesojuznogo soveščanija po zakrepleniju i uplotneniju gruntov [Plenarvorträge und Ergebnisse der VI. Unionskonferenz über die Befestigung und Abdichtung von Böden] (Moskva '70) 13–61: Physikalisch-chemische Grundlagen moderner Methoden der Bodenbefestigung [russ.]. — Poverchnostnye javlenija v polimerach [Oberflächenerscheinungen bei Polymeren] (Kiev '70) 101–08: Einfluß der chemischen Modifizierung von Polymeren auf die Stabilität der Strukturen gegenüber Kapillarkontraktionskräften [russ.] [206])[247]); 108–16: Einfluß der Entstehungsweise eines räumlichen Polymeren auf die Eigenschaften der Kondensationsstruktur [~] [206])[247]); 116–22: Besonderheiten netzartiger Kondensationsstrukturen erster Art und wabenartiger Kondensationsstrukturen zweiter Art [~] [206])[247]). — Teoretičeskaja i instrumental'naja reologija. Trudy konferencii po fiziko-chimičeskoj mechanike dispersnych materialov [Theoretische und instrumentelle Rheologie. Arbeiten der Konferenz über die physikalisch-chemische Mechanik disperser Materialien] **1** (Minsk '70) 3–7: Über die Entwicklung der physikalisch-chemischen Mechanik [russ.]. — Kino i nauka. Naučno-populjarnyj fil'm [Kino und Wissenschaft. Der populärwissenschaftliche Film] **3** (Moskva '70) 11–25: Wissenschaft, Kino, Romantik [russ.]. — Problema teplo- i massoperenosa [Das Problem des Wärme- und Stoffübergangs] (Moskva '70) 5–12: Übersicht über die wissenschaftliche Tätigkeit von A. V. Lykov [russ.]. — Poverchnostnye javlenija v polimerach [Oberflächenerscheinungen bei Polymeren] **1** (Kiev '71) 3–16: Oberflächenerscheinungen an Polymeren [russ.]. — Poverchnostnye javlenija v židkostjach i židkich rastvorach [Oberflächenerscheinungen bei Flüssigkeiten und flüssigen Lösungen] **1** (Leningrad '72) 41–58: Struktur-mechanische Eigenschaften der Adsorptionsschichten von Eiweißstoffen und oberflächenaktiver Polymerer an den flüssigen Grenzflächen im Zusammenhang mit der Stabilität von Emulsionen [russ.] [79]); 157–63: Voraussetzungen für die Bildung und die Stabilität von Emulsionen, die bei der Vermengung des Systems Tricosan–8-Oxychinolin nahe der kritischen Temperatur entstehen [~] [58])[108])[93])[192]). — Particle growth in suspensions. Proc. of a symposium, Brunel University 1972 (A. L. Smith) (London–New York '73) 55–59: Study of microheterogeneity in hydrogels of silicic and aluminosilicic acids by small-angle x-ray scattering [97])[116])[166])[192]). — Problemy sovremennoj kristallografii. Sbornik pamjati A. V. Šubnikova [Probleme der modernen Kristallographie. Gedenkband A. V. Šubnikov] (Moskva '75) 61–66: Über die Kristallverwachsung bei der Bildung disperser Kristallisationsstrukturen [russ.] [192])[7]).

W. Robitna knyga z chemiї [Arbeitsbuch Chemie] (m. B. A. Perekalin) (Charkiv-Kyïv '32) 327 S. — Chimija dlja technikumov [Chemie für technische Lehranstalten] (m. B. A. Perekalin) (Moskva–Leningrad '32) 423 S. — Fiziko-chimija flotacionnych processov; ėksperimental'nye issledovanija po fiziko-chimii poverchnostnych sloev i javlenij smačivanija v primenenii k flotacionnym processam [Physikalische Chemie der Flotationsprozesse; experimentelle Untersuchungen zur physikalischen Chemie von Oberflächenschichten und von Benetzungserscheinungen in Anwendung auf Flotationsprozesse] (m. M. E. Lipec, M. M. Rimskaja, A. B. Taubman) (Moskva–Leningrad–Sverdlovsk '33) 230 S. [m. engl. Zusammenfassg.]. — Smazočno-ochlaždajuščaja žid-

Bitte Anmerkung auf Seite 4201 beachten!

kost', zamenjajuščaja kerosin pri rezanii metallov [Eine Schmier- und Kühlflüssigkeit als Ersatz für Kerosin beim Schneiden von Metallen] (m. anderen) (Tomsk '42) 20 S. (Stachanovskaja biblioteka, 13). — Programma po kursu "Kolloidnaja chimija" (fiziko-chimija kolloidov). Dlja chimičeskich fakul'tetov gosudarstvennych universitetov [Programm für den Lehrgang "Kolloidchemie" (Physikalische Chemie der Kolloide). Für die chemischen Fakultäten der Staatsuniversitäten] (Moskva '44) 4 S.; ('50) 8 S.; ('52) 7 S.; ('53) 7 S.; ('55) 7 S.; ('59) 6 S.; ('61) 7 S. — Proniziteli tverdosti v burenii; fiziko-chimičeskij metod oblegčenija mechaničeskogo razrušenija tverdych gornych porod pri burenii (m. L. A. Šrejner, K. F. Žigač) (Moskva–Leningrad '44) 200 S.; engl.: Hardness reducers in drilling; a physico-chemical method of facilitating the mechanical destruction of rocks during drilling (Melbourne '48) 163 S. — Vlijanie aktivnych smazočno-ochlaždajuščich židkostej na kačestvo poverchnosti pri obrabotke metallov rezaniem i davleniem [Der Einfluß aktiver Schmierkühlflüssigkeiten auf die Eigenschaft der Oberfläche bei der Bearbeitung von Metallen durch spanende Formung und durch Pressen] (Moskva–Leningrad '46) 30 S. (Kačestvo poverchnosti, 2). — Konspekt obščego kursa kolloidnoj chimii po lekcijam P. A. Rebindera [Übersicht über die allgemeine Vorlesung über Kolloidchemie von A. P. Rebinder] (K. A. Pospelova) (Moskva '49) 112 S.; [2]('50) 112 S. — Vlijanie poverchnostno-aktivnoj sredy na processy deformacii metallov (m. V. I. Lichtman, G. V. Karpenko) (Moskva '54) 208 S.; engl.: Effect of a surface-active medium on the deformation of metals (London '58) 188 S., (New York '60) 188 S.; deutsch: Der Einfluß grenzflächenaktiver Stoffe auf die Deformation von Metallen (Berlin '64) 237 S. — Fiziko-chimičeskaja mechanika – novaja oblast' nauki [Physikalisch-chemische Mechanik – ein neues Wissenschaftsgebiet] (Moskva '58) 64 S. (Vsesojuznoe obščestvo rasprostraneniju političeskich i naučnych znanij, Ser. 4, 39/40); span.: La mecánica físico-química – nueva rama de la ciencia (Buenos Aires '59) 95 S. (Serie tecnica y ciencia, 17). — Poverchnostno-aktivnye veščestva [Oberflächenaktive Substanzen] (Moskva '61) 46 S. (Vsesojuznoe obščestvo po rasprostraneniju političeskich i naučnych znanij, Ser. 9: Fizika i chimija, 14). — Fiziko-chimičeskaja mechanika metallov. Adsorbcionnye javlenija v processach deformacii i razrušenija metallov (m. V. I. Lichtman, E. D. Ščukin) (Moskva '62) 303 S.; engl.: Physicochemical mechanics of metals, adsorption phenomena in the process of deformation and failure of metals (Jerusalem '64). — Na granicach nauk [An den Grenzen der Wissenschaften] (Moskva '63) 40 S. (Novoe v žizni, nauke, technike, Ser. 10: Serija molodežnaja, 20).

Abh. dtsch. Akad. Wiss. Berlin, Kl. Chem., Geol. u. Biol. Die Hauptrichtungen der Entwicklung der physikalisch-chemischen Mechanik fester Körper: **1966**, Nr. 5, 93–97. — Grenzflächen- und Volumeneigenschaften von Tensidlösungen: Nr. 6b, 521–30.

Acta physicochim. USSR Oberflächenreibung und Adsorption an Metallen [88])[142]): **1** ('34) 22–26. — Stabilisierung von Suspensionen und Adsorptionsschichten in dispersen Systemen, 19: Über die Dispersität und Stabilisierbarkeit der Pigmente von Ölfarben in Kohlenwasserstoffmedien [30]): **8** ('38) 290–308; ~ 23: Über den Einfluß grenzflächenaktiver Stoffe auf die Festigkeit der Koagele individueller Seifen [145]): **13** ('40) 97–110. — The mechanical properties and stabilizing effect of adsorption layers and their dependence upon surface concentration, 1 [235]): **9** ('38) 257–72. — Investigations of spontaneously forming emulsions. On the mechanism of formation of soluble oils. Adsorption layers in disperse systems [171]): **16** ('42) 71–87. — Sur les effets électrocapillaires de réduction de la rigidité et de la dureté des métaux [246]): **19** ('44) 36–50. — Relations governing the evaporation of liquids in the spheroidal state, 1[,167]): **21** ('46) 961–77; The effect of surface-active substances on the evaporation of water drops in the spheroidal state, 2 [167]): **22** ('47) 1–12.

Allgemeine Öl- u. Fett-Ztg. Eine neue molekulare Charakteristik der Fette nach ihrer Polarität [219]): **32** ('35) 277–82.

Bjul., Inst. Metallokeramiki i spec. Splavov Akad. Nauk Ukrainsk. SSR Einfluß einer leichtschmelzenden Metallschmelze auf die mechanischen Eigenschaften von Einkristallen schwerer schmelzender Metalle [93])[119]): Nr. **4** ('59) 72–78 [russ.].

Bjul. mosk. Obšč. Ispytat. Prirody, Otdel. geol. Entwicklung der physikalisch-chemischen Vorstellungen über die Strukturbildung in der unbelebten Natur und in biologischen Systemen: **28** ('53) Nr. 3, 86–88 (Autorreferat) [russ.].

Chimičeskaja Nauka i Promyšl. Oberflächenaktive Substanzen und ihre Anwendung: **4** ('59) 554–65 [russ.].

Chimija i Žizn' Was sind eigentlich anorganische Polymere?: **1965**, Nr. 4, S. 63 [russ.]. — Kaffee und technischer Fortschritt: **1966**, Nr. 3, 77f. [~]. — Über das Problem der Herstellung von Materialien mit vorgegebenen Eigenschaften: **1967**, Nr. 10, 88f. [~]. — Über die physikalisch-chemischen Prozesse beim Händewaschen: Nr. 12, 13–20 [~]. — Anomales Wasser: Entdeckung oder Irrtum? (Diskussionsbeitrag zu einem Vortrag von B. V. Derjagin): **1969**, Nr. 12, S. 38, 39, 41 [~].

Cvetnye Metally Physikalische Chemie des Flotationsprozesses in Anwendung auf die Technik, 5: Physikalisch-chemische Untersuchung des festen oxydierten Paraffins als eines neuen Flotationsrea-

Bitte Anmerkung auf Seite 4201 beachten!

gens [121])[174]): **1932**, Nr. 3, 288–98 [russ.]; ~ 21: Methode zur Verbesserung der Flotierbarkeit von Kupfersulfiderzen mit Hilfe von Reduktionsmitteln [174]): **1940**, Nr. 9, 39–45 [~]. — Über die sedimentometrische Analyse der Flotationstrübe: **1933**, Nr. 8/9, 53- [~].

Discuss. Faraday Soc. Coagulation and flocculation: Coagulation and thixotropic structures: **18** ('54) 151–60, 221f.

Dokl. Akad. Nauk SSSR Kolloidal-physikalisch-chemische Methoden zur Trennung der aus Stahl ausgeschiedenen Schlackeneinschlüsse von den Karbiden [76])[228])[121])[174]): **1** ('35) 308–13 [m. deutscher Zusammenfassg.]. — Kinetik der selektiven Benetzung und der Oberflächenreaktionen an Metallen bei Gegenwart von Elektrolyten [143]): **12** ('36) 123–28. — Messung mechanischer Eigenschaften (Viskosität, Festigkeit) von Adsorptionsschichten und ihre Beziehung zu der Molekülfläche und der Natur der Trägerflüssigkeit [235]): **18** ('38) 185–89. — Die mechanischen Eigenschaften von Filmen und die Stabilität von Schäumen [235]): 421–24. — Der Stabilisierungseffekt von Adsorptionsschichten und ihre mechanischen Eigenschaften [235]): 425–28. — Zusammenhang zwischen Stabilisierung, Benetzbarkeit und der Menge adsorbierten oberflächenaktiven Stoffes in öligem Medium [30]): 575–78. — Der Einfluß oberflächenaktiver Substanzen auf die Strukturbildung in Gelatinesolen [255])[52]): **21** ('38) 396–99. — Über den Einfluß von oberflächenaktiven Substanzen auf die mechanischen Eigenschaften und die Bildung von Seifenkoagelen [145]): **26** ('40) 47–50. — Oberflächenerscheinungen bei den Prozessen der Erdölfiltration [112])[256]): **28** ('40) 432–36. — Die Wirkung adsorbierter Substanzen (Härteverminderer) auf die mechanische Festigkeit von Quarzsedimenten in Wasser [11]): 804–08. — Änderungen in den elastischen Eigenschaften von Glimmer, verursacht durch das Eindringen einer Flüssigkeit in den beanspruchten Kristall [125]): **30** ('41) 489–93. — Über eine Strukturentwicklung in Kautschuksolen unter der Einwirkung aktiver Füllstoffe [1])[245]): **31** ('41) 444–47. — Erleichterung der Deformierung von Metalleinkristallen unter der Wirkung der Adsorption oberflächenaktiver Substanzen [119])[138]): **32** ('41) 127–30. — Einfluß der Orientierung der Gleitebene in Zinneinkristallen auf die Erleichterung ihrer Deformierung bei Adsorption [119]): 131f. — Untersuchungen der elastisch-plastischen Eigenschaften und der Thixotropie disperser Systeme [245]): **49** ('45) 354–57. — Strukturentwicklung in Solen von Polyvinylchloridharzen unter dem Einfluß von Siliciumdioxid als aktivem Füllstoff [11]): **52** ('46) 235–38. — Ein neues Verfahren zur Untersuchung der Stabilität zweiseitiger Flüssigkeitsfilme [214]): 319–22. — Über die kolloid-chemische Natur der Bindigkeit von Stoffen tonartiger Herkunft [43]): **54** ('46) 523–26. — Gesetzmäßigkeiten der Deformation von metallischen Einkristallen in Gegenwart von oberflächenaktiven Stoffen [119]): **56** ('47) 723–26. — Der Einfluß der Deformationsgeschwindigkeit und der Temperatur auf die Größe der adsorptiven Verminderung der Festigkeit von Zinn- und Blei-Einkristallen [119])[81]): 827–30. — Über eine neue Erscheinung der elastischen Nachwirkung in Zinn-Einkristallen, die dem plastischen Fließen unterworfen werden [119]): **57** ('47) 53–56. — Einfluß der Oberflächenaktivität eines flüssigen Mediums auf den Schneidvorgang und die Bearbeitbarkeit von Metallen [167]): **62** ('48) 501–04. — Verfestigung von Aluminium bei spangebender Bearbeitung im inaktiven und oberflächenaktiven Mittel [167])[221]): 653–55. — Die Zunahme der Metallverfestigung bei periodischer Verformung unter dem Einfluß von oberflächenaktiven Schmiermitteln [124]): **63** ('48) 159–62. — Die Ausbildung der Zone der plastischen Deformation und der Oberflächenverfestigung bei der Deformierung eines Metalls in Gegenwart oberflächenaktiver Stoffe [124])[221]): 293–95. — Über die Konus-Eintauchmethode zur Charakterisierung der strukturmechanischen Eigenschaften plastisch-viskoser Körper [196]): **64** ('49) 835–38. — Über die Energiebilanz bei Prozessen der spangebenden Verformung von Metallen [54]): **66** ('49) 653–56. — Der Einfluß der Natur des Metalls auf die adsorptive Erleichterung des Schneidprozesses [54])[221]): 879f. — Elektrokapillareffekt der Erniedrigung der Härte von Metallen [246]): **68** ('49) 329–32. — Adsorptionseffekt bei der Wechseltorsion von Metallen in Verbindung mit dem Ermüdungsproblem [149])[137]): 549–52. — Einfluß der Versuchsbedingungen auf den Adsorptionseffekt der Erleichterung der Deformation von metallischen Einkristallen [119]): **69** ('49) 219–22. — Einfluß aktiver Schmiermittel auf die Preß- und Sinterprozesse von Pulvermetallen [119]): **70** ('50) 851–53. — Untersuchung elastisch-plastisch-viskoser Eigenschaften von dispersen Systemen mit Struktur [194]): **71** ('50) 85–88. — Über die Vulkanisation von synthetischen Kautschukarten [163]): **73** ('50) 129–32. — Untersuchung der Schmierwirkung bei der Modellierung des Tiefziehprozesses [245])[221]): 511–13. — Über die Erhöhung der Adhäsion polarer Klebstoffe gegenüber Gummi [248])[31])[230]): 747–50. — Untersuchung der Stabilität von monodispersem Schaum [189]): **76** ('51) 427–29. — Besonderheiten der Veränderungen der Kristallstruktur eines Metalls bei Verformung in oberflächenaktiven Medien [177])[8]): 697f. — Über das Gesetz des Verlaufes der hochelastischen Deformation [259]): **81** ('51) 239–42. — Sedimentationsprozesse in Betonmischungen. Ihr Einfluß auf die Strukturbildung des Betons und auf die Wasserundurchlässigkeit [223])[115]): 431–34. — Elektronenmikroskopische Untersuchung des Einflusses oberflächenaktiver Zusätze auf die Kristallisation der Mineralhydrate des Zementklinkers [193])[198]): **89** ('53) 129–32, 772. — Einfluß von Oxidfilmen auf den adsorptiven Effekt der Erleichterung der Deformation metallischer Einkristalle [177]): **91** ('53)

Bitte Anmerkung auf Seite 4201 beachten!

129–31. — Untersuchung der Kinetik der Mineralhydratation des Zementklinkers nach der Methode des Isotopenaustausches [214]: **96** ('54) 107–10. — Adsorptionseffekte der elastischen Nachwirkung und des Kriechens bei Glasfasern [12]: 299–302. — Über den Mechanismus der Wirkung aktiver Medien bei der spangebenden Metallbearbeitung [167]: **97** ('54) 277–79. — Solubilisierende Fähigkeit von Natriumoleathydrosolen in Abhängigkeit von ihrer Struktur [135][171]: **99** ('54) 121–24. — Untersuchung der Hydratationshärtung von ungelöschtem Kalk [125][227]: 569–72. — Neue Methode zur Bestimmung des dynamischen Reibungskoeffizienten und ihre Anwendung zur Untersuchung der Adsorptionsschmierwirkung [54][217]: 801–04. — Über den Einfluß des oberflächenaktiven Mediums auf die sprunghafte Deformation von Zinkeinkristallen [72][177]: **105** ('55) 448–50. — Über den elektrokapillaren Effekt der Erniedrigung der Härte und der äußeren Reibung von Metallen [246][119]: **107** ('56) 105–07. — Untersuchung der Strukturbildung in wäßrigen Gipssuspensionen [79][194]: 425–27. — Einfluß von Zusätzen organischer Flüssigkeiten auf die strukturmechanischen Eigenschaften von wäßrigen Natriumoleatlösungen [135]: **109** ('56) 1156–59. — Einfluß eines aktiven Schmierstoffes auf den Ziehvorgang bei Metallen [258][245][119]: **110** ('56) 562–65. — Die Entwicklung von Kristallisationsstrukturen und die Änderung ihrer mechanischen Festigkeit [194][79]: 808–11. — Über den Wirkungsmechanismus von Schmiermitteln bei der Druckbehandlung von Metallen [245][119]: 985–88. — Erniedrigung der Festigkeit von metallischen Einkristallen durch Adsorption und die spontane Dispersion im flüssigen Medium [119][93]: **111** ('56) 1278–81; **112** ('57) 182. — Kristallisationsstrukturbildung in Tricalciumaluminatsuspensionen [194][218]: **113** ('57) 134–37. — Eigenschaften der mit Graphit gefüllten plastischen Massen und der Effekt des starken Füllens [24][81][199]: **114** ('57) 146–49. — Untersuchung zur Kinetik der Übersättigung im Zusammenhang mit der Entwicklung von Kristallisationsstrukturen beim Erhärten von Gips [194][79]: 594–97. — Über das Abbinden von Kalk in Calciumhydrosilicat unter normalen Bedingungen [4][125]: **115** ('57) 509–11. — Adsorptionsplastifizierung der Oberflächenschicht bei der Bearbeitung von Metallen durch Druck unter dem Einfluß von Schmiermitteln [245][119]: **116** ('57) 415–18. — Einfluß von dünnen Quecksilberfilmen auf die Festigkeit metallischer Einkristalle [177][157][192]: 769–71. — Bestimmung der Übersättigungsgröße von Tricalciumaluminatsuspensionen im wäßrigen Medium sowie der Kinetik ihrer Änderung [194][218]: **117** ('57) 841–44. — Über die Natur der Induktionsperiode der Hydratation von Portlandzement mit Zusätzen eines hydrophilen Plastifikators [129][194]: 1034–36. — Besonderheiten der Übersättigungskinetik in wäßrigen Calciumoxidsuspensionen [194][97]: **123** ('58) 509–12. — Einfluß oberflächenaktiver Medien auf die Oberflächenverfestigung von Metallen [54][66]: 663–66. — Über die Oberflächenaktivität von flüssigen metallischen Überzügen und deren Einfluß auf die Festigkeit von Metallen [157]: 1068–70. — Ursachen der Erniedrigung der Stabilität der Kristallisationsstruktur von sich bei erhöhter Temperatur bildendem Monocalciumaluminat [194][237][7]: **124** ('59) 876–79. — Über die Stabilität und Viskosität von konzentrierten Suspensionen in den Oleogelen metallischer Seifen [17][252][232]: **126** ('59) 318–21. — Über die durch Adsorption bewirkte Festigkeitsverminderung und Sprödbrüchigkeit von Zink- und Cadmiumeinkristallen [72][157]: **127** ('59) 784–87. — Untersuchung der Feindispergierung von Quarz und Einfluß von Flüssigkeitszusätzen auf diesen Prozeß [27]: 1070–73. — Messung der strukturmechanischen Eigenschaften von Zinneinkristallen unter dem Einfluß stark adsorptionsaktiver Medien [72][157][192]: **128** ('59) 269–72. — Mechanismus des verzögernden Einflusses von Zusätzen oberflächenaktiver Plastifikatoren bei der Calciumoxidhydratation [97][194]: **129** ('59) 847–50. — Besonderheiten der Kristallisationsstrukturbildung bei der Hydratationshärtung von Calciumoxid [194][97]: 1343–46. — Kinetische Besonderheiten der Hydratationsverfestigung von Sulfaten [129][16]: **130** ('60) 816–19. — Über die Verschiedenheiten in der Zeit des Hydratationsschlusses und der Erreichung der größten Stabilität der Kristallisationsstruktur in Suspensionen von Gipshalbhydrat [7][194]: **131** ('60) 1123–25. — Einfluß des Mediums auf die Amorphisierung des Quarzes im Verlauf seiner mechanischen Dispergierung [27]: 1316–18. — Untersuchung der Gelbildungsfähigkeit von Aluminiumoleaten in Benzol [17][96][252]: **132** ('60) 380–83. — Über die Entstehung und Ausbildung von Rissen in Kristallen während ihrer Deformation [93][192][119]: **133** ('60) 71–73. — Über den Mechanismus des Einflusses kleiner Elektrolytzusätze auf die Stabilität der Kristallisationsstruktur [194][135]: 630–32. — Über die Vibrationsverdichtung in der Pulvermetallurgie [119][71][187]: **134** ('60) 1150–52. — Die Entstehung von Rissen in einer Zinkplatte beim Biegen bei lokalem Auftragen eines flüssigen oberflächenaktiven Metalls (Quecksilber) [229][72][157][192]: **136** ('61) 1392–95. — Über die struktur-mechanischen Eigenschaften von Eiweißfasern [73][155]: **137** ('61) 889–92. — Über die Kinetik der raschen elastischen Deformierung von Polymeren im elastischen Zustand [78][39]: **139** ('61) 83–86. — Einfluß von Gerbstoffen auf die Struktur von Gelatinelösungen [73][260]: 1403f. — Die demulgierende Wirkung oberflächenaktiver Substanzen und die struktur-mechanischen Eigenschaften ihrer Adsorptionsschichten [60][147][232]: **140** ('61) 874–76. — Über den Mechanismus der Strukturbildung in öligen Rußsuspensionen im Zusammenhang mit dem Problem aktiver Kautschukfüllmittel [80][238]: **142** ('62) 633–36. — Besonderheiten der Härtungsprozesse bei der Kristallisationsstrukturbildung in Gips-

Bitte Anmerkung auf Seite 4201 beachten!

halbhydratsuspensionen bei 20 und 60° [7)][194)]: 884–86. — Kondensationsstrukturbildung als Methode zur Herstellung poröser Polymermaterialien [247)]: **145** ('62) 617–20. — Die Abhängigkeit der metastabilen Löslichkeit des Monocalciumaluminats von der Temperatur [237)][194)]: **147** ('62) 153f. — Über die Induktionsperiode der Strukturbildung beim Hartwerden von Gipshalbhydrat [7)][194)]: 392–94. — Fixierung der Porosität von Kondensationsstrukturen aus synthetischen Polymeren [206)][247)]: **150** ('63) 1087–90. — Über die Rolle der kinetischen Faktoren beim Prozeß der adsorptiven Herabsetzung der Metallfestigkeit [72)][229)][192)]: **153** ('63) 634–37. — Über die mechanische Festigkeit poröser disperser Körper [192)][134)]: **154** ('64) 695–98. — Einige Gesetzmäßigkeiten der Verfestigung tonhaltiger Böden durch Zusätze synthetischer Strukturbildner und kationaktiver Substanzen, sogenannter Hydrophobisatoren [114)][198)]: 933–35. — Über die Bildung stabiler und metastabiler Hydrate bei der Hydratation wasserfreier Calciumaluminate ($CaO \cdot Al_2O_3$ und $3CaO \cdot Al_2O_3$) [194)][237)]: **155** ('64) 1379–82. — Der Einfluß starker Elektrolyte auf die Hydratationsgeschwindigkeit von Calciumoxid [97)][194)]: **157** ('64) 400–03. — Über die gleichzeitige Adsorption von Polyacrylamid und einer hydrophobisierenden kationenaktiven Substanz an einer Kaolinoberfläche [216)][198)]: **158** ('64) 699–701. — Anwendung der Hydratationsverfestigung von Magnesiumoxid zur Verbesserung der Festigkeit von Magnesiumoxid-Katalysatoren [97)][194)]: **159** ('64) 189–91. — Herabsetzung der Oberflächenspannung fester Metalle durch Adsorption von Atomen oberflächenaktiver metallischer Schmelzen an ihrer Oberfläche [119)][21)][10)]: **160** ('65) 867–70. — Über die Möglichkeit der Gewinnung feindisperser Strukturen in Legierungen durch Härten ihrer Emulsion [192)][253)][93)][119)]: 1355–57. — Einfluß von Elektrolyten auf den Prozeß der Kristallisationsstrukturbildung (Verfestigung) in Gipshalbhydrat-Suspensionen [183)][194)]: **161** ('65) 403–05. — Über die physikalisch-chemischen Eigenschaften von Natriumsilicaten mit hohem Siliciumgehalt [129)][241)]: 1385–87. — Die Wahl der optimalen Lagerungszeit des Betons vor der hydrothermalen Behandlung [202)][141)]: **162** ('65) 1342–45. — Besonderheiten der Kristallisationsverfestigung von Zementen in der Kontaktzone mit verschiedenen festen Phasen (Füllstoffen) [174)]. **163** ('65) 1439–42. — Über die strukturbildende Rolle fester Oberflächen im Verklebungsprozeß der Zemente durch wäßrige Suspensionen [239)][141)]: **164** ('65) 626–28. — Die Kinetik der Zementhydratation im Beton bei erhöhten Temperaturen [202)][141)]: **167** ('66) 391–94. — Über die Verdichtung von Suspensionen mit gemischten dispersen Phasen im Kohlenwasserstoffmedium durch Sedimentation [17)][252)][96)]: 607–09. — Über den Einfluß der Vibration auf die plastische Verformung eines Metalls [168)][141)]: 873–75. — Über die Erniedrigung der Stabilität hochdisperser Porenstrukturen durch Adsorption [192)][51)][97)]: 1109–11. — Über die Näherungsberechnung der Festigkeit von Zementbetonen in Abhängigkeit von Hydratationsgrad des Zements, Wasser-Zement-Faktor und Porenräumen [136)][141)]: 1342–45. — Relaxationserscheinungen bei der plastischen Verformung von Metallen unter Reibung [89)][245)][119)]: **168** ('66) 328–31. — Über die Optimalstruktur von Beton und die Bedingungen ihrer Bildung [32)][141)]: **170** ('66) 648–51. — Über die Viskosität und über zwei Arten von Plastizität festkörperähnlicher Koagulationsstrukturen [59)][29)]: 1133–35. — Einfluß ungleichartiger Erhärtungsphasen auf die Rißbeständigkeit des Betons unter Spannung [154)][141)]: **171** ('66) 840–43. — Über die Hitzebeständigkeit von Sandbeton [49)][141)]: **172** ('67) 145–48. — Über die Feinzerkleinerung von Metallen in Gegenwart von stark adsorptionsaktiven Metallschmelzen [156)][72)][157)][192)]: 1137–40. — Hydrophobe Bindung (Solubilisierung) einiger Kohlenwasserstoffe unterschiedlicher Natur in wäßriger Lösung an einem biologisch aktiven Semikolloid (Natriumcholat) [135)][33)]: 1376–79. — Röntgenografische Untersuchung von Mikrospannungen in feindispersen porösen Körpern [192)][97)][132)][181)][175)]: **173** ('67) 139–42. — Über die Oberflächenaktivität des biologisch aktiven Semikolloids Natriumcholat [135)][33)][20)][98)]: 1132–35. — Einfluß der Temperatur auf den Mizellarzustand von oberflächenaktiven Semikolloiden in wäßrigen Lösungen [135)][34)]: **174** ('67) 131–34. — Zur Charakteristik einiger kryptoheterogener Stoffe [206)][247)]: **175** ('67) 399–402. — Die physikalisch-chemische Mechanik des Betons, die wissenschaftliche Grundlage der Vibrations-Umlagerung von Betonmischungen [123)][141)]: 1101–04. — Über den Einfluß der Vibration auf die Kristallisation von Cadmium [117)][141)]: **176** ('67) 564–67. — Über das Maß der Übersättigung in wäßrigen Suspensionen von Bindemitteln unter den Bedingungen der Hydrolyse [9)][92)]: 858–61. — Über die Beurteilung der Festigkeit von Betonen bei ihrer komplexen Zerstörung durch Druck und Zug [136)][141)]: 1359–62. — Elastizitätsmoduln, effektive und plastische Viskosität thixotrop grenzstabilisierter, fester Koagulationsstrukturen [59)][29)]: **177** ('67) 155–58. — Über die Verteilung von Haarrissen im Beton [154)][141)]; 314–17. — Der Einfluß der Temperatur auf kritische Konzentrationen der Mizellbildung wäßriger Lösungen oberflächenaktiver Semikolloide [135)][102)]: 640–42. — Der Einfluß der Zuschlagstoffmenge auf die Dauerhaltbarkeit des hitzebeständigen Betons [49)][154)][141)]: 1146–49. — Die Besonderheiten des Mechanismus der Zerstörung einer Glasfaser unter den Bedingungen der Kristallisation von Neubildungen aus aktivem Medium [239)][141)]: 1404–06. — Über die Gleichgewichtszerstörung und die Thixotropie der Struktur im Verlauf des Fließens strukturierter Flüssigkeiten [151)][141)]: **178** ('68) 1119–22. — Über die Wechselwirkung von Haarrissen im Beton [154)][141)]: **179** ('68) 327–30. — Über Wärmeeffekte der innermizellaren Auflösung (Solubilisation) von Kohlen-

Bitte Anmerkung auf Seite 4201 beachten!

wasserstoffen in wäßrigen Natriumoleatlösungen [135] [180] [34]): 918–20. — Über die Berücksichtigung der Reihenfolge der Belastungen und des Maßstabsfaktors bei der Bewertung der Festigkeit brüchiger Körper bei ihrer komplexen Beanspruchung durch Druck und Zug [136] [141]): 1079–82. — Über die Rolle des Transports von Kristalliten bei der Verfeinerung der Aluminiumstruktur bei niederfrequenter Vibration [117] [141]): 1314–17. — Über einige Oberflächen- und Volumeneigenschaften der Kalium- und Natriumsalzlösungen fluorsubstituierter aliphatischer Säuren [200] [184] [131]): **180** ('68) 416–19. — Über die Spannungsfelder begrenzter Haarrisse [154] [141]): 591–93. — Über den Vergleich des Ausmaßes der Gleichgewichtszerstörung der Struktur im Verlauf des Fließens strukturierter Flüssigkeiten [151] [141]): **181** ('68) 852–54. — Über die physikalische Chemie der Umwandlungen bei der Zusammensetzungsänderung von Calciumhydrosilicaten beim Erhärtungsprozeß durch Hydratation [9] [92]): 1197–99. — Vibroviskosimetrische Untersuchung der rheologischen Eigenschaften disperser strukturierter Systeme [123] [141]): 1436–39. — Einfluß eines Quarzfüllstoffs auf die Kinetik der Erhärtung mineralischer Bindemittel [124] [141]): **182** ('68) 144–47. — Über die Beständigkeit und Lebensdauer von MgO-Katalysatoren bei Katalyseprozessen [192] [127] [97]): 394–97. — Über einige Besonderheiten der Struktur von Sandbeton [124] [141]): 647–50. — Über den Druck, der in einer Schicht dispersen Materials im Verlauf ihrer kapillaren Durchtränkung mit einer Flüssigkeit entsteht [32] [141]): 890–92. — Über den Einfluß von Vibration und oberflächenaktiven Stoffen auf den Prozeß der Zerstörung von Koagulations-Kristallisations-Strukturen im Anfangsstadium der Strukturbildung [239] [141]): 1144–47. — Nachweis des Festigkeitskriteriums für brüchige Körper unter den Bedingungen ungleichmäßigen dreiaxialen Druckes [136] [141]): 1310–12. — Untersuchung der Prozesse der Bildung neuer Phasen aus wäßrigen Lösungen von Polyvinylalkohol [101] [247]): **183** ('68) 348–51. — Einfluß einer binären eutektischen Schmelze auf die Festigkeit und Plastizität des leichter schmelzenden Metalls [192] [169] [83]): 1381–84. — Einfluß der Kristallisationsbedingungen von Magnesiumhydroxid auf die Entwicklung disperser Strukturen bei der Hydratationsverfestigung von Magnesiumoxid [213] [218]): **184** ('69) 161–64. — Untersuchung der rheologischen Eigenschaften hochdisperser Pulver bei Vibration [239] [141]): 387–90. — Über den Einfluß von Zusätzen oberflächenaktiver Substanzen auf die Vorgänge der Zerstörung disperser Strukturen und auf das Fließen feindisperser Pulver bei Vibration [239] [141]): 665–67. — Untersuchung der durch Vibration bewirkten Verdichtung disperser Systeme [123] [150] [141]): 900–03. — Über die Eigenschaften tobermoritähnlicher Hydrosilicate als Phasen unterschiedlicher Zusammensetzung [129]): 1144–47. — Kriterien der Festigkeit von Körpern, die durch Sprödbruch zerstört werden, unter den Bedingungen von Torsion, von Zug + Torsion und von Druck [136] [141]): **185** ('69) 805–08. — Über die Erscheinung der adsorptiven Festigkeitsverminderung bei umkehrbarer Gleitreibung [55]): 1270–72. — Über die thixotrope Wiederherstellung durch Vibrationen zerstörter Koagulationsstrukturen in Ruhe oder in einer stationären laminaren Strömung [239] [141]): **186** ('69) 377–80. — Zur Abschätzung der minimalen Festigkeit hitzebeständiger Betone, die starker Hitze unterworfen werden [49] [136] [141]): 880–90. — Nachweis der adsorptiven Plastifizierung der Oberflächenschicht eines Metalls unter dem Einfluß eines aktiven Schmiermittels bei der Grenzflächenreibung [89] [130] [245]): **187** ('69) 314–17. — Über die Bedingungen für die Bildung stabiler Emulsionen im System Paraffin–Oxychinolin in der Nähe des kritischen Mischungsbereichs [192] [58] [93]): **189** ('69) 123–26. — Untersuchung der Strukturbildung in wäßrigen Dispersionen von Bentoniten [208] [198] [239]): 361 f. — Der energetische Parameter der durch Vibration bewirkten Verdichtung von Pulvern [220] [44] [187] [192]): 767–70. — Festigkeit disperser Strukturen und thixotrope Eigenschaften von Vanadinpentoxid-Hydrogelen [59] [152]): 1306–09. — Über die Rolle der chemischen Kondensation bei den hydrothermalen Transformationen tobermoritähnlicher Calciumhydrosilicate [244] [129]): **190** ('70) 625–28. — Untersuchung der Strukturbildung in Gelatinegelen [79] [18]): 876–79. — Über die Abscheidung tobermoritähnlicher Hydrosilicate auf der Oberfläche von Quarz unter Bedingungen nahe ihrer Stabilitätsgrenze [124] [139]): 1410–13. — Über die Herabsetzung der kritischen Konzentration der Mizellbildung in wäßrigen Seifenlösungen unter der Wirkung eines echt gelösten Kohlenwasserstoffs bei verschiedenen Temperaturen [135] [102]): **191** ('70) 141–43. — Über den Einfluß eines ein niedrigschmelzendes Eutektikum bildenden Zusatzstoffes auf die Oberflächenspannung des festen Metalls [10] [83] [21] [192]): 373–76. — Einfluß eines Füllstoffes auf die Festigkeit von Alumosilicagel [97] [116] [87] [63] [192]): 635–37. — Adsorptive Verminderung der Festigkeit von Kristallen basischer Halogenide [236] [157] [211] [192]): 876–79. — Abschätzung der Festigkeit der individuellen Kontakte zwischen den Kriställchen in porösen dispersen Körpern [192] [7] [85]): 1037–40. — Zur experimentellen Abschätzung der Aktivierungsenergie des Zerfalls der Koagulationsstrukturen von Bentonit [224] [247] [198]): **192** ('70) 372–75. — Über einfache Berechnungen der Festigkeit spröder poröser Körper (Betone) [136] [141]): 1029–32. — Über die Bedingungen der Bildung von Kontaktphasen in dispersen Strukturen einiger Calciumhydrosilicate und Hydroaluminate [129] [244]): 1303–06. — Bestimmung der Oberflächenenergie von Naphthalinkristallen mittels der Spaltungsmethode [210] [205] [157] [192]): **193** ('70) 76–79. — Untersuchung der Festigkeit der Struktur von Adsorptionsschichten eines biologisch aktiven Kolloids (Natriumcholat) [20] [135] [33]): 378–80. — Untersuchung der durch Vibration bewirkten Verdich-

Bitte Anmerkung auf Seite 4201 beachten!

tung disperser Strukturen [226)239)141)]: 1114–17. — Bildung und einige Eigenschaften disperser Strukturen von Calciumhydrosilicaten unter hydrothermalen Bedingungen [244)129)]: **194** ('70) 122–25. — Über den Charakter der Änderung der effektiven Viskosität disperser Strukturen im Verlauf einer durch Vibration bewirkten Verdichtung [239)141)]: 384–87. — Über die Kristallisation, Strukturverfestigung und Hysterese in Paraffinlösungen mit Zusätzen oberflächenaktiver Substanzen [74)5)135)]: 850–53. — Dauerhaltbarkeit der Kondensationsstrukturen von Polyvinylalkoholen bei gleichmäßiger Schubspannung [224)247)]: 1138–40. — Einfluß der Dauer und der Temperatur der Alterung auf die Größe der kugelförmigen Partikel im Aluminiumsilicat-Hydrogel [97)116)166)192)]: **196** ('71) 633–36. — Einfluß hochdisperser Aluminium- und Siliciumoxide auf die Festigkeit der Strukturen in wäßrigen Dispersionen von Bentoniten [208)198)]: **197** ('71) 880–82. — Adsorptive Festigkeitsverminderung bei der Zerkleinerung von Anthrazit und Steinkohle bei erhöhter Temperatur [262)103)110)249)]: **199** ('71) 890–92. — Über den Einfluß des Mediums auf die Dislokationsbeweglichkeit in Ionenkristallen [192)188)93)]: **200** ('71) 406–09. — Über den Zusammenhang zwischen den Festigkeitsveränderungen und der Dispersität von Kristallisationsstrukturen im Verlauf der Erhärtung mineralischer Bindemittel [124)]: 657–60. — Über den Charakter der Verteilung der Kohäsionskräfte bei Kontakten zwischen den Kriställchen bei ihrer Kompression [85)7)192)]: 1071–80. — Über das Entstehen elementarer plastischer Deformationen in Lithiumfluorid-Einkristallen unter den Bedingungen der Grenzflächenreibung [192)188)93)]: 1329–32. — Einfluß der Chemisorption auf die Stabilität disperser poröser Strukturen von Katalysatoren [231)212)134)192)]: **201** ('71) 415–18. — Untersuchung der mechanisch-chemischen Erscheinungen bei Grenzflächenreibungsvorgängen [94)215)89)245)]: 643–46. — Untersuchung der Kristallisationsstruktur erhärtender mineralischer Bindemittel in der Zone des Kontakts mit den Füllstoffen mit Hilfe von Methoden der Rasterelektronenmikroskopie und der optischen Mikroskopie [124)]: 1167–69. — Untersuchung der räumlichen Strukturbildung in Systemen Natriumoleat-Wasser [135)35)]: **204** ('72) 1395–98. — Erleichterung des Bohrens in Gegenwart flüssiger Metalle [192)169)83)21)]: **205** ('72) 86–89. — Die wesentlichen Stadien der Bildung und des Zerfalls von Koagulationsstrukturen und ihre Rolle bei der Optimierung technologischer Prozesse in strukturierten dispersen Systemen [239)]: 1164–67. — Die Abhängigkeit der Stabilität disperser poröser Strukturen von der Anzahl und der Festigkeit der Kontakte [13)7)192)]: **206** ('72) 132–35. — Über den Adsorptionseffekt beim Ziehen oxydierter Metalle in organischen Medien [160)99)245)]: 330–33. — Einfluß der Randbedingungen auf die Mikrodeformation einer sehr dünnen Oberflächenschicht auf festen Körpern [89)130)128)245)]: 586–89. — Untersuchung der Ermüdungserscheinungen in sehr dünnen Oberflächenschichten von Metallen bei Grenzflächenreibung [89)130)245)]: 845–47. — Rheologische Untersuchungen der Zwischenphasenadsorptionsschichten von Eiweißen und oberflächenaktiven Polymeren [79)6)192)]: 1150–53. — Einfluß von Zusätzen oberflächenaktiver Substanzen auf die Eigenschaften der Koagulationsstrukturen in Kaliumchloridsuspensionen [216)75)198)]: **207** ('72) 385–87. — Untersuchung der Formierung der Kristallisationskontakte, die bei der Agglomeration von Kristallpulvern entstehen [7)153)192)]: **208** ('73) 381–84. — Kalorimetrische Untersuchung der aus Aluminatsilicagelen entstehenden Lösungen [254)234)129)]: **209** ('73) 384–87. — Experimentelle Untersuchung des Einflusses der Übersättigung und der Kontaktierungszeit auf die Verwachsung von Teilkristallen [192)7)85)242)]: **213** ('73) 155–58. — Experimentelle Untersuchung des Einflusses mechanischer Belastungen auf den Verlauf der Bildung von Kristallisationskontakten bei der Verwachsung von Kristallen [192)7)85)242)]: 398–401. — — Alle Arbeiten russ.

Élektrochimija Venjamin Grigor'evič Levič zum 50. Geburtstag [61)46)]: **3** ('67) 525f. [russ.].

Filatelija SSSR Die Interessen der Philatelisten – vor allem [Antworten auf Fragen, die die Sammler bewegen]: **1967**, Nr. 2, S. 23 [russ.]. — Noch einmal über Abarten [Antwort auf den Artikel von A. Sudakov: „Über Abarten" im Zusammenhang mit der Vorbereitung des Druckes eines neuen Katalogs sowjetischer Briefmarken]: **1968**, Nr. 8, 1–3 [~]. — Der Sinn des Briefmarkensammelns heute: **1970**, Nr. 2, S. 10 [~].

Fizika Metallov i Metallovedenie Einfluß von Schmelzen leichtschmelzender Metalle auf die mechanischen Eigenschaften von Einkristallen schwerer schmelzender Metalle [93)119)]: **8** ('59) 288–93 [russ.]. — Über die Anwendung der Emulgierung in schichtbildenden metallischen Schmelzen für die Feinung der Struktur einer Legierung [93)253)192)119)]: **20** ('65) 555–60 [~].

Fizika v Škole Einige Probleme der modernen Molekularphysik und der wissenschaftlich-technische Fortschritt (Interview): **1968**, Nr. 5, 11–19 [russ.] (m. Bildn.).

Fiziko-chimičeskaja Mech. Materialov Die Tendenzen der Entwicklung der physikalisch-chemischen Mechanik der Werkstoffe: **1** ('65) Nr. 1, 5f. [russ.].

Freiberger Forschungsh., A Dispergierung und Strukturbildung. Zur physikalisch-chemischen Mechanik disperser Systeme in der Aufbereitung und in anderen technischen Gebieten: Nr. **392** ('66) 61–80.

Gidrotechničeskoe Stroitel'stvo Die 2. Wissenschaftlich-technische Konferenz der Bauverwaltung der Wasserkraftwerke Stalingrad "Stalingradgidrostroj", Juni 1953: **1953**, Nr. 9, 25–27 [russ.].

Gorno-obogatitel'nyj Ž. Physikalische Chemie des Flotationsprozesses in seiner Anwendung in der Technik, 13: Der Einfluß der Flotationsreagenzien auf die Benetzbarkeit der Minerale und die physikalisch-chemischen Methoden der Untersuchung des Flotationsprozesses: **2** ('37) Nr. 2, 17–26 [russ.] (m. Bildn.).

Gornyj Ž. Physikalisch-chemische Methode zur Beschleunigung des Bohrens fester Gesteine mit Hilfe des Zusatzes von Festigkeitsverminderern zu den Spülwässern [221]): **1938**, Nr. 8/9, 16–22 [russ.].

Informacionnyj Bjul., Centraln. naučno-issled. Inst. cvetn. Metallov Die physikalische Chemie der Metallbearbeitung und des Bohrens: **1933**, 41–44 [russ.]. — Neue Ergebnisse der Arbeit über die physikalische Chemie der Flotationsprozesse [121])[174]): 44f. [~].

Ingeniørens Ugebl. Beton wird in ganz neue Bereiche Eingang finden: **1967**, Nr. 2, S. 19 [dän.] (m. Bildn.).

Iskusstvo Kino Die Verbindung zwischen Wissenschaftlern und Filmschaffenden: **1963**, Nr. 4, S. 54 [russ.] (m. Bildn.).

Issledovanija po žaropročn. Splavam Durch adsorbierte Stoffe verursachte Verminderung der Festigkeit metallischer Einkristalle und spontane Dispersion im flüssigen Medium. Diffusionsschicht auf Molybdän [119])[71]): **5** ('59) 293–302 [russ.]. — Untersuchung der Gesetzmäßigkeiten der Vibrationspressung pulverförmiger Metalle und ihrer Verbindungen [71])[187])[119]): **8** ('62) 103–10 [~].

Izobretatel' Beschleunigung und Erleichterung der Werkstoffbearbeitung: **1936**, Nr. 5, 5f. [russ.] (m. Bildn.).

Izobretatel' i Racionalizator Ein vielversprechendes Wissenschaftsgebiet (Die physikalisch-chemische Mechanik): **1959**, Nr. 7, 3–5 [russ.].

Izvest. Akad. Nauk Moldavsk. SSR, Ser. biol. i chim. Nauk Struktur-mechanische Eigenschaften wäßriger Dispersionen des moldauischen Bentonits [208])[198]): **1969**, Nr. 4, 49–54 [russ.]. — Einfluß von Elektrolyten auf wäßrige Dispersionen von Vanadinpentoxid [152]): **1973**, Nr. 4, 77–80 [~]. — Die Erscheinung der irreversiblen Thixotropie disperser Strukturen von Vanadinpentoxid [152]): **1974**, Nr. 1, 78–83 [~].

Izvest. Akad. Nauk SSSR, Otdel. techn. Nauk Oberflächenerscheinungen und die Bedeutung kleiner Zusätze adsorbierbarer Substanzen in der Baustofftechnologie: **1937**, 593–616 [russ.]. — Physikalisch-chemische Untersuchung von Wiener Kalk als Schleif- und Poliermaterial [167]): **1944**, 870–78 [~]. — Kolloidale Tonsuspensionen in Wasser als Schmier- und Kühlflüssigkeiten beim Tiefziehen von Metallen [245])[159]): **1946**, 625–28 [~]. — Untersuchung der Kondensation von Wasserdampf auf hydrophobierten Kühlflächen [245])[68]): 1491–95 [~]. — Physikalisch-chemische Untersuchung des Kühlvermögens von Flüssigkeiten beim Schneiden von Metallen [167]): 1823–29 [~].

Izvest. Akad. Nauk SSSR, Ser. chim. Die Sitzung über Oberflächenerscheinungen, 25.–27. 4. 1936 [61]): **1936**, 635. — Wirkungen der Adsorptionsschichten auf die Eigenschaften disperser Systeme: 639–706 [m. deutscher Zusammenfassg.]. — Einwirkung der Adsorptionsschichten auf die Benetzungserscheinungen in den Flotationsprozessen: 707–40 [~]. — On the nature of aqueous solutions of soaps as surface-active semi-colloids [159]): **1937**, 1085–101 [m. engl. Zusammenfassg.]. — Zur physikalisch-chemischen Theorie der Metallbearbeitung [Autorreferat eines Vortrags]: **1944**, 268–70. — Neue Untersuchungen der struktur-mechanischen Eigenschaften disperser Systeme und fester Körper: **1948**, Nr. 5, 556f. — Einige Ergebnisse der Entwicklung der physikalisch-chemischen Mechanik: **1957**, 1284–97. — — Alle Arbeiten russ.

Izvest. Akad. Nauk SSSR, Ser. fizič. Diskussion zum Vortrag des Akademiemitglieds A. F. Ioffe: "Die Voraussetzungen meiner wissenschaftlichen Arbeit": **1936**, 115–18 [russ.]. — Einwirkung des Mediums und der Adsorptionsschichten auf das plastische Fließen der Metalle [246]): **1937**, 531–50 [russ. m. deutscher Zusammenfassg.]. — Einfluß von adsorptionsaktiven Medien auf die mechanischen Eigenschaften von Metallen [119]): **17** ('53) 313–32 [russ.].

Jačeistye Betony Zur Optimierung der Technologie der Herstellung von Konstruktionen aus porösem Beton [162]): **1** ('68) Nr. 1, 3–19 [russ.].

Junyj Technik Gespräch (über Arbeit und Pläne für 1958 auf dem Gebiet des neuen Wissenschaftszweiges Physikalisch-chemische Mechanik): **1957**, Nr. 12, 25–31 [russ.] (m. Bildn.).

Kačestvennaja Stal' Oberflächenerscheinungen und disperse Systeme in der physikalischen Chemie der Metalle: **3** ('34) 31–33 [russ.].

Kaučuk i Rezina Über die Bemerkung von G. Patrikeev und V. Fedorov zu unseren Arbeiten auf dem Gebiete der physikalischen Chemie der Oberflächenerscheinungen in der Technologie des Kautschuks und Gummis [133]): **1937**, Nr. 12, 22–26 [russ.].

K'o-hsüeh-t'ung-pao Die physikalisch-chemische Mechanik als neues Wissensgebiet: **1958**, Nr. 5, 129–34 [chines.].

Bitte Anmerkung auf Seite 4201 beachten!

Kolloid-Z. Zur Physikochemie der Benetzungserscheinungen und Flotationsprozesse, 9: Beeinflussung der selektiven Benetzbarkeit durch Adsorptionsschichten grenzflächenaktiver Stoffe [121])[174])[232]): **65** ('33) 268–83; ~ 10: Abhängigkeit der Benetzbarkeit von der Adsorption der Flotationsreagenzien (Benetzungsisothermen an der Grenze Mineral–Wasser–Luft) [121])[174]): **66** ('34) 40–50; ~ 11: Benetzungsfähigkeit wäßriger Lösungen oberflächenaktiver Stoffe an Paraffin [121])[174]): 212–19; ~ 12: Parallelismus zwischen Benetzungsisothermen und Flotationskurven [121])[174]): 273–76.

Kolloidnyj Ž. Untersuchung der Konstitution alkoholischer Lösungen hinsichtlich der Stabilität zweiseitiger Filme [214]): **8** ('46) 45–52. — Zur Theorie der Emulsionen: 157–74. — Untersuchung des Vorgangs der Phasenumkehr in Emulsionen [68])[1]): **9** ('47) 67–73. — Strukturbildung in wäßrigen Suspensionen von Bentonit-Tonen [198]): 381–91. — Untersuchung der struktur-mechanischen Eigenschaften und der Thixotropie in oleokolloiden Systemen [194]): **10** ('48) 223–40. — Untersuchung der struktur-mechanischen Eigenschaften metallischer disperser Systeme mit Hilfe des Kegelplastometers [80]): 466–74. — Über die Messung der Relaxation in kolloidalen strukturierten Systemen [245])[119]): **11** ('49) 8–11. — Ivan Ivanovič Žukov†: 442f. — Untersuchung der elastisch-viskosen Eigenschaften von Kautschuklösungen [95]): **12** ('50) 194–207. — Einfluß von Füllstoffen und von oberflächenaktiven Substanzen auf die Deformationseigenschaften von Kautschuklösungen [95])[129]): 208–17. — Über die Filtrationsanalyse und die Charakteristik der Struktur von Suspensionen und Niederschlägen [25]): 386–91. — Strukturbildung und elastisch-plastische Struktureigenschaften in Suspensionen von Aluminiumoxid in Öl und in Wasser [53]): **13** ('51) 64–77. — S. I. Vavilov†: 81. — Strukturbildung und elastisch-plastische Eigenschaften von Aluminiumhydroxidgelen [53]): 142–50. — Untersuchung der Stabilität von monodispersem Schaum [189]): 200–07. — Elastisch-plastische Eigenschaften von Calciumstearatoleogelen [194])[197]): 461–72. — Abhängigkeit der Kolloidlöslichkeit einiger organischer Flüssigkeiten von der Konzentration der lösenden Substanz [135])[171]): **16** ('54) 366–75. — Über die struktur-mechanischen Eigenschaften von dispersen und hochmolekularen Systemen [141]): **17** ('55) 107–19. — Anton Vladimirovič Dumanskij zum 75. Geburtstag [45])[120]): 161–67. — Elastisch-viskose Eigenschaften von thixotropen Strukturen in wäßrigen Suspensionen von Bentonit-Tonen [3])[198]): 184–95. — Bemerkungen zur Arbeit von Ė. M. Spivakova „Mechanismus der konjugierten Auflösung und Abhängigkeit des Lösungsvermögens von Emulgatoren von ihrer molekularen Natur" [171]): 408. — Untersuchung der inneren Oberfläche einzelner Bindemittel (Zementmineralien) und ihrer Veränderung in wäßrigem Medium mit Hilfe radioaktiver Indikatoren [214])[251]): **18** ('56) 93–100. — Über den thematischen Inhalt und die Prinzipien des Aufbaus eines Lehrgangs der Kolloidchemie [248]): 253–56. — Elastisch-viskose Eigenschaften von Polyisobutylenlösungen [78]): 429–37. — Über die Gesetzmäßigkeiten der Entwicklung der Schubverformung und der Spannungsrelaxation in Elastomeren und ihren Lösungen [78]): 540–46. — Besonderheiten des Deformationsverhaltens von Gelatinegelen [78])[261]): 682–90. — Einfluß von Zusätzen eines hydrophilen Plastifizierungsmittels auf die Eigenschaften konzentrierter Zementsuspensionen [129])[194]): **19** ('57) 82–89. — Einfluß von aktiven Füllstoffen und von Lösungsmitteln auf die struktur-mechanischen Eigenschaften von Asphalten [185])[140]): 244–51. — Wärmeentwicklung im Anfangsstadium der Hydratation des Zements mit Zusätzen eines Plastifizierungsmittels [129])[194]): 459–64. — Prozeß der Strukturbildung im Milchfett und ihre Bedeutung für die Herstellung von Butter [233])[247]): **20** ('58) 92–101. — Aktuelle Probleme der Kolloidchemie: 527–38. — Einfluß von Zusätzen eines hydrophilen Plastifizierungsmittels auf die Kinetik der Strukturbildung beim Erhärten von Zement[194])[186]): 611–19. — Bildung neuer Oberflächen während der Deformation und der Zerstörung eines Festkörpers in einem oberflächenaktiven Medium [192]): 645–54. — Zur Theorie der spontanen Dispersion von Festkörpern [15])[82]): 655–64. — Wechselwirkung von Calciumhydroxid mit Sand unterschiedlichen Dispersionsgrades bei normalen Temperaturen [125])[4]): **21** ('59) 442–49. — Strukturbildung bei der Hydratationserhärtung von Calciumoxid unterschiedlichen Dispersionsgrades [194])[97]): **22** ('60) 74–80. — Einfluß von Zusätzen oberflächenaktiver Substanzen auf die Entwicklung der Kristallisationsstruktur bei der Erhärtung von Calciumoxid unterschiedlichen Dispersionsgrades [97])[194]): 195–200. — Einfluß des Mediums auf die Feinzerkleinerung von Festkörpern [27]): 365–75. — Einfluß der Temperatur auf den Vorgang der Kristallisationsstrukturbildung in Tricalciumaluminatsuspensionen [194])[218]): **23** ('61) 194–99. — Untersuchung der Strukturbildung und der rheologischen Eigenschaften wäßriger Dispersionen von Bentonit-Tonen bei ihrer Wechselwirkung mit Humaten [40])[198]): 327–33. — Bemerkungen zur Frage der Aggregatzustandsstabilität disperser Systeme [232]): 359–61. — Über den Mechanismus der Zerkleinerung von Quarz in oberflächenaktiven Medien [27]): 482–90. — Stabilisierung konzentrierter Suspensionen durch Strukturierung des (öligen) Dispersionsmittels [17])[252])[96]): 658–68. — Über den Einfluß der festen dispersen Phase auf die maximale Viskosität konzentrierter Suspensionen im strukturierten Medium [252])[17])[96]): **24** ('62) 678–81. — Rolle des Übersättigungsgrades bei der Formierung von Kristallisationsstrukturen während des Erhärtens [194])[7]): **25** ('63) 229–33. — Arkadij Borisovič Taubman zum 60. Geburtstag: 269f. — Einfluß des Dispersionsgrades auf die Endfestigkeit der Erhärtungsstruktur in Abhängigkeit von der Löslichkeit des Bindemittel-Ausgangsstoffes [183][194]: 370–74. — Synthese poröser Kondensationsstrukturen einer neuen dispersen Phase aus Polyvinylalkohol [90][247]: 441–46. — Einfluß von oberflächenaktiven Stoffen auf die Stabilität von Strukturen in konzentrierten nichtwäßrigen Suspensionen [96][17][252]: 555–60. — Einfluß von Gips auf den Vorgang der Hydratation und der Hydratationserhärtung von Calciumoxid [97][194]: 561–66. — Bestimmung der kritischen Konzentration der Mizellbildung wäßriger Seifenlösungen mit der konduktometrischen Methode [135][33][102]: **26** ('64) 76–82. — Untersuchung der Prozesse der Kristallisationsstrukturbildung des Monocalciumaluminats bei verschiedenen Temperaturen [237][194]: 252–57. — Einfluß von Wassergehalt, Mikrozuschlägen und Zusätzen oberflächenaktiver Substanzen auf die Dispersionsstruktur des Sandbetongerüsts [240][141]: 713–21. — Über die Oberflächenaktivität einiger Semikolloide vom Seifentyp in Verbindung mit der Mizellbildung in ihren wäßrigen Lösungen [135][33][102]: **27** ('65) 242–49. — Untersuchung der struktur-mechanischen Eigenschaften wäßriger Bentonitdispersionen und der Einfluß von Quarzsandzusätzen verschiedenen Dispersionsgrades auf diese Eigenschaften [29][198]: **28** ('66) 894–99. — Über die Besonderheiten der Thixotropie in einer strukturierten wäßrigen Bentonitsuspension mit geringem Gehalt an disperser Phase [59][29]: 915–17. — Besonderheiten der Kristallisationsstrukturbildung in Suspensionen von β-Dicalcium- und Tricalciumsilicat in Verbindung mit der Bildung metastabiler Hydratationsprodukte [9][92][194]: **29** ('67) 23–28. — Über den Mechanismus der Strukturbildung bei der Verfestigung von Tonen durch Zusätze von ungelöschtem Kalk [56][216][198]: 658–66. — Über die Erhöhung der Festigkeit hochdisperser feinporiger Strukturen von Magnesiumhydroxid und Magnesiumoxid durch Zusatz von Siliciumdioxid als Füllstoff [97][134][192]: 687-91. — Verdichtbarkeit und Festigkeit der Strukturen in Suspensionen mit gemischten festen Phasen [144][96][17][252]: 696–701. — Einfluß der Temperatur auf die Oberflächenaktivität von Seifen gesättigter Carbonsäuren in wäßrigen Lösungen [102][135][113]: **30** ('68) 249–54. — Untersuchung der Solubilisation von verschiedenartigen Kohlenwasserstoffen in wäßrigen Lösungen des biologisch aktiven Semikolloids Natriumcholat [33][135][35]: 292–98. — Über die Natur der übersättigten Lösungen, die bei der Hydratation von β-Di- und Tricalciumsilicat gebildet werden [92][9]: 379–85. — Untersuchung der Thixotropie strukturierter Dispersionen mit geringem Gehalt an disperser Phase [59][29]: 435–42. — Zur Theorie der Dispergierung, 1: Thermodynamik monodisperser Systeme [179][192]: 573–80; ~ 2: Dispergierung im Vakuum [179][111][192]: 735–43; ~ 3: Dispergierung im flüssigen Medium [179][111][192]: 744–53. — Vollständige rheologische Charakteristik der maximal thixotrop-verfestigten Strukturen in verdünnten wäßrigen Bentonitsuspensionen [59]: 644–55. — Kondensationsstrukturen der Acetylcellulose [2][247]: 656–61. — Kinetik der Änderung des Dispersionsgrades bei der Erhärtung mineralischer Bindemittel in Gegenwart von Quarzfüllstoffen [124]: 721–29. — Physikalisch-chemische Besonderheiten der Erhärtung von Sorelzement. Untersuchung der Kinetik der Bildung der Dispersionsstrukturen der Erhärtung bei Wechselwirkung zwischen Magnesiumoxid und Magnesiumchlorid im wäßrigen Medium [218][213][194]: 754–60; ~: Untersuchung des Einflusses der Bedingungen der Kristallisation des Magnesiumoxychlorids auf die Kinetik der Bildung der Dispersionsstruktur der Erhärtung [213][218][194]: **31** ('69) 440–45. — Einfluß von Zusätzen solubilisierter Kohlenwasserstoffe auf die rheologischen Eigenschaften wäßriger Natriumoleatlösungen bei verschiedenen Temperaturen [34][135]: **30** ('68) 782–87. — Einfluß von Vibrationseinwirkung auf die Komprimierbarkeit des Systems $CaCO_3 + Fe_2O_3$ ohne Zusätze und in Gegenwart von oberflächenaktiven Substanzen [144][239]: **31** ('69) 92–96. — Untersuchung der Stabilität von Koagulationsstrukturen in konzentrierten Suspensionen [144][17][252]: 97–101. — Kinetik der Zunahme der Festigkeit beim Erhärten mineralischer Bindemittel in Gegenwart von Quarzfüllstoffen [124][141]: 536–42. — Prozesse der Bildung disperser Kristallisationsstrukturen und der chemischen Wechselwirkung in Tricalciumaluminatsuspensionen in Gegenwart von Natriumchlorid [225][9]: 897–903. — Experimentelle Untersuchung der Kohäsionskräfte in individuellen mikroskopischen Kontakten zwischen den Kriställchen bei Kompression und Agglomeration [192][85][7]: 913–18. — Über den Einfluß oberflächenaktiver Substanzen auf die Strukturbildung in Dispersionen von Pulvern in einem unpolaren flüssigen Medium und in Luft [17][96][144][252]: **32** ('70) 177–81. — Einfluß der Temperatur und der Solubilisation von Kohlenwasserstoffen auf das mittlere Mizellargewicht in wäßrigen Natriumoleatlösungen [34][135]: 288–92. — Über im thermodynamischen Gleichgewicht befindliche zweiphasige Dispersionssysteme [14][67][62][192]: 480–82. — Zur Theorie des Kegelplastometers [69]: 512–20. — Über die Stabilität von Koagulationsstrukturen, die in wäßrigen Natriumbentonit-Dispersionen entstehen [224][247][198]: 765–70. — Über die Maximalzeit der Formierung der Hydrogelstruktur des Vanadinpentoxids. Der Sol–Gel-Übergang [59][152]: 794f. — Untersuchung der Verformungsfestigkeitseigenschaften paraffinhaltiger Dispersionsstrukturen [5][74][135]: **33** ('71) 6–10. — Über strukturierte und nichtstrukturierte Sedimentation von Suspensionen [252][26][96][17]: 64–68. — Einfluß der Auflösung von Kohlenwasserstoffen auf die Mizellbildung in wäßrigen Seifenlösungen bei verschiedenen Temperaturen [102][135][113]: 79–86. — Strukturierung und Thixotropie wäßriger Vanadinpentoxid-Dispersionen [59][152]: 277–83. — Zur Untersuchung der elastisch-

Bitte Anmerkung auf Seite 4201 beachten!

plastischen Charakteristika paraffinhaltiger strukturierter Dispersionen [5][74][135]: 306–08. – Untersuchung der rheologischen Eigenschaften wäßriger Natriumhydroalumosilicat- und Kieselsäuregele [129][254]: 415–21. – Über den Mechanismus der elastischen Nachwirkung in strukturierten Bentonitsuspensionen niedriger Konzentration [192]: 450–58. – Untersuchung der physikalisch-chemischen Grundlagen der Zerstörung eines Zementsteins in Gegenwart großer Zusätze von Calciumchlorid [9][225]: 793–97. – Untersuchung der maximalen Schubspannung und Abschätzung der Energie der Kontakte in lyophilen dispersen Systemen [18][79]: **34** ('72) 6–10. – Besonderheiten der Abscheidung neuer disperser Phasen aus metastabilen Acetylzellulose-Lösungen in Diäthylenglykoläthyläther [2][247]: 315–20. – Stabilisierung konzentrierter Emulsionen vom Typ "m/v" durch wäßrige Eiweißlösungen und oberflächenaktive Polymere [79][237][164]: 340–45. – Untersuchung der Strukturbildung in konzentrierten Systemen Natriumoleat–Wasser [35][135][201]: 432–37. – Einfluß der Temperatur auf die struktur-mechanischen Eigenschaften konzentrierter Systeme Natriumoleat–Wasser [35][135][201]: 632–35. – Stabilisierende Wirkung zwischenphasiger Adsorptionsschichten von α-Casein an der Phasengrenze zu Kohlenwasserstoffen [79][237][42]: 850–55. – Sorption von Lignosulfonaten verschiedener kationischer Zusammensetzung an der dispersen festen $Mg(OH)_2$-Phase bei ihrer Bildung in wäßrigen Suspensionen [161][218][129]: **35** ('73) 293–97. – Einfluß oberflächenaktiver Medien auf das Haftvermögen fester Körper [192][21][10][158]: 828–32. – Über die Thermodynamik der Mizellbildung oberflächenaktiver Substanzen im wäßrigen Medium [135][20]: 833–37. – Kritische Emulsionen als lyophile Kolloidsysteme, 1: Über die Natur der Stabilität kritischer Emulsionssysteme [93][58][108][156]: 838–42; ~ 2: Experimentelle Untersuchung der Voraussetzungen für die Bildung und der Stabilität kritischer Emulsionssysteme [93][58][108][156]: 843–48. – Rheologische Eigenschaften von Adsorptionsschichten an der Phasengrenze zwischen wäßrigen Gelatinelösungen und Benzol [79][6][192]: 860–66. – Über die Formen der Silicaterhärtung [129]: 874–80. – Über die Rolle der Entropie- und Enthalpieänderungen bei der Mizellbildung und der Solubilisation in den Systemen Wasser oberflächenaktive Substanz [135][20][118]: 881–86. – Lichtstreuung in Gelatinelösungen und -gelen [18][79]: 887–92. – Untersuchung der Mikroinhomogenitäten in Hydrogelen von Kieselsäure und Alumokieselsäure [97][116][166]: 935–38. – Hydrophobisierung anorganischer Sole mittels oberflächenaktiver Substanzen [216][75][146][198]: 938–41. – Untersuchung der Kinetik der Strukturbildung und der thixotropen Eigenschaften kohlenwasserstoffhaltiger disperser Systeme [5][74][135]: 945–48. – Hydratationserhärtung von Bindemitteln in Gegenwart anorganischer Zuschläge [105][107][173][38]: 949–51. – Untersuchung der struktur-mechanischen Eigenschaften konzentrierter Systeme Ammoniumoleat–Wasser [135][35][204][222]: **36** ('74) 278–83. – Experimentelle Untersuchung der Bildung von Kristallisationskontakten unter Verwachsung der einzelnen Kristalle [242][7][85][192]: 436–42. – Das Adsorptionsverhalten von Calciumlignosulfonat beim Prozeß der Abscheidung von Magnesiumoxidhydrat [161][218][213]: 504–10. – Untersuchung der Mizellarstruktur des biologisch aktiven Steroids Natriumdesoxycholat im wäßrigen Medium [33][135]: 609–11. – –Alle Arbeiten russ., ab 1956 meist mit engl. Zusammenfassg.

Koževenno-obuvnaja Promyšl. SSSR Physikalische Chemie der molekularen Oberflächenerscheinungen bei der Lederproduktion: **1935**, Nr. 7, 381–84 [russ.].

Legkaja Promyšl. Zur Theorie der Vulkanisation von synthetischen Kautschuken [163]: **10** ('50) Nr. 9, 30–32 [russ.].

Maslobojno-žirovoe Delo Physikalisch-chemische Grundlagen der Wirkung von Waschmitteln: **9** ('33) Nr. 1, 23f. [russ.]; Nr. 5, 25–27 [~]. – Grundlegende Richtungen und Aussichten in der Entwicklung der Theorien über die Waschwirkung: Nr. 7, 3–8 [~]. – Physikalische Chemie der Waschwirkung von Seifen und praktische Fragen der Seifensiederei [178]: **10** ('34) Nr. 11, 44–48 [~]. – Eine neue molekulare Charakteristik der Rohfette nach ihrer Polarität [219]: **11** ('35) Nr. 2/3, 60–63 [~].

Moločnaja Promyšl. Probleme der physikalischen Chemie der Milch [247]: **1967**, Nr. 12, 1–3 [russ.].

Nature [London] New physico-chemical phenomena in the deformation and mechanical treatment of solids: **159** ('47) 866f.

Naučnaja Mysl' Hochmolekulare disperse Systeme [247]: **1970**, Nr. 11, 1–17 [russ.].

Naučno-techn. Obšč. SSSR Hochdisperse Materialien in der Technik: **1964**, Nr. 7, 16f. [russ.]. – Die Wissenschaft von den hochfesten Materialien: **1965**, Nr. 8, 20–24 [~] (m. Bildn.).

Naučnye Soobšč. voronežsk. gos. Univ. Einfluß der Adsorption einer oberflächenaktiven Substanz auf die Dehnungsgesetzmäßigkeiten von Kupferdrähten [137]: **1** ('41) 29–32 [russ.].

Nauka i Čelovečestvo Die Wissenschaft über neue Materialien: **2** ('63) 434–53 [russ.]. – Hochmolekulare Kondensationsstrukturen [247]: **1968**, 347–67 [~].

Nauka i Religija Interview [Das Programm der KPdSU und die Perspektiven der Entwicklung der organischen Chemie]: **1961**, Nr. 12, 9f. [russ.]. – Vorwärts gehen – das bedeutet wissenschaftlich untersuchen: **1966**, Nr. 3, 50f. [~] (m. Bildn.).

Nauka i Žizn' Neue wissenschaftliche Untersuchungsmethoden [Radioaktive Isotope]: **1955**, Nr. 4, S. 16. — Bildung und Zerstörung von Strukturen [194]: Nr. 5, 21–24 (m. Bildn.). — Physikalisch-chemische Mechanik: **1956**, Nr. 1, S. 14 (m. Bildn.). — Häuser aus ungewöhnlichen Materialien werden wir in zukünftigen Jahren bauen: **1957**, Nr. 11, 49f. — Zerstörung – ein Weg zur Verfestigung [157]: **1962**, Nr. 8, 24–32. — Kaffee und Fortschritt: **1966**, Nr. 3, 144f. — — Alle Arbeiten russ.

Neftjanaja Promyšl. SSSR Anwendung von Festigkeitsverminderern zur Erhöhung der Bohrgeschwindigkeit [221][255]: **1940**, Nr. 5, 54–65 [russ.].

Niva Rätsel der Festigkeit: **1966**, Nr. 8, S. 24 [russ.].

Nova Acta Leopoldina Physikalisch-chemische Einwirkungen adsorbierter aktiver Zusätze auf die Prozesse der Deformation und des Bruches von Kristallen: **34** ('68) Nr. 1, 325–40, 439f.

Physikalische Z. Sowjetunion Sklerometrie in der Physiko-Chemie der mechanischen Dispergierung, 3: Abnahme der Grenzflächenenergie und Zunahme der Dispergierbarkeit fester Körper bei Bildung einer Adsorptionsschicht [88]: **4** ('33) 365–96.

Poligrafičeskoe Proizvodstvo Molekulare Oberflächenerscheinungen bei Druckvorgängen und die wissenschaftlichen Grundlagen der Lithographie [104]: **1936**, Nr. 5, 40–43 [russ.]. — Neue Charakteristika der elastisch-plastisch-viskosen Eigenschaften polygraphischer Materialien [104]: **1951**, Nr. 6, 31–37 [~].

Poroškovaja Metallurgija [Kiev] Vibration densification in powder metallurgy [71][187][119][141]: **1** ('61) Nr. 6, 10–16 [russ. m. engl. Zusammenfassg.].

Priroda [SSSR] Neue Probleme der Kolloidchemie der mineralischen Bindemittel [194]: **1952**, Nr. 12, 45–52 [russ.]. — Physikalisch-chemische Mechanik: **1960**, Nr. 10, 3–7 [~].

Pure and appl. Chem. Formation of structures in disperse systems: **10** ('65) 337–57.

Rheologica Acta [Darmstadt] Strukturbildung in dispersen und hochmolekularen Systemen, Strukturtypen und ihre rheologischen Eigenschaften [141]: **1** ('58/61) 361–70. — Rheologische Eigenschaften von Bitumina in Abhängigkeit von der Temperatur und von den Zusätzen an aktivem Füllstoff und Weichmachern [141]: 629–39.

Rubber Chem. and Technol. Vulcanization of synthetic rubbers [163]: **24** ('51) 569–73.

Seifensieder-Ztg. Physikalisch-chemische Betrachtungen über die Waschwirkung von Seifen und praktische Fragen der Seifenindustrie [178]: **62** ('35) 215–17.

Silikat-Technik Feinmahlung von Quarz [27]: **13** ('62) 200–08. — Eröffnungsansprache bei der Wissenschaftlichen Konferenz über Probleme der physikalisch-chemischen Mechanik der Tone, Böden, Erden und Baustoffe, November 1964: **16** ('65) 236f.

Socialističeskaja Rekonstr. i Nauka Oberflächenerscheinungen und disperse Systeme in Anwendung auf die Technik: **1932**, Nr. 1, 151–59 [russ.].

Soobšč. o naučno-techn. Rabot. v Respublike Physikalische Chemie der bei einem Schnitt entstehenden festen Oberflächen: Nr. **31** ('32) 130–32 [russ.]. — Adsorptionsisothermen und die Bestimmung der spezifischen Oberfläche pulverförmiger und poröser Körper: 132 [~].

Sovetskaja Architektura Physikalisch-chemische Mechanik – die wissenschaftliche Grundlage der optimalen Technologie des Betons und Eisenbetons [141]: **12** ('60) 95–102 [russ.].

Sovetskaja Nauka Die Zertrümmerung und die Bearbeitung fester Körper in der Technik: **1940**, Nr. 12, 29–37 [russ.].

Soviet Sci. Rev. High-molecular disperse systems [247]: **2** ('71) 224–32.

Sowjetwissenschaft Neue Probleme der Kolloidchemie: **1955**, 658–67.

Steklo i Keramika Zu dem Aufsatz [**1949**, Nr. 10, Nr. 12; **1950**, Nr. 4] über das Springen keramischer Erzeugnisse während des Trocknungsprozesses: **1950**, Nr. 5, 18f. [russ.].

Stroitel'nye Mater. Das Vibrationsmahlen – eine besonders effektive moderne Zerkleinerungsmethode: **2** ('56) Nr. 1, 8–10 [russ.]. — Moderne physikalisch-chemische Vorstellungen über die Prozesse der Erhärtung mineralischer Bindemittel [194]: **6** ('60) Nr. 1, 21–26 [~]. — Ansprache auf der IV. Unionskonferenz für die Chemie und Technologie poröser Betone: **14** ('68) Nr. 3, 19f. [~] (m. Bildn.). — Die Anwendung von kalten Plasmen in der Technologie der Baumaterialien [182][47]: **18** ('72) Nr. 1, 7f. [~].

Technika – Molodeži Freude an der Wissenschaft haben, sie achten und es verstehen, ihre Schlußfolgerungen auszuwerten [191]: **1957**, Nr. 10, 14f. [russ.]. — An der Berührungsstelle dreier Wissenschaften: **1959**, Nr. 3, S. 13 [~]. — [Über die Neukonstruktion und erfolgreiche Prüfung einer Reihe von Strahlmühlen]: **1960**, Nr. 3, S. 1 [~]. — Kleine Büchlein und große Welt: Nr. 5, S. 34 [~]. — [Aufruf an die Studenten]: Nr. 7, S. 11 [~]. — Für ein aktives langes Leben: **1961**, Nr. 2, S. 27 [~] (m. Bildn.). — Ein festes Fundament [Über die physikalische Chemie]: **1964**, Nr. 6, 5f. [~]. — Die tiefe Bedeutung der Oberflächenerscheinungen: **1971**, Nr. 11, 7f. [~].

Bitte Anmerkung auf Seite 4201 beachten!

Tenside Grenzflächen- und Volumeneigenschaften von Tensidlösungen: **3** ('66) 191f.

Teoretičeskie Osnovy chim. Technol. Die physikalisch-chemische Mechanik disperser Strukturen in der chemischen Technologie [239])[192]): **6** ('72) 872–79 [russ.].

Tonindustrie-Ztg. Experimentelle Untersuchungen von inneren Spannungen bei den Vorgängen der Gipsstrukturbildung [7])[97])[192]): **95** ('71) 35–38 [m. engl. Zusammenfassg.].

Trans. Faraday Soc. Wetting and flotation in connection with the problem of the transition layer: **36** ('40) 295–305.

Trudy fizič. Inst., Akad. Nauk SSSR Das Problem der Härte und Prozesse der Dispergierung fester Körper: **1936**, Nr. 1, S. 139 [russ.].

Trudy Inst. fizič. Chim., Akad. Nauk SSSR Neue Methoden zur Charakterisierung der elastisch-plastisch-viskosen Eigenschaften von vernetzten dispersen Systemen und Lösungen hochpolymerer Stoffe: Nr. **1** ('50) 5–19 [russ.].

Trudy Inst. Fiziki Metallov, Akad. Nauk SSSR Gesetzmäßigkeiten und Mechanismus des Einflusses kleiner Zusätze oberflächenaktiver Substanzen auf die Deformations- und Festigkeitseigenschaften metallischer Einkristalle [119])[192])[93])[157])[72]): Nr. **23** ('60) 147–61 [russ.].

Trudy Inst. Istorii Estestvoznanija i Techn. Aus Erinnerungen an Sergej Ivanovič Vavilov: **17** ('57) 138–40 [russ.].

Trudy Sojuzdor NII Über die physikalisch-chemische Mechanik bituminöser Materialien: Nr. **49** ('71) 5–12 [russ.].

Uč. Zap. mosk. gos. Univ. Die Entwicklung der Hauptrichtungen der wissenschaftlichen Tätigkeit am Lehrstuhl für Kolloidchemie der Moskauer Staatsuniversität [80])[194]): **174** ('55) 295–300 [russ.].

Usp. Chim. Übersicht über die kolloidchemischen Arbeiten auf dem 6. Mendeleev-Unionskongreß, Charkov 1932: **2** ('33) 110f. [russ.]. — I. I. Žukov† [263])[50]): **19** ('50) 647–50 [~]. — Entwicklung der Kolloidchemie in der UdSSR während der letzten 40 Jahre: **26** ('57) 1320–42 [~].

Usp. Chim. i Technol. Polimerov Struktur-mechanische (viskos-elastische) Eigenschaften der Lösungen von Polymeren und Methoden ihrer Messung [78]): **2** ('57) 146–70 [russ.].

Usp. fizič. Nauk Josua Willard Gibbs zum 100. Geburtstag: **21** ('39) 377–81 [russ.]. — Oberflächenerscheinungen an festen Körpern bei Prozessen ihrer Deformation und Zerstörung [192]): **108** ('72) 3–42 [~].

Vestn. Akad. Nauk SSSR Die Bedeutung der physikalisch-chemischen Prozesse bei der mechanischen Zerstörung und Behandlung von festen Körpern in der Technik: **1940**, Nr. 8/9, 5–28. — Strukturbildung und Thixotropie in Kolloidsystemen: **1948**, Nr. 6, S. 104. — Neue Untersuchungen der strukturmechanischen Eigenschaften disperser Systeme und fester Körper: Nr. 10, 101f. — Über die Rolle der russischen Wissenschaftler bei der Entwicklung der physikalischen Chemie der Kolloide: **1951**, Nr. 4, 112–14. — Neue physikalisch-chemische Wege in der Technologie von Baumaterialien [125]): Nr. 10, 47–54. — 200 Jahre „Worte über den Nutzen der Chemie" von M. V. Lomonosov: Nr. 11, 66–71. — Neue Probleme der Kolloidchemie: **1955**, Nr. 2, 8–17. — Die Aufgaben der physikalischen Chemie während der einzelnen Etappen ihrer Entwicklung: Nr. 3, 101–09. — Die physikalisch-chemische Mechanik als neues Wissensgebiet: **1957**, Nr. 10, 32–42. — Neue Wege der Entwicklung der Kolloidchemie: **1959**, Nr. 1, 44–51. — Ein Beispiel wissenschaftlicher Zusammenarbeit [192]): Nr. 10, 60–63. — Die wissenschaftlichen Grundlagen der Produktion neuer Materialien [141]): **1961**, Nr. 10, 70–77. — Poröse Materialien auf der Basis von Kondensationsstrukturen [247]): **1962**, Nr. 11, 80–87. — Eine neue Technologie disperser Materialien (Einige Anwendungen der physikalisch-chemischen Mechanik): **1964**, Nr. 8, 28–38. — Zwei Konferenzen über die Physik und Chemie der Oberflächenerscheinungen: **1967**, Nr. 6, 88–92. — Physikalisch-chemische Mechanik der Berührungswechselwirkung zwischen festen Körpern [77])[106]): **1973**, Nr. 1, 64–67. — — Alle Arbeiten russ.

Vestn. Mašinostroenija Die Anwendung aktiver Schmiermittel in der metallkeramischen Technologie [119]): **1951**, Nr. 3, 56–62 [russ.].

Vestn. mosk. Univ. Physikalisch-chemische Untersuchungen über die Strukturbildung in Zementsuspensionen [194])[129]): **9** (Ser. fiz.-mat. i estestv. nauk Nr. 2) ('54) 17–32 [russ.].

Vestn. techn. Informacii Ministerstva Stankostroenija SSSR Die wesentlichen technologischen Eigenschaften von Schmier- und Kühlflüssigkeiten, die bei der Metallbearbeitung verwendet werden [159]): **1946**, Nr. 25/26, 1–5 [russ.].

Vostočnaja Neft' Die komplexe Verwendung von chemischen Reagenzien und Festigkeitsverminderern bei den Erdölbohrungen in den östlichen Gebieten [255])[221]): **1940**, Nr. 7/8, 26–28 [russ.].

Z. physik. Chem. [Leipzig] Viskoelastische Struktureigenschaften von Hochpolymerlösungen und Methoden ihrer Bestimmung [78]): **209** ('58) 1–14. — Physikalisch-chemische Betrachtungen über einige der wichtigsten Anwendungen grenzflächenaktiver Stoffe [232]): **228** ('65) 184–92.

Ž. fizič. Chim. Stabilisierung von Suspensionen durch Adsorptionsschichten oberflächenaktiver

Bitte Anmerkung auf Seite 4201 beachten!

Stoffe, 10: Stabilisierung von Quecksilberoxidsuspensionen in Toluol durch oberflächenaktive Stoffe [65]): **3** ('32) 193–200; Adsorptionsschichten in dispersen Systemen, 23: Über den Einfluß von adsorbierenden Substanzen auf die Festigkeit von Koagelen individueller Seifen [145]): **14** ('40) 1509–16. — Die Erniedrigung der Oberflächenenergie und der Härte (d. h. der Dispersionsarbeit fester Stoffe) durch Adsorptionsschichten [88])[246]): **5** ('34) 332–57. — Die mechanischen Eigenschaften und die stabilisierende Wirkung von Adsorptionsschichten in Abhängigkeit vom Sättigungsgrad, 1 [235]): **12** ('38) 573–82. — Die Oberflächenaktivität hydrophiler Kolloide [255]): **13** ('39) 94–105. — Der Elektrokapillareffekt der Verminderung der Festigkeit von Metallen [246]): **19** ('45) 1–14. — Gesetzmäßigkeiten bei der Verdampfung von Flüssigkeitströpfchen im sphäroidalen Zustand [167]): **20** ('46) 961–72. — Einfluß von oberflächenaktiven Substanzen auf die Verdampfung von Wassertropfen im sphäroidalen Zustand [167]): 973–79. — Elektrokapillareffekt zur Erleichterung der Dehnungsverformung von Metallen [246]): **26** ('52) 1847–53. — Die Arbeiten A. N. Frumkins und seiner Schule auf dem Gebiet der Oberflächenerscheinungen und der Kinetik von Elektrodenprozessen [48])[86]): **29** ('55) 1746–50. — Akademiemitglied V. A. Kargin - ein hervorragender Wissenschaftler auf dem Gebiet der physikalischen Chemie der Polymere und der Kolloidchemie (Zum 50. Geburtstag) [141]): **31** ('57) 528–30. — N. M. Turkel'taub. 1915–1965 [257])[37]): **39** ('65) 1804. — Konstantin Anatol'evič Putilov, 1900–1966 [250])[70])[91])[195])[57])[28])[207]): **40** ('66) 2931 f. — — Alle Arbeiten russ.

Ž. prikl. Chim. Über Phasenübergänge der bei der Hydratation von Calciumaluminaten ($CaO \cdot Al_2O_3$ und $3CaO \cdot Al_2O_3$) gebildeten Hydrate [194])[237])[23]): **37** ('64) 1227–33 [russ.].

Ž. rezinovoj Promyšl. Die physikalisch-chemischen Grundlagen der Aktivität und Aktivierung von Kautschukfüllmitteln, 1 [133]): **12** ('35) 991–1005 [russ.].

Ž. techn. Fiziki Verminderung der Ritzhärte bei Adsorption oberflächenaktiver Stoffe. Physikalisch-chemische Sklerometrie und Dispergierungsprozesse bei der mechanischen Bearbeitung fester Körper [88]): **2** ('32) 726–55 [russ.].

Ž. vses. chim. Obšč. im. Mendeleeva Bildung und mechanische Eigenschaften disperser Strukturen. Zur physikalisch-chemischen Mechanik von Silicatdispersionen: **8** ('63) 162–70 [russ.]. — Oberflächen- und Volumeneigenschaften von Lösungen oberflächenaktiver Stoffe: **11** ('66) 362–69 [~].

Zavodskaja Labor. Kolloidal-physikalisch-chemische Methoden zur Trennung der aus Stahl ausgeschiedenen Schlackeneinschlüsse von den Karbiden [76])[228])[121])[174]): **4** ('35) 619–22 [russ.]. — Die Messung der Benetzung als neue physikalisch-chemische Methode der Analyse und der Charakteristik von verschiedenen Materialien und Prozessen: **6** ('37) 1371–76 [~]. — Unsere Erfolge und unsere Aufgaben. Zum 40. Jahrestag der Großen Sozialistischen Oktoberrevolution: **23** ('57) 1184 f. [~] (m. Bildn.).

Znanie – Sila Physikalische Chemie und Bearbeitung fester Körper: **1947**, Nr. 3, 1–6 [russ.] (m. Bildn.).

Znannja ta Pracja Festigkeit durch Zerstörung: **1964**, Nr. 10, 2–4 [ukrain.].

Wiedergabe zweier Konferenzvorträge: "Novye problemy fiziko-chimičeskoj mechaniki" [Neue Probleme der physikalisch-chemischen Mechanik] (Moskva '56) 7 S. und "Osnovnye položenija fiziko-chimičeskoj teorii betona i predloženija po technologii betona na osnove vyvodov iz teorii" [Die wesentlichen Leitsätze der physikalisch-chemischen Theorie des Betons und Vorschläge für die Technologie des Betons auf der Grundlage von Schlußfolgerungen aus der Theorie] (m. N. V. Michajlov) (Moskva '56) 6 S. — Ferner Herausgabe bzw. Mitherausgabe von Lehrprogrammen "Kolloidchemie". — Zahlreiche weitere kurze Thesen oder Referate eigener Konferenzvorträge.

Mit: [1]) G. A. Ab; [2]) N. A. Abaturova; [3]) L. A. Abduragimova; [4]) V. F. Abrosenkova; [5]) Ė. A. Aleksandrova; [6]) I. G. Alekseeva; [7]) E. A. Amelina (= 183); [8]) T. A. Amfiteatrova; [9]) E. P. Andreeva; [10]) I. A. Andreeva; [11]) Ja. B. Aron; [12]) M. S. Aslanova; [13]) V. G. Babak; [14]) V. M. Barboj; [15]) G. M. Bartenev; [16]) G. M. Belousova; [17]) G. V. Belugina; [18]) L. E. Bobrova; [19]) N. A. Boguslavskaja; [20]) O. P. Bovkun; [21]) L. S. Brjuchanova; [22]) M. A. Brjujer; [23]) T. K. Bruckus; [24]) B. L. Cejtlin; [25]) L. E. Černenko; [26]) G. I. Černova; [27]) G. S. Chodakov; [28]) Ju. V. Chodakov; [29]) Ch. Chodžaeva; [30]) P. M. Chomikovskij; [31]) E. S. Chorošaja; [32]) G. M. Chutorcov; [33]) N. N. Cikurina; [34]) A. V. Činnikova; [35]) G. A. Čirova; [36]) V. A. Členov; [37]) K. V. Čmutov; [38]) Ju. M. Čumakov; [39]) V. F. Čuvaev; [40]) Czjan Lun; [41]) A. A. Demin; [42]) V. N. Demina; [43]) N. Ja. Denisov; [44]) I. A. Dobrušina; [45]) B. A. Dogadkin; [46]) R. R. Dogonadze; [47]) N. N. Dolgopolov; [48]) P. I. Dolin; [49]) L. K. Doronin; [50]) M. M. Dubinin; [51]) M. V. Dukarevič; [52]) G. G. Ėdel'man; [53]) L. I. Ėdel'man; [54]) G. I. Epifanov; [55]) V. D. Evdokimov; [56]) D. G. Evstatiev; [57]) V. A. Fabrikant; [58]) N. P. Fedoseeva; [59]) V. A. Fedotova; [60]) M. A. Filatova; [61]) A. N. Frumkin; [62]) G. I. Fuks; [63]) I. E. Gel'ms; [64]) M. A. Gerdov; [65]) R. B. Ginzburg; [66]) N. I. Glagolev; [67]) Ju. M. Glazman; [68]) N. L. Gol'denberg; [69]) T. Ja. Gorazdovskij; [70]) S. V. Gorbačev; [71]) N. S. Gorbunov; [72]) Ju. V. Gorjunov; [73]) N. V. Grigor'eva; [74]) A. P. Grišin; [75]) V. I. Guseva; [76]) S. M. Gutman; [77]) A. Ju. Išlinskij; [78]) L. V. Ivanova(-Čumakova) (= 259); [79]) V. N. Izmajlova; [80]) B. Ja. Jampol'skij; [81]) L. P. Janova; [82]) I. V. Judina; [83]) V. S. Juščenko; [84]) —; [85]) R. K. Jusupov; [86]) B. N. Kabanov; [87]) M. A. Kaliko; [88]) N. A. Kalinovskaja; [89]) A. A. Kanaev; [90]) I. Ja. Kantorovič-Šelomkova; [91]) M. Ch. Karapet'janc; [92]) B. F. Kešelava; [93]) L. A. Kočanova; [94]) R. F. Kochan; [95]) A. S. Kolbanovskaja; [96]) V. V. Konstantinova; [97]) S. I. Kontorovič; [98]) A. D. Kopeina; [99]) V. M. Korbut; [100]) S. A. Kordjukova; [101]) G. N. Kormanovskaja; [102]) N. Z. Kostova;

Bitte Anmerkung auf Seite 4201 beachten!

[103]) B. P. Kotel'nikov; [104]) L. A. Kozarovickij; [105]) T. A. Kozlenko; [106]) I. V. Kragel'skij; [107]) I. I. Kryžanovskij; [108]) V. M. Kučumova; [109]) G. V. Kukolev; [110]) I. A. Kulešova; [111]) F. M. Kuni; [112]) M. M. Kusakov; [113]) A. E. Kuz'mina; [114]) L. E. Kuznecova; [115]) E. V. Lavrinovič; [116]) K. A. Lavrova; [117]) D. L. Lejčkis; [118]) V. V. Levin; [119]) V. I. Lichtman; [120]) S. M. Lipatov; [121]) M. E. Lipec; [122]) Ė. S. Lipman; [123]) B. A. Lišanskij; [124]) T. Ju. Ljubimova; [125]) G. I. Logginov; [126]) N. M. Lubman; [127]) M. V. Lukarevič; [128]) V. S. Luk'janov; [129]) O. I. Luk'janova; [130]) V. N. L'vov; [131]) B. N. Maksimov; [132]) Ž. G. Malikova; [133]) V. B. Margaritov; [134]) L. Ja. Margolis; [135]) Z. N. Markina; [136]) A. I. Markov; [137]) N. E. Markova; [138]) V. M. Maslennikov; [139]) G. G. Melent'eva; [140]) A. N. Michajlov; [141]) N. V. Michajlov; [142]) E. Michajlova; [143]) D. I. Mirlis; [144]) O. Mirza-Abdullaeva; [145]) V. B. Mokievskij; [146]) R. I. Nazarova; [147]) S. A. Nikitina; [148]) A. V. Nikolaeva; [149]) P. D. Novokreščenov; [150]) B. P. Osmačkin; [151]) P. F. Ovčinnikov; [152]) P. I. Paraska; [153]) A. M. Parfenova; [154]) V. G. Paškovskij; [155]) V. A. Pčelin; [156]) A. V. Percov; [157]) N. V. Percov; [158]) I. V. Petrova; [159]) N. N. Petrova; [160]) V. I. Pikaeva; [161]) N. F. Pilinskaja; [162]) V. A. Pinsker; [163]) A. P. Pisarenko; [164]) G. M. Pis'mennaja; [165]) —; [166]) G. M. Plavnik; [167]) N. A. Pleteneva; [168]) N. V. Poljakov; [169]) Z. M. Polukarova; [170]) —; [171]) K. A. Pospelova; [172]) Ju. N. Rabotnov; [173]) V. B. Rafinov; [174]) M. M. Rimskaja; [175]) B. M. Rovinskij; [176]) V. N. Rozanova; [177]) V. N. Rožanskij; [178]) D. A. Roždestvenskij; [179]) A. I. Rusanov; [180]) Ė. V. Rybakova; [181]) L. M. Rybakova; [182]) N. N. Rykalin; [183]) E. A. Šabanova(-Amelina) (= 7); [184]) N. A. Safronova; [185]) S. Ja. Šalyt; [186]) R. R. Sarkisjan; [187]) I. G. Šatalova; [188]) V. I. Savenko; [189]) E. M. Savickaja; [190]) V. S. Ščedrov; [191]) D. I. Ščerbakov; [192]) E. D. Ščukin; [193]) A. B. Šechter; [194]) E. E. Segalova; [195]) V. K. Semenčenko; [196]) N. A. Semenenko; [197]) L. N. Sentjurichina; [198]) N. N. Serb-Serbina; [199]) G. K. Sibirskaja; [200]) L. A. Šic; [201]) F. L. Šifrin; [202]) L. A. Sil'čenko; [203]) D. I. Šilov; [204]) A. V. Sineva; [205]) E. A. Sinevič; [206]) G. M. Sinicyna; [207]) M. F. Širokov; [208]) G. K. Šiškovskij; [209]) A. A. Skočinskij; [210]) A. G. Skvorcov; [211]) Z. N. Skvorcov; [212]) E. I. Skvorcova; [213]) B. I. Smirnov; [214]) A. M. Smirnova; [215]) N. P. Sokolova; [216]) N. Ja. Solomčenko; [217]) F. P. Sološko; [218]) E. S. Solov'eva; [219]) L. R. Solov'eva; [220]) M. R. Spasskij; [221]) L. A. Šreiner; [222]) I. V. Starceva; [223]) V. V. Stol'nikov; [224]) G. V. Stratulat; [225]) N. P. Stukalova; [226]) V. D. Šuchman; [227]) V. P. Suchova; [228]) M. D. Šul'vas; [229]) B. D. Summ; [230]) S. I. Šur; [231]) S. F. Suzdal'ceva; [232]) A. B. Taubman; [233]) A. I. Titov; [234]) N. D. Topor; [235]) A. A. Trapeznikov; [236]) V. Ju. Traskin; [237]) Z. D. Tulovskaja; [238]) U Šu-cju; [239]) N. B. Ur'ev; [240]) I. N. Ušakova; [241]) I. Ju. Uvarova; [242]) V. P. Vaganov; [243]) —; [244]) V. P. Varlamov; [245]) S. Ja. Vejler; [246]) E. K. Venstrem (Wenström); [247]) I. N. Vlodavec; [248]) S. S. Vojuckij; [249]) Ju. M. Volkov; [250]) M. P. Vukalovič; [251]) N. G. Zajceva; [252]) S. Ch. Zakieva; [253]) Z. M. Zanozina; [254]) V. F. Zavadskaja; [255]) K. F. Žigač; [256]) K. E. Zinčenko; [257]) A. A. Žuchovickij; [258]) V. D. Čistota; [259]) L. V. Čumakova (= 78); [260]) V. I. Pčelin; [261]) G. I. Krus; [262]) K. Ja. Polferov; [263]) S. I. Vol'fkovič.

V,VI **REBOUL**, Georges Antoine. Physik, Meteorol. — 1924–40 Maître de Conférences Météorol., Inst. Nation. Agronomique, Paris; '27–48 Prof. Physique, '48–56 Prof. hon., Univ. de Montpellier. — '24 Fondat. Clément Félix, '27 Prix Hughes, '31 Prix Pierson-Perrin (Acad. Sci. Paris); Officier de la Légion d'Honneur; Officier de l'Instruct. Publique; Chevalier du Mérite agricole.

*1879, Juni 1, Calvisson, Gard;
†1955, Mai 22, Montpellier.

Nekr. J. Cabannes, C. R. hebd. Séances Acad. Sci., Paris **240** ('55) 2361–63.

Autobiobibliogr. Services et travaux (Montpellier '50) 37 S.

W. Un axiome universel, ses applications aux sciences expérimentales (m. J.-A. Reboul) (Paris '50) 20+148 S. (Monographies des probabilités, 7). — Probabilités physiques, essai de synthèse universelle (m. J.-A. Reboul) (Paris '55) 262 S.

Bull. Assoc. franç. Etude Cancer Etude polarographique des sérums de néoplasiques [5])[2]): **35** ('48) 193–200.

Cahiers Physique Georges Déchène (1904–1940): **6** ('41) 61–64.

C. R. hebd. Séances Acad. Sci., Paris Sur une forme particulière d'activité de la matière: **194** ('32) 602f. — Sur un mode particulier d'activation de la matière: 1122–24. — Phénomènes radioactifs de second ordre et d'origine artificielle: 1733–35. — Sur les anomalies présentées par les radiographies obtenues au moyen de cellules semi-conductrices: 2304f. — Sur l'émission d'un rayonnement très mou par les isolants électrisés: **196** ('33) 1987–89. — Sur des radiations ionisantes de petit quantum émises spontanément par les métaux ordinaires [5]): **205** ('37) 789–91. — Sur une particularité de l'air ionisé par les rayons X [4]): **208** ('39) 172f. — Emission de radiations ionisantes par les sels des métaux ordinaires [6]): 568f. — Sur l'ionisation résiduelle des gaz soumis à l'action des rayons X [4]): 1715–17. — Sur un effet particulier aux gaz soumis à l'action de la lumière ultraviolette: 2065–67. — Sur la compressibilité des solides ou des liquides considérée du point de vue des théories de probabilité: **212** ('41) 149–51. — Sur l'expression analytique d'un principe universel: 224–26. — Sur une anomalie présentée par les gaz soumis à l'action de diverses causes ionisantes [7]): **220** ('45) 157f. — Sur la formation des petits ions, des gros ions, et des centres neutres: 267f. — Sur la mesure des mobilités des porteurs de charge dans les semi-conducteurs réels [3]): 868–70. — Application des relations de probabilités aux équilibres physiques et biologiques [5]): **222** ('46) 1063–66. — Relations de probabilités dans les cas d'interdépendance. Applications à la chimie: 1320–22. — Probabilités physiques et principes de la thermodynamique: **224** ('47) 314–16. — Nouvelle méthode pour effectuer les mesures polarométriques; applications [1]): 1263f. — Probabilités et biologie:

Bitte Anmerkung auf Seite 4201 beachten!

loi d'action polarométrique des sérums en solution étendue [1][5]): **225** ('47) 89–91. — Sur les divers modes d'application des relations de probabilité: **226** ('48) 33–35. — Application des relations de probabilité aux statistiques de contamination tuberculeuse [5]): 1653–55. — Sur l'emploi du polaromètre en thérapeutique [1]): 2039–41.

J. Physique et Radium Phénomènes radioactifs de second ordre et d'origine artificielle: (7) **4** ('33) 73–89. — Au sujet d'un article de M. A. Dauvillier sur les "Rayons de décharge": **5** ('34) 287f. — Emission d'un rayonnement peu pénétrant par les isolants électrisés: 329–42. — A propos d'une thèse sur les phénomènes radioactifs de second ordre: **10** ('39) 151–58. — Probabilités mathématiques et probabilités physiques. Applications [5]): (8) **5** ('44) 108–16. — Hasard et géometries physiques de formes euclidiennes et non euclidiennes: **12** ('51) Nr. 6, S. 48S.

Revue sci. Un axiome universel: **86** ('48) 21–26.

Ferner eine Broschüre "Sciences expérimentales et probabilités" (m. J.-A. Reboul) (Montpellier '42) 104 S.

Mit: [1]) F. Bon; [2]) M. Dargent; [3]) J.-L. Eck; [4]) F. Perrier; [5]) J.-A. Reboul; [6]) E. Thibaud; [7]) G. Vassails.

V,VI **REBUFFAT,** Orazio. Techn. Chem. (anorg.). — 1906–35 Prof. ord., R. Ist. Sup. d'Ingegneria, Napoli.
*1862, Sept. 7, Messina;
†1938, Apr. 5, Napoli.

Annali Ingegneria La pozzolana di Bacoli nei lavori marittimi: **5** ('33) 12 S. (R. Istituto Superiore di Ingegneria di Napoli, Pubbl. 2, 18).

Atti R. Ist. Incoraggiamento Napoli Sopra un caso particolare di sviluppo di gas tossici in un cassone per lavori in aria compressa: **1934**, 7 S. (R. Istituto Superiore di Ingegneria di Napoli, Pubbl. 3, 41). — Sullo stato dello zolfo nelle rocce eruttive. Nota preliminare: 10 S. (~ 3, 42). — La fabbricazione dell'allume nell'Isola d'Ischia: 6 S. (~ 3, 43). — Il sistema silice–allumina: 8 S. (~ 3, 44). — Sul controllo della resistenza alla scorificazione dei materiali refrattari: 8 S. (~ 3, 45).

Corriere Ceramisti Il Museo di S. Martino e la sua collezione ceramica: **14** ('33) Apr.-Nr.

Giorn. Chim. industr. ed appl. Il sistema silice–allumina [,1]: **16** ('34) 213–15; ~ 2: La reattività della caolinite ed un nuovo gruppo di eterosilicati: 433–35. — Sulla refrattarietà delle sillimanite: 334 f.

Industria Vetro e Ceramica L'azione del vapore d'acqua sulla vetrificazione delle paste feldspatiche: **5** ('33) März-Nr.

Bitte Anmerkung auf Seite 4201 beachten!

IV–VI **RECOURA,** Albert. Chem. (anorg.). — 1894–1901 Prof. et pendant quelques années Doyen de la Fac. des Sci., Univ. de Dijon; '01– Prof., puis Prof. hon., Univ. de Grenoble. — '09 Prix La Caze (Acad. Sci. Paris).(⊠)
*1862, Jan. 30, Grenoble, Isère;
†1945, Dez. 21, La Tronche, Isère.

Nekr. P. Jolibois, C. R. hebd. Séances Acad. Sci., Paris **223** ('46) 489f.

C. R. hebd. Séances Acad. Sci., Paris Nouvelles recherches sur les chlorures chromiques hydratés: **194** ('32) 229–32. — Sur les chlorures triaquochromique et biaquochromique: **196** ('33) 1853–55.

V,VI **RECZYŃSKI,** Czesław. Physik. — 1922–36 Ord. Prof., Techn. Hochsch. Lwów. (⊠)
*1878, Juli 25, Char'kov, Rußland;
†1936, Sept. 6, Lwów.

Nekr. Z. Klemensiewicz, Acta physica polon. **6** ('37) 1–5 [deutsch u. poln.] (m. Bildn., Faks., Schr.verz. 21 Nrn.).

S. C. R. Congrès international d'électricité, Paris 1932 (R. de Valbreuze) **2** (Paris '33) 72–79: Les réactions chimiques pendant les décharges électriques dans les gaz raréfiés; **8** ('33) 78–: L'arc électrique au mercure.

Acta physica polon. Über das Durchdringen des aktiven Wasserstoffs durch eine Quecksilbersäule [1]): **1** ('32) 413–18 [m. poln. Zusammenfassg.].

Nauka polska Über die Erfordernisse der technischen Physik in Polen: **15** ('32) 287– [poln.].

Mit: [1]) B. Skorobohatyj.

VI **RÉDEY,** István. Geod. — 1916–20 Stud., '21– Assist., '42– Privatdoz., '51– Prof. u. Leiter d. Lehrstuhls f. Geod., Techn. Hochsch. → ('34–) Hochsch. f. Techn. u. Ökon., Budapest; '22– wiss. Mitarbeiter u. Leiter d. Einführung d. photogrammetrischen Systeme, Staatl. Kartogr. Inst., Budapest.
*1898, Dez. 8, Ujpest;
†1968, Okt. 7, Budapest.

Nekr. L. Homoródi, Geodézia és Kartografia **20** ('68) 458–. — Magyar Földmérők Arcképcsarnoka [Potraitgalerie ungarischer Geodäten] (Budapest '76).

H. Altalános geodézia (Budapest '61) (Műszaki értelmező szótar, 13). — Főldrajzi helymeghatározás (Budapest '69) (~ 29). — K. Oltay, Geodézia. Egyetemi tankőnyv [3](Budapest '62), [4]('64).

W. Magyar fotogrammetriai irodalom. Ungarisches Schrifttum für Photogrammetrie (Budapest '38) 24 S. — A földkéreg izosztatikus egensúlya (Budapest '42) 44 S. (A Mérnőki Továbbképző Intézet kiadványai, 16,28). — A potenciálelmélet alkalmazása a geodéziában (Budapest '49) 143 S. (~ M-80). — A geodézia geofizikai feltevései (Budapest '50) 45 S. (A Térképészeti Kőzlőny különfüzete, 14).

Acta techn. Acad. Sci. hungar. Sur l'altitude dynamique: **6** ('53) 413–28 [m. russ., engl. u. deutscher Zusammenfassg.].

Építőipari és Közlekedési műszaki Egyetem tudományos Közleményei Die zeitliche Veränderung der geodätischen Daten: **7** ('61) Nr. 2, 3–11 [ungar. m. russ., engl., französ., deutscher u. span. Zusammenfassg.].

Geodézia és Kartografia Einheitliche Bezeichnungen der geographischen Ortsbestimmung: **7** ('55) 234–39; **8** ('56) 16–23 [ungar.]. — Über die Definition der Lotlinie: **17** ('65) 371 [~].

Geodéziai Közlöny Die relative Orientierung der Höhenparallaxe und der Bildpaare [,2]: **7** ('32) 17–32, 81–91 [ungar.]. — Die Triangulierungen erster Ordnung der USA: **8** ('32) 27–48 [~].

Magyar tudományos Akad. műszaki Tudományok Osztályának Közleményei Über die dynamische Höhe: **7** ('52) 501–18 [ungar.].

Térképészeti Közlöny Die Bedeutung von Wegeners Theorie der Kontinentalverschiebung für die Geodäsie: **6** ('40) 5–52 [ungar.]. — Auf die Drehachse der Erde reduzierte Höhe: **7** ('48/50) 5–37 [~].

VI **REERINK**, Engbert Harmen. Chem. — 1925–36 Chemiker, Naturwiss. Labor., N.V. Philips' Gloeilampen-Fabr., Eindhoven; '36–61 Techn. Dir., N.V. Philips - van Houten (jetzt Philips-Duphar B.V.), Weesp; '62–69 Präs.-Kurator, Univ. Leiden; im Ruhestand in Wassenaar.
*1899, Okt. 16, Goor.

Zum Ausscheiden als Techn. Dir. J.A.K.B., Chemisch Weekbl. **57** ('61) 553f. (m. Bildn.). — Recueil Trav. chim. Pays-Bas **80** ('61) Nr. 9/10, Numéro spécial en l'honneur de E. H. Reerink (m. Bildn. vor S. 907).

S. C. R. IIe Congrès international de la lumière. Biologie, biophysique, thérapeutique, Copenhague 1932 (København '32) 664–69: Neuere Untersuchungen über Vitamin-D-Bildung durch Sonnenlicht [4])[9]). — Chemistry at the centenary (1931) meeting of the British Association for the Advancement of Science (Cambridge '32) 156–58: Isolation of a crystalline antirachitic reaction product from irradiated ergosterol [9]). — C. R. Ve Congrès international technique et chimique des industries agricoles, Schéveningue 1937, **1** ('s-Gravenhage '37) 68f.: Die quantitative Bestimmung von Vitamin D mit Hühnern als Versuchstieren und die Beziehung von Ratten- zu Hühnerwirksamkeit bei verschiedenen bestrahlten Provitaminen [4])[1])[9]). — Enkele aspecten van heden en toekomst van de Leidse Universiteit (— '65): [Text eines Vortrages].

Acta physiol. et pharmacol. neerland. The progestational effect of a new series of steroids [6])[8]): **9** ('60) 134–36.

Chemisch Weekbl. Physikalische Methoden bei der Vitaminuntersuchung [9])[4]): **29** ('32) 645–50 [niederländ.]. — Bestimmung von Vitamin D [4]): **35** ('38) 577–80 [~].

Nature [London] A new class of hormonally active steroids [6])[8])[5])[3])[2])[7]): **186** ('60) 168f.

Physica Intensitätsmessungen an künstlichen Ultraviolettlichtquellen [9]): **13** ('33) 289–98 [niederländ. m. engl. Zusammenfassg.].

Proc., Koninkl. Akad. Wet. Amsterdam A naturally occurring chicken provitamin-D [1])[9])[4]): **39** ('36) 622–32.

Recueil Trav. chim. Pays-Bas Sterols, 15: The syntheses and properties of 9β,10α-progesterone and 6-dehydro-9β,10α-progesterone [8]): **79** ('60) 771–83; ~ 16: The syntheses and properties of 9β,10α-androstanes [8]): 794–806; Investigations on sterols, 18: The synthesis and properties of some hydroxylated 9β,10α-pregnanes [8]): 1118–25.

Voeding Ernährung und chemische Industrie: **15** ('54) 473– [niederländ.].

Z. Vitaminforsch. Vitamin-D-Bestimmung [4]): **7** ('38) 269–77.

Mit: [1]) A. G. Boer: [2]) E. Diczfalusy; [3]) A. A. H. Kassenaar; [4]) J. van Niekerk; [5]) A. Querido; [6]) H. F. L. Schöler; [7]) K. C. Tillinger; [8]) P. Westerhof; [9]) A. van Wijk.

IV–VI **REESE**, Herbert Meredith. Physik. — 1904–07 Instructor, '07–12 Assist. Prof., '12–20 Assoc. Prof., '20–43 Prof., for some years Chairman of the Departm. of Physics, '44 Prof. Emer., Univ. of Missouri, Columbia, Mo.
*1873, Dez. 1, Baltimore, Md.;
†1954, Mai 10, Georgetown, Colo.

Nekr. N. S. Gingrich, American J. Physics **22** ('54) 419f.

American Physics Teacher Easily constructed Fresnel mirrors: **4** ('36) 215–. — Where is a fish seen?: **6** ('38) 163–.

American J. Physics Oscar Milton Stewart, 1869–1944: **12** ('44) 305–. — Coarse diffraction gratings for lecture demonstration and laboratory [1]): **14** ('46) 324–. — An anecdote of Planck: **16** ('48) 56–. — Freezing in water pipes: **19** ('51) 425 f.

J. opt. Soc. America The use of plane transmission gratings: **22** ('32) 496–98. — The visibility of a thin wire: **29** ('39) 519.

Mit: [1]) N. S. Gingrich.

IV,V **REFORMATSKIJ,** Aleksandr Nikolaevič. Chem. — Bis 1888 Stud., Univ. Kazan'; 1889–98 Lektor, 1898– Prof., Univ. Moskva; 1900–18 Prof., Frauenhochsch. Moskva; '01–19 Prof., Volksuniv. "A. L. Šanjanskij", Moskva; '06–16 Dir., Prakt. Akad., Moskva; '18–30 Prof. u. Leiter d. Labor. f. allg. Chem., zeitweilig Dekan d. chem.-pharm. Fak., 2. Moskauer Univ.; '30– Prof. u. Leiter d. Lehrstuhls f. anorg. Chem., Inst. f. feinchem. Technol., Moskva. — '35 Ehrentitel "Verdienter Wissenschaftler" (RSFSR). (⊠)
*1864, Dez. 7 (Nov. 25), Borisoglebskoe, Gouv. Kostroma;
†1937, Dez. 27, Moskva.

Bruder v. Sergej Nikolaevič Reformatskij IV,VI,VIIb

Zur Biogr. S. S. Nametkin, Nauka i Žizn' **1935**, Nr. 2, 50–52. — S. Ja. Plotkin, Za promyšl. Kadry **1935**, Nr. 4, 73–76.

Nekr. I. Kablukov, Usp. Chim. **7** ('38) 321 f. — O. N. Morozova, ibid. 323–26; Chimija v Škole **1938**, Nr. 1, 96–99. — G. D. Vovčenko, Promyšlennost' org. Chim. **5** ('38) Nr. 2, S. 136. — G. D. Vovčenko u. a., Vysšaja Škola **1938**, Nr. 2, S. 153.

Zum 25. Todestag S. Ja. Plotkin, Chimija v Škole **17** ('62) Nr. 6, 16–19 (m. Literaturhinweisen 25 Nrn.).

W. Neorganičeskaja chimija [Anorganische Chemie]. Neuaufl. (Moskva–Leningrad '33) 400 S.; ukrain.: (Charkiv–Kyïv '35) 3+411 S., (Charkiv '38) 416 S.; usbek.: (Taškent–Samarkand '38) 8+404 S. — Obščaja chimija. Osnovnye ponjatija, zakony i teorii v ėlementarnom izloženii [Allgemeine Chemie. Allgemeine Begriffe, Gesetze und Theorien in elementarer Darstellung] (Moskva–Leningrad '34) 98 S.

Ferner Lehrbriefe "Chimija dlja stroitelej" [Chemie für Baufachleute] (Moskva '33/34) sowie Chemie-Lehrprogramme für Vorlesungen an technischen Hochschulen.

IV,VI **REFORMATSKIJ,** Sergej Nikolaevič. Chem. (org.). — 1891–1934 Ord. Prof., Univ. Kiev; 1898–1907 Prof., Polytechnikum Kiev; '06–19 Prof., Frauenhochsch. Kiev; '30–34 Leiter d. chem. Abt. d. Kautschuk-Inst., Kiev; '10–16, '20–33 Präs., Physikal.-Chem. Ges. Kiev. (⊠)
*1860, Apr. 1 (März 20), Borisoglebskoe, Gouv. Kostroma;
†1934, Juli 28.

Bruder von Aleksandr Nikolaevič Reformatskij IV,V,VIIb

Ehrung "Reformatskij-Reaktion" (Methode der Synthese von β-Oxysäuren mit Hilfe organischer Zinkverbindungen).

Nekr. A. P. Semencov, Ber. dtsch. chem. Ges. **68** A ('35) 61; Ž. obščej Chim. **5** ('35) 584–601 (m. Schr.verz.).

Zur Biogr. V. Ja. Počinok, S. N. Reformatskij und die "Reformatskij-Reaktion": Naučnye Zap., Kievsk. gos. Univ. im. Ševčenko **14** ('55) Nr. 4 (Sborn. chim. Fak. Nr. 6) 33–60 (m. Schr.verz.) [russ.]. — A. P. Semencov, S. N. Reformatskij and his reaction: J. chem. Educat. **34** ('57) 530–32. — K. Volkov in: Rozvytok nauky v kyïvs'komu universyteti za sto rokiv [Entwicklung der Wissenschaft an der Universität Kiev seit 100 Jahren] (Kyïv '35) 238–43. — Očerki po istorii organičeskoj chimii v Kievskom universitete [Studien zur Geschichte der organischen Chemie an der Universität Kiev] (A. I. Kiprianov) (Kiev '54) 64–95 (m. Schr.verz.) (vgl. auch: Ukrainskij chim. Ž. **20** ('54) zwischen S. 128 u. 141).

Zum 100. Geb.tag A. I. Kiprianov, Ukrainskij chim. Ž. **26** ('60) 471–75.

W. Načal'nyj kurs organičeskoj chimii [Einführung in die organische Chemie] [17](Moskva–Leningrad '30) 467 S.; usbek.: (Taškent–Samarkand '37) 396 S.

Ž. prikl. Chim. Über die chemische Natur von sowjetischem natürlichem Kautschuk und Guttapercha [3])[1])[2]): **7** ('34) 9.0–59 [russ.].

Mit: [1]) G. Jacun-Višnevskaja; [2]) A. Šul'pekova; [3]) V. Višnevskij.

VI **REHBINDER,** P. → VI **REBINDER,** Petr Aleksandrovič

VI **REICH,** Herbert Joseph. Physik, Elektrotechn. — 1929–36 Assist. Prof., '36–39 Assoc. Prof., '39–45 Prof. Electr. Engng., Univ. of Illinois, Urbana, Ill.; '44–46 Techn. Research Associate, Radio Research Labor., Harvard Univ., Cambridge, Mass.; '46–61 Prof. Electr. Engng., '61–69 Prof. Engng. and Appl. Sci., '61–63 Dir. of Nation. Sci.

Bitte Anmerkung auf Seite 4201 beachten!

Foundat. Research, Yale Univ., New Haven, Conn.

*1900, Okt. 25, New Dorp, Staten Island, N.Y.

Zur Biogr. Proc. IRE **41** ('53) 551 (m. Bildn.).

H. Very high-frequency techniques **1.2** (New York '47) (Radio Research Laboratory, Harvard University).

W. Vacuum tubes and electronic control devices (– '34) 138 S. — Theory and applications of electron tubes (New York–London '39) 18+670 S.; [2]('44) 19+716 S. — Principles of electron tubes (New York–London '41) 15+398 S.; französ.: Technique et applications des tubes électroniques (Paris '51) 320 S. — Ultra-high frequency techniques (m. J. G. Brainerd, G. Koehler, L. F. Woodruff) (New York '42) 11+570 S.; französ.: Radiotechnique moderne. Technique des ultra-hautes fréquences (Paris '48) 2+615 S. — Microwave theory and techniques (m. P. F. Ordung, H. L. Krauss, J. G. Skalnik) (New York–Princeton, N.J. '53, London '54) 13+901 S.; (Cambridge, Mass. '65) 902 S. — Microwave principles (m. J. G. Skalnik, P. F. Ordung, H. L. Krauss) (New York–Princeton, N.J.–London '57) 9+427 S. — Functional circuits and oscillators (Princeton, N.J. '61) 19+466 S. — Theory and applications of active devices (m. J. G. Skalnik, H. L. Krauss) (Princeton, N.J.–New York '66) 12+739 S.

American Physics Teacher An audible method of demonstrating transient oscillations in single and coupled tuned circuits: **2** ('34) 27f.

Electrical Engng. [USA] The relaxation inverter: **52** ('33) 817–22. — Electronic transient visualizers: **55** ('36) 1314–18.

Electrical Manufacturing Transistors and transistor circuits: **1952**, Nov.-Nr. u. Dez.-Nr., 15 S.

Electronic Industries Features of cathode-follower amplifiers: **4** ('45) Juli-Nr.

Electronics Magnetic control of mercury vapor rectifier tubes: **6** ('33) Febr.-Nr. — A 75-watt commutator-type inverter: **6** ('33). — A cold-cathode amplifier tube [13]: 282–. — Trigger circuits: **12** ('39) Aug.-Nr., 14–17. — Thyratron phase-control circuits [8][10]: **21** ('48) Juli-Nr., 107–09. — Auxiliary current alters transistor characteristics [10][5][4]: **24** ('51) Sept.-Nr., 142, 228, 232, 236.

IEEE Trans. Forward transient behavior of PN junction diodes at high injection levels [6]: **ED-11** ('64) 515–23. — The growth of oscillations in two-resonator negative-conductance oscillators: **CT-15** ('68) 259–62.

J. appl. Physics [USA] Dynamic characteristics of glow discharge tubes [3]: **9** ('38) 421–26. — Effect of auxiliary current on transistor operation [9][10][4][5]: **22** ('51) 682 f.

J. Franklin Inst. Thermally self-excited mechanical oscillators [2]: **283** ('67) 30–37.

Proc. Inst. Radio Engr. A low-distortion audio-frequency oscillator: **25** ('37) 1387–98.

Proc. I.R.E. The use of vacuum tubes as variable impedance elements: **30** ('42) 289–. — Equivalent-plate-circuit theorem: **33** ('45) 136–. — Input admittance of cathode-follower amplifiers: **35** ('47) 573–76. — Mode separation in oscillators with two coaxial-line resonators: **36** ('48) 1252–55. — Some aspects of split-anode magnetron operation [8][10][12]: **38** ('50) 1428–33. — Some transistor trigger circuits [9]: **39** ('51) 627–32. — The use of admittance diagrams in oscillator analysis: **41** ('53) 522–28; **42** ('54) 484f. — Circuits for producing high negative conductance: **43** ('55) 228. — Cathode-follower-coupled phase-shift oscillator: 229.

Proc. IEEE Standard symbols for electron devices: **51** ('63) 362f. — Amplitude instability in oscillators: 381f. — Simultaneous oscillations at two or more frequencies [10][1]: 1051f. — A graphical method of solving simultaneous nonlinear differential equations of growth: **56** ('68) 199f.

Review sci. Instruments A mechanical analogy for coupled electrical circuits: (N.S.) **3** ('32) 287–93. — The thyratron relaxation oscillator and some of its applications: 580–85. — The relaxation inverter and d.c. transformer: **4** ('33) 147–52. — A combination sweep circuit and periodic contactor for studying circuit and line transients with the cathode-ray oscillograph [7]: **5** ('34) 7–9. — Circuits for oscillographic frequency comparison: **8** ('37) 348f. — Electronic circuits for the measurement of time and speed [11]: 502–04. — New vacuum tube counting circuits: **9** ('38) 222f. — A ballistic meter for measuring time and speed: **12** ('41) 96–98. — An electronic switch for the simultaneous observation of two waves with the cathode-ray oscillographs: 191f. — A direct-reading frequency meter for the audio and supersonic ranges [12]: **19** ('48) 43–46. — A transistor trigger circuit [12]: **20** ('49) 586–88.

Drei weitere Mitteilungen: "The generation of intermodulation frequencies" ('41), "Noise suppression in frequency modulation" ('42) und "Thyratron grid-control recovery" ('57?).

Mit: [1]) J. D. Crane; [2]) W. J. Cunningham; [3]) W. A. Depp; [4]) T. Flynn; [5]) J. E. Gibson; [6]) K. Kano; [7]) G. S. Marvin; [8]) J. C. May; [9]) P. M. Schultheiss; [10]) J. G. Skalnik; [11]) H. Toomim; [12]) R. L. Ungvary; [13]) W. M. Hesselberth.

IV,VI **REICHER,** Lodewijk Theodorus. Chem. — 1893–1922 Chemiker-Botaniker u. Chef d. chem. Labor., Städt. Gesundheitsamt, Amsterdam.

Bitte Anmerkung auf Seite 4201 beachten!

*1857, Apr. 16, Kampen, Overijsel; †1943, Apr. 30, KZ Sobibor, Polen.

Zur Biogr. W. P. Jorissen, Chemisch Weekbl. **30** ('33) 501.

Nekr. W. P. Jorissen, Chemisch Weekbl. **42** ('46) 90f. (m. Bildn.).

H. Chemisch Weekbl. **1** ('03)ff.

VI **REID,** Ebenezer Emmet. Chem. (org.). — 1914–17 Assoc. Prof., '17–37 Prof., '37 Prof. Emer., Johns Hopkins Univ., Baltimore, Md.; Consultant: '19–59 E. I. du Pont de Nemours and Co., Wilmington, Del., '20–60 Edgewood Arsenal, Md., '34–63 Thiokol Chem. Corp., Trenton, N.J. — '16 Hon.LL.D. (Univ. of Richmond, Va.); '72 Hon.D.Sc. (Johns Hopkins Univ., Baltimore, Md.). — '38 Leon P. Smith Gold Medal (Wesleyan College, Macon, Ga.); '47 Herty Gold Medal (Amer. Chem. Soc., Georgia Sect.); '62 Award of Merit (Amer. Chem. Soc., Maryland Sect.); '72 Chemical Pioneer Award (Amer. Inst. of Chemists).

*1872, Juni 27, Fincastle, Va.; †1973, Dez. 21, Owings Mills, Md.

Ehrungen 1971 E. Emmet Reid Chemical Library (Chemistry Department Library of the University of Richmond, Va.). — Symposium on recent advances in organic chemistry, a session in honor of Dr. E. Emmet Reid, Baltimore, Md., 1971.

Autobiogr. My first one hundred years; an interim report (New York '72) 220 S. (m. Bildn. u. Schr.verz.).

Zur Biogr. Chemical and Engng. News **23** ('45) 654, 1188; **25** ('47) 898 (m. Bildn.), 1433 (m. Bildn. [Frontispiz]); **40** ('62) 19. Nov., S. 92 (m. Bildn.); **49** ('71) 4. Jan., S. 39; 18. Jan., S. 41; **50** ('72) 1. Mai, S. 19.

S. Unit processes in organic synthesis (P. H. Groggins) (New York '35) 484–531: Esterification. — Résumés des communications. 2e Congrès international de biochimie, Paris 1952 (Lons-le-Saunier '52) 478f.: Compounds for cancer chemotherapy, 2 [21][64].

W. Organic chemistry of bivalent sulfur, **1** (New York '58) 539 S.; **2** ('60) 476 S.; **3** ('60) 486 S.; **4** ('62) 437 S.; **5** ('63) 461 S.; **6** ('66) 491 S. — Invitation to chemical research (Palisade, N.J. '61) 384 S. — Chemistry through the language barrier; how to scan chemical articles in foreign languages with emphasis on Russian and Japanese (Baltimore, Md. '70) 9+138 S.

Chemical Engng. Unit processes: Esterification: **58** ('51) Nr. 3, 139.

Industrial and Engng. Chem. Action of some mercaptans in hydrocarbon solution on copper and copper sulfide [66]: **24** ('32) 448–51. — Esterification: **29** ('37) 1344–50; **40** ('48) 1596–601; **41** ('49) 1863–67; **42** ('50) 1667–71; **43** ('51) 1942–47; **44** ('52) 1988–95; **45** ('53) 1936–43; **46** ('54) 1801–08. — Ethylbenzene [20]: **38** ('46) 1194–203.

Industrial and Engng. Chem., Analyt. Edit. Copper alkyl phthalates for the estimation of mercaptans [68]: **17** ('45) 713f.

J. amer. chem. Soc. The chemical composition of oil of Ruvettus pretiosus, the "castor oil fish" [13]: **54** ('32) 220–29. — The preparation and properties of a double series of aliphatic mercaptans [19]: 1674–87. — Para-halogen-phenacyl esters of the normal fatty acids [49]: 2101–03. — Some analytical reactions of alkyl sulfides in benzene and purified naphtha solutions [62][66]: 3401–04. — Some analytical reactions of alkyl mercaptans in benzene solution [62]: 3404–09. — The condensation of certain phenols with some aliphatic aldehydes [29]: 4325–34. — The composition and possible constitution of several sulfur dyes [34]: 4393–402. — Cyclic and polymeric compounds from the reactions of ethylene mercaptan with polymethylene halides [67]: **55** ('33) 775–81. — Isomorphism and alternation in the melting points of the normal alcohols, acetates, bromides, acids and ethyl esters from C_{10} to C_{18} [47]: 1574–84. — A group of isomeric esters [61]: 3825–28. — Isomeric 2-iminotolyl-3-tolyl-4-p-chloro and p-bromophenyl-Δ^4-thiazolines [28]: 4998–5000. — Some thiomorpholine derivatives [7]: **56** ('34) 1720–24. — Ring compounds and polymers from polymethylene dihalides and dimercaptans [46]: 2177–80. — The preparation of higher aliphatic bromides [61][6]: 2784. — Some isomeric branched hexadecanols [13]: **57** ('35) 1801f. — Some alkyl-glyoxalidines [9]: 2424–26. — The preparation of some of the lower alkyl sulfonic acids [69]: 2559f. — A study of some substituted hydroxybenzyl alcohols [18][17]: **58** ('36) 1565–68. — A series of N-methylamides [14]: **59** ('37) 109–11. — Three series of N-substituted aliphatic amides [14]: 111f. — A series of aliphatic dimethyl amides [61]: 401f. — The preparation and properties of a series of alkyl thiolacetates [70]: 1089f. — Some monothioformals [70]: 1090f. — Some trialkyl trithiophosphorus, -antimony and -bismuth compounds [39]: **60** ('38) 2370f. — Lengthening carbon chains by three units. Assay of primary bromides from the addition of hydrogen bromide [36]: 2436–38. — The addition of sulfur, hydrogen sulfide and mercaptans to unsaturated hydrocarbons [33]: 2452–55. — Some derivatives of s-triethylbenzene [15]: 2606. — The action of caustic alkali and of alkaline salts on alcohols [73][37]: **61** ('39) 99–101. — α,ω-Di-p-hydroxyphenyl alkanes [55]: **62** ('40) 413–15. — Structure–property relationships in some isomeric octanols [16][22][23][42]: **63** ('41) 3100–10. — Some esters of thio-

Bitte Anmerkung auf Seite 4201 beachten!

diglycol [10]): **64** ('42) 908f. — Some mono- and dialkyl ethers of stilbestrol [71]): 1625f. — Pseudo-saccharin chloride, a reagent for the identification of alcohols [46]): **65** ('43) 457f. — Several alkyl-β-thioethylamines and the corresponding ureas, sulfoxides and sulfones [4]): 458f. — Condensation of chloroacetophenone with ethanol- and diethanolamine and of chloroacetocatechol with β-methoxyethylamine [4]): 479. — Series of α,ω-dimercaptans [26]): 1466–68. — Preparation of nonane- and decane-α,ω-dicarboxylic acids [26]): 1468. — Relation of estrogenic activity to structure in some 4,4'-dihydroxydiphenylmethanes [71]): **66** ('44) 967–69. — Addition of 4-mercaptobiphenyl to a series of 1-olefins [38])[57]): 1674f. — Photochemical bromination of fluorene [62]): **69** ('47) 234f. — 2-Aminofluorene [62]): 712. — Preparation of p-aminotetraphenylmethane [72]): 973. — p-Triphenylmethylphenyl and 2-fluorenyl isocyanates as reagents for alcohols [72]): 2470–72. — Thiodiglycol monoacetate by the photochemical addition of mercaptoethanol to vinyl acetate [60])[8])[58]): **70** ('48) 2292f. — Dialkylaminoalkyl acid esters and salts as hypotensive agents, 1 [53])[52])[59])[21]): **74** ('52) 3025–27; ~ 2: Alicyclic amino alcohols [53])[24])[21]): **75** ('53) 1092f.; ~ 3: Dialkylaminoalkyl pyrrolidine derivatives [53])[24]): 2261f.; ~ 4: Hydrogenated dialkylaminoalkyl isoindole derivatives [53])[24]): 4911–15; ~ 5: Hydrogenated bis-isoindole quaternary salts [53])[24]): **77** ('55) 616–21. — Alkyl half esters of cis-3,6-endomethylene-Δ^4-tetrahydrophthalic acid [53]): **74** ('52) 3955f. — N-Aryl-N'-alkyloxamides for the identification of primary alkyl amines [54])[51]): 4011f. — The condensation of 2-hydroxyethyl sulfides with alcohols and phenols [56])[3])[35]): 4076–79. — N,N'-Dialkyloxamides [53])[24]): **75** ('53) 242f. — N,N'-Dialkylethylenediamines by reduction of dialkyloxamides [53])[2])[24]): 1750. — N-Alkyl saccharins and their reduction products [53])[24]): 4304f. — Tetraalkyloxamides and their reduction to N,N,N',N'-tetraalkylethylenediamines [2])[53])[24]): 4829f. — Introduction of Mannich groups into some aromatic phenolic compounds [46]): **76** ('54) 3479–81. — Pungents. Fatty acid amides [53])[24])[2]): 3730f. — Some N-alkylsaccharin derivatives [53])[24]): **77** ('55) 5628–30.

J. chem. Educat. A new era in synthetic organic chemistry: **9** ('32) 1561–66. — Scanning foreign chemical articles: **47** ('70) 714.

J. Labor. and clin. Med. Diffusion of dyes in ethylene glycol gels [5]): **28** ('43) 1093–101.

J. org. Chemistry Ethylation of benzene. The course of the reaction [45])[1]): **9** ('44) 13–20. — Photosynthesis of semi-mustard gas, 2-chloroethyl 2'-hydroxyethyl sulfide [60])[12]): **13** ('48) 110–15. — Some mercaptoles of 1,2-ethanedithiol [32]): **15** ('50) 448f. — Salts and derivatives of cis-Δ^4-tetrahydrophthalic acid [53])[59])[64]): **16** ('51) 501–05. — N-Alkyl imides and their reduction by means of lithium aluminium hydride [53])[24]): **19** ('54) 884–93. — Dithiols and derivatives [24])[53]): **20** ('55) 50–59. — Saccharin derivatives: 3-Alkylamino- and 3-dialkylamino-alkylamino-1,2-benzisosulfonazoles and 2-dialkylamino-alkyl-o-benzoic sulfimides [24])[53]): 1425–29.

Manufacturer's Rec. Development of chemical industries in the south: **108** ('39) 42–, 58–.

Organic Syntheses n-Dodecyl bromide (lauryl bromide) [61])[6]): **15** ('35) 24–26. — Hydrogen bromide (anhydrous) [61])[6]): 35–38. — Oleyl alcohol (9,10-octadecenol-1) [11])[47])[13])[61]): 51–54. — Pelargonic acid (n-nonoic acid) [61]): **16** ('36) 60–62. — p-Amino-tetraphenylmethane [72]): **30** ('50) 5f.

Record chem. Progr. Kresge-Hooker Scientific Library: a milestone in chemical progress: **6** ('45) 33f.

Science [USA] Polysulfides in Levinstein process mustard gas [41])[31])[48]): **106** ('47) 355–59.

Mit: [1]) J. M. Almand; [2]) B. H. Armbrecht; [3]) F. B. Augustine; [4]) K. W. Brighton; [5]) F. C. Brown; [6]) R. E. Burnett; [7]) L. A. Burrows; [8]) J. Chernack; [9]) H. C. Chitwood; [10]) W. R. Clayton; [11]) F. O. Cockerille; [12]) W. A. Cook; [13]) W. M. Cox, jr.; [14]) G. F. D'Alelio; [15]) W. B. Dillingham; [16]) G. L. Dorough; [17]) F. Dunning; [18]) B. Dunning, jr.; [19]) L. M. Ellis, jr.; [20]) A. W. Francis; [21]) C. F. Geschickter; [22]) H. B. Glass; [23]) T. L. Greshan; [24]) C. H. Grogan; [25]) —; [26]) W. P. Hall; [27]) —; [28]) R. M. Hann; [29]) W. C. Harden; [30]) —; [31]) G. N. Jarman; [32]) A. Jelinek; [33]) S. O. Jones; [34]) W. N. Jones, jr.; [35]) E. Koft, jr.; [36]) A. P. Kozacik; [37]) A. W. Larchar; [38]) C. T. Lester; [39]) A. Lippert; [40]) —; [41]) R. Macy; [42]) G. B. Malone; [43]) —; [44]) —; [45]) E. M. Marks; [46]) J. R. Meadow; [47]) J. D. Meyer; [48]) A. Morrison; [49]) C. G. Moses; [50]) —; [51]) J. S. Pierce; [52]) A. Popovici; [53]) L. M. Rice; [54]) A. G. Richardson; [55]) E. M. Richardson; [56]) F. Richter; [57]) G. F. Rodgers; [58]) I. M. Rose; [59]) M. Rubin; [60]) W. H. C. Rueggeberg; [61]) J. R. Ruhoff; [62]) J. R. Sampey; [63]) —; [64]) J. Scholler; [65]) —; [66]) K. H. Slagle; [67]) N. B. Tucker; [68]) E. Turk; [69]) D. L. Vivian; [70]) F. W. Wenzel, jr.; [71]) E. Wilson; [72]) B. Witten; [73]) H. Worthington.

V,VI **REID**, Harry Fielding. Glaziol., Seismol. — 1901–30 Prof. and Head of Departm. of geol. Physics → ('11) Departm. of Dynamic Geol. and Geogr., '30 Prof. Emer., Johns Hopkins Univ., Baltimore, Md.; 1898–1905 Chief of Highway Divis., Maryland Geol. Survey; '02–14 Special Expert in charge of earthquake records, U.S. Geol. Survey; '12–14 Pres., Seismol. Soc. of America; '16 Vice-Pres., Geol. Soc. of America; '24–26 Chairman, Amer. Geophys. Union.

*1859, Mai 18, Baltimore, Md.;
†1944, Juni 18, Baltimore, Md.

Nekr. E. W. Berry, Proc. Vol. geol. Soc. America **1944** ('45) 293–98 (m. Bildn., Faks., Schr.verz.); Science [USA] **99** ('44) 67f.; Yearb., Amer. philos. Soc. **1944** ('45) 383–85. — A. C. Lawson, P. Byerly, Biographical Mem., Nation. Acad. Sci. USA **26** ('51) 1–12 (m. Bildn., Faks., Schr.verz.).

Zur Bibliogr. J. Washington Acad. Sci. **35** ('45) 31f.

American J. Physics A great American physicist: Henry Augustus Rowland: **9** ('41) 117–19.

Bull. nation. Res. Council Magnetic effects attributed to earthquakes: **90** ('33) 83–86. — The mechanics of earthquakes. The elastic rebound theory. Regional strain: 87–103. — The conception of the focus: 104f.

Proc. geol. Soc. America Faults: **1937**, 106.

Trans. amer. geophysic. Union Glaciers and geophysics: **1933**, 28–39.

Yearb., Carnegie Instn. Washington Seismology report of the advisory committee [u.a.]: **32** ('32/33) 362–72; **33** ('34) 349–59; **34** ('35) 360–70; **35** ('35/36) 368–79.

VI **REID,** William Thomas. Math. — 1926 B.A., Hardin-Simmons Univ., Abilene, Tex.; '27 M.A., '29 Ph.D., Univ. of Texas, Austin, Tex.; '29–31 Nation. Research Fellow, '31–37 Instructor, '37–42 Assist. Prof., '42–44 Assoc. Prof., Univ. of Chicago, Ill.; '44–59 Prof., Northwestern Univ., Evanston, Ill.; '59–64 Prof. and Head of the Math. Departm., State Univ. of Iowa, Iowa City, Ia.; '65– Phillips Prof., Univ. of Oklahoma, Norman, Okla.; Visiting Prof.: '46 Univ. of Puerto Rico, Rio Piedras, Puerto Rico, '48, '57–58 Univ. of California, Los Angeles, Cal. — '43 Hon.Sc.D. (Hardin-Simmons Univ., Abilene, Tex.).
*1907, Okt. 4, Grand Saline, Tex.;
†1977, Okt. 14, Austin, Tex.

MHZ. Trans. amer. math. Soc. 1944–1949.

S. Proc. United States – Japan seminar on differential and functional equations, Minneapolis, Minn., 1967 (New York '67) 267–99: Variational methods and boundary problems for ordinary linear differential systems. — Control theory and the calculus of variations. Based on the lectures presented at the workshop on calculus of variations and control theory, University of California, Los Angeles, Cal., 1968 (A. V. Balakrishnan) (New York–London '69): Lagrange multipliers re-visited. — Proc. Symposium on theory and application of generalized inverses of matrices, Lubbock, Tex., 1968 (Lubbock, Tex. '69) (Texas Technological College, Mathematics series, 4) 1–25: Generalized inverses of differential and integral operators. — Ordinary differential equations. Proc. of a conference, Washington, D.C., 1971 (L. Weiss) (New York–London '72) 221–40: Involutory matrix differential equations. — Proc. International conference on differential equations, Los Angeles, Cal., 1974 (H. A. Antosiewicz) (New York '75) 651–73: A class of optimal control problems involving higher order isotonic approximation. — Dynamical systems. An international symposium, Providence, R.I., 1974 (L. Cesari, J. K. Hale, J. P. LaSalle) 1 (New York–San Francisco, Cal.–London '76) 97–102: Generalized linear differential systems and associated boundary problems.

W. Infinite series and definite integrals (Chicago, Ill. '34) 150 S., Neuausgabe: ('39) 4+189 S. [Vorlesungsskripte]; als Buch: (Chicago, Ill. '43) 5+189 S. — Introduction to the theory of functions (Chicago, Ill. '41) 207 S. [Vorlesungsskripte]; als Buch: (Chicago, Ill. '44) 5+207 S. — Introduction to functions of a complex variable (Rio Piedras, Puerto Rico '45/46) 104 S. [Vorlesungsskripte]. — An introduction to the theory of the Lebesgue integral (Evanston, Ill. '50) 56 S. [Vorlesungsskripte]. — Ordinary differential equations (New York '71) 15+553 S. — Riccati differential equations (New York '72) 10+216 S. (Mathematics in science and engineering, 86).

American J. Math. A boundary value problem associated with the calculus of variations: **54** ('32) 769–90. — On boundary value problems associated with double integrals in the calculus of variations: 791–801. — Discontinuous solutions in the non-parametric problem of Mayer in the calculus of variations: **57** ('35) 69–93. — The theory of the second variation for the non-parametric problem of Bolza: 573–86. — An integro-differential boundary value problem: **60** ('38) 257–92. — Green's lemma and related results: **63** ('41) 563–74. — A matrix differential equation of Riccati type: **68** ('46) 237–46; **70** ('48) 460. — Expansion methods for the isoperimetric problem of Bolza in non-parametric form: **71** ('49) 946–75.

American math. Monthly Anatomy of the ordinary differential equation: **82** ('75) 971–84; **83** ('76) 718.

Anais Acad. brasil. Ci. Comments on a paper of J. Abdelhay: **20** ('48) 57–61.

Annali Scuola norm. sup., Pisa On the approximation of integrable functions by functions of bounded variation: (3) **14** ('60) 133–40.

Annals Math. Analogues of the Jacobi condition for the problem of Mayer in the calculus of variations: (2) **35** ('34) 836–48. — Sufficient conditions by expansion methods for the problem of Bolza in the calculus of variations: **38** ('37) 662–78. —

A comparison theorem for self-adjoint differential equations of second order: **65** ('57) 197–202.

Annals math. Statistics An empirical distribution function for sampling with incomplete information [1][2][3][5]: **26** ('55) 641–47.

Applied Analysis Discontinuous solutions for a non-parametric variational problem: **1** ('71) 161–82.

Bull. amer. math. Soc. A certain three-dimensional continuum: **41** ('35) 683f. — A theorem on plane continua: 684–88. — Boundary value problems of the calculus of variations: **43** ('37) 633–66. — A theorem on quadratic forms: **44** ('38) 437–40. — Some remarks on linear differential systems: **45** ('39) 414–19. — A note on the Weierstrass condition in the calculus of variations [4]: 471–73. — A theorem on continuous functions in abstract spaces: **46** ('40) 113–16. — A note on the DuBois-Reymond equations in the calculus of variations: **52** ('46) 158–66. — William M. Whyburn, 1901–1972: **79** ('73) 1175–83.

Duke math. J. Isoperimetric problems of Bolza in non-parametric form: **5** ('39) 675–91. — The Jacobi condition for the double integral problem of the calculus of variations: 856–70. — Integral criteria for solutions of linear differential equations: **12** ('45) 685–94. — Symmetrizable completely continuous linear transformations in Hilbert space: **18** ('51) 41–56. — Ordinary linear differential operators of minimum norm: **29** ('62) 591–606. — A class of monotone Riccati matrix differential operators: **32** ('65) 689–96.

Illinois J. Math. A class of two-point boundary problems: **2** ('58) 434–53. — Generalized linear differential systems and related Riccati matrix integral equations: **10** ('66) 701–22.

J. different. Equat. Some limit theorems for ordinary differential systems: **3** ('67) 423–39. — Comparison theorems for non-linear vector differential equations: **5** ('69) 324–37. — A maximum problem involving generalized linear differential equations of the second order: **8** ('70) 283–93. — A generalized Liapunov inequality: **13** ('73) 182–96. — A supplement to oscillation and comparison theory for Hermitian differential systems: **16** ('74) 550–73. — A historical note on Sturmian theory: **20** ('76) 316–20. — Interrelations between a trace formula and Liapunov type inequalities: **23** ('77) 448–58.

J. math. Analysis and Appl. Principal solutions of non-oscillatory linear differential systems: **9** ('64) 397–423. — A matrix Liapunov inequality: **32** ('70) 424–34. — Variational aspects of oscillation phenomena for higher order differential equations: **40** ('72) 446–70. — Related self-adjoint differential and integro-differential systems: **54** ('76) 89–114.

J. Math. and Mech. Solutions of a Riccati matrix differential equation as functions of initial values: **8** ('59) 221–30. — Generalized linear differential systems: 705–26. — The isoperimetric inequality and associated boundary problems: 897–905. — Properties of solutions of a Riccati matrix differential equation: **9** ('60) 749–70.

J. Optimizat. Theory and Applicat. A simple optimal control problem involving approximation by monotone functions: **2** ('68) 365–77. — An elementary sufficiency proof of an absolute minimum for a non-parametric variational problem: **18** ('76) 335–49.

Mathematische Z. A Tauberian theorem for power series: **60** ('54) 94–97.

Pacific J. Math. Oscillation criteria for linear differential systems with complex coefficients: **6** ('56) 733–51. — Principal solutions of non-oscillatory self-adjoint linear differential systems: **8** ('58) 147–69. — A Prüfer transformation for differential systems: 575–84. — Variational aspects of generalized convex functions: **9** ('59) 571–81. — Riccati matrix differential equations and non-oscillation criteria for associated linear differential systems: **13** ('63) 665–85. — Some remarks on special disconjugacy criteria for differential systems: **35** ('70) 763–72. — A disconjugacy criterion for higher order linear vector differential equations: **39** ('71) 795–806.

Proc. amer. math. Soc. A note on the characteristic polynomials of certain matrices: **1** ('50) 584f. — A note on the Hamburger and Stieltjes moment problems: **5** ('54) 521–25. — Remarks on a matrix transformation for linear differential equations: **8** ('57) 708–12. — Remarks on the Morse index theorem: **20** ('69) 339–41.

Quarterly appl. Math. A matrix equation related to a non-oscillation criterion and Liapunov stability: **23** ('65) 83–87. — A result on the singularities of matrix functions: **35** ('77) 293–96.

Rocky Mountain J. Math. Generalized polar coordinate transformations for differential systems: **1** ('71) 383–406.

Scripta math. [USA] A continuity property of principal solutions of linear Hamiltonian differential systems: **29** ('73) 337–50.

SIAM J. appl. Math. Generalized Green's matrices for two-point boundary problems: **15** ('67) 856–70. — Some elementary properties of proper values and proper vectors of matrix functions: **18** ('70) 259–66.

SIAM J. math. Analysis Monotoneity properties of solutions of Hermitian Riccati matrix differential equations: **1** ('70) 195–213. — Boundary problems of Sturmian type on an infinite interval: **4** ('73) 185–97. — Variational methods and quadratic functional inequalities: **6** ('75) 404–16.

SIAM Review Integral means and mollifiers: **13** ('71) 333–49.

Trans. amer. math. Soc. A direct expansion proof of sufficient conditions for the non-parametric problem of Bolza: **42** ('37) 183–90. — A system of ordinary linear differential equations with two-point boundary conditions: **44** ('38) 508–21. — A new class of self-adjoint boundary value problems: **52** ('42) 381–425. — Adjoint linear differential operators: **85** ('57) 446–61. — Oscillation criteria for self-adjoint differential systems: **101** ('61) 91–106.

Mit: [1]) M. Ayer; [2]) H. D. Brunk; [3]) G. M. Ewing; [4]) M. R. Hestenes; [5]) E. Silverman.

VI **REILLY, Joseph.** Chem. — 1925–59 Prof., '60 Prof. Emer., Univ. College Cork of the Nation. Univ. of Ireland, Dublin. — Boyle Medal (Roy. Dublin Soc.). — Weitere Daten nicht bekannt. (⊠)
*1889, Sept. 3, Dublin.

S. C. J. MacCarthy, Regional defence; a nation in arms (Cork '44): [Beitrag]. — The complete book of vegetables and fruit [2](Dublin '46), Neuaufl. u.d.T.: Book of vegetables and fruit (London '48) Part 1: Nutritional and dietetic values; auch separat als Monographie erschienen u.d.T.: Vegetables and fruits; a nutritional survey (Dublin '47) 94 S. — Abstracts of the 11th International congress of pure and applied chemistry, London 1947 (– '47): Diazoreaction in the tetrazole ring [41]) (2 S.).

W. Physico-chemical methods (m. W. N. Rae) [2](New York '32, London '33) 15+822 S.; weitere Auflagen mehrbändig: **1**: Measurement and manipulation [3](London–New York '40) 15+686 S., [4](London '43, New York '44) 9+610 S., [5](London–New York '54) 760 S.; **2**: Physical measurements [3]('40) 9+580 S., [4](London '43, New York '44) 7+586 S., [5](London–New York '54) 800 S.; **3**: Supplementary (London–New York '48) 691 S. — Physico-chemical practical exercises (m. W. N. Rae) (London '34) 14+276 S. — Distillation (New York–London '36) 8+120 S.; (Forest Hills, N.Y. '45) 128 S. — Oils from Irish grown plants; preliminary reports (m. D. F. Kelly) (Dublin–Cork–London–New York '37) 7+92 S. (University College Cork, Agricultural bulletin 4). — Explosives, matches and fireworks (London '38, New York '39) 11+172 S. — Our daily bread. A dietetic survey of wheat and other cereals (Cork '41) 69 S.; . . .; [3]('45) 44 S. — Milk and milk products; the vital foodstuffs (Cork '42) 90 S. (Food series, 2). — Our food problem; a national survey (Cork '42) 32 S. (Food series, 3). — Quantitative chemical analysis; a student's handbook (m. E. A. Moynihan) (Cork '44); [2](Cork–Oxford '45) 10+116 S. — Inorganic chemistry; introductory lecture notes (Cork '52) 73 S. — Quantitative inorganic analysis; a student's handbook (m. D. G. O'Donovan) (Cork '56) 126 S.

Analyst The determination of trichloroethylene [17]) [28]): **66** ('41) 489f.

Ber. dtsch. chem. Ges. Über die Kryoskopie von Glykogen und Inulin in Acetamid [10]): **65** ('32) 1811–15.

Biochemical J. Sclerotiorine, $C_{20}H_{20}O_5Cl$, a chlorine-containing metabolic product of Penicillium sclerotiorum van Beyma [9]): **34** ('40) 1419–21. — Production of phoenicine on synthetic media, 1: Penicillium phoeniceum van Beyma [9])[14]): 1605–07; ~ 2: Penicillium rubrum Grasberger-Stoll [9])[14]): 1607–10. — Isolation of behenic acid from refined Mona wax [19])[42]): **37** ('43) 195–97.

Bull., Industrial Res. Council, Eire Irish peat waxes [17]): Nr. **3** ('43) 80 S.

Chemistry and Industry A nomographical calculation for the absorption coefficients of ammonia and sulfur dioxide in water [39]): **1948**, 136. — The iminotricarbaundecaztetraenes [38])[35]): **1952**, 782. — Acylhydrazide transformations [38]): 907.

J. amer. chem. Soc. The molecular rearrangement of tertiary aryl alkyl anilines [11])[31]): **62** ('40) 1241–43. — The halogenation of 3,5-dimethyl-1-(2′-quinolyl)-pyrazole [38])[8]): **74** ('52) 3444f. — Studies in the pyrazole series, 1: Halogenation of the 1-guanyl-pyrazoles [38]): 4562–66; ~ 2: The 1-nitroguanyl type [38])[18]): **75** ('53) 1294–97; ~ 3: Substituted guanidines [38])[33]): 4053f. — Some aldehydic hydrazones of triaminoguanidine [38])[6]): **74** ('52) 5802. — Some ketonic derivatives of triaminoguanidine [38])[6]): **75** ('53) 1510f. — Polynitrogen systems from hydrazinocarbonic acids, 1: Diformazans [38])[35]): 5309–12.

J. appl. Chem. Preparation of the polyaminoguanidines [30])[16]): **1** ('51) 91f. — Preparation of diaminoguanidine [38])[35]): **2** ('52) 184–86. — Pyrazolyltetrazoles [38])[33]): 368–70.

J. chem. Soc., London The mechanism of diazotization [11]): **1935**, 871–73. — Distribution of nicotine between trichloroethylene and water [17])[28]): **1941**, 275–78. — An azeotrope of nicotine and water [17])[29]): **1942**, 511–13. — Augustus Edvard Dixon, 1860–1946: **1946**, 840–42. — New route to 2,5-disubstituted tetrazoles [38])[35]): **1951**, 3508.

J. org. Chemistry Polynitrogen systems from the hydrazinocarbonic acids, 6: Reactions of some amines with guanylazide nitrate and nitroguanylazide [38])[3]): **21** ('56) 1519–22; ~ 7: Some reactions of 1-phenyl-5-methylmercaptotetrazole [38])[3]): 1191–93; ~ 8: The synthesis and estimation of some nitroguanylhydrazones [38])[23]): **22** ('57) 690–92; ~ 9: The synthesis and bromination of some 5-tetrazolyl- and related hydrazones [38])[23]): 692–94. — Pyrazole

Bitte Anmerkung auf Seite 4201 beachten!

series, 7: Base-induced scissions of 3,5-dimethyl-1-carbamoylpyrazole and -1-thiocarbamoylpyrazole[38])[33])[18]): 820–23; ~ 9: Aminolytic and substitution reactions of 3,5-dimethyl-1-(N,N-diphenylcarbamyl)pyrazole [38])[1]): 1688–91.

J. Soc. chem. Industry Diazotization of nitroaminoguanidine [30])[15]): **68** ('49) 309f.

J. Soc. chem. Industry, Trans. Mixtures of constant boiling point for solvent extraction purposes. Extraction of waxes from peat [17])[37]): **56** ('37) 231–38.

Nature [London] Sclerotiorine, a chlorinated metabolic product of Penicillium sclerotiorum van Beyma [22]): **146** ('40) 335. — Distillation "constants" [17])[21]): **148** ('41) 438f. — Permanence and stability of emulsion systems [2]): **154** ('44) 86f. — A. E. Dixon†: **157** ('46) 505. — Coupling of diazonium complexes from an aliphatic base [41])[4]): **159** ('47) 643f. — Carbamidine-substituted pyrazoles [38])[25]): **167** ('51) 1037. — A new route to substituted guanidines [38])[18]): **169** ('52) 72f. — Oxytriazines from aminoguanidine [38]): 584f. — "Azidine" transformations [38])[20]): **170** ('52) 922f. — D. T. Barry†: **175** ('55) 879f. — Carotene content of Ulex europaeus (common furze) [33])[34]): **183** ('59) 1680. — A new route to 1-substituted pyrazole-4-carboxylic acids [33])[5]): **185** ('60) 460f.

Recueil Trav. chim. Pays-Bas Studies in the pyrazole series, 6: Some derivatives of 3,5-dimethyl-1-(3'-quinolyl)pyrazole [38])[1]): **76** ('57) 190–92.

Scientific Proc. roy. Dublin Soc. A note on the molecular complexity of amylose in potato starch [10])[26]): **21** ('34) 37–42. — Studies in peat, 5: Extraction of peat with azeotrope-like petroleum mixed solvents [17])[12]): **22** ('39/42) 149–55; ~ 6: "Water phase" in azeotropic extraction solvents [17]): 181–85; ~ 7: Water distribution in peat wax azeotropic extraction solvents [17])[12])[7]): 187–94; ~ 8: Preliminary note on Irish peat wax (Mona wax) [13]): 267–72; ~ 9: Cerotic and carbocerotic acid fractions of Mona wax [42]): 321–26; ~ 10: Activated charcoals from peat residue [32]): 367–77; ~ 11: Peat-tar oils [24])[36]): **23** ('44) 239–46; ~ 12: Mona wax (Irish peat wax) and emulsification [2]): 247–56; ~ 13: Mona wax and its constituents as emulsifying agents [2]): 300–06. — Stabilized diazocomplexes with piperazine and other bases [11])[31]): **22** ('39/42) 223–27. — Phosphate separation in qualitative analysis [27]): 447–58. — Note on the analysis of an Irish phosphate ore [40]): 459–69. — Diazo reaction in the tetrazole ring [41])[4]): **24** ('48) 349–53.

Trans. Faraday Soc. Permanence of an emulsion sponsored by a Mona wax [2]): **40** ('44) 551–55.

Ferner: "Introduction to practical chemistry" (m. D. F. Kelly).

Mit: [1]) A. Ahearne; [2]) J. C. Aherne; [3]) F. C. Britten; [4]) M. F. Carey; [5]) A. P. Carroll; [6]) M. Cashman; [7]) E. Coughlan; [8]) K. M. Crowley; [9]) T. P. Curtin; [10]) P. P. Donovan; [11]) P. J. Drumm; [12]) J. Duffy; [13]) J. A. Emlyn; [14]) G. Fitzgerald; [15]) G. Fleming; [16]) K. Horgan; [17]) D. F. Kelly; [18]) M. T. Kennedy; [19]) D. A. Kilbride; [20]) A. Koczarski; [21]) D. MacCárthaig; [22]) T. MacCurtin; [23]) W. N. Morrish; [24]) P. Moyniham; [25]) C. M. B. Murphy; [26]) H. Murphy; [27]) M. O'Brien; [28]) M. O'Connor; [29]) M. J. O'Connor; [30]) T. E. O'Connor; [31]) W. F. O'Connor; [32]) J. R. O'Donoghue; [33]) D. G. O'Donovan; [34]) U. O'Leary; [35]) D. A. O'Sullivan; [36]) D. Reilly; [37]) D. J. Ryan; [38]) F. L. Scott; [39]) G. Sheehan; [40]) C. L. Simpson; [41]) J. P. Teegan; [42]) J. P. Wilson.

VI **REIMER**, Marie. Chem. (org.). — 1903–21 From Instructor to Assoc. Prof., '21–45 Prof., '45 Prof. Emer., Barnard College, Columbia Univ., New York.
*1875 [oder 1874?], Northumberland, Pa.;
†1962, April 30, Shrewsbury, N.J.

J. amer. chem. Soc. Addition reactions of unsaturated α-ketonic acid, 3 [2]): **55** ('33) 4643–48; ~ 4 [5])[4]): **57** ('35) 211–215; ~ 5 [1]): **60** ('38) 2469–71; ~ 6 [5]): **62** ('40) 2515–20; ~ 7 [3]): **63** ('41) 236–40. — The action of light on the β-bromobenzolpyruvic acid: **58** ('36) 1108–11. — Certain reactions of p-bromocinnamic acid [5]): **63** ('41) 2490–93. — Preparation of phenylpropiolic acid: **64** ('42) 2510.

Mit: [1]) E. Chase; [2]) H. H. Kamerling; [3]) A. L. Morrison; [4]) M. Schaffner; [5]) E. Tobin.

IV–VI **REINDERS**, Willem. Chem. (anorg., physikal., Photochem.). — 1908–39 Prof., '39 Prof. emer., Techn. Hochsch. Delft; Dir., Ökon.-Technol. Inst. von Süd-Holland u. Seeland.
*1874, Aug. 2, Warffum;
†1951, Juni 10, Delft.

Zur Biogr. M. C. F. Beukers, Chemisch Weekbl. **36** ('39) 451–56 (m. Bildn. u. Schr.verz.).

Nekr. J. G. Hoogland, Chemisch Weekbl. **47** ('51) 865f. (m. Bildn.).

S. Procès-verbaux, rapports et mémoires. IXe Congrès International de photographie scientifique et appliquée, Paris 1935 (Paris '36) 345–56: Le rôle du potentiel de réduction du révélateur dans le développement de l'image latente.

W. Electrochemie [Nach der Vorlesung bearbeitet] (P. Dingemans) (Delft '32) 163 S.

Chemisch Weekbl. Die Bedeutung des Reduktionspotentials des Entwicklers bei der Entwicklung des latenten Bildes: **32** ('35) 322 [niederländ.]. — Einige Untersuchungen an modernen photographischen Positivpapieren [2]): **33** ('36) 486–92 [~].

J. physic. Chem. The reduction potential of

developers and its significance for the development of the latent image: **38** ('34) 783–96.

Nederlands Tijdschr. Natuurkunde Die Reduktion des Silberbromids in der Photographie: **9** ('42) 96–105 [niederländ.].

Photographic J. Metol-hydroquinone developers; the influence of the proportion of mixture and of the pH value [1]): **74** ('34) 78–82. — Fine grain developers and a method of determining the graininess of photographic plates [1]): **78** ('38) 192–96.

Recueil Trav. chim. Pays-Bas Das System Calciumoxyd–Saccharose–Wasser [5]): **51** ('32) 253–59. — Die Kristallisationsgeschwindigkeit aus der unterkühlten Schmelze: 589–92. — On the melting and solidifying of cacao butter [4])[10]): 917–39. — Die Oxydationsgeschwindigkeit von Hydrochinon mit Luftsauerstoff, 1 [3]): **53** ('34) 209–30; ~ 2: Einfluß von Natriumsulfit [3]): 231–38. — Die Oxydationsgeschwindigkeit von Metol mit Luftsauerstoff und der Einfluß von Natriumsulfit auf diese Geschwindigkeit [3]): 239–45. — Zur Silberkeimtheorie des latenten Bildes. Die kritische Keimgröße [11]): **56** ('37) 985–99. — The redox potentials of complex iron salts with the sodium salts of organic acids [8]): **57** ('38) 594–603. — Vapour–liquid equilibria in ternary systems, 1: The course of the distillation lines [8]): **59** ('40) 207–30; ~ 2: The system acetone–chloroform–benzene [8]): 369–91; ~ 3: The course of the distillation lines in the system acetone–chloroform–benzene [8]): 392–406; ~ 4: The system water–ethanol–trichloroethylene [8]): **66** ('47) 552–63; ~ 5: The system water – formic acid – m-xylene [8]): 564–72; ~ 6: The system water–acetone–chloroform [8]): 573–604. — The equilibrium of the system TiO_2–SO_3–H_2O at 25 °C [7]): **59** ('40) 785–88. — A cyclic process for the preparation of sodium bicarbonate and ammonium chloride [9]): **66** ('47) 471–85.

Trans. Faraday Soc. The physical development of the latent image [1]): **34** ('38) 912–19.

Z. wiss. Photogr., Photophysik u. Photochem. Zur Silberkeimtheorie des latenten Bildes, 1: Die kritische Keimgröße [6]): **31** ('32/33) 32–53; ~ 2: Die Größe und die Art der Keime und Prokeime bei Bromsilberemulsionen [6]): 265–84.

Mit: [1]) M. C. F. Beukers; [2]) J. Bontenbal; [3]) P. Dingemans; [4]) C. L. Doppler; [5]) D. W. van Gelder; [6]) L. Hamburger; [7]) H. L. Kies; [8]) C. H. de Minjer; [9]) H. W. Nicolai; [10]) E. L. Oberg; [11]) R. W. P. de Vries.

VI **REINER,** László Leonhard. Biochem., Immunol., Chemotherapie. — 1929–37 From Consultant to Head of Departm. of med. Chem., '38–42 Dir. of Research, Burroughs Wellcome Co., Tuckahoe, N.Y.; '42–53 Dir. of Pharm. Research, Wallace & Tiernan Prods. Co., Belleville, N.Y.; '54–55 Research Associate, Inst. of Cancer Research, College of Physicians and Surgeons, Columbia Univ., New York. — '26 Kornfeld Prize.
*1894, Jan. 21, Budapest;
†1955, Nov. 27.

Nekr. M. Green, Science [USA] **124** ('56) 434.

American J. trop. Med. Some observations on trypano agglutinins and lysins and their production with killed trypanosomes [5]): **13** ('33) 525–34.

Archives Biochem. Studies on nitrogen trichloride treated prolamines, 6: Suppression of the development of convulsions with methionine [24])[40]): **25** ('50) 447–49; ~ 8: Synthesis of the toxic factor [24]): **27** ('50) 234f.

Archives int. Pharmacodyn. et Thérapie Studies on the mechanism of chemotherapeutic action, 3: Differentiation between parasiticidal and virulence-decreasing action of arsenicals [22]): **43** ('32) 10–36; ~ 4: The effect of blockade on the chemotherapeutic action of the plasma of animals treated with arsenicals [22])[5]): 37–48; ~ 5: Comparison of the rates of methylene blue reduction and decrease in virulence of trypanosomes treated with arsenicals with and without sodium thioglycolate [22]): 49–62; ~ 6: The binding of arsenicals by trypanosomes in vitro [22])[5]): 186–98; ~ 7: The binding of arsenicals by arsenic-resistant trypanosomes in vitro [22])[5]): 199–208; ~ 8: Variations in the size of the spleen of albino rats, following treatment with arsenicals, blockade with India ink, and infection with Trypanosoma equiperdum [5]): 209–15; ~ 11: The role of the "immunizing effect" in the treatment of experimental trypanosomiasis with neoarsphenamine [22]): **44** ('32) 434–45.

Cancer Res. Chemotherapeutic studies on transmitted mouse leukemia [11])[14])[35]): **3** ('43) 729–43.

J. amer. chem. Soc. Chloro analogs of methadon [40])[7]): **71** ('49) 2650–52. — Nitrogen-trichloride-treated prolamines, 4: Isolation of the neutrotoxic principle [24])[9])[49])[7]): **72** ('50) 2297f. — Reaction of hydrazoic acid with thioether sulfoxides: synthesis of sulfoximines [24])[9]): **73** ('51) 459–61. — Electronegative substitutions in local anesthetics of the benzoic acid ester type [6])[7])[32]): **76** ('54) 3988–91.

J. amer. med. Assoc. Absorption of insulin labeled with radioactive iodine in human diabetes [33])[17])[8])[4]): **124** ('44) 84–90.

J. amer. pharm. Assoc. Effect of ring chlorination on the antibacterial action of (aryloxyethoxyethyl)-benzyldimethylammonium chlorides [40])[7])[3]): **40** ('51) 267–72.

J. biol. Chemistry The fractional precipitation of serum globulin at different hydrogen ion activities. Experiments with globulin obtained from normal

Bitte Anmerkung auf Seite 4201 beachten!

and immune (antipneumococcus) horse serum [42]: **95** ('32) 345–61. — On the glucose metabolism of trypanosomes (Trypanosoma equiperdum and Trypanosoma lewisi) [37][30]: **113** ('36) 75–88. — Insulin azoderivatives [21]: **139** ('41) 641–48. — Role of carbon dioxide in the glucose metabolism of Trypanosoma lewisi [36]: **141** ('41) 563–72. — Electrophoretic components of globin [25][21][16]: **146** ('42) 583–87. — Electrophoretic and ultracentrifugal analysis of globin components [25]: **156** ('44) 411–20.

J. gen. Physiol. On the relation between toxicity, resistance, and time of survival, and on related phenomena: **17** ('33/34) 409–44. — A note on the relation between toxicity, resistance, and time of survival: **19** ('35/36) 419–22.

J. Immunology The purification and concentration of diphtheria toxoid by means of electrodialysis: **22** ('32) 439–43. — Comparison of the combining, antigenic, and toxic properties of chemically altered diphtheria toxoid and toxin: **24** ('33) 213–20. — Adsorption of diphtheria toxoid by cellulose derivatives and iron hydroxide gel: 221–27. — The action of fat acids on Trichomonas vaginalis [13]: **72** ('54) 191–93.

J. investigat. Dermatol. Studies of the acute and chronic toxicity of undecylenic acid [26][31]: **13** ('49) 145–49.

J. Labor. and clin. Med. Acute agranulocytosis during sulphamerazine therapy [10][23]: **29** ('44) 899–901.

J. Pharmacol. and exper. Therapeut. On the mechanism of chemotherapeutic action, 12: Comparison of the binding of chemotherapeutic agents by normal and resistant trypanosomes [30]: **55** ('35) 179–99. — On the hypoglycemic activity of globin insulin [36][21]: **67** ('39) 330–40. — Absorption rates of insulin, globin insulin, and protamine zinc insulin labeled with radioactive iodine [21][17][29][8]: **78** ('43) 352–57. — Localization of drugs within cells. Binding of quinacrine by liver cell constituents [41][20][15]: **117** ('56) 52–61.

Pharmaceutical Arch. Precipitation of insulin by organic bases [21][2]: **12** ('41) 81–87.

Proc. Soc. exper. Biol. and Med. Rôle of the NH_2, OH and As=As groups in parasitotoxic action of arsphenamine derivatives [22]: **29** ('31/32) 946–50. — Toxic action of hydrogen peroxide on trypanosomes and a note on chemotherapeutic mechanism [22]: 951–53. — Apparent increased resistance of vitamin-B-deficient rats to an acute infection [28]: **30** ('32/33) 345–48. — Relation between toxicity, resistance, and time of survival: 574–76. — Toxic effect of sodium monoiodoacetate on trypanosomes [37]: **31** ('33/34) 289–92. — Action of sodium salicylate on fermentation of salicin and glucose by streptococci [38]: 926–29. — Glucose metabolism of the Trypanosoma equiperdum in vitro [37]: 1086–88. — Insulin preparations with prolonged activity, 1: Globin insulin [36][21]: **40** ('39) 171. — Effect of carbon dioxide on glucose metabolism of trypanosomes [36]: **43** ('40) 80–82. — Toxic effects of some basic proteins [1][16]: **50** ('42) 70–74. — Activity of anionic surface-active compounds in producing vascular obliteration [thrombosis]: **62** ('46) 49–54.

Science [USA] Crystalline insulin derivatives [21]: **93** ('41) 401–. — Absorption and distribution of insulin labeled with radioactive iodine [18][16]: **96** ('42) 362f. — The distribution of ^{35}S-labeled L-methionine sulfoximine in the rat [34][39]: **115** ('52) 236–38.

Trans. amer. Assoc. cereal Chemists Chemistry and toxicology of the agene factor [12][27]: **9** ('51) 1–13.

Mit: [1] E. J. de Beer; [2] J. S. Buck; [3] W. Carman; [4] T. M. Carpenter; [5] S. S. Chao; [6] S. J. Childress; [7] M. G. Cordasco; [8] R. D. Evans; [9] T. W. Fair; [10] G. O. Favorite; [11] C. M. Flory; [12] K. L. Fortmann; [13] H. G. Frank; [14] J. Furth; [15] M. Golino; [16] M. Green; [17] J. W. Irvine; [18] A. S. Keston; [19] —; [20] M. Laijtha; [21] E. H. Lang; [22] C. S. Leonard; [23] R. London; [24] F. Misani; [25] D. H. Moore; [26] G. W. Newell; [27] H. K. Parker; [28] J. B. Paton; [29] W. Peacock; [30] J. T. Pedlow; [31] A. K. Petretti; [32] O. J. Plekss; [33] H. F. Root; [34] J. S. Roth; [35] J. A. Saxton; [36] D. S. Searle; [37] C. V. Smythe; [38] E. Valentine; [39] A. Wase; [40] P. Weiss; [41] A. Gellhorn; [42] H. K. Reiner.

VI **REINER,** Markus. Techn. Mech. (Materialkunde, Rheol.). — 1913–14, '18–23 Engineer in Czernowitz; '23–47 Structural Engr., Departm. of Public Works, Governm. of Palestine, Jerusalem; '48– Prof., then Research Prof., Technion – Israel Inst. of Technol., Haifa. — D. Phil. h.c. (Hebrew Univ., Jerusalem). — Israel Prize; Rothschild Prize; Weizmann-Prize (City of Tel-Aviv).
*1886, Jan. 5, Czernowitz, Bukowina; †1976, Apr. 27.

Zum 80. Geb.tag Contributions to mechanics (D. Abir) (Oxford–New York '69) 13+445 S.; IX–XIII: Schr.verz.-Auszug; 1–7: G. W. Scott Blair, Biogr.

Teilsammlung Selected papers on rheology (Amsterdam–Oxford–New York '75) 14+463 S. (m. Schr.verz.).

H. Building materials, their elasticity and inelasticity (Amsterdam–New York '54) (Deformation and flow; monographs on the rheological behaviour of natural and synthetic products, 6), darin eig. Beitr.: Concrete, introduction.

MH. Second-order effects in elasticity, plasticity and fluid dynamics. Proc. of an international symposium (International Union of Theoretical and Applied Mechanics), Haifa 1962 (Jerusalem–Oxford–

London–New York–Paris '64); darin eig. Beiträge: 217–27: The general measure of deformation [13]); 450–66: Cross-stresses in the flow of air at reduced pressures [6]); 473–82: Second-order effects in the torsional flow of a gas in accordance with the kinetic theory [24]). — Topics in applied mechanics; memorial volume to the late Prof. Edwin Schwerin (Amsterdam–New York '65); darin eig. Beiträge: 117–34: The solid viscosity of mild steel [22])[29]); 159–68: Cross stresses in the flow of different gases [6]).

S. International Association for Testing Materials, London congress, 1937 (London '37) 602–04: The flow mechanics of dispersed systems. — Proc. 5th International congress of applied mechanics, Cambridge, Mass., 1938 (New York–London '39) 228–33: Failure of a material showing creep (A dynamical theory of strength) [7]). — Proc. [1st] International congress on rheology, Holland 1948 (Amsterdam '49) IV, 44–65: Relation between stress and strain in complicated systems. — Proc. 2nd International congress on rheology, Oxford 1953 (V. G. W. Harrison) (London '54) 310–13 (Diskussion: 314f.): Volume rheology. — Deformation and flow of solids. Colloquium (International Union of Theoretical and Applied Mechanics), Madrid 1955 (R. Grammel) (Berlin '56) 203–07: Second-order effects in infinitesimal elasticity. — Boundary layer research. Symposium (∼), Freiburg/Br. 1957 (H. Görtler) (Berlin '58) 224–26: Cross stresses in air, demonstrated by means of a centripetal vacuum pump [15]). — Rheology, theory and applications (F. R. Eirich) **1** (New York '56) 9–61: Phenomenological macrorheology; **3** ('60) 341–64: The rheology of concrete; **4** (London '67, New York '68) 461–88: Rheological terminology [19]). — Proc. International congress of mathematicians, Amsterdam 1954, **1** (Groningen–Amsterdam '57) 530–: Second-order effects in infinitesimal elasticity. — Actes. IXe Congrès international de mécanique appliquée, Bruxelles 1956, **1** (Bruxelles '58) 429–38: A centripetal pump effect in air. — Handbuch der Physik (S. Flügge) **6**: Elastizität und Plastizität (Berlin–Göttingen–Heidelberg '58) 434–550: Rheology; russ. als Monogr.: Reologija (Ė. I. Grigoljuk) (Moskva '65) 223 S. — 1st International symposium on gas-lubricated bearings, Washington, D.C., 1959 (D. D. Fuller) (Washington, D.C. '59) 307–18: The physics of air viscosity as related to gas-bearing design. — Proc. 3rd Congress of the International Council of the Aeronautical Sciences, Stockholm 1962 (Washington, D.C.–London '64) 247–55: Cross stresses in the flow of rarefied air [6]). — Fracture processes in polymeric solids: phenomena and theory (B. Rosen) (New York '64) 517–27: A thermodynamic theory of strength. — Proc. 4th International congress on rheology, Providence, R.I., 1963 (A. L. Copley, E. H. Lee) (New York '65) 267–79: Second-order stresses in the flow of gases. — Research frontiers in fluid mechanics (R. J. Seeger, G. Temple) (New York '65) (Interscience monographs and texts in physics and astronomy, 15) 171–91: Anomalous viscosity; 193–211: Second-order effects. — Encyclopedia of polymer science and technology: plastics, resins, rubbers, fibers **4** (New York '66) 620–47: Deformation [of polymers]. — Recent progresses in applied mechanics. The Folke Odqvist volume (B. Broberg, J. Hult, F. Niordson) (Stockholm–New York '67) 475–86: Examination of strain-tensors. — Mechanical behavior of materials under dynamic loads. A symposium, San Antonio, Tex., 1967 (U. S. Lindholm) (Berlin–New York '68) 1–9: Dynamical strength of an ideal solid with definite constitutive equation [6]). — Irreversible aspects of continuum mechanics, and transfer of physical characteristics in moving fluids. IUTAM symposium, Vienna 1966 (H. Parkus, L. I. Sedov) (New York '68) 335–45: The influence of dissipated stresswork on the rupture of materials.

W. Ten lectures on theoretical rheology (Jerusalem–London–New York '43) 4+164 S.; 2., erweiterte Aufl. u.d.T.: Twelve lectures on theoretical rheology (Amsterdam '49) 163 S.; 3. Aufl. u.d.T.: Lectures on theoretical rheology ('60) 16+158 S.; russ.: Desjat' lekcij po teoretičeskoj reologii (Moskva –Leningrad '47) 134 S.; französ.: Rhéologie théorique (Paris '55) 18+167 S.; poln.: Reologia teoretyczna (Warszawa '58) 1+194 S. — Research on the rheological properties of bitumen and asphalt (Jerusalem '48) 6+66 S. (Government of Palestine, Board for Scientific and Industrial Research). — Research on the workhardening of polycrystalline metals; report of work at the Standards Institution of Palestine (Jerusalem '48) 42 S. (∼); (New York '49). — Deformation and flow; an elementary introduction to theoretical rheology (London–New York '49) 19+346 S., 2. u. 3. Aufl. u.d.T.: Deformation, strain and flow; an elementary introduction to rheology ('60) 16+347 S., [3]('69) 347 S.; japan.: (Tokyo '57); russ.: (Moskva '63) 381 S.; deutsch: Rheologie in elementarer Darstellung (Leipzig–München '68) 360 S., [2]('69) 360 S. — Research on loading tests of reinforced concrete floor structures (m. M. A. Arnan, M. Teinowitz) (Jerusalem '50) 54 S. (Research Council of Israel). — Agricultural rheology (m. G. W. Scott Blair) (London '57) 12+222 S.; japan.: (Tokyo '60). — Advanced rheology (London '71) 14+374 S.

Acta mech. [Wien–New York] Second order stresses in classical elasticity [20]): **19** ('74) 305–08.

American J. Math. A mathematical theory of dilatancy: **67** ('45) 350–62. — The coefficient of viscous traction: **68** ('46) 672–80. — Elasticity beyond the elastic limit: **70** ('48) 433–46.

Bitte Anmerkung auf Seite 4201 beachten!

Applied Mech. Rev. A survey of developments in rheology: **4** ('51) 202–04.

Applied sci. Res., Sect. A On volume- or isotropic flow as exemplified in the creep of concrete: **1** ('47/49) 475–88. — The rheological law underlying the nutting equation [19]): **2** ('50/51) 225–34. — The complete elasticity law for some metals according to Poynting's observations: **5** ('55) 281–95.

British J. appl. Physics Mechanical models for the representation of visco-elastic properties: **1** ('50) 332–. — The application of the centripetal effect in air to the design of a pump [15]): **7** ('56) 452f.; **8** ('57) 493f. — Centripetal air-pump operated electromagnetically [15]): **10** ('59) 54f.

Bull., Brit. Soc. Rheol. Rheological models. A historical note: **34** ('52) 4–.

Bull. Res. Council Israel Cross elasticity: **1** ('51/52) Nr. 1 [oder 2?], 126– [hebräisch]. — An investigation into the rheological properties of bitumen, 1: Maxwell-body and elastic dispersions: Nr. 3, 5–25. — Note on dimensions in tensor analysis [4]): Nr. 4, 81f. — A possible cross-viscosity effect in air: **2** ('52) 65. — The mechanism of solution of salt crystals [2]): 263–65. — A teapot effect: 265. — On volume-viscosity: **3** ('53) 67–71. — Second-order effects in elasticity and hydrodynamics: 372–79. — Note on the elasticity of solid–solid dispersions [5]): **4** ('54) 18.

Bull. Res. Council Israel, Sect. C The complete stress–strain law in infinitesimal elasticity [17]): **6** ('58) 113–26. — A second order effect in plasticity [12]): 153. — Measures of deformation in the strained and in the unstrained state [13]): **8** ('60) 89–92. — Cross stresses in the laminar flow of gases in accordance with Maxwell's dynamical theory: **10** ('61) 2–13.

Israel J. Technol. Second-order stresses in the flow of gases: **1** ('63) 75. — The solid viscosity of mild steel [29]): 86. — Preliminaries to a theory of the Poynting effect: **3** ('65) 190–92. — Simple torsion of a circular cylinder: **4** ('66) 187–92. — Plastic yielding in anelasticity under constant rates of stress: **5** ('67) 234–37. — An analysis of lubrication with elastico-viscous liquid [9])[10]): **7** ('69) 273–79. — Dynamical strength of a combination of linear bodies [20]): 285–90. — Second-order effects in simple shear: **8** ('70) 329–33. — Failure of an anelastic material in simple tension: **9** ('71) 495–98.

Bull. Res. Council Israel, Sect. E The rheology of cervical secretions of cows [25])[19]): **8** ('60) 87–100.

Bull. Res. Council Israel, Sect. G Rheology of soil: **11** ('63) 185f.

Civil Engng. Creep of cement and cement mortar [23]): **40** ('45) 198–202.

Engineering Stresses due to collapse of vapour bubbles in a liquid: **155** [oder **156**?] ('43) 454–.

J. amer. Concrete Inst. Theories of creep in concrete [31])[28]): **28** ('56) 1139–42.

J. appl. Mech. A law of work-hardening [7]): **15** ('48) 265–73.

J. Assoc. Engr. and Architects in Palestine The tensile test of mild steel [26])[27]): **7** ('45/46) 9–16. — Methods of calculation of the creep of concrete: **8** ('47) 12–14.

J. Méc. The Poynting effect in infinitesimal elasticity: **14** ('75) 359–64.

J. Mech. and Physics of Solids Plastic yielding in anelasticity: **8** ('60) 255–61.

J. Rheology Outline of a systematic survey of rheological theories: **3** ('32) 245–56. — A system of rheological notation: 264–67.

Rheology Bull. Rheological systematics: **16** ('45) 53–68.

J. sci. Instruments A classification of rheological properties: **22** ('45) 127–29. — A simple instrument for measuring blast: **23** ('46) 288f.

J. Soc. chem. Industry The Weissenberg effect in sweetened condensed milk [19])[11]): **68** ('49) 327f. — The volume flow of asphalt [16])[21]): **69** ('50) 257–60.

Kolloid-Z. Viskosimetrische Untersuchungen an Lösungen hochmolekularer Naturstoffe, 1: Kautschuk in Toluol [18]): **65** ('33) 44–62.

Lait Sur un aspect du méchanisme de formation des lainures dans le fromage de gruyère Comte [19])[30]): **29** ('49) 351–57.

Monde souterrain Déformation due à l'écoulement plastique des sols cohérents [7]): **2** ('37) 75–78.

Nature [London] Volume flow of plastic materials [14])[16]): **158** ('46) 706. — The flow of blood through narrow tubes [19]): **184** ('59) 354.

Naturwissenschaften Über den Gebrauch der Potenzfunktion zur Darstellung einer naturgesetzlichen Beziehung: **21** ('33) 294–99, 819.

New Scientist A centripetal airpump: **7** ('60) 946–48.

Physics The rheological properties of cement and cement-mortar stone [1]): **4** ('33) 88–96. — The theory of non-Newtonian liquids: **5** ('34) 321–41; **6** ('35) 177. — Viscosimetric studies of rubber solutions: **5** ('34) 342–49; **6** ('35) 177.

Physics Fluids Cross stresses in the laminar flow of liquids: **3** ('60) 427–32.

Physics today The teapot effect: **9** ('56) 16–20. — The Deborah number: **17** ('64) 62.

Physikalische Z. Die Berechnung des Einflusses einer festen Wand auf den Aggregatzustand einer

Bitte Anmerkung auf Seite 4201 beachten!

Flüssigkeit aus Viskositätsmessungen: **33** ('32) 499–502.

Proc. roy. Soc. London, Ser. A A centripetal-pump effect in air: **240** ('57) 173–88. — The centripetal-pump effect in a vacuum pump: **247** ('58) 152–67.

Quarterly appl. Math. The rheological aspect of hydrodynamics: **8** ('51) 341–49.

Quarterly J. Math., Oxford Ser. A contribution to the theory of the straight beam: **4** ('33) 12–20.

Quarterly J. Mech. and appl. Math. Problems of cross-viscosity [4]): **5** ('52) 42–53.

Research [London] On the mechanism of the Weissenberg effect [4])[8]): **3** ('50) 243f.

Rheologica Acta [Darmstadt] A contribution to the theory of the capillary viscometer [20]): **9** ('70) 318–22.

Rheology Leaflet A thermodynamical theory of the strength of material [32]): Nr. **10** ('39) 12–20.

Rubber Chem. and Technol. Viscometric studies of rubber solutions: **8** ('35) 259–65.

Scientific American The flow of matter: **201** ('59) 122–38.

Scientific Publ., Hebrew Inst. Technol., Haifa The theory of cross-elasticity: **4** ('51) 15–30 [hebräisch].

Scientific Publ., Technion – Israel Inst. Technol., Haifa Second-order effects in infinitesimal elasticity: **6** ('54/55).

Z. angew. Math. u. Mech. The stress–strain relation of elasticity and the measure of strain: **40** ('60) 415–20 [m. deutscher u. russ. Zusammenfassg.].

Z. angew. Math. u. Physik On isotropic tensor-functions and the measure of deformation [9]): **7** ('56) 377–93 [m. deutscher Zusammenfassg.]. — The complete tensor expressions for the Green and Almansi measures of deformation [13]): **18** ('67) 131f.

Z. Physik Haftet eine Flüssigkeit an einer Wand, die sie nicht benetzt?: **79** ('32) 139f.

Ferner zwei Abhandlungen für das Road Research Laboratory, Harmondsworth, England: "Non-Newtonian flow in shear, compression and extension" (m. A. R. Lee, R. Schoenfeld-Reiner u. E. N. Thrower) ('51) (RN/1634) und "Proposals for further work on the rheological properties of asphaltic bitumen" (m. A. R. Lee u. E. N. Thrower) ('52) (RN/1753).

Mit: [1]) E. C. Bingham; [2]) M. R. Bloch; [3]) —; [4]) I. Braun; [5]) Z. Chashin; [6]) A. Foux; [7]) A. M. Freudenthal; [8]) H. Frey; [9]) M. Hanin; [10]) A. Harnoy; [11]) H. B. Hawley; [12]) O. Ishai; [13]) Z. Karni; [14]) A. R. Lee; [15]) B. Popper; [16]) P. J. Rigden; [17]) L. Rintel; [18]) R. Schoenfeld-Reiner; [19]) G. W. Scott Blair; [20]) R. Takserman-Krozer; [21]) E. N. Thrower; [22]) D. Abir; [23]) A. Arnstein; [24]) M. Bentwich; [25]) J. C. Crane; [26]) W. Fuchs; [27]) A. Ilberg; [28]) K. Jones; [29]) H. Manor; [30]) G. Mocquot; [31]) A. M. Neville; [32]) K. Weissenberg.

Bitte Anmerkung auf Seite 4201 beachten!

IV–VI **REKSTAD,** John Bernhard. Geol. — 1899–1923 Staatsgeologe, Norweg. geol. Landesunters., Oslo; '10 Präs., Norweg. Geol. Vereinig. — '23 Königl. Verdienstmedaille in Gold.

*1852, Okt. 2, Trondenes, Vesterålen; †1934, Apr. 1, Strømmen, Akershus.

Nekr. S. Foslie, Norsk Geol. Tidsskr. **14** ('35) 201–09 (m. Bildn. u. Schr.verz.). — G. Holmsen, Norske Vid.-Akad. Oslo Årbok, **1934** ('35) 55–59 (m. Bildn.).

Bergens Museums Årbok, Naturvit. Rekke Veränderungen bei den norwegischen Gletschern 1931–32: **1932** ('33) Nr. 6, 1–5 [norweg.].

VI **RELF,** Ernest Frederick. Physik, Aerodyn. — 1925–45 Superintendent, '51–55 Consultant, Aerodyn. Departm., Nation. Physic. Labor., Teddington; '46–51 Principal, College of Aeronaut., Cranfield, Bedfordshire; '42–43 Vice-Pres., Roy. Aeronaut. Soc. — '10 Tyndall Prize (Roy. College of Sci., London); '35 George Taylor Gold Medal, '53 Society's Gold Medal (Roy. Aeronaut. Soc.); '44 Commander of the Order of Brit. Empire.

*1888, Okt. 2, Beckenham, Kent; †1970, Febr. 25, Addlestone, Surrey.

Zur Biogr. Jahrb. dtsch. Akad. Luftfahrtforsch. 1.1937/38 ('38) 156. — Nature [London] **156** ('45) 624.

Nekr. A. R. Collar, Biographical Mem. Fellows roy. Soc. **17** ('71) 593–616 (m. Bildn., Faks., Schr.verz.). — Aeronautical J. **74** ('70) 388f.

Zur Bibliogr. Jahrb. dtsch. Akad. Luftfahrtforsch. **1**. 1937/38 ('38) 270; **2**. 1938/39 ('39) 148.

H. Cambridge Aeronautical Series (London '52–61).

S. Handbook of aeronautics (Royal Aeronautical Society) **1** ^{2}(London '34) 1–123: Aerodynamics [3]); **1** ^{3}('38) 1–101: Aerodynamics. — Proc. 5th International congress for applied mechanics, Cambridge, Mass., 1938 (New York–London '39) 410–15: Experiments on the effects of surface roughness.

Aeroplane Prandtl – a British tribute: **85** ('53) 274.

Aircraft Engng. Aeronautical progress 1930–1936. A review of scientific progress given in the James Forrest Lecture: **8** ('36) 163–66, 185–90, 193. —

Some drag problems of the moment. A review of existing knowledge with some important matters still requiring attention: **11** ('39) 95–.

Biographical Mem. Fellows roy. Soc. William Jolly Duncan, 1894–1960: **7** ('61) 37–51. — Leonard Bairstow, 1880–1963: **11** ('65) 33–36.

Current Papers, Aeronaut. Res. Council Note on the lift slope, and some other properties of delta and swept-back wings: Nr. **127** ('53) 3 S., 6 Tafeln.

Engineer [London] Modern developments in the design of aeroplanes (James Forrest Lecture): **161** ('36) 481–.

Engineering Modern developments in the design of aeroplanes (James Forrest Lecture): **141** ('36) 513–, 572–.

J. aeronaut. Sci. Aerodynamic research at the National Physical Laboratory: **6** ('39) 142–46.

J. roy. aeronaut. Soc. Results from the Compressed Air Tunnel: **39** ('35) 1–30. — Recent research on the improvement of the aerodynamic characteristics of aircraft: **42** ('38) 513–535. — Recent aerodynamic developments (34th Wilbur Wright Memorial Lecture): **50** ('46) 421–49. — Ludwig Prandtl†: **57** ('53) Nr. 514, LV. — Aerodynamic work: **59** ('55) 68–70.

Nature [London] L. Prandtl†: **172** ('53) 836f. — High-speed fluid flow: **173** ('54) 604f. — Original papers of Wilbur and Orville Wright: **174** ('54) 195f. — W. J. Duncan†: **189** ('61) 98f.

Quarterly J. roy. meteorol. Soc. Dynamics of large hailstones [2]): **63** ('37) 149–62.

Rep. and Memoranda, Aeronaut. Res. Committee Tests of six aerofoil sections at various Reynolds numbers in the Compressed Air Tunnel [4])[1]): [Nr. **1627** ('35) 28 S., ersetzt durch:] Nr. **1706** ('36) 33 S. — Note on the lift slope, and some other properties of delta and swept-back wings: Nr. **3111** ('59) 9 S.

Mit: [1]) A. H. Bell; [2]) E. G. Bilham; [3]) F. C. Johansen; [4]) R. Jones.

VI **RELTON,** Frederick Ernest. Math., Mech. — 1931–47 Prof., Fac. of Engng., Egyptian Univ., Cairo; '47–52 Lecturer, King's College, London.
*1883, Mai 5, London;
†1963, Jan. 14.

W. Applied Bessel functions (London '46) 7+191 S.; Neuaufl.. (New York '65) 6+191 S. — Applied differential equations (London '48) 6+264 S., ('49) 6+264 S.

J. London math. Soc. Note on an associated Legendre function connected with the anchor ring: **7** ('32) 21–24.

Bitte Anmerkung auf Seite 4201 beachten!

Philosophical Mag. and J. Sci. On the slow rotation of an anchor ring in an infinite viscous liquid: (7) **15** ('33) 840–48. — On the vibration of a heterogeneous circular membrane: **22** ('36) 106–13.

Proc. roy. Soc. London, Ser. A Steady broadside motion of an anchor ring in an infinite viscous liquid: **134** ('31/32) 47–57.

Science Progr. [London] Applied mathematics: **27** ('32/33) 189–95; **28** ('33/34) 269–74, 661–65.

VI **REMPP,** Frédéric Georges. Meteorol. — 1929–37 Prof., Fac. des Sci., Univ. de Strasbourg.
*1882, Juni 9, Morhange, Moselle;
†1937, März 20, Strasbourg, Bas-Rhin.

Nekr. E. Rothé, Annuaire Inst. Physique Globe, Strasbourg, Météorol. **1935** ('37) 5–; Météorologie **1937**, 257–62 (m. Schr.verz.).

Zur Bibliogr. Annuaire Inst. Physique Globe, Strasbourg, Séismol. **1935**, VII f.

W. Le climat de l'Alsace (Strasbourg '37) 53 S. (m. Bildn.) (Bibliothèque Jean Macé, 7).

Annuaire Inst. Physique Globe, Strasbourg, Météorol. A propos de deux photographies de brume: **1931** ('32) 99f. — Résumé d'ensemble de 1932: **1932** ('33) 79–82. — Résultats de lancers de ballons-sondes et de ballons-pilotes: 89–99. — Etudes sur le climat de Zinswiller [2])[1]): 100–12.

Bull. Service Carte géol. Alsace et Lorraine Sur certaines formations du sol dans les Hautes-Vosges. Sentiers de vaches et réseaux de buttes [3]): **2**, Nr. 3 ('35) 215–25.

C. R. hebd. Séances Acad. Sci., Paris Sur les phénomènes actuels de nivation et d'accumulation neigeuse dans les Hautes-Vosges [3]): **199** ('34) 682–84. — Sur un frigorimètre différentiel: **202** ('36) 1937–39.

J. Physique et Radium Des tendances et des progrès de l'industrie photographique: (7) **4** ('33) 73Sf. — Un galvanomètre a miroir monté pour le travail sur le terrain: **8** ('37) 8Sf.

Météorologie Sur les frontières et les relations entre le macroclimat, le mésoclimat et le microclimat et entre le climat physique et le bioclimat: **1937**, 263–74, 380–91. — Un galvanomètre à miroir monté pour le travail sur le terrain: 304–06.

Mit: [1]) D. Bott, [2]) A. Koessler; [3]) J.-P. Rothé.

IV–VI **RENC** (Renz), Franc Francevič (Franz Robert). Astron. — 1923– Vizedir., '30– Prof., Sternwarte Pulkovo. — Goldmedaille (Russ. Akad. Wiss.); 2 Medaillen (Russ. Astron. Ges.); Leninpreis (UdSSR). (⊠)

*1860, Febr. 17 (5), Reval;
†1942, Jan. 26.

Zur 50jähr. wiss. Tätigkeit Cirkuljary glavn. astron. Observat. v Pulkove **15** ('35) 3f. [deutsch].

Zum 80. Geb.tag A. A. Nemiro, Priroda [SSSR] **1940**, Nr. 10, 104–06.

Nekr. P. I. Idel'son, Astronomičeskij Ž. **19** ('42) Nr. 4, 3f.

S. Trudy astrometričeskoj konferencii [Veröffentlichungen der astrometrischen Konferenz], Pulkovo 1932 (Leningrad '33) 128–32 [oder 132–36?]: Über einen fundamentalen Rektaszensionskatalog [russ.].

Cirkuljary glavn. astron. Observat. v Pulkove Beobachtungen von Doppelsternen: Nr. **15** ('35) 5–17. — Über die Anwendung des Reversionsprismas bei der Beobachtung von Sterndurchgängen: **20** ('36) 17f.

Trudy glavn. astron. Observat. v Pulkove Rektaszensionen von 1334 Sternen 2-ter bis 6-ter Größe nebst 316 Anhaltssternen für die Epoche 1925.0 aus von L. Matkiewicz, F. Renz und L. Semenoff am großen Ertelschen Passageninstrument in den Jahren 1920–1926 angestellten Beobachtungen: (2) **39** ('32) 15+174 S. — Fundamentalkatalog von 1642 Haupt- und 127 Zusatzsternen für die Epoche 1925.0: **44** ('34/35) Nr. 2, 43 S. — Rektaszensionen von 558 Sternen für die Epoche 1930.0 aus am großen Passageninstrument angestellten Beobachtungen [1]): **53** ('38) 122 S. [m. russ. Zusammenfassg.].

Mit: [1]) L. Matkiewicz.

V,VI **RENGADE,** Pierre Joseph Etienne. Chem. — 1923– Dir., Labor. Centr., Soc. de Lafarge, Le Teil, Ardêche. — — Weitere Daten nicht bekannt. (⊠)
*1876, Apr. 11, Aurillac, Cantal;
†1947 [?].

Nekr. L. Hackspill, Bull. Soc. chim. France **1947**, 179.

S. Traité de chimie minérale (P. Pascal) **7** (Paris '32) 499–587: Les liants hydrauliques. — 14me Congrès de chimie industrielle, Paris 1934, **2** (Paris '35): Action des eaux potables sur les mortiers et les bétons. — 15me Congrès de chimie industrielle, Bruxelles 1935 (Paris '35) 6–13: Les échantillons standards de ciments; 577–86: Neue Versuche über die angreifende Wirkung reinen Wassers auf Mörtel [französ.]. — International Association for Testing Materials, London congress, 1937 (London '37) 245–48: Sur quelques propriétés du ciment fondu.

Concrete, Cement Mill Edit. Effects of mixing portland and alumina cements: **44** ('36) 40f. [ ].

Bitte Anmerkung auf Seite 4201 beachten!

Revue Matériaux construct. et Trav. publ. Action des eaux potables sur les mortiers: **1932**, 309–13, 363–69. — Les échantillons standards de ciments: 397–405. — Wirkung der Mischung von Portlandzement mit Tonerdezement: **1934**, 255f. [französ.]; **1935**, 15 [~]. — Recherches sur les causes de certains phénomènes d'altération des bétons de ciment alumineux [2])[1]): **1936**, 52–55, 78–82. — Sur quelques propriétés du ciment fondu: **1937**, 165–69.

Mit: [1]) P. Durand de Fontmagne; [2]) P. Lhopitallier.

VI **RENQVIST,** Henrik. Geophysik, Hydrogr. — 1901–05 Stud., '17 Fil.dr., '24–28 Verwalter d. Seismogr. Stat., '26–45 Doz., Univ. Helsinki; '07–10 Geodät, Straßen- u. Wasserbauverwaltg., Helsinki; '11–17 Präzisionsnivellierer u. Assist., '31–46 Dir., Hydrogr. Bur., Helsinki; '19–31 wiss. Mitarbeiter, Meeresforschungsinst., Helsinki; Bibliothekar u. Archivar, '26 Sekretar, '30 Präs., Ges. z. Erforschg. d. Geogr. Finnlands; '27 Vizepräs., '38 Präs., Finn. Geophysik. Ges. — '49 Prof. [h.c.] (Präs. d. Republ. Finnland).
*1883, Apr. 28, Käkisalmi;
†1953, Febr. 23, Helsinki.

Nekr. A. Sirén, Geophysica [Helsinki] **5**, Nr. 3 ('56) 113–15. — S. E. Stenij, Årsbok-Vuosikirja, Soc. Sci. fennica: **33**.1954/55 ('56) C, Nr. 3, 1–12 (m. Bildn. u. Faks.).

Zur Bibliogr. E. Vesanen, Bibliography of Henrik Renqvist (Helsinki '65) 18 S. (University of Helsinki, Institute of Seismology, Publ. 74).

S. Suomen maantieteen käsikirja (Helsinki '36) 99–108, Neuaufl. ('51) 31–41: Endogene Erscheinungen [finn.]; ('36) 279–323, ('51) 145–80: Binnengewässer [~]. — Världens länder och folk efter andra världskriget (S. Dahl) **1** (Stockholm '47) 157–272: Wie die Naturkräfte und die Menschenhand die Erdkruste verändern [schwed.]; 367–94: Die Binnengewässer [~]. — Skärgårdsboken (Nordenskiöldsamfundet i Finland) (Helsinki '48) 74–94: Die Bodenerhebung längs der finnischen Küste [schwed.].

W. Quelques formules empiriques sur le régime hydrologique de Finlande (Helsinki '36) 2+5 S. (Ve Conférence hydrologique des états baltiques, Finlande 1936, Rapport 1 E). — Sur la limnologie non biologique en Finlande (Helsinki '36) 5 S. (~ Rapport 2 D). — The influence of human activities on discharge fluctuation in Finland (Helsinki '36) 2+8 S. (5th Hydrological conference of the Baltic states, Finland 1936, Report 8 A). — A current indicator for narrow water passage (Helsinki '36) 3 S. (~ Report 17 B). — The inland waters of Finland (Helsinki '36) 55 S. (~ Communication 1).

Årsbok-Vuosikirja, Soc. Sci. fennica Zur Frage des Wasserkreislaufs: **17B**.1938/39 ('39) Nr. 4, 14 S. [schwed.]. — Zur Frage der Überschwemmungen in Finnland: **18B**. 1939/40 ('40) Nr. 4, 14 S. [~].

Fennia Endogenetic phenomena: **72** ('52) 36–48. — The inland waters: 161–201.

Finlands Ayrshireboskap Im Herbst oder im Frühjahr kalbende Kühe: **2** ('34) 26–30 [schwed.].

Geophysica [Helsinki] Die geophysikalische Erforschung von Fennoskandia zur Erörterung der Krustenbewegungen [1]): **1** ('35) 11–16. — Über den säkularen Zyklus und die ständigen Schwankungen der Witterung: **3** ('48) 13–19 [schwed.].

Hydrografisen Toimiston Tiedonantoja The inland waters of Finland: **9** ('36) 55 S.; **13** ('51) 162–201.

Komiteanmietintö Bericht des Überschwemmungskomitės [2])[3])[4]): **1939**, Nr. 14, 306 S. [finn.].

Kotiliesi Kotivilla ["Heimische Wolle" = Name eines finnischen Betriebes]: **5** ('38) 162f. [finn.].

Meddelanden, Svenska tekn. Vetenskapsakad. Finland Der natürliche Abfluß in unseren Flüssen: **8** ('35) 3–21 [schwed.].

Nordisk Jordbrugsforskn. Finnische und norwegische Schafe: **15** ('33) 325–29 [schwed.].

Nya Argus In Parenthese: **26** ('33) Nr. 9, 109f. [schwed.]. — Wasserkreislauf in den Seen und Flüssen Finnlands: **34** ('41) Nr. 13, 161–64 [~].

Suomen Ayrshirekarja Im Herbst und im Frühjahr kalbende Kühe: **2** ('34) 26–30 [finn.].

Suomen Merenkulku Die Arcturus-Oberon-Katastrophe: **3** ('32) 1–7 [schwed.].

Suomen Uittajainyhdistyksen Vuosikirja Das Niedrigwasser 1940 in Finnland: **9/10** ('40) 57–74 [finn. u. schwed. m. engl. Zusammenfassg.].

Svenska Flottledsförbundets Årsb. Das Niedrigwasser in Finnland 1940: **15** ('41) [schwed.].

Svenska Folkskolans Vänners Kalender Vulkane und Erdbeben: **1947**, 107–17 [schwed.].

Teknillinen Aikakauslehti Über den Einfluß des Einzugsgebietes auf das Flutvolumen **23** ('33) 1–9 [finn.]. — Mittleres Hochwasser und mittleres Niedrigwasser: **24** ('34) 110–12 [~]. — The influence of stream clearance and drainage work on the discharge: **26** ('36) 395– [finn. m. engl. Zusammenfassg.]. — Über die wichtigsten Begriffe der Hydrologie [2])[3])[4]): **27** ('37) Nr. 11, 409–12 [finn.].

Tekniska Fören. i Finland Die komplexe Zeitkurve: **54** ('34) 109–15 [schwed.]. — Der minimale Abfluß: **55** ('35) 229–32 [~]. — Internationale Ziele der Frischwasserforschung: **58** ('38) 297–301 [~].

Bitte Anmerkung auf Seite 4201 beachten!

Terra [Helsinki] Areal der Vegetationsdecke in den Seen Finnlands: **44** ('32) 47–56 [finn. m. deutscher Zusammenfassg.]. — Wasserführung der Memel seit 1890: **45** ('33) 125–30 [schwed. m. deutscher Zusammenfassg.]. — On the mean discharge per square unit in Finland: **47** ('35) 56–59 [schwed. m. engl. Zusammenfassg.]. — The weighted lake percentage: **49** ('37) 151–54 [~]. — The Geographical Society of Finland 50 years: **50** ('38) 3–8 [finn. u. schwed. m. engl. Zusammenfassg.].

Turistföreningens Finland Årsb. Das Fremdenbuch des Schärenmeers: **1934**, 25–33 [schwed.].

Ferner eine Abhandlung "Til försumpningens orsaker" [Zu den Ursachen der Versumpfung] für den 19. Skandinavischen Naturforscherkongreß, Helsinki 1936 (4 S.). — Zahlreiche allgemeine Artikel in Wochenmagazinen, zum Teil unter Pseudonymen.

Mit: [1]) Å. Fabricius; [2]) A. J. Gautón; [3]) R. Gylling; [4]) P. K. Kaitera.

VI **RENSHAW,** Raemer Rex. Chem. (org.). — 1920–24 Assoc. Prof., '24–38 Prof., New York Univ., New York; '24 Chairman of Org. Divis., '29 Chairman of New York Sect., Amer. Chem. Soc.; '29–31 Secretary of Chem. Sect., Amer. Assoc. for the Advancem. of Sci. (⊠)
*1880, Aug. 31, Sierraville, Calif.;
†1938, Sept. 23, New York.

Nekr. H. G. Lindwall, Science [USA] (N.S.) **88** ('38) 394.

J. amer. chem. Soc. The basis for the physiological activity of -onium compounds, 9: Derivatives of homologs of betaine [15]): **54** ('32) 1471–74; ~ 10: Heterocyclic-onium compounds [17]): 1474–76; ~ 12: Aryl ethers of choline [10]): **55** ('33) 1524–28; ~ 15: Sulfonium compounds [16]): 4951–53; Onium compounds, 16: Quaternary derivation of pyridyl ethers [5]): **59** ('37) 297–301; ~ 17: Thioethers of formocholine and their sulfones [16]): 2056–58; ~ 17 [= 18!]: The phosphorus analogs and homologs of choline and betaine [2]): **60** ('38) 946f.; ~ 19: Thioesters of choline and β-methylcholine and their physiological activity [6])[18])[9]): 1765–70; ~ 20: Piperidinium analogs of choline and its homologs [18])[3])[14]): **61** ('39) 638–40; ~ 21: Pyrrolidinium analogs of choline and betaine [4]): 1195–98. — Phenoxypyridine: **59** ('37) 1406f. — The acetylcholine–cholinesterase system [18])[13]): **60** ('38) 178–82. — The synthesis of Δ^3-tetrahydropyridine [5]): 745–47. — The preparation of some py-amino quinolines and derivatives [7]): **61** ('39) 3320–22. — Coupling reactions of aminoquinolines with benzenediazonium chloride. A study of orientation in the quinoline ring [7])[8]): 3322–26.

J. biol. Chemistry Basis for the physiological activity of onium compounds, 13: Betaine amides [11]): **103** ('33) 183–86; ~ 14: Aryl ethers of choline, 1 [1]): 187–89.

J. Pharmacol. and exper. Therapeut. Sulfonium compounds and the autonomic nervous system [12]): **44** ('32) 63–79. — Thio and thiomethyl-ammonium compounds [12]): 151–69. — Effects of some quaternary ammonium and analogous compounds on the autonomic nervous system [12]): **48** ('33) 51–66. — Ethers and thio-ethers of triethylammonium compounds [12]): 105–25. — Further studies of the methyl cholines and analogous compounds [19]): **51** ('34) 255–62. — Ethers of choline and allied compounds [12]): **58** ('36) 140–54. — A basis for the acetylcholine action of choline derivatives [9])[18]): **62** ('38) 430–48.

Mit: [1]) W. D. Armstrong; [2]) R. A. Bishop; [3]) B. Brodie; [4]) W. E. Cass; [5]) R. C. Conn; [6]) P. F. Dreisbach; [7]) H. L. Friedman; [8]) F. J. Gajewski; [9]) D. Green; [10]) C. Y. Hopkins; [11]) H. T. Hotchkiss, jr.; [12]) R. Hunt; [13]) F. P. Jahn; [14]) N. Kornblum; [15]) M. E. McGreal; [16]) D. S. Searle; [17]) E. W. Shand; [18]) M. Ziff; [19]) F. I. Lawrence.

IV–VI **RENZ,** Franz Robert
→IV–VI **RENC,** Franc Francevič

IV,VI **RÉPELIN,** Jules Joseph. Geol., physikal. Geogr., Paläontol., Archäol. — 1911–15 Chargé de Conférences, '15–19 Chargé de Cours, '19–32 Prof. tit., '32 Prof. hon., Univ. d'Aix-Marseille, Aix-en-Provence; Conservateur de Géol., Muséum d'Histoire Natur. de Marseille. — '01 Officier d'Académie; '08 Officier de l'Instruct. Publ.; '17 Lauréat (Soc. Geogr. de Paris); '20 Lauréat (Soc. Géol. de France); '32 Chevalier de la Légion d'Honneur; '32 Prix Victor Noury (Acad. Sci. Paris).

*1862, Sept. 13, Evian-les-Bains, Haute-Savoie;
†1942, Aug. 31, Serres, Hautes-Alpes.

Nekr. G. Corroy, Annales Fac. Sci. Marseille: (2) **16** ('43) 37–57 (m. Schr.verz.).

S. Les Bouches-du-Rhône. Encyclopédie départementale (P. Masson) Premier partie: Des origines à 1789, **1**: Les origines: Géologie, paléontologie, préhistoire (Paris '32): [Mitautor].

Bull. Soc. géol. France Sur un sondage dans les terrains oligocènes du bassin de Marseille: (5) **5** ('35) 167–70. — Quelques précisions sur le tracé des contours stratigraphiques de la feuille Aubagne à 1/50.000^e: **6** ('36) 11–15.

C. R. hebd. Séances Acad. Sci., Paris Observations au sujet de la tectonique de la partie occidentale de la Nerthe: **196** ('33) 197f.

C. R. somm. Séances Soc. géol. France Sur l'âge des poudingues de Riez et de Valensole: **1934**, 33–35. — Quelques précisions sur le synchronisme des dépôts du Crétacé supérieur marin du Nord de la France et de la série fluvio-lacustre du Midi: **1936**, 133–35. — Note sur la basalte de Bandol: 149–51.

VI **RÉTHLY,** Antal (Anton). Meteorol., Klimatol., Seismol. — 1920–23 Lehrbeauftragter, '23–36 Privatdoz., '36–47 außerord. Prof., Volkswirtsch. Univ.-Fak (bis '34) → József-Univ. f. Techn. u. Ökon. (seit '34), Budapest; wiss. Mitarbeiter, zeitweilig Vorstand d. klimatol. u. ombrometr. Abt., '35–47 Dir., Ungar. Zentralanstalt f. Meteorol. u. Erdmagnetismus, Budapest; '25 Mitbegründer der Ungar. Meteorol. Ges. — '37 Hegyfoky-Medaille (Ungar. Meteorol. Ges.); staatl. Auszeichnungen (Volksrepubl. Ungarn). (⊠)

*1879, Mai 3, Budapest;
†1975, Sept. 21, Budapest.

Zum 80. Geb.tag Z. Berkes, Időjárás: **63** ('59) 190f.; V. E., Festsitzung der Ungarischen Meteorologischen Gesellschaft: ibid. 191f. [ungar.].

Zum 85. Geb.tag L. Vass, Magyar Nemzet: **20** ('64) 8.

Zum 95. Geb.tag Festband: Réthly Antal emlékkönyv (L. Felméry, A. Zach) (Budapest '75) 2+256 S. (m. Schr.verz. S. 17–28); darin eig. Beitr.: Über Pioniere der Literatur über das Klima von Budapest [ungar.]; biographische Artikel: L. Aujeszky, Antal Réthlys Tätigkeit auf dem Gebiet der Popularisierung der Naturwissenschaften; I. Kulin, Prof. Réthly in der Türkei; P. Salamon, Prof. Dr. Antal Réthly 95 Jahre alt. [Alle Beiträge ungar.].

Nekr. B. Béll, Z. Meteorol. **26** ('76) 321f.

MH. Csillagászati és meteorológiai lexikon [Astronomisches und meteorologisches Lexikon] (Budapest '43) (A búvár kőnyvei, 21).

S. P. Kitaibel, A. Tomtsányi, Dissertatio de terrae motu in genere, ac in specie Mórensi anno 1810, die 14. Januarii orto (Budae 1814) Faksimile-Nachdruck: (Budapest '60): Nachwort: Zur Erinnerung an Paul Kitaibel, Adam Tomtsányi und Ludwig Fabrici.

W. Hongrie. Travaux de l'Institut Royal hongrois de Météorologie et de Magnétisme terrestre. Rapport présenté à la 6e Assemblée générale de l'Union Géodésique et Géophysique internationale à Edinburgh 1936 (Budapest '36) 7 S. — Magyarország éghajlata. Das Klima von Ungarn (Budapest '37) 35 S. [ungar. u. deutsch] (A Magyar kir. Országos Meteorológiai és Földmágnességi Intézet kisebb

Bitte Anmerkung auf Seite 4201 beachten!

Kiadványai, Uj sor = Kleine Veröffentlichungen der Reichsanstalt für Meteorologie und Erdmagnetismus, Neue Reihe, 3). — Adatok a Kékes éghajlatához. Beiträge zum Klima des Kékes (Budapest '38) 15 S. [ungar. m. deutschem Auszug] (~ 4). — Barométerösszehasonlitások Délkelet-Európában és Olaszországban (1938–1939). Barometervergleichungen in Südosteuropa und Italien (1938–1939) (m. B. Béll) (Budapest '39) 20 S. [ungar. u. deutsch] (~ 7). — Időjárás, éghajlat és Magyarország éghajlata [Wetter, Klima und das Klima in Ungarn] (m. F. Bacsó) (Budapest '38) 9+404 S. — Debrecen csapadékviszonyai, 1854–1943. Niederschlagverhältnisse von Debrecen, 1854–1943 (Budapest '45) 120 S. [ungar. u. deutsch] (Magyaroszág éghajlata. A Magyar Országos Meteorológiai és Földmágnességi Intézet hivatalos kiadványa, 4). — Budapest éghajlata. The climate of Budapest (Budapest '47) 147 S. [m. engl. Zusammenfassg.]. — A kárpátmedencék földrengései (455–1918). Die Erdbeben des Karpathenbeckens (455–1918) (Budapest '52) 510 S. [ungar. m. russ., französ., deutscher u. engl. Zusammenfassg.]. — Időjárási események és elemi csapások Magyarországon 1700-ig [Wetterereignisse und Elementarschäden in Ungarn bis 1700] (Budapest '62) 450 S. — Időjárási események és elemi csapások Magyarországon 1701–1800-ig [Wetterereignisse und Elementarschäden in Ungarn 1701–1800] (Budapest '70) 622 S. — Időjárási események és elemi csapások Magyarországon 1801–1850-ig [Wetterereignisse und Elementarschäden in Ungarn 1801–1850] (Budapest '[?]). — Nordlichtbeobachtungen in Ungarn (1523–1960) (m. Z. Berkes) (Budapest '63) 190 S.

Annales Univ. Sci. budapestinensis, Sect. geol. In memoriam Radó Kövesligethy: **6**.1962 ('63) 5–9 [engl.].

Csillagászati Lapok Die slowakische Sternwarte in der Tatra: **5** ('42) 162–64 [ungar.].

Csillagok Világa Die Zerstörung der Sternwarte auf dem Gellértberg im Jahre 1849 [Titel unsicher]: **1949**, 145–50 [ungar.].

Földgömb Das Klima von Abessinien: **6** ('35) 391–94 [ungar.].

Földrajzi Közlemények Die in Ungarn beobachteten größten Regenmengen in den Jahren 1901–1931: **64** ('36) 17 S. [ungar. u. deutsch].

Időjárás Sechzigjähriges Tagesmittel der Temperatur von Budapest: **36** ('32) 2–12, 36f. — Bemerkungen zu den Niederschlagsdaten der Türkei: **37** ('33) 45–47, 65f. — Klimakarte von Ungarn nach der Köppenschen Klassifikation: 105–15, 137f. — Thromben auf der Hortobágyer Heide: **38** ('34) 144–48, 172. — Meteorologische Beobachtungen in Taming (China): **39** ('35) 91–94, 117. — Niederschlagsverhältnisse in Taming (China): **40** ('36) 114f., 137f. — Beiträge zu den Temperaturen in China: 141–49, 175f. — Ungarns Klima und die Entwässerung vor dem Abgeordnetenhaus: **41** ('37) 20–30. — Die allmähliche Zunahme der Bevölkerung von Budapest (1861–1937). (Ein Beitrag zur Klimaänderung von Großstädten): **42** ('38) 101–16, 141–44. — Die Hagelstatistik des Meteorologischen Instituts: **43** ('39) 98–103. — Rückblick auf den Winter 1939/40: **44** ('40) 17–19, 50f. — Zum 70jährigen Bestehen des Königlichen Ungarischen Meteorologischen Instituts: 237–48, 286f. — Graf Paul Teleki†: **45** ('41) 46–. — Hundert Jahre Naturwissenschaftliche Gesellschaft und die Meteorologie: 62–65. — Die Ausbildung der Meteorologen in Ungarn: 172–. — F. Wieland†: 174, 184. — Zsigmond Rona, 1860–1941: **46** ('42) 230–45. — Die Aufklärung des Klimas von Ungarn: **50** ('46) 79–84. — Dr. Ernő Massány, 1878–1946: **51** ('47) 4–8. — Der Niederschlag von Tiszavölgy: 120–26. — Professor Victor Conrad zum 80. Geburtstag: **60** ('56) 248f. — Alle Arbeiten ungar., meist m. deutscher Zusammenfassg.

Magyar Techn. Der Niederschlag von Tiszavölgy: **2** ('47) 89–92.

Magyar tudományos Akad. biol. Tudományok Osztályának Közleményei Pál Kitaibel, Pionier der Geophysik: **2** ('58) 133–37.

Magyar tudományos Akad. műszaki Tudományok Osztályának Közleményei Nordlichterscheinungen in Ungarn von 1523–1960 [1]): **34** ('64/65) 37–53 [ungar.].

Meteorologische Z. 100jährige Temperaturmittel von Budapest: **51** ('34) 43f. — Sonnenscheindauer und Verdunstung in Ankara: **52** ('35) 31–33. — Windverhältnisse zu Kolocsa: **54** ('37) 68f.

Z. Meteorol. Erinnerungen an deutsche Meteorologen: **18** ('66) 197–200.

Öntözésügyi Közlemények Außergewöhnliche Wetterextreme im Jahr 1946: **1945/46**, 87–93 [ungar.].

Orvostörténeti Közlemények Die Tätigkeit der Amtsärzte Boldizsár und József Patkovich im Interesse der Erforschung des Klimas von Pécs: **66/68** ('73) 191–205 [ungar.].

Természettudomány Hundertjährige Periodizität in der Witterung: **1** ('46) 72–76. — Das Klima von Budapest: **2** ('47) 282 86. — Die Witterung in Ungarn im Jahre 1945: **3** ('48) 90–92; ~ 1946: 288–90. — — Alle Arbeiten ungarisch.

Mit: [1]) Z. Berkes.

VI **REY**, Abel. Philos., Geschichte u. Philos. d. Wissensch. — 1918 40 Prof., '32–40 Dir. de l'Inst. d'Hist. des Sci. et Techn., Univ. de Paris. — '32 Prix Binoux (Acad. Sci. Paris).
*1873, Dez. 29, Châlon-sur-Saône;
†1940, Jan. 13, Paris.

Bitte Anmerkung auf Seite 4201 beachten!

Nekr. L. Brunschvicg, Thalès 4.1937/39 ('40) 7f. (m. Bildn.). — P. Ducassé, Annales Univ. Paris **15** ('40) 157–64.

H. Exposés d'histoire et philosophie des sciences, **1** (Paris '35) – **6** ('36) (= Actualités scientifiques et industrielles, 217, 218, 328, 367, 368, 378).

HZ. Thalès **1**.1934 ('35)ff.

MHZ. Revue Synthèse **1** ('31) – **18** ('39).

S. L'évolution de la physique et la philosophie (Paris '35) (Semaine internationale de synthèse, 4[b]): [1 Beitrag]. — Science et loi (Paris '34) (~ 5): Histoire de la notion de loi. — La notion de progrès devant la science actuelle (Paris '38) (~ 6): L'idée de progrès et l'idée de retour. — Actes, conférences et communications. IIIe Congrès international d'histoire des sciences, Coimbra, Oporto et Lisbonne 1934 (Lisboa '36) 273–75: La médecine dans l'histoire des sciences. — Encyclopédie française, **1**: L'outillage mental, 1: Evolution de la pensée (Paris '37) 1'10,3–1'12,12 (26 S.): La pensée primitive; 1'14,1–1'20,11 (58 S.): La pensée logique. — Travaux du 9e Congrès international de philosophie. Congrès Descartes (R. Bayer) **2** (Paris '37) (Actualités scientifiques et industrielles, 531) 27–32: De Viète à Descartes.

W. La science dans l'antiquité, **1**: La science orientale, avant les Grecs (Paris '30) 17+495 S. (L'évolution de l'humanité; synthèse collective [Section 1]: Série complémentaire, 1), Neuaufl.: ('42); **2**: La jeunesse de la science grecque ('33) 17+537 S. (~ 2); **3**: La maturité de la pensée scientifique en Grèce ('39) 16+574 S. (~ 3); **4**: L'apogée de la science technique grecque: Les sciences de la nature et de l'homme, les mathématiques d'Hippocrate à Platon ('46) 18+313 S. (~ 4); **5**: L'apogée de la science technique grecque: L'essor de la mathématique (Paris '48) 322 S. (~ 5); span.: La ciencia en la antigüedad (México '59ff.). — Les mathématiques en Grèce au milieu du Ve siècle (Paris '35) 92 S. (Actualités scientifiques et industrielles, 217 = Exposés d'histoire et philosophie des sciences, 1). — El eterno retorno y la filosofía de la física (Madrid ['45?]) 327 S. (Biblioteca de ideas y estudios contemporaneos) [französ. Orig.: (Paris '24), vgl. Pogg. Bd. VI].

Bull. Soc. franç. Philos. La science orientale avant les Grecs [2] u.a.): **31** ('32) 1–34.

Cahiers Radio-Paris Descartes: L'unité de la science: **9** ('38) 118–23.

Enseignement sci. L'histoire des sciences dans l'enseignement [1]): **5** ('32) 129–32.

Revue Etudes grecques A propos de l'origine grecque des "chiffres de Fès" et de nos "chiffres arabes": **48** ('35) 525–39.

Revue philos. France et Etranger La jeunesse de la science hellène et la formation des grandes méthodes de la science: **115** ('33) 202–16. — Logique, mathématique et participation à la fin du 5e siècle hellénique: **121** ('36) 338–71.

Revue Synthèse Note d'histoire des sciences: La valeur babylonienne de π: **4** ('32) 223f. — L'école ionienne: **6** ('33) 47–53. — Thalès: 53–56. — La correspondance du Père Mersenne: 181–84. — Anaximandre: **8** ('34) 187–90. — Anaximène: 191f.

Thalès Avant-propos sur l'histoire des sciences, son esprit nécessairement philosophique, et l'histoire de la civilisation: **1**.1934 ('35) 6 S. — La pensée scientifique et le système du monde depuis le VIe siècle jusqu'à la fin du Ve: 31–41. — La médecine dans l'histoire générale des sciences et interprétation d'un texte de Platon sur Hippocrate: **2**.1935 ('36) 20 S. — Indications concernant une direction d'étude relative à l'histoire des sciences, du point de vue de leurs méthodes: 34–48.

Mit: [1]) A. Lalande; [2]) X. Léon.

VI **REY,** Jean Alexandre. Elektromech., Optik, Thermodyn. — 1887–1932 Ing. d'Etudes → Ing. en Chef → Dir., Maison Sautter-Lemonnier (Maison Sautter-Harlé); Vice-Prés., Soc. Int. des Electriciens; Vice-Prés., Soc. d'Encouragem. pour l'Industrie Nation.; Vice-Prés., Union des Syndicats de l'Electricité; Vice-Prés., Assoc. Techn. Maritime et Aéronautique; Prés., Soc. Franç. des Electriciens; Prés., Syndicat profession. des Industries Electriques; Prés., Commission administr. de l'Ecole Supér. d'Electricité et du Labor. Central d'Electricité, '33– Prés., Sect. d'Electricité, Soc. des Ingénieurs Civils de France. — '04 Grande Médaille d'or (Soc. Ing. Civils France); '14 Prix Henri de Parville, '19 Prix Henry Wilde, '27 Prix Houllevigue (Acad. Sci. Paris); '28 Commandeur de la Légion d'Honneur. (⊠)

*1861, Aug. 11, Ouchy, près de Lausanne; †1935, Dez. 25, Paris.

Nekr. L. Guillet, Notices et Discours, Acad. Sci., Paris **1**.1924/36 ('37) 673–76. — P. Janet, Bull. Soc. franç. Electriciens **6** ('36) 5–7. — J. Perrin, C. R. hebd. Séances Acad. Sci., Paris **201** ('35) 1445–47.

Zur Biogr. R. Esnault-Pelterie, Notices et Discours, Acad. Sci., Paris **2**.1937/48 ('49) 27–51 (m. Bildn. u. Schr.verz.).

C. R. hebd. Séances Acad. Sci., Paris Fonctionnement d'un thermo-compresseur entraînant successivement deux fluides compressibles de densités différentes: Résultats expérimentaux: **198** ('34) 864–87; ~: Loi des débits en poids; loi d'invariance de la pression finale: 997–1001. — Du rendement énergétique des thermo-compresseurs. Importance de sa définition: **200** ('35) 2001–04; ~: Définitions et valeurs: **201** ('35) 9–11.

Mémoires Soc. Ing. civils France Discours prononcé dans la séance du 13 janvier 1933: Phares etc.: (9) **86** ('33) 1–10.

IV–VI de **REY-PAILHADE,** Joseph Charles François. Chem. — Biochimiste au Labor. privé, Toulouse. (⊠)
*1850, Febr. 25, Béziers;
†1936.

Nekr. V. Brustier, Bull. Soc. chim. France **3** ('36) 943f.

VI **REY PASTOR,** Julio. Math., Gesch. d. Naturwiss. — 1911–17, 22–[59?] Prof., Univ. Central de España, Madrid; '17–22 Prof. Mat., Cátedra de Cultura, Inst. Cultura Argentina, Buenos Aires; '22–54, '55–58 Prof., '59 Prof. Emér., Univ. Nacional de Buenos Aires; también Prof.: Univ. nacion. de La Plata, Univ. nacion. de Cuyo en San Luis, Univ. del Sur en Bahia Blanca; '24 Fundador, Soc. Mat. Argentina; '33 Fundador, Grupo Argentino de Historia de la Ci.; '36 Fundador, Unión Mat. Argentina; '38 Fundador, Inst. de Historia y Filosofia de la Ci., Univ. Nacion. del Litoral, Santa Fé; '54 Fundador, Soc. Española de Mat. Apl.; '55 Fundador, Inst. de Cálculo, Madrid; '55 Fundador, Departamento de Filosofía e Historia de la Ci., Madrid. — '16 Premio del Duque de Alba; Gran Cruz de Alfonso X el Sabio; Gran Cruz Isabel la Católica; '56 Premio de Ciencias Exactas ("Fondación Juan March" de España).
*1888, Aug. 14, Logroño, Span.;
†1962, Febr. 21, Buenos Aires.

Festschrift Homenaje a Julio Rey Pastor **1** (Rosario '45) 44+286 S. (m. Bildn.) (Publicaciones del Instituto de Matemática, 5), darin: E. Terradas, Julio Rey Pastor, hombre e investigador, F. I. Toranzos, Rey Pastor y la enseñanza de la matemática en la Argentina; **2** ('46) 382 S. (m. Schr.verz. S. 335–77) (~ 6).

Zur Biogr. J. Babini, Julio Rey Pastor en el 25° aniversario de su llegada al pais: Revista mat. argentina **8** ('42) 41–. — J. J. González Covarrubia, Julio Rey Pastor (Buenos Aires '64) 173 S. (m. Bildnissen u. Schr.verz.). — C. Pla, Julio Rey Pastor y la historia de la ciencia: Boletin Acad. nacion. Ci. Córdoba **48** ('70) 123–67. — P. P[uig] A[dam], Gaceta mat. **11** ('59) 123–29. — L. A. Santaló, Ciencia e Investigac. **28** ('72) 406–11.

Nekr. Gedenkheft: Revista Unión mat. argentina **21** ('62) Nr. 1 (m. Bildnissen); darin 3–22: Biogr. von J. Babini, A. González Domínguez u. L. A. Santaló; 22–26: F. Vera, Algunos rasgos ineditos de Rey Pastor; 26–33: Acto académico en homenaje a la memoria de Julio Rey Pastor; 35–55: Trabajos científicos [Verzeichnis der Publikationen und nicht gedruckten Vorträge und Vorlesungen]. — J. Babini, Archives int. Hist. Sci. **15** ('62) 361–64; Ingeniería [Buenos Aires] Nr. **983** ('62) 112–; Isis **54** ('63) 259. — A. Dou S. J., Razón y Fe **167** ('63) 133–46, 273–82 (m. Bibliogr. betr. J. Rey Pastor); Revista mat. hisp.-amer. **22** ('62) 57–59. — R. San Juan Llosá, Julio Rey Pastor, su vida y su obra vista por un discípulo: ibid. 60–93 (m. Verz. d. math. Arbeiten). — J. M. Iñíguez Almech, Hace medio siglo: ibid. 94f. — J. M. Orts, Recuerdos de unas conferencias: ibid. 96–101. — P. Peñalver, Algunos recuerdos de la vida de Rey Pastor: ibid. 102–05. — S. Rios, Rey Pastor, maestro de matemáticos: ibid. 106–13. — L. R. Rodríguez Vidal, La claridad como estilo: ibid. 114f. — E. Vidal Abascal, El profesor Rey Pastor: ibid. 116–20. — F. E. Herrera, Revista, Univ. nacion. Tucumán, Ser. A **14** ('62) 389–91. — J. Palacios, Boletín real Acad. española **42** ('62) Nr. 165. — S. Rios, J. Rey Pastor, maestro de matemáticos: Revista real Acad. Ci. exactas, fisicas y natur. Madrid **56** ('62) 461–68. — R. San Juan, J. Rey Pastor, el investigador matemático y el hombre: ibid. 469–76. — J. Guillén, J. Rey Pastor, cartólogo: ibid. 477–83. — S. Rios, Trabajos Estadística **13** ('62) 4–11. — J. J. J. Ronchetti, Anales Acad. argentina Geogr. **6** ('62) 16–18. — Revista Obras públ. **110** ('62) 359f.

Zur Bibliogr. P. Puig Adam, J. A. Sanchez Pérez [u. a.], Trabajos matemáticos del profesor Julio Rey Pastor desde 1905 a 1955 ([Madrid] '56) 66 S.

Schriftenverzeichnis Anuario acad., Acad. Ci. Lisboa **1963**, 58–69 (m. Bildn.) [Das Verzeichnis enthält auch die nicht publizierten Vorträge und Vorlesungen].

MH. Enciclopedia filosófica (Buenos Aires ['46?]). — Diccionario filosófico (Buenos Aires '52); darin eig. Beitr.: Trabajos histórico-epistemológicos [1]).

HZ. Publicaciones, Fac. Ci. exactas, fisicas y natur., Univ. Buenos Aires, Ser. B, Nr. **12** ('32).

MHZ. (Begründer) Revista mat. hisp.-amer. 1919ff. — (Begründer) Boletín Semin. mat. argentino 1928ff. — (Begründer) Trabajos Semin. mat. argentino 1930ff. — (Begründer) Matemática elemental 1932ff. — (Begründer) Revista Unión mat. argentina 1937ff.

Bitte Anmerkung auf Seite 4201 beachten!

S. Discursos inaugurales y trabajos de las secciones. 14. Congreso, Asociación española para el progreso de las ciencias, Santiago de Compostela 1934 (Madrid '35): Algunas orientaciones modernas en la teoría de las series; Sobre los algoritmos de convergencia de integrales. — Descartes. Homenaje en el tercer centenario del "Discurso del metodo" **2** (Buenos Aires '37) (Universidad nacional de Buenos Aires, Instituto de Filosofía) 43–66: Descartes y la filosofía natural. — Historia de la Nación Argentina (R. Levene) **2**: Europa y España y el momento histórico de los descubrimientos (Buenos Aires '37) 79–101: Ciencia y técnica en la época del descubrimiento de América. — Trabajos de los académicos numerarios (Madrid '49) (Publicaciones de la Real Academia de Ciencias, 1): El método hodógrafo en los movimientos planos de flúidos compresibles (5 S.). — XIII Congresso, Associação portuguesa para o progresso das ciências, juntamento com o XX Congresso da Associação espanhola para o progresso das ciências, Lisboa 1950 **1** (Porto '51): La matemática moderna; **2** ('51) [?]: Los conceptos básicos de la matemática del siglo XX. — 2° Symposium sobre algunos problemas matemáticos que se están estudiando en Latino-América, Villavicencio-Mendoza 1954 (Montevideo '54) 9–20: La matemática moderna en Latino-América; análisis crítico de las investigaciones. — Proc. International congress of mathematicians, Amsterdam 1954 (J. C. H. Gerretsen, J. de Groot) **1** (Groningen '57) 463f.: Verallgemeinerungen der partiellen Differentialgleichungen der Physik. — Actas de las X Jornadas de la Unión Matemática Argentina, Bahía Blanca 1957 (Bahía Blanca '57) 45–47: Cálculo de un tipo de reactor heterogéneo. — J. J. González Covarrubia, Julio Rey Pastor (Buenos Aires '64) 95–173: Algebra del lenguaje.

W. Aritmética racional **2** [2](Buenos Aires '32) 196 S. — Los progresos de España e Hispano-América en las ciencias teóricas. Discurso (Madrid '32) 61 S. (Academia de Ciencias de Madrid). — Geometría del espacio [2](Buenos Aires '32) 160 S.; [3](Madrid '36) 160 S. — Lecciones de aritmética (m. P. Puig Adam) (Madrid '32) 111 S. — Nociones de álgebra y trigonometría (m. P. Puig Adam) (Madrid '32) 304 S. — Curso de topología explicado en el Laboratorio-Seminario Matemático de Madrid, en el primer trimestre de 1932 (Madrid '32). — Teoremas tauberianos. Curso explicado en el Laboratorio-Seminario Matemático de Madrid (Madrid '32). — Curso cíclico de matemáticas, **1**: Las magnitudes y las funciones elementales con aplicaciones a la mecánica, física, química, ingeniería, etc. [3](Madrid–BuenosAires '33) 8+351 S., [4](Madrid '35), [5]('42), [6]('48) 360 S.; **2**: Cálculo infinitesimal con aplicaciones a la mecánica, física, química, ingeniería, etc. [2](Cuenca '32) 8+302 S., [3]('35), [4](Madrid '48). — Elementos de geometría racional (m. P. Puig Adam) **1**: Geometría plana (Madrid '33) 8+296 S.; **2**: Geometría del espacio ('61) 168 S. — Metodología y didáctica de la matemática elemental (m. P. Puig Adam) **1**: Metodologia (Madrid '33) 158 [oder 258?] S. — Series e integrales Dλ. Curso 1932/33 (Madrid '33). — Geometría racional **2** [2](Buenos Aires '33) 190 S. — Algebra y trigonometría (Madrid '34) 304 S. — Elementos de aritmética (m. P. Puig Adam). Neuauflagen: (Madrid '34) 256 S., ..., [12]('60) 8+254 S. (Colección elemental intuitiva, 1). — Elementos de geometría (m. P. Puig Adam). Neuaufl. (Madrid '34) 264 S. — Los matemáticos españoles del siglo XVI. Discurso leído en la apertura del curso de 1913 a 1914 en la Universidad de Oviedo (Madrid '34) 1+162 S. — Cosmografía. Neuaufl. (Buenos Aires '34) 176 S. — Análisis algebraico **1**: Elementos de análisis algebraico [4](Madrid '34) 512 S., [5]('38), [6]('39), [7]('41), [8]('44), [9]('46), ..., [11]('53), [12]('56), ..., [14]('61), [15]('66) 511 S.; **2**: Teoría de las funciones reales [Neuaufl.] (Madrid '33) 248 S. — Geometría racional (m. P. Puig Adam) (Madrid '35) 460 S. — Ciencia y técnica en la época de los descubrimientos geográficos (Buenos Aires '35) 30 S. (Grupo Argentino de Historia de la Ciencia, Publ. 1 = Revista, Centro Estudiantes Ing. **36** ('35), Tirada aparte [Sonderheft]). — Matemáticas (m. P. Puig Adam), Primer curso (Madrid '35) 195 S., [2]('41) 211 S., ..., [4]('43) 2+199 S.; Segundo curso ('41) 204 S., [[2]]('43) 3+204 S.; Tercer curso **1**: Aritmética ('35) 151 S., **2**: Geometría ('34) 6+191 S., Neuaufl. in 1 Band: ('43) 139+106+1 S.; Cuarto curso ('35) 312 S., Neuauflagen: Cuarto curso **1**: Ampliación de álgebra ('41) 288 S., ('43) 287 S.; Quinto curso **1** ('40) 158 S., **2** ('40) 159 S.; Neuauflage in 6 Bänden ('54) 152, 200, 240, 200, 224 u. 187 S.; Curso primero de bachillerato, Plan 1957 ('57) 198 S.; weitere Ausgaben in mehreren Kursen mit Untertiteln "Bachillerato elemental", "Bachillerato general universitario" u. "Bachillerato superior". — Lecciones de álgebra [2](Madrid '35) 8+250 S., [3]('47), [4]('57), [5]('60) 13+336 S. — Elementos de geometría proyectiva absoluta **1** (Madrid '35). — (Curso de) Geometría algebraica, **1** (Buenos Aires '35), Neuaufl.: ('40). — Teoría general de los espacios abstractos. Curso dictado en las Universidades de Madrid y Buenos Aires (– '35). — Teoría general de funciones. Curso dictado en la Universidad de Buenos Aires **1** (Buenos Aires '35); **2** ('36). — Ecuaciones diferenciales e integrales (– '37). — Aritmética **1** (Buenos Aires '37) 178 S.; **2** ('38) 174 S. — Geometría (método intuitivo) **1** (Buenos Aires '37) 196 S.; **2** ('38) 176 S. — Colección matemática (según los programas de enseñanza secundaria) (m. M. Pereyra) **1**: Aritmética (Montevideo '37) 2+238 S.; **2**: Geometría, primer curso ('37) 148 S.; **3**: Algebra, primer curso ('38) 174 S.; **4**: Geometría, segundo curso ('38) 176 S.; **5**: Algebra y trigonometría ('39) 2+202 S.; **6**: Geometría del espacio ('39) 134 S.; **7**:

Bitte Anmerkung auf Seite 4201 beachten!

Algebra con tablas logaritmicas de interés compuesto y anualidades ('40) 158 S.; **8**: Geometría y trigonometría, cuarto curso ('[?]). — Teoría abstracta de probabilidades (Buenos Aires '37). — Aplicaciones físicas y técnicas de las funciones de variable compleja (Buenos Aires '38) 122 S. — Teoría de las funciones reales **1** [3](Madrid '38). — Curso de cálculo infinitesimal [3](Buenos Aires '38) 432 S.; [4]('44) 464 S.; [5]('48); [6]('53); [7]('62) 462 S. — Algebra (para tercer curso) (Buenos Aires '39) 160 S. — Mecánica relativista (Montevideo '39) 28 S. — Series divergentes e integrales singulares (Buenos Aires '39). — Teoría de los espacios abstractos (Buenos Aires '39). — Elementos de la teoría de funciones **1** (Buenos Aires '39, Madrid '44), Neudruck: (Madrid '47), [2]('50); **2** (Buenos Aires '40, Madrid '46), Neudruck: (Madrid '47), [2]('52); ab 3. Aufl. in 1 Band: [3](Madrid–BuenosAires '53) 560 S., [4](Madrid '61), [5]('67) 16+560 S. — Geometría. Primer año. Escuelas normales (m. F. Toranzos) (Buenos Aires '40) 164 S. — Aritmética y álgebra. Primer año. Escuelas normales (m. F. Toranzos) (Buenos Aires '40) 233 S. — Aritmética. Primer año. Escuelas normales (m. F. Toranzos) (Buenos Aires '40) 256 S., ('46) 256 S. — Aritmética y álgebra para tercer curso (programas de 1940) (Buenos Aires '40) 166 S. — Aritmética y álgebra para cuarto curso (~) (Buenos Aires '40) 180 S. — Geometría integral. Curso dictado en 1940 (Buenos Aires '41). — La ciencia y la técnica en el descubrimiento de América (Buenos Aires–México '42) 3+9+176 S. (Colección austral, 301), [2]('45), [3]('51) 170 S.; [4](Madrid '70) 149 S. — Curso de epistemología e historia de la ciencia, dictado en la Facultad de Filosofía y Letras de Buenos Aires (Buenos Aires '43). — Epistemología de la ciencia física renacentista. Curso dictado en la Facultad de Filosofía y Letras de Buenos Aires (Buenos Aires '44). — Introducción a la epistemología (Buenos Aires '45). — Epistemología histórica. Curso dictado en la Cátedra de Epistemología e Historia de la Ciencia en la Facultad de Filosofía y Letras (Buenos Aires '45). — La cultura matemática de los cosmógrafos españoles del siglo XVI: Alonso de Santa Cruz (Madrid '46) 18 S. (Asociación española para el progreso de las ciencias, XIX Congreso, Discurso inaugural de la Sección I). — Ciencia y filosofía en la edad moderna (Buenos Aires '46). — Historia de la matemática (m. J. Babini) (Buenos Aires '51) 22+368 S. — Esteban Terradas. Su vida y su obra (Madrid '51) Discurso en la sesión necrológica en la Real Academia de Ciencias Exactas, Físicas y Naturales. — Geometría integral (m. L. A. Santaló) (Buenos Aires–Madrid '51) 284 S. — La matemática superior. Métodos y problemas del siglo XIX (Buenos Aires–Madrid '51) 349+6 S. — Análisis matemático (m. P. Pi Calleja, C. A. Trejo) **1**: Análisis algebraico; Teoría de ecuaciones; Cálculo infinitesimal de una variable (Buenos Aires '52) 27+817 S., . . ., [5]('60) 28+836 S.; **2**: Cálculo infinitesimal de varias variables; Aplicaciones ('57) 626 S., . . ., [3]('59) 18+624 S.; **3**: Análisis funcional y aplicaciones ('59) 17+718 S. — El método de Montecarlo. Teoría matemática de este método estadístico (La Plata '53) (Universidad Nacional de La Plata). — Algebra del lenguaje. Discurso leído en su recepción publica [como miembro de la R. Academia española], y contestación de J. M. Pemán y Pemartín (Madrid '54) 78 S. — Geometría analítica (m. L. A. Santaló, M. Balanzat) (Buenos Aires '55) 16+535 S. — Epistemología de la ingeniería (Historia de la técnica) **1** (Buenos Aires '55) 158 S. — Los problemas lineales de la física; curso de conferencias dado en el Instituto Nacional de Técnica Aeronáutica Esteban Terradas (Madrid '55) 16+267 S. — Geometría en el espacio de Hilbert (Buenos Aires '55) (Unión Matemática Argentina). — La técnica en la historia de la humanidad (m. N. Drewes) (Buenos Aires '57) 326 S. (Colección Oro de cultura general, 156). — Norte de problemas: Análisis algebraico, geometría métrica, y trigonometría (m. J. Gallego Díaz) (Madrid '57) 12+359 S. — Apuntes de teoría de los conjuntos abstractos (San Luis, Argentina '57) 2+55 S. (Universidad Nacional de Cuyo, Facultad de Ciencias de la Educación, Instituto de Matemáticas). — Funciones de Bessel. Teoría matemática y aplicaciones a la ciencia y a la técnica (m. A. de Castro Brzezicki) (Madrid '58) 12+240 S. — Elementos de matemáticas (m. A. de Castro Brzezicki) (Madrid '59); Neuaufl.: ('62) 244 S.; Complementos y soluciones de ejercicios ('61) 32 S. — La cartografía mallorquina (m. E. Garcia Camarero) (Madrid '60) 15+207 S. — Nociones de aritmética y geometría. Neuaufl. (m. P. Puig Adam) (Madrid '66) 206 S.

A B C [Madrid] La generación del 98: **1952**. — En el centenario de Torres Quevedo: ibid.

Anales Asoc. españ. Progr. Ci. La matemática del siglo XX, 1: La integral: **1** ('34) 13–24. — Sobre la vocación científica: **3** ('36) 259–63. — Don Eduardo Torroja y Caballé: **9** ('44) 5–11. — La matemática moderna: **15** ('50) 715–40.

Anales Soc. ci. argentina Ciencia libre y sociedades científicas: **148** ('49) 128–55.

Annali Mat. pura ed. appl. Sobre la ecuación linealizada del vuelo supersónico: (4) **30** ('49) 91–96.

Archeion [Roma, Santa Fé] El Instituto de Historia de la Ciencia y su posible tarea: **22** ('40) 42–46. — Agustín Jesús Barreiro†: 171–79.

Atti Convegni, Fondaz. Alessandro Volta L'analisi funzionale e la teoria generale delle funzioni: **9**.1939 ('43) 339–72.

Atti reale Accad. nazion. Lincei, Rend. Sulla topologia dei dominii di uno spazio ad n dimensioni:

(6) **15** ('32) 524–27. — Cumulanti multipli: **19** ('34) 772–76. — Sulle quaterne di Salmon nelle cubiche piane di genere uno: **20** ('34) 459–62. — Sulla convergenza quasi continua di successioni di funzioni: **21** ('35) 481–84.

Boletín Fac. Ing. Montevideo Descartes y la filosofía natural: **1**, Nr. 5 ('38) 1–30.

Boletín Semin. mat. argentino Distancia orientada de conjuntos: **3** ('32/33) 29–31. — Une généralisation élémentaire de la convergence: 142–46. — Esquema de una teoría geométrica de las singularidades de las funciones analíticas, 1: 157–62; ~ 2: **4** ('34/37) 117–. — Observaciones sobre las series de potencias cuyos coeficientes son funciones algebraicas enteras: **3** ('32/33) 174–80. — Sobre ciertos desarrollos en series: 193–96. — Una teoría de la integración de funciones de cualquier número de variables: **4** ('34/37) 1–3. — Desarrollos de funciones en series de primitivas: 3f. — Algunas propiedades polares de las cúbicas planas: 5. — Teoría geométrica de las transformaciones eulerianas y seudoeulerianas de series: 17–20. — La transformación de Pincherle y la sumación de series divergentes: 26–29. — Sobre las singularidades algebraico-logarítmicas de las funciones analíticas: 41–46. — Sobre un tipo de ecuaciones diferenciales lineales: 71–74. — Funciones de variable compleja binaria: 101–16. — Funciones topológicas y seudoanalíticas: 121–. — Métrica e integración en los espacios abstractos: 155–62. — Algunos complementos a la teoría de límites de las funciones reales en espacios abstractos: 175–82.

Bull. Soc. roy. sci. Liège Une généralisation élémentaire de la convergence: **2** ('33) 90–93.

Chemia [Buenos Aires] Newton químico: **14** ('44/45) Nr. 95, 20–35.

Ciencia y Técn. Sobre la reforma universitaria: **99** ('42) Nr. 482, 136–44. — Teoría de los espacios topológicos: **101** ('43) Nrn. 494ff. — Integrales parciales de las funciones de dos variables en intervalo infinito: **103** ('44) Nr. 510, 509–34. — Los últimos teoremas geométricos de Poincaré y sus aplicaciones; homenaje póstumo al profesor George D. Birkhoff: **104** ('45) Nr. 512, 187–224.

C. R. hebd. Séances Acad. Sci., Paris Sur l'application de la méthode de Borel aux séries qui ont des termes nuls: **197** ('33) 973f. — Séries d'intégrales d'ordres successives d'une fonction: **200** ('35) 622–24.

Crisis [Madrid] Cuestiones capitales de la epistemología: **1** ('54).

Cursos y Conferencias Descartes y la filosofía natural: **6** ('37) 735–55.

Gazeta Mat. [Lisboa] El prof. George D. Birkhoff y su influjo en la Argentina: **6** ('45) Nr. 26, 12f.

Bitte Anmerkung auf Seite 4201 beachten!

Giorn. Mat. Battaglini Sulle funzioni regolari all'infinito: (3) **71** ('33) 155–63.

Helvetia [Buenos Aires] Análisis comparativo de los matemáticos suizos: **9** ('44) Nr. 104, 19–22.

Ingeniero [Buenos Aires] Aplicaciones técnicas de la matemática superior. La placa elástica: **1** ('32).

Memorias y Monogr., Unión mat. argentina Integrales parciales de las funciones de dos variables en intervalo infinito: (2) **1**, Nr. 3 ('44) 27 S. [m. französ. Zusammenfassg.]. — Los últimos teoremas geométricos de Poincaré y sus aplicaciones: Nr. 4 ('45) 42 S. [~].

Minerva [Buenos Aires] La filosofía ficcionista: **1944**, Nr. 4, 18–25.

Nosotros [Buenos Aires] El problema universitario argentino: **26** ('32) 233–50.

Origen [Madrid] La figura de la Tierra, 1: **1** ('53); ~ 2: La edad heroica de la geodesia: **2** ('54).

Periodico Mat. Un semplice algoritmo di convergenza e sommazione: (4) **13** ('33) 153–60.

Philosophia [Mendoza] Introducción a la epistemología de Aristóteles: **3** ('46) 427–42.

Publicaciones, Fac. Ci. exactas, físicas y natur., Univ. Buenos Aires, Ser. B Teoría de los algoritmos lineales de convergencia y de sumación: Nr. **12** ('32) 51–222.

Publicaciones Inst. Mat., Univ. nacion. Litoral La matemática italiana en el último medio siglo y la posición del Dr. Beppo Levi en ella: **2** ('40) Nr. 5, 9–98.

Realidad [Buenos Aires] Historia de la ciencia en el Plata: **1947**, 121–25.

Rend., Reale Ist. lombardo Sci. e Lettere Sopra qualche generalizzazione delle serie ricorrenti: (2) **67** ('34) 813–22.

Rend. Semin. mat. e fisico Milano Aplicaciones de los algoritmos lineales de convergencia y de sumación: **7** ('33) 191–222.

Revista astron. El sistema de Copérnico y su influjo en la historia de la cultura: **15** ('43) Nr. 4, 1–16.

Revista Ci. [Lima] El prof. George D. Birkhoff y su influjo en la Argentina: **47** ('45) 105–09.

Revista mat. hisp.-amer. Cursillo de topología: (2) **7** ('32) 220–24. — Esquema de una teoría geométrica de las singularidades de las funciones analíticas: **8** ('33) 225–30. — Observaciones sobre las series de potencias cuyos coeficientes son funciones algebraicas enteras: **9** ('34) 7–14. — La investigación matemática: 19–33. — Una teoría de la integración de funciones de cualquier número de variables:

216–18. — Desarrollos de funciones en series de primitivas: 218f. — Algunas propiedades polares de las cúbicas planas: 220. — Teoría geométrica de las transformaciones eulerianas y seudo-eulerianas de series: **10** ('35) 17–20. — La transformación de Pincherle y la sumación de series divergentes: 26–29. — I. J. Schwatt†: 125–. — Algunas relaciones entre los algoritmos de convergencia y sumación: **11** ('36) 67–70. — Sobre un tipo de ecuaciones diferenciales lineales: 71–74.

Revista Unión mat. argentina Métrica e integración en los espacios abstractos: **1** ('37) 39–46. — Algunos complementos a la teoría de límites de las funciones reales en espacios abstractos: 79–86. — Conoide esférico con dos directrices rectilíneas: **8** ('42) 131–35. — Lema de Pincherle y lema de Borel: **9** ('43) 29–35. — Teorema de Jordán para las variedades topológicas cerradas: 89–95. — Profesor Marshall H. Stone. Nota bibliográfica: 138–40. — El prof. George D. Birkhoff y su influjo en la Argentina: **10** ('45) 65–68. — Problemas mixtos de Dirichlet: 78–83.

Revista Univ. Madrid Problemas cartográficos de la edad antigua: (N.S.) **1** ('52) 7–23.

Revista, Univ. nacion. Tucumán, Ser. A Espacios D_0: **1** ('40) 105–22. — La fórmula de Riemann en la transformación de Laplace: **2** ('41) 217–43. — Funciones complejas en espacio topológico: **4** ('44) 159–216.

Sol [Madrid] La unidad de la ciencia: **1932**, Jan.- u. Febr.-Nr.

Tôhoku math. J. Zur Theorie der divergenten Reihen: **36** ('32) 73–77.

Weitere Beiträge in Kongreß- und Konferenzberichten. — Autor oder Mitautor von Logarithmentafeln und anderen Tabellenwerken sowie einiger weiterer Lehrbücher für höhere Schulen. — Weitere Artikel in Zeitschriften.

Die zum größten Teil in Maschinenschrift vervielfältigten Wiedergaben einiger der zahlreichen Vorträge und Vorlesungen konnten nicht alle nachgewiesen und daher nur unvollständig zitiert werden.

Mit: [1]) I. Quiles.

IV–VI **REYCHLER,** Albert Marie Joseph. Chem. (physikal.), Photochem. — 1894–1901 Prof. extraord., '01–06 Prof. ord., '06–38 Prof. hon., Univ. Libre de Bruxelles. (⊠)
*1854, Mai 6, St. Nicolas;
†1938, Nov. 25, St. Nicolas.

Nekr. H. Wuyts, Bull., Soc. chim. Belgique **48** ('39) V–XV (m. Schr.verz.).

Zum 100. Geb.tag A. J. J. van de Velde, Mededelingen koninkl. vlaamse Acad. Wet., Letteren en schone Kunsten België **16** ('54) Nr. 6, 42 S. (m. Bildn.).

Bull., Soc. chim. Belgique Réflexions sur la vaporisation de l'eau: **41** ('32) 521–24. — Sur la décoction de clichés photographiques: **46** ('37) 1–4.

VI **REYERSON,** Lloyd Hilton. Chem. (physikal.). — 1920–21 Instructor, '21–26 Assist. Prof., '26–30 Assoc. Prof., '30–61 Prof., '35–52 Dir. of Northwest Research Inst., '37–54 Head of Departm. of Chem., '37–45 Administrative Assist. in Charge of Chem., '45–54 Assist. Dean, '61 Prof. Emer., Univ. of Minnesota, Minneapolis, Minn.; '62–69 Staff Member, New England Inst. for Med. Research, Ridgefield, Conn.; '37– Secretary of Colloid Divis., later on Vice-Chairman and Division Chairman, '52 Chairman of Minnesota Sect., Amer. Chem. Soc.; '56–57 Pres., Minnesota Chapter, Sigma Xi; '65–66 Pres., Amer. Inst. of Chemists. — '56 D.Sc.h.c. (Carleton College, Northfield, Minn.). — '50 Ridder av 1ste Klasse, Kongel. St. Olafs Orden (Norway); '55 Distinguished Alumnus Award (Carleton College, Northfield, Minn.); '62 Distinguished Service Award (Minnesota Chapter, Sigma Xi); '69 Kendall Company Award in Colloid and Surface Chem. (Amer. Chem. Soc.).
*1893, Mai 1, Dawson, Minn.;
†1969, Sept. 7, Ridgefield, Conn.

Zur Biogr. His own taskmaster: Chemical and Engng. News **33** ('55) 3292. — National cyclopedia of American biography **55** (New York '74) 61f. (m. Bildn.).

MHZ. J. physic. Chem. **41** ('37) – **42** ('38).

S. Encyclopaedia Britannica; a new survey of universal knowledge **4** (Chicago, Ill.–London–Toronto–... '65) 869–71: Carbon, Oxides of. — Encyclopedia of chemical technology (R. E. Kirk, D. F. Othmer) **12**²(New York–London '67) 461–70: Linen.

Advances Chem. Ser. The effect of hydrogen adsorption on the magnetic susceptibility of palladium dispersed on silica gel [21]): Nr. **33** ('61) 86–99.

Annual Rev. physic. Chem. Surface chemistry and catalysis: **7** ('56) 383–402.

Annual Survey amer. Chem. Contact catalysis: **10** ('36) 78–89.

Canadian J. Chem. The application of interpolation theory to data on the adsorption of nitrogen, oxygen, and argon on rutile [11]): **34** ('56) 1101–06.

Chemical and Engng. News How badly have we blundered?: **24** ('46) 2184–88, 2295.

Colloid Sympos. Monogr. Studies on the sorption of the halogens by silicagel and charcoal [4]): **11** ('35) 169–78.

C. R. Trav. Labor. Carlsberg, Sér. chim. The action of hydrogen chloride and water on β-lactoglobulin and nylon [12]): **32** ('62) 393–408.

Industrial and Engng. Chem. Franz F. Exner: **25** ('33) 945f. — Production of high-hydrogen water gas from younger coal cokes, 1: Steam–carbon reactions [3]): **26** ('34) 734–40; ~ 2: Effect of carbon dioxide upon cokes [3]): 1002–08; ~ 3: The effect of catalysts [3]): **27** ('35) 1047–53.

Industrial and Engng. Chem., Analyt. Edit. A precision pycnometer for liquids [27]): **8** ('36) 61f.

J. amer. chem. Soc. The adsorption of hydrogen by silica gel at elevated temperatures: **55** ('33) 3105–08. — The isotopic exchange between ^2H_2O and $C_2{}^1H_2$ [27]): **56** ('34) 1426f. — The isotopic interchange between acetylene and heavy water: **57** ('35) 779f. — Equilibrium studies on the exchange reaction between acetylene and heavy water [9]): 2250f. — The equilibria of the reactions between acetylene and heavy water at 25° [9]): **58** ('36) 282–84. — Equilibria of the reactions between acetylene and heavy water at 0 and 100 °C and the heats of reaction [9]): **59** ('37) 900–02. — A chemical separation of the isotopes of hydrogen [13])[1]): **61** ('39) 1594f. — The effect of sorption on the structure of surfaces of solids, 2: Sorption of NO_2–N_2O_4 on rutile [11]): **75** ('53) 3917–19; ~ 3: Magnetic susceptibility of sorbed NO_2–N_2O_4 on rutile; the stoichiometry of rutile [11]): 3920–22. — Studies of rack mechanisms in heme-proteins, 1: The magnetic susceptibility of cytochrome c in relation to hydration [17])[21])[22]): **84** ('62) 142–49.

J. chem. Educat. The place of colloids in the chemistry curriculum: **26** ('49) 29.

J. Colloid and Interface Sci. Deuterium exchange on DNA following adsorption of D_2O vapor [14]): **22** ('66) 582–87.

J. physic. (and Colloid) Chem. The adsorption of radon by silica gel [16]): **37** ('33) 534f. — The electrokinetic (zeta) potential of thin metal films [20]): **38** ('34) 133–51. — The sorption of bromine and iodine by silica gel [4]): **39** ('35) 169–79. — Studies on the sorption of the nalogens by silica gel and charcoal [4]): 181–90. — The chlorination of propane, 1: The homogeneous reaction [27]): 859–75; ~ 2: The heterogeneous reaction [27]): 1111–23. — The sorption of bromine and iodine by activated charcoal [4]): **40** ('36) 233–37. — The adsorption of complex ammonio ions by silica gel [6]): 1055–62. — The sorption of chlorine by silica gel [26]): **41** ('37) 943–53. — The sorption of chlorine by activated charcoal [26]): **42** ('38) 679–85. — The van der Waals sorption of Cl_2 by silica gel at low temperatures [1]): **46** ('42) 31–35. — The van der Waals sorption of gaseous hydrogen chloride, hydrogen bromide and hydrogen iodide by silica gel [1]): 35–42. — Adsorption of propane and propylene by silica gel and metallized silica gel [5]): 1060–68. — The catalytic oxidation of C_2H_4 to ethylene oxide [18]): **48** ('44) 290–95. — The electrokinetic potentials of precipitates [15])[7]): **51** ('47) 321–32. — Adsorption of the oxides of nitrogen, 1: The adsorption of NO_2–N_2O_4 by rutile and silica gel; preliminary magnetic susceptibility measurement of the adsorbed layers [24]): **53** ('49) 234–51. — Adsorption of nitrogen, oxygen and argon on rutile at low temperatures. Applicability of the concept of surface heterogeneity [11]): **56** ('52) 140–44. — The heats of sorption of bromine on silica gel [2]): **58** ('54) 873–76. — The sorption of gaseous hydrogen chloride by crystalline insulin [19]): **59** ('55) 1117f. — The sorption of gases by solid polymers (1: The sorption of ammonia by nylon; 2: The sorption of hydrogen chloride by nylon) [19]): **60** ('56) 1172–76. — Sorption and magnetic susceptibility studies on a graphite–bromine system [24]) [23])[25]): **61** ('57) 1334f. — The sorption of water vapor by lyophilized ribonuclease [8]): **62** ('58) 1214–16. — Sorption and magnetic susceptibility studies on nitric oxide – silica gel systems at a number of temperatures [21]): **63** ('59) 1622–25. — The sorption of H_2O and D_2O by lyophilized lysozyme [10]): 1653f. — The sorption of H_2O and D_2O vapors by lyophilized β-lactoglobulin and the deuterium exchange effect [10]): **64** ('60) 811–15. — The sorption of gaseous hydrogen chloride by dry lyophilized β-lactoglobulin [10]): 1199–202. — Sorption and magnetic susceptibility studies on nitric oxide – alumina gel systems at several temperatures [21]): 1903–07. — The sorption of gaseous hydrogen chloride by nylon and proteins [12]): 1959f. — The magnetic susceptibility of small palladium crystals [21])[28]): **65** ('61) 1471f. — Further studies on the sorption of H_2O and D_2O vapors by lysozyme and the deuterium–hydrogen exchange effect [10]): 1694–98. — The chemisorption of nitric oxide by alumina gel at 0 °C [21]): **66** ('62) 365f. — The sorption of water vapor and the hydrogen–deuterium exchange effect on poly-L-glutamic acid [10]): **67** ('63) 711–13. — The adsorption of dry ammonia gas by poly-L-glutamic acid [10]): 1945–48.

News Edit., Amer. chem. Soc. Herbert Freundlich †: **19** ('41) 492.

Physics An attempt to activate adsorbed mercury atoms by ultra-violet light: **2** ('32) 70–72.

Bitte Anmerkung auf Seite 4201 beachten!

School Sci. and math. Chemistry in war: **43** ('43) 276–80.

Mit: [1]) C. Bemmels; [2]) R. A. Brand; [3]) R. E. Brewer; [4]) A. E. Cameron; [5]) M. R. Cines; [6]) R. E. Clark; [7]) K. Coad; [8]) J. G. Foss; [9]) B. Gillespie; [10]) W. S. Hnojewyj; [11]) J. M. Honig; [12]) G. Johansen; [13]) O. Johnson; [14]) P. J. Killion; [15]) J. M. Kolthoff; [16]) R. Livingston; [17]) R. Lumry; [18]) H. Oppenheimer; [19]) L. E. Peterson; [20]) G. W. Smith; [21]) Aa. Solbakken; [22]) J. Sullivan; [23]) W. Weltner, jr.; [24]) J. E. Wertz; [25]) H. Whitehurst; [26]) A. W. Wishart; [27]) S. T. Yuster; [28]) R. W. Zuehlke.

VI **REYNOLDS,** Clarence Newton. Math. — 1921–25 Assist. Prof., '25–31 Assoc. Prof., '31–51 Prof., '51 Prof. Emer., West Virginia Univ., Morgantown, W. Va.
*1890, Febr. 6, Nashua, N. H.;
†1954, Dez. 15, Morgantown, W. Va.

Todesanzeige American math. Monthly **62** ('55) 296.

Annals Math. Circuits upon polyhedra: (2) **33** ('32) 367–72.

VI **REYNOLDS,** John Henry. Astron. (Amateur). — Regular occupation: Directorial staff member, at last Managing Dir., John Reynolds and Sons, Ltd. (a firm in the metal industry), Birmingham. — Founder of an own observatory, Low Wood, Harborne, Birmingham; long periods of photogr. research at Helwân Observat., Egypt; '17–18 Vice-Pres., '27–Hon. Secretary, Birmingham and Midland Inst., Birmingham; '20–46 Member of Council, '29–35 and '37–45 Hon. Treasurer, '35–37 Pres., Roy. Astron. Soc. — '31 Hon. M. Sc., Univ. of Birmingham. (☒)
*1874, Juni 27, Birmingham;
†1949, Nov. 22.

Nekr. M. Johnson, Monthly Notices roy. astron. Soc. **110** ('50) 131–33. — F. J. M. Stratton, Nature [London] **165** ('50) 16. — The doyen of British amateur astronomers: Observatory **70** ('50) 30f.

Astronomičeskij Ž. Extra-galaktische Nebel: **15** ('38) 393–402 [russ.].

Monthly Notices roy. astron. Soc. The spatial distribution of the extra-galactic nebulae within a radius of 4000 kiloparsecs: **94** ('33/34) 196–203. — Photometric measures of the nebula N.G.C. 205: 519–21. — Address delivered on the award of the Gold Medal to Professor H. Kimura: **96** ('35/36) 390–92. — Galactic nebulae: 393–99, 711. — Address delivered on the award of the Gold Medal to Dr. Harold Jeffreys: **97** ('36/37) 375–84. — Extra-galactic nebulae (1935–37): **98** ('37/38) 334–45. — Ch. R. d'Esterre, 1876–1943: **104** ('44) 90f. — D. Klumpke Roberts, 1861–1942: 92f. — E. B. Herschel Wade, 1872–1945: **106** ('46) 39.

Nature [London] Physical and observational evidence for the expanding universe: **130** ('32) 458–62. — The galactic nebulae: **137** ('36) 601–04. — Constitution of the earth: **139** ('37) 314–16. — Observational evidence for the distribution of matter in space: **140** ('37) 387–89. — Two near extra-galactic systems: **141** ('38) 875. — W. E. Sumpner†: **145** ('40) 886.

Observatory Possible globular clusters in the Andromeda Nebula (M 31): **55** ('32) 301–04. — Extension of the photographic image with length of exposure times: **57** ('34) 68f.

Occasional Notes roy. astron. Soc. The Mohammedan calendar and the first visibility of the new moon in Egypt: **7** ('40) 100f.

VI **REYNOLDS,** Joseph Benson. Math., Mech. — 1907–13 Instructor, '13–21 Assist. Prof., '21–27 Assoc. Prof., '27–48 Prof., '45–48 Head of Departm. of Math. and Astron., '48 Prof. Emer., Lehigh Univ., Bethlehem, Pa.
*1881, Mai 17, New Castle, Pa.
†1975, Dez. 24.

Nekr. Lehigh Alumni Bull. **64** ('76/77) Nr. 1, 80.

W. Elementary mechanics. Neuaufl. (New York '34) 11 + 336 S. — Forty lessons in analytic mechanics (Ann Arbor, Mich. '39) 125 S. — The Peter Reynolds family of Lawrence County, Pennsylvania (Ann Arbor, Mich. '40) 46 S. — Elements of mechanics (m. G. E. Raynor) (Ann Arbor, Mich. '43) 7 + 136 S.

Agricultural Engng. Loaded spoked vehicle wheels [1]): **17** ('36) Nr. 4, 19 S.

American math. Monthly The summation of certain series by Fourier expansions: **39** ('32) 473–76. — Problem 3541: **40** ('33) 305f.

Circular, Inst. Res., Lehigh Univ. Stresses in truck frames from dead load, acceleration and oscillation can be predicted [3]): **71** (= Science and Technology **57**) ('32) Nr. 4, 4 S. [356–59]. — — Weitere Publikationen dieser Serie sind Separat-Abdrucke von Zeitschriftenaufsätzen, die in dieser Bibliographie an anderen Stellen zitiert werden.

J. appl. Mech. Chain links under cross forces: **61** ('39) 171–76.

National Math. Mag. On Euler's forms: **12** ('38) 294f. — The mathematics of a nut cutter: **19** ('45) 159–62.

Proc. Pennsylvania Acad. Sci. Twenty-five years out: **8** ('34) 73–76. — Floating positions of homogenous square prisms: 106–12.

Bitte Anmerkung auf Seite 4201 beachten!

Science [USA] Falling chimneys: (N.S.) **87** ('38) 186–88.

Tôhoku math. J. A mathematical theory for autofrettaged cylinders [2]): **38** ('33) 162–78.

Mit: [1]) F. L. Ehasz; [2]) D. L. MacAdam; [3]) H. A. Soulis.

VI **van RHIJN,** Pieter Johannes. Astron. — 1921–56 Prof. u. Dir. d. Astron. Labor. Kapteyn, '40– Rektor, Univ. Groningen.
*1886, März 24, Gouda;
†1960, Mai 9, Groningen.

Zum 70. Geb.tag Festschrift: In het voetspoor van Kapteyn. Schetsen uit het werkprogramma van Nederlandse sterrekundigen, aangeboden door vrienden en collega's aan prof. dr. P. J. van Rhijn, ter gelegenheid van zijn zeventigste verjaardag (Groningen '56) 76 S. (m. Bildn.) (Nederlandse Astronomenclub).

Nekr. B. J. Bok, Two famous Dutch astronomers: Sky and Telescope **20** ('60) 74–76 (m. Bildn.). — H. L. Vanderlinden, Jaarb., Koninkl. vlaamse Acad. Wet., Letteren en schone Kunsten België **1960**, 236f. — Jaarb. Rijksuniv. Groningen **1960**, 36f.

HZ. Publ. Kapteyn astron. Labor. Nr.[?]–Nr. **61** ('60).

S. Forscher und Wissenschaftler im heutigen Europa (H. Schwerte, W. Spengler), Weltall und Erde (Oldenburg–Hamburg '55) (Gestalter unserer Zeit, 3) 224–31: Jacobus Cornelius Kapteyn, der Begründer der statistischen Astronomie.

W. Bergedorfer Spektral-Durchmusterung der 115 nördlichen Kapteynschen Eichfelder [für die Sterne bis zur 13. photographischen Größe] (m. A. Schwassmann) **1**: Eichfeld 1–19, Deklination +90°, +75°, +60° ([Hamburg-]Bergedorf '35) 31+218 S.; **2**: Eichfeld 20–43, Deklination +45° ('38) Z1–Z40+384 S.; **3**: Eichfeld 44–67, Deklination +30° ('47) D1–D56+344 S.; **4**: Eichfeld 68–91, Deklination +15° ('51) 64+303 S.; **5**: Eichfeld 92–115, Deklination 0° ('53) 64+295 S. — De continuïteit in den ontwikkelingsgang van het natuuronderzoek [Rede bei Übernahme des Rektorats der Reichsuniversität Groningen] (Groningen '40) 18 S. — Durchmusterung of selected areas of the special plan **1**: Areas 1 to 29 (Groningen '51) 28+309 S.; **2**: Areas 30 to 46 ('52) 2+273 S.

Bull. astron. Inst. Netherlands International photographic magnitudes of the Harvard Standard C regions [1]): **11** ('49/52) 245–51. — The dependence of interstellar absorption of light on the wavelength: **12** ('53/56) 1–6.

Hemel en Dampkring Die Eigenbewegung der schwachen Sterne: **36** ('38) 19–22 [niederländ.]. — Eine Astronomen-Konferenz in Vosbergen bei Groningen: **51** ('53) 208 [~].

Bitte Anmerkung auf Seite 4201 beachten!

Mitt. hamburger Sternwarte Bergedorf Die Dichteverteilung der Sterne in höheren galaktischen Breiten [3]): **7** ('35) Nr. 41, 151–74.

Monthly Notices roy. astron. Soc. Reduction of spectroscopic absolute magnitudes to a uniform system: **92**.1931/32 ('32) 744–71. — Investigation of a measuring machine and methods for measuring differential proper motions [2]): **93**.1932/33 ('33) 635–47. — Some new members of the Hyades cluster [2]): **94**.1933/34 ('34) 508–18.

Observatory Interstellar absorption of light: **71** ('51) 74f.

Publ. Kapteyn astron. Labor. The absorption of light in interstellar space and the galactic density: Nr. **47** ('36) 34 S. — Spectroscopic absolute magnitudes of Mount Wilson Contributions No. 511 and their probable errors: Nr. **49** ('39) 31 S. — On the interstellar line intensities as a criterion of distance: Nr. **50** ('46) 47 S. — The luminosity law and density distribution of the O and early B stars: Nr. **51** ('46) 25 S. — On the distribution of interstellar grains: Nr. **53** ('49) 44 S. — Proper motions of stars in the selected areas at the equator derived from plates taken at the Alger Observatory [1]): Nr. **56** ('55) 100 S. — Distribution in space of the stars of the H. Draper spectral classes A0 to A5 and A0 near the sun: Nr. **57** ('55) 54 S. — Distribution in space of the K giants near the sun. Relations of the space densities of the A stars and the K giants to the spiral arms: Nr. **59** ('56) 31 S. — The ellipsoidal velocity distribution of the A stars as a function of the distance from the galactic plane: Nr. **61** ('60) 39 S.

Sky and Telescope J. C. Kapteyn centennial: **10** ('51) 55–57.

Z. Astrophysik Die Dichteverteilung der Sterne in höheren galaktischen Breiten [3]): **10** ('35) 161–87.

Mit: [1]) L. Plaut; [2]) J. J. Raimond, jr.; [3]) A. Schwassmann.

VI **RHODES,** Fred Hoffman. Techn. Chem. — 1920–57 Prof., '38 Founder and '38–57 Dir. of the School of Chemical and Metallurgical Engng., '57 Prof. Emer., Cornell Univ., Ithaca, N.Y.; for nearly 10 years Dir., General Aniline and Film Corp.
*1889, Juni 30, Rochester, Ind.;
†1976, Nov. 30, De Land, Fla.

Nekr. P. Harriott, F. A. Long, J. C. Smith, C. C. Winding, Memorial Statements, Cornell University Faculty **1976/77**, 22–24.

W. Technical report writing (New York '41) 10+125 S., [2]('61) 7+168 S. — Elements of patent law (New York '49) 9+189 S.

Industrial and Engng. Chem. Efficiencies of tar components as preservative for timber [5]): **25** ('33) 989–91. — Effect of tar acids upon the wetting of wood by coal-tar oils [5]): 1132f. — Lubricating properties of greases from petroleum oils [1]): 1275–80. — Effect of addition agents upon the corrosion rate of aluminium by alkalies [2]): 1336f. — Corrosion of metals by phenols [9])[6]): **26** ('34) 533f. — Rate of heat transfer from a steam coil to water: 944–46. — Factors affecting the lubricating properties of a petroleum oil [7]): 1011–14. — Washing in filtration: 1331–33. — Effect of entrainment on plate efficiency in rectification: 1333–35, **27** ('35) 272. — Rate of heat transfer between condensing organic vapors and a metal tube [16]): 957–61. — Corrosion of metals by water and carbon dioxide under pressure [4]): **28** ('36) 1078f. — Plate efficiency and entrainment in distillation [10]): **29** ('37) 51–55. — Effect of salts on detergent action of soap [15]): 55–57. — Lubricating properties of lime-base greases [13]): 702–04. — Heats of dilution of "mixed acids" [8]). **30** ('38) 648–50. Heat transfer to boiling liquids [3]): 1401–06.

Industrial and Engng. Chem., Analyt. Edit. Determination of pyridine bases in the presence of ammonia [16]): **5** ('33) 302–04. — An accurate micromanometer [14]): **10** ('38) 665f.

J. chem. Engng., China The lubricating properties of aluminium-base greases [11]): **4** ('37) 125–30.

Trans. amer. Inst. chem. Engr. Heat transfer to boiling liquids [3]): **35** ('39) 73–95.

Welding J. Reactions in arc welding. Effect of graphite in the electrode shell [12]): **18** ('39) 335–38.

Mit: [1]) H. D. Allen; [2]) F. W. Berner; [3]) C. H. Bridges; [4]) J. M. Clark, jr.; [5]) I. Erickson; [6]) V. K. Hendricks; [7]) A. W. Lewis; [8]) C. C. Nelson; [9]) P. A. Riedel; [10]) P. G. Slachman; [11]) H. H. Sun; [12]) R. D. Thomas, jr.; [13]) T. E. Wannemaker; [14]) C. C. Winding; [15]) C. S. Wynn; [16]) K. R. Younger.

VI **RIABOUCHINSKY,** Dimitri Pavlovitch. Mech., Aerodyn. — 1922–40 Collaborateur sci., Ministère d'Air; '29–40 Dir. adjoint de l'Inst. de Méc. des Fluides, Univ. de Paris; '30– Prof., Inst. Supér. Techn. Russe en France, Paris. — '27 Prix Henry Bazin (Acad. Sci. Paris). (⊠)
*1882, Okt. 31 (19), Moskva;
†1962, Aug. 22, Paris.

Zum 50jähr. wiss. Jubiläum Festschrift: Mémoires sur la mécanique des fluides offerts à M. Dimitri P. Riabouchinsky par ses amis, ses collègues et ses anciens élèves à l'occasion de son jubilé scientifique (Paris '54) 35+443 S. (Publications scientifiques et techniques du Ministère de l'Air. Hors sér.); darin S. I–XI: Les idées, les travaux, les écrits de Dimitri Riabouchinsky [engl.: S. XIII–XXII]; XXIII–XXXV: Schr.verz. — Compte rendu de la célébration du cinquantenaire scientifique de M. Dimitri Riabouchinsky, le 8 mai 1954 (B. Demtchenko) (Paris '55) 12+40+4 S.

Nekr. S. Buchanan, Nature **196** ('62) 719f. — H. Villat, C. R. hebd. Séances Acad. Sci., Paris **255** ('62) 1821–23.

S. Atti Congresso internazionale dei matematici, Bologna 1928, **6** (Bologna '32) 489–98: Valeur et origine d'un nombre. — Verhandlungen des Internationalen Mathematiker-Kongresses, Zürich 1932 (W. Saxer) **2** (Zürich–Leipzig '33) 296 f.: Sur un problème d'hydrodynamique. — Journées scientifiques et techniques de mécanique des fluides, **1**: Partie officielle: l'aile, la carène, le vent, l'hélice (Paris '35) 397–423: Quelques remarques sur les théories de l'hélice propulsive. — Travaux du IXe Congrès international de philosophie (Congrès Descartes), Paris 1937, **6** (Paris '37) (Actualités scientifiques et industrielles, 535) 154–60: Le concept de passage à la limite. — Proc. 5th International congress for applied mechanics, Cambridge, Mass., 1938 (New York–London '39) 469–73: Sur quelques problèmes généraux relatifs au mouvement et à la résistance des fluides compressibles. — Reissner anniversary volume; contributions to applied mechanics (Department of Aeronautical Engineering and Applied Mechanics of the Polytechnic Institute of Brooklyn) (Ann Arbor, Mich. '49) 61–68: Hydraulic analogy of the motion and resistance of a compressible fluid as an aid to aeronautical research. — Proc. 10th International congress of philosophy, Amsterdam 1948 (Amsterdam '49) 713f.: Réhabilitation du recours à l'intuition sensible en analyse mathématique. — Actes XIe Congrès international de philosophie, Bruxelles 1953, **5** (Amsterdam–Louvain '53) 208–14: La définition des nombres par leur valeur numérique et par leur origine; rôle de ce concept en philosophie mathématique. — Proc. International congress of mathematicians, Amsterdam 1954, **2** (Amsterdam '54) 373: On the correlation between the fundamental equations of the hydrodynamical and electromagnetic fields. — Actes du Colloque de calcul numérique, Périgueux 1957 (Paris '59) (Publications scientifiques et techniques du Ministère de l'Air, Notes techniques, 80) 43f.: Recours aux calculs numériques et aux interprétations graphiques pour la mise en évidence des particularités de la théorie des variables complexes généralisées. — Partial differential equations and continuum mechanics. Proc. of an international conference at the University of Wisconsin, Madison, Wis., 1960 (Madison, Wis. '61) 271–87: Contribution to mathematical methods applied in fluid mechanics.

W. Recherches sur l'amélioration des qualités aérodynamiques des profils d'ailes aux grandes vitesses (Paris '37) 6+131 S. (Publications scientifi-

Bitte Anmerkung auf Seite 4201 beachten!

ques et techniques du Ministère de l'Air, No. 108). — Contribution à l'étude des hélices (Paris '38) 1+124 S. (~ 118). — Sur les cavitations dans les liquides et les diminutions locales accentuées de densité dans les gaz (Paris '39) 1+91 S. (~ 145). — Introduction à l'étude des groupes moto-propulseurs mettant en jeu les vitesses supersoniques (Paris '39) 2+108 S. (~ 157). — Etude sur l'hypersustentation et la diminution de la résistance à l'avancement (Paris '57) 4+135 S. (~ 337). — Sur quelques nouvelles généralisations de la théorie des nombres complexes et leurs applications, **1**: Les nombres complexes généralisés et leur application en géométrie, algèbre, analyse et mécanique des fluides (Paris '58) 10+167 S. (~ 343).

Bull. Assoc. techn. maritime et aéronaut. Sur un problème où interviennent des surfaces de glissement en présence de tourbillons sources et sources-tourbillons: Nr. **38** ('34) 367–73.

C. R. Congr. Soc. savantes Paris et Dép. Contribution au problème des fonctions analytiques de variables complexes: **83** ('58) 59–63.

C. R. hebd. Séances Acad. Sci., Paris Mouvement d'un fluide incompressible autour d'un obstacle: **194** ('32) 1215–17, 1768. — Recherches expérimentales sur la naissance des cavitations: **195** ('32) 205–08. — Quelques considérations sur l'interprétation hydrodynamique de la périodicité des taches solaires: 574–76. — Sur l'analogie hydraulique des mouvements d'un fluide compressible: 998f. — Sur la dissémination totale: **197** ('33) 390–92. — Le phénomène de striation de la couche limite: 900–02. — Sur les lignes d'émission: 1589–91. — Quelques nouvelles remarques sur l'analogie hydraulique des mouvements d'un fluide compressible: **199** ('34) 632–34. — Contribution à la théorie des jets gazeux: **202** ('36) 889–91. — Le régime des vitesses presque égales à la célérité locale du son: 1389–91. — Recherche comparative sur l'aérodynamique des petites et des grandes vitesses: 1725–28. — Le paradoxe de d'Alembert aux vitesses supersoniques: 1887–89. — Quelques remarques sur la théorie tourbillonnaire de l'hélice: **204** ('37) 934–37. — Méthode puits-tourbillonnaire d'hypersustentation et de diminution de la traînée: **205** ('37) 398–400. — Ondes hypersoniques dans les gaz: 1115–17. — Comparaison de la méthode des variables (φ, ψ_1, ψ_2, t) à celles des variables d'Euler et de Lagrange: **206** ('38) 295–97. — Equations approchées des mouvements trois-dimensionnels d'un fluide parfait compressible: 472–75. — Sur l'analogie supersonique du champ électromagnétique: **207** ('38) 695–98. — Interprétation des mouvements fluides théoriques par dessins animés: 1356f. — Jets gazeux de sections droites presque carrées avec et sans ondes de choc: **208** ('39) 1765–67. — Quelques considérations sur la diminution de la résistance à l'avancement aux vitesses supersoniques par le procédé Chilowsky: 2037–40. — Quelques nouvelles remarques sur l'analogie supersonique du champ électromagnétique: **209** ('39) 587–89. — Sur la corrélation entre les équations fondamentales des champs gazodynamique et électromagnétique: 664–66; **218** ('44) 528. — Quelques considérations sur les géométries non euclidiennes: **212** ('41) 141–44. — Les trigonométries des espaces à n dimensions: 208–12. — Les diviseurs de zéro et le concept de l'origine d'un nombre: 677–80. — Sur les définitions analytiques du continu: 1109–12; **213** ('41) 92. — Etude théorique et expérimentale des jets gazeux supersoniques: 424–28. — Commentaires sur la théorie des ondes planes: 469–72. — Sur quelques théorèmes d'analyse dimensionnelle: **217** ('43) 205–08. — Sur une singularité d'analyse dimensionnelle: 220–23. — Sur l'explication mécanique des équations de Maxwell: **221** ('45) 391–94. — Dynamique de l'éther: 432–34. — Le rôle de la mécanique des fluides dans le développement de la théorie des fonctions d'une variable complexe: **222** ('46) 426–28. — Quelques remarques sur les jets gazeux supersoniques et les canons-fusées: **223** ('46) 62–64, 259. — Remarques sur la théorie des mouvements subsoniques, soniques et supersoniques d'un fluide compressible: 842–44. — Sur quelques propriétés fondamentales des mouvements supersoniques: **224** ('47) 768–70. — Génération et variation de la circulation par l'effet de puits: 1465–67, 1675. — Quelques remarques sur le procédé des fentes d'aspiration: **225** ('47) 87–89. — Sur le concept de l'origine d'un nombre et le problème du continu: 552–54. — Commentaires sur la similitude mécanique et l'analyse dimensionnelle: 837–39, 1099. — Sur les nombres d'origine imaginaire et la notion de signe d'un nombre complexe: 1104–06; **226** ('48) 136. — Le concept de l'origine d'un nombre et les trigonométries hyperboliques: 859–62. — Sur le problème des géométries non euclidiennes: 1058–61. — Le point euclidien et le point dimensionnel: **227** ('48) 885–87. — Sur les antinomies de la théorie des ensembles: 1315–17. — Les aspects philosophique et constructif de la théorie des nombres définis par leur valeur numérique et leur origine: **229** ('49) 405–08. — Le problème de la règle des signes: 535–37, 1178. — Nouvelles remarques sur le problème de la règle des signes: **230** ('50) 421–24. — Nouvelles remarques sur l'interprétation hydrodynamique de la périodicité des taches solaires: 1019–21. — Sur un paradoxe signalé par M. Garrett Birkhoff: **231** ('50) 1269–71. — Sur les écoulements permanents subsonique, sonique et supersonique presque uniformes: **232** ('51) 280–83. — Quelques considérations sur les écoulements transsoniques: 1047–49. — Sur la construction graphique dans le plan cartésien des courbes dites imaginaires, adjointes aux réelles: 2275–78. — Sur la résistance de frottement des disques tournant dans un fluide et les équations intégrales appliquées à ce problème: **233** ('51) 899–

901. — Sur les singularités du régime transsonique et le problème du profil de résistance minima aux vitesses supersoniques: 1330–33. — Quelques considérations sur les canons sans recul et les projectiles a charge creuse: **235** ('52) 677–79. — Sur les luminosités en forme de croix produites par la détonation d'une cartouche d'explosif de section carrée: **237** ('53) 222–24. — Quelques remarques sur la méthode des ombres et celle des stries: 367–69. — Recours à l'analogie hydraulique pour l'interprétation d'une singularité de la réflexion des ondes sur les parois d'une soufflerie supersonique: 453–55. — Application de la méthode des variables topographiques à l'étude des mouvements fluides non-permanents: **238** ('54) 636–38. — Quelques remarques complémentaires sur la correspondance entre les champs gazodynamique et électromagnétique: **239** ('54) 216–18. — Essai d'une interprétation du résultat négatif de l'expérience de Michelson, sans recours à la transformation de Lorentz: 1260–62. — Sur une solution du problème des mouvements presque linéaires non permanents d'un fluide parfait compressible: **241** ('55) 716–18. — Condition d'existence des solutions de l'équation régissant les mouvements presque linéaires non permanents d'un fluide parfait compressible: 1012–14. — Sur le paradoxe d'Ackeret de la portance indéfiniment grande d'une plaque au voisinage de la valeur unité du nombre de Mach: **244** ('57) 281–84. — Le rôle de la méthode autorotationnelle et de celle des spectres aérodynamiques dans la mise en évidence du principe de l'aile à fente: 826–30. — Recherches sur le volet-rotor, dispositif de supersustentation: 1687–91. — Sur quelques problèmes d'aérodynamiques concernant l'autogire de Juan de La Cierva: **245** ('57) 468–72. — Observations au sujet de la note de M. Victor Samssonow [Suite récurrente à convergence rapide tendant alternativement par excès ou par défaut vers $e^{\frac{2}{\pi}}$: **246** ('58) 1153. — Quelques précisions sur la coexistence des deux règles de multiplication des nombres positifs et négatifs: **248** ('59) 52–54.

Etudes philos. Sur quelques points de contact entre les activités créatrices, scientifiques et artistiques: **12** ('57) 356–58.

J. roy. aeronaut. Soc. Thirty years of theoretical and experimental research in fluid mechanics: **39** ('35) 282–348, 377–444.

Revue gén. Sci. pures et appl. Les rapports scientifiques entre la France et la Russie: **45** ('34) 46–50.

VI **RIBAUD,** Gustave Marcel. Physik. — 1933–54 Prof. à la Sorbonne et Dir. du Labor. des Hautes Températures, '54 Prof. hon., Univ. de Paris; Doyen, Sect. de Physique, Acad. Sci. Paris; '34– Dir., Services de Recherches physiques du Gaz de Paris; '46– Prés., Soc. franç. de Physique; '48– Prés., Fondat. de Recherches int. sur les Flammes; Prés., Soc. générale d'Applicat. électrothermiques. — '26 Prix Galitzine (Soc. d'Encouragem. pour l'Industrie nation.); '26 Prix Henri de Parville, '31 Prix Hébert, '36 Prix Marquet, '42 Prix L. La Caze de Physique, '53 Prix des Trois Physiciens [Eugène Bloch, Henri Abraham et Georges Bruhat] (Acad. Sci. Paris); '31 Médaille de vermeil (Soc. industr. du Rhin à Strasbourg); Médaille d'or (Inst. franç. des Combustibles et de l'Energie); Officier de l'Instruct. publ. (France); Commandeur de la Légion d'Honneur. (⊠)

*1884, Jan. 9, Conflans-sur-Lanterne, Haute-Saône;

†1963, Okt. 8, Strasbourg.

Nekr. F. Cabannes, Annales Physique (13) **8** ('63) 729–32 (m. Bildn.). — A. Chrétien, Revue Chim. minérale **2** ('65) 337–42 (m. Bildn.). — A. Kastler, Notices et Discours, Acad. Sci. Paris **5**.1963/72 ('72) 231–44 (m. Bildn. u. Faks.). — J. Lecomte, C. R. hebd. Séances Acad. Sci., Paris **257** ('63) 2578–84. — R. Heim, ibid. 3716f.

Zur Bibliogr. Notice sur les titres et travaux scientifiques de Gustave Ribaud (Paris '43) 16 S.

H. Etudes de pyrométrie pratique: Thermométrie par thermistances, par couples thermo-électriques; mesures optiques; flammes industrielles (Paris '59), ²('61); darin eig. Beitr.: Préface.

MHZ. Mémorial Sci. physiques 1928–1933.

S. Proc. 1st World metallurgical congress, Cleveland, Ohio, 1951 (American Society for Metals) (Cleveland, O. '52) 221–34: Flame radiation ¹⁴)²²)²⁴) [ ]. — Encyclopédie française **2**: La physique (Paris '55) 2'32, 1–10: Thermodynamique: Chaleur et température. — C. R. 15e Congrès international de chimie industrielle, Bruxelles 1935, **1** (Paris '35) LIX–LXVII: Production des hautes températures. — C. R. 18e Congrès international de chimie industrielle, Nancy 1938 (Paris '38) 18–23: Influence de la valeur de la pression sur la vitesse de propagation sous pression constante, en régime uniforme, de la flamme dans différentes mélanges des gaz combustibles ¹²). — Techniques générales du laboratoire de physique (J. Surugue) (Centre National de la Recherche Scientifique) **1** (Paris '47) 121–80, ²('55) 133–230. La réalisation et la mesure des hautes températures.

W. Rayonnement du corps noir et des corps incandescents. Introduction générale à la pyrométrie optique (Paris '35) 86+6 S. (Les cours de Sorbonne, Certificat d'études supérieures de physique générale). — La spectrophotométrie visuelle (m. G. Yvon, A. Bayle) (Paris '36) 23 S. (Réunions de l'Institut d'Optique). — Mesure des températures (Paris '36) 225 S. (Collection Armand Colin, 190); . . .; [4]('58) 224 S. — Les hautes températures (Paris '39) 174 S. — Constantes thermodynamiques des gaz aux températures élevées (m. R. Vichnievsky) (Paris '43) 50 S. (Actualités scientifiques et industrielles, 946); Neuausgabe (m. N. Manson, R. Vichnievsky) ('52) 169 S. (Publications scientifiques et techniques du Ministère de l'Air, 266), [2]('61) 173 S. (~ 266a). — Equilibres physico-chimiques et données thermodynamiques des mélanges gazeux aux températures élevées (m. N. Manson) (Paris '54) 113 S. (~ 294). — Applications des constantes et données thermodynamiques des mélanges gazeux aux températures élevées (flammes, moteurs et propulseurs) (m. N. Manson) (Paris '58) 6+195 S. (~ 341). — Mesure de la température d'un gaz (m. E. Brun) (Corbeil '46) 8 S. — Transmission de la chaleur, 1: Le rayonnement thermique (m. E. Brun) (Paris '48) 166 S. — Influence des conditions de mélange et du préchauffage de l'air sur le rayonnement des flammes de combustibles liquides et de gaz de fours a coke (Paris '57) 64 S.

Annales Physique Les Annales de Physique de leur fondation à la 173e année de leur parution: (13) **7** ('62) 5–12.

Archiv Wärmewirtsch. u. Dampfkesselwesen Die wirksame Molwärme und ihre Anwendung zum Berechnen von Verbrennungstemperaturen: **20** ('39) 72–74.

Chaleur et Industrie Untersuchung von Flammen sehr hoher Temperatur [23]): **15** ('34) 130–45 [französ.]. — Rayonnement thermique des gaz incandescents et des flammes: 262–65. — Doctrine relative à la flamme: Température et rayonnement: **16** ('35) 291–94. — Conductibilité thermique des matériaux poreux et pulverulents. Etude théorique: **18** ('37) 36–43. — Sur la notion de chaleur spécifique apparente et son application au calcul des températures des flammes: 235–46, 295–306. — Théorie de la flamme: Vitesse de propagation de la flamme dans un mélange combustible homogène sous pression constante; théorie du cône bleu: **19** ('38) 23–27. — Théorie de la vitesse de propagation des flammes (Déflagration): 28–32. — Diagramme Q-t de Le Chatelier et chaleurs spécifiques apparentes: 63–68. — Caractéristiques essentielles de la combustion à volume constant: **20** ('39) 15–22. — Résultats comparatifs des mesures optiques [19])[21])[11]): **32** ('51) 301–10.

Chimie et Industrie Production des hautes températures: **35** ('36) 3–11.

C. R. hebd. Séances Acad. Sci., Paris Mesure du facteur total de transmission des filtres colorés utilisés en photométrie hétérochrome: **196** ('33) 687f. — Une solution du problème de la photométrie hétérochrome des lampes à incandescence: 852–54. — Sur le calcul des températures des flammes [27]): **200** ('35) 665–67. — Théorie thermique de la couche limite en régime laminaire: **202** ('36) 32–35. — Perfectionnements à la technique de la mesure des températures des flammes: **205** ('37) 901f. — Sur le calcul des températures et pressions de combustion en vase clos: 1139–41. — Influence de la valeur de la pression sur la vitesse de propagation sous pression constante, en régime uniforme, de la flamme dans les mélanges avec l'air du propane et du gaz de ville [12]): **206** ('38) 1648f. — Micromètre pneumatique différentiel: **207** ('38) 618f. — Sur les formules de convection de la chaleur pour un fluide s'écoulant normalement à l'axe d'un cylindre: **208** ('39) 1139–41. — Viscosité des gaz aux températures élevées [26]): 1884–86. — Nouvelle formule théorique de convection de la chaleur en régime d'écoulement turbulent: **211** ('40) 249–52. — Frottement turbulent et convection dans un conduit cylindrique: 460–63. — Courbe des vitesses au voisinage de la paroi en régime d'écoulement turbulent, déduite des mesures de convection: 541–43. — Echauffement d'un disque mince dont les faces sont normales à un champ magnétique alternatif: **216** ('43) 377–79. — Mesure du facteur de forme dans les fours à induction sans noyau magnétique [18]): **220** ('45) 732–34. — Influence de la dissociation sur l'évolution adiabatique d'un mélange gazeux à haute température [12]): 909–11. — Températures de sublimation du carbone sous pression réduite [1]): **221** ('45) 73–75. — Energie dissipée par courants de Foucault dans un disque mince ferromagnétique normal au champ: **222** ('46) 726f. — Relation simple entre les énergies dissipées par hystérésis et courants de Foucault dans un solide de révolution: 788f. — Influence de la dissociation sur l'évolution adiabatique d'un mélange gazeux à haute température: **225** ('47) 363–66. — Convection forcée de la chaleur dans des faisceaux de tubes ronds, elliptiques et profilés [5]): 1225–27. — Une solution nouvelle de l'équation de Fourier: **226** ('48) 140–42. — Le problème du mur indéfini avec flux calorifique constant: 204–06. — Développements sur une solution de l'équation de Fourier dans le cas du mur d'épaisseur infinie: 449–51. — Lois d'échauffement et de refroidissement d'un four alimenté à flux-calorifique constant: **230** ('50) 1011–15. — Utilisation de radioéléments dans l'étude des températures de transition et des températures critiques des jets moléculaires sur des surfaces [8]): 1811f. — Influence de la nature des surfaces sur la condensation de jets moléculaires d'antimoine [8]): **231** ('50) 740–42. — Sur l'établissement du régime des pressions dans un conduit de transport de gaz à grande distance: **233** ('51) 1153–56. — Sur le vidage d'une conduite de transport de gaz à grande distance: **234** ('52) 489–91. — Sur la transmission de chaleur dans un écoulement avec réaction chimique: **238** ('54) 1457–60. — Quelques remarques au sujet du transfert de chaleur et de matière dans la couche limite: **240** ('55) 25–28. — Relation entre la température d'un corps ferromagnétique et la chaleur dissipée à son intérieur par un champ alternatif [3]): 703–07. — Remarques concernant l'injection pariétale le long d'un plan [2]): 2188–90. — Convection calorifique dans un conduit en régime d'écoulement turbulent: **242** ('56) 959–64. — Etude de la convection forcée de la chaleur, avec libération d'énergie calorifique par réaction chimique dans la couche limite [25]): **243** ('56) 463–66. — Notice nécrologique sur M. Eugène Darmois: **247** ('58) 1685–89. — Notice nécrologique sur Jean Cabannes: **249** ('59) 1975–79. — Notice nécrologique sur Emile Henriot: **252** ('61) 1081–83. — Remarques au sujet de la Note de MM. Jean Jacq et Marcel Chateau [Anomalie de la distribution de température dans les couches superficielles d'un solide]: 3013f. — Notice nécrologique sur Gabriel Foëx: **256** ('63) 2481–87. — Remarques au sujet de deux notes récentes sur le refroidissement d'un corps noir rayonnant dans l'espace: 3395–97.

Energie [Paris] Echange de la chaleur par rayonnement dans fourneaux industriels: **31** ('47) 57–63, 92–94.

France énergét. Enthalpies effectives; leur application au calcul de températures de combustion à pression constante: **1944**, No. 9/10, 12 S.

Gas- u. Wasserfach Experimentelle Bestimmung und Berechnung der Verbrennungstemperaturen und ihre Anwendung auf das Stadtgas: **81** ('38) 661–66.

Gas World Research in the French gas industry: **130** ('49) 1105f., 1294f.

Glastechnische Ber. Erste Ergebnisse der Arbeiten des Ausschusses für Flammenstrahlung in Industrieöfen: **24** ('51) 107–14.

Houille blanche Convection laminaire et convection turbulente: **12** ('57) Nr. 1, 12–18 [m. engl. Zusammenfassg.].

J. Inst. Fuel Measurement of flame temperature [17])[12]): **12** ('39) S18–S30. — Flame Radiation Research Joint Committee: Reports of 1949 trials at Ijmuiden (Holland), 1: Introduction [4])[22]): **24** ('51) Nr. 140, S1–S3. — Flame Radiation Research Joint Committee: Further reports of 1949 trials at Ijmuiden: Comparative results with optical measurements [19])[21])[11]): **25** ('52) Nr. 141, S24–S28. — The International Flame Research Foundation inauguration of pulverized-fuel experimental furnace and plant at Ijmuiden (Holland) [16])[7]): **28** ('55) 625–27.

J. Physique et Radium Corrections de largeur de fente dans les mesures photométriques et pyrométriques effectuées au spectrophotomètre [20]): (7) **3** ('32) 42Sf. — Propriétés des lampes à ruban de tungstène: 57Sf. — La théorie du chauffage par courants induits de haute fréquence: 537–54. — Chaleurs spécifiques des gaz aux températures élevées: **5** ('34) 154S–156S. — Variation des chaleurs spécifiques des gaz parfaits avec la température: **6** ('35) 55–64. — Température de sublimation du carbone [27]): 92Sf. — Remarques sur les théories de la convection de la chaleur en régime laminaire: **8** ('37) 143S–145S. — Etude de quelques cas pratiques de convection forcée de la chaleur en régime laminaire: **9** ('38) 195–204. — Nouvelle expression du coefficient de convection de la chaleur en régime d'écoulement turbulent: (8) **2** ('41) 12–25. — Le chauffage de substances peu conductrices par courants induits de haute fréquence: **8** ('47) 97–101.

J. Usines Gaz Chauffage de gaz de ville pendant la compression en cylindres [17]): **67** ('43) 14–17. — Absorption de rayonnement infrarouge par liquides [10]): **75** ('51) 162–73. — Sur la détection des défauts d'isolement des revêtements de canalisation enterrées: **78** ('54) 2–7.

Mémorial Sci. physiques La convection forcée de la chaleur en régime d'écoulement laminaire: **40** ('39) 61 S. — La convection forcée de la chaleur en régime d'écoulement turbulent [6]): **46** ('42) 82 S. — La convection forcée de la chaleur; fluide s'écoulant normalement à un cylindre [6]): **50** ('48) 80 S. — La convection de la chaleur aux grandes vitesses [6]): **51** ('48) 64 S. — Conduction de la chaleur en régime variable: **65** ('60) 90 S.

Mesures et Contrôle industr. Méthode pneumatique de dosage continu d'un mélange gazeux: **15** ('50) 361–63.

Monatsbull., Schweizerischer Ver. von Gas- u. Wasserfachmännern Experimentelle Bestimmung und Berechnung der Verbrennungstemperatur und ihre Anwendung auf das Stadtgas: **17** ('37) 185–93, 219–33 [ ].

Procès-verbaux Séances, Comité int. Poids et Mesures Rapport sur la réalisation de l'étalon d'intensité lumineuse Waidner et Burgess: (2) **16** ('33) 261–74.

Revue gén. Sci. pure et appl. Cours d'ouverture de la Chaire des Hautes Températures: **44** ('33) 512–17.

Revue Opt. théor. et instrument. Corrections dues aux largeurs des fentes dans les mesures photométriques et pyrométriques effectuées au spectrophotomètre [20]): **11** ('32) 241–56. — Une solution du problème de la photométrie hétérochrome des lampes à incandescence: **12** ('33) 193–200. — Rapport sur la réalisation de l'étalon primaire d'intensité lumineuse (Corps noir à la température de solidification du platine): 289–301. — Les résolutions de la Commission Internationale de l'Eclairage relatives à la

Bitte Anmerkung auf Seite 4201 beachten!

colorimétrie (Cambridge 1931, Berlin 1935): **15** ('36) 161–81. — Une solution du problème de la photométrie hétérochrome des lampes à incandescence [9]): **16** ('37) 297–317. — Principes et technique de la mesure optique des températures des gaz incandescents [17]): **19** ('40) 123–34, 220f.

Revue prat. Froid La physique des très basses températures: **15** ('62) Nr. 197, 7f.

Revue sci. Sur l'organisation de la recherche technique: **77** ('39) 371–76.

Technique moderne La mesure de la température des gaz dans le laboratoire et dans l'industrie: **31** ('39) Nr. 8, Suppl., 1–12.

Usine La mesure de la température des gaz dans le laboratoire et dans l'industrie: **48** ('39) Nr. 12, 33–35.

Verres et Réfractaires Echange de la chaleur dans les fours de verrier: **1947**, Apr.-Nr., 4–17.

Mit: [1]) J. Bégué; [2]) J. Berger; [3]) D. Bordier; [4]) J. J. Broeze; [5]) G. Brola; [6]) E. Brun; [7]) L. Daum; [8]) M. Devienne; [9]) H. Djoudat; [10]) A. Doncesco; [11]) J. Galey; [12]) H. Gaudry; [13]) —; [14]) J. E. de Graaf; [15]) —; [16]) A. H. I. Housz; [17]) Y. Laure; [18]) M. Leblanc; [19]) M. Michaud; [20]) I. Peychès; [21]) M. Rivière; [22]) O. A. Saunders; [23]) D. Séférian; [24]) M. W. Thring; [25]) P. Valentin; [26]) V. Vasilesco; [27]) A. R. Zaer.

VI **RICARDO,** Sir Harry Ralph. Ingenieurwesen. — 1903–07 Stud., Trinity College, Cambridge; '07–10 Inspector of Machinery, '10–15 Founder and Head of a Design Departm., Rendel, Palmer & Tritton, Consulting Engrs., London; '16–18 Designing and Consulting Engr. to Warfare Departm. and to Air Ministry; '18 Founder, '19–64 Chairman and Techn. Dir., Ricardo & Co. Ltd., Consulting Engrs., Shoreham-by-Sea, West Sussex; '42 Vice-Pres., '44–45 Pres., Inst. of Mechanical Engrs. — '43 Hon.LL.D. (Univ. of Birmingham); '60 Dott. in Ing. h.c. (Politecnico di Torino); '70 Hon. D.Sc. (Univ. of Sussex, Brighton). — '18 Engng. Medal (North-East Coast Inst. of Engrs. and Shipbuilders); '22 Roy. Aeronaut. Soc. Medal; '26 F. W. Lanchester Medal, '27 Crompton Medal (Instn. of Automobile Engrs.); '35 Melchett Medal (Inst. of Fuel, London); '37 Redwood Medal (Instn. of Petroleum Technologists); '40 James Alfred Ewing Medal, '53 James Watt Medal (Instn. of Civil Engrs.); '44 Rumford Medal (Roy. Soc. London); '55 Horning Medal (Soc. of Automotive Engrs., USA); '64 Commandeur de l'Ordre de Mérite (Soc. d'Encouragem. pour la Recherche et l'Invention, France).

Bitte Anmerkung auf Seite 4201 beachten!

*1885, Jan. 26, London;
†1974, Mai 18, London.

Nekr. Sir W. Hawthorne, Biographical Mem. Fellows roy. Soc. **22** ('76) 359–80 (m. Bildn., Faks. u. Schr.verz.).

Autobiogr. Memories and machines: the patterns of my life (London '68) 264 S. (m. Bildnissen).

S. Gesammelte Vorträge der Hauptversammlung der Lilienthal-Gesellschaft für Luftfahrtforschung, München 1937 (Berlin '38) 100–20: Einige Probleme der Flugmotorenentwicklung [engl. u. deutsch] (m. Bildn.). — Trans. International engineering congress, Glasgow 1938 (Glasgow '38): The progress of the internal combustion engine during the last twenty years. — 1er Congrès international des moteurs à combustion interne, Paris 1951, **1** (Paris '51) 167–82: The supercharging of internal combustion engines (Diskussion: 183–85).

W. The high-speed internal-combustion engine [Neuaufl. von: The internal combustion engine **2** (London '23)] (London–Glasgow '31) 435 S., Neudruck: ('35); (3. u. 4. Aufl. m. H. S. Glyde) [3]('41), Neudruck: ('44) 4+434 S., [4]('53), Neudruck: ('67) 420 S.; (5. Aufl. m. J. G. C. Hempson) [5]('68) 7+378 S.; deutsch: Schnellaufende Verbrennungsmotoren [2](Berlin '32) 7+447 S., 3. Aufl. u.d.T.: Der schnellaufende Verbrennungsmotor [3](Berlin–Göttingen–Heidelberg '54) 8+389 S.

Atti Convegni, Fondaz. Alessandro Volta High altitude engines: Thermodynamics and carburation: **5**.1935 ('40) 557–69.

Automobile Engr. The Dorman-Ricardo C. I. [compression ignition] engine: an interesting design: **22** ('32) 401–. — The high speed I. C. [internal combustion] engine: **25** ('35) 493–. — Story of the engine; the genesis and evolution of the spark ignition and Diesel power units for motor vehicles: **50** ('60) 236–43.

Engineer [London] High-speed marine oil engines: **156** ('33) 566–. — Present position and prospects of the high-speed heavy oil engine: **163** ('37) 466–. — Stirling cycle hot air engine. Some observations on its use for science teaching: **221** ('66) 546f.

Engineering High-speed Diesel engines: **143** ('37) 136–. — Diesel engines for road transport: **166** ('48) 596–.

Ingenieur ['s Gravenhage] Some mechanical problems in relation to high speed Diesel engines: **50** ('36) W25–W31.

J. Inst. Fuel Progress of the internal combustion engine and its fuel (Melchett Lecture): **9** ('35/36) 10–. — Engine testing: **10** ('36/37) 266–.

J. Inst. Petroleum Oliver Thornycroft, 1885–1956: **42** ('56) 348.

J. Instn. Automobile Engr. Notes and observations on gasoline and Diesel engines: **1** ('33) Nr. 6, 13–30; Nr. 8, 45–70.

J. roy. aeronaut. Soc. Turbine compounding of the piston aero engine: **50** ('46) 323–.

Mechanical Power Highly-rated MAN four-strokes: **61** ('65) Nr. 721, 6–25.

Mechanical World and Engng. Rec. Cracking of white metal in Diesel engine big ends: **93** ('33) 283–. — Cylinder wear in Diesel engines: 310–. — Combustion delay in Diesel engines: **98** ('36) 373–. — The mechanism of detonation: **104** ('38) 124f.

Nature [London] Sir Dugald Clerc†: **130** ('32) 953f.

Obituary Notices Fellows roy. Soc. London Frederick William Lanchester†: **5** ('45/48) 757–65.

Power The Diesel and its fuel: **80** ('36) 92–.

Proc. Instn. Automobile Engr. Some notes and observations on petrol and Diesel engines: **27** ('32/33) 434–51.

Proc. Instn. mech. Engr. High-speed Diesel engines for marine service (6th Thomas Lowe Gray Lecture): **125** ('33) 293–313. — Few points against supercharging: **129** ('34) 215–. — Engine lubrication (internal combustion engines): **136** ('37) 132–. — Applied research (Presidential Address): **152** ('45) 143–. — Piston aero engines (Centenary Lecture): **157** ('47) 193–. — Combustion in Diesel engines: **162** ('50) 145. — Supercharging of internal combustion engines (Thomas Hawksley Lecture): 421–. — An early regenerator engine: **180** ('66) 118–.

Proc. roy. Soc. London, Ser. A Some problems in connexion with the development of a high speed Diesel engine (Bakerian Lecture): **193** ('48) 210–28.

Railway Gaz. The high-speed Diesel from the fuel point of view: **63** ('35) 752–.

Rep. and Memoranda, Aeronaut. Res. Council Heat flow measurements: Nr. **2171** ('46) 14 S. — Effect of various factors on heat flow in four-cycle petrol engines: Nr. **2172** ('46) 5 S. — Piston cooling: Nr. **2173** ('46) 10 S. — Investigation of induction swirl on single-cylinder sleeve-valve engines: Nr. **2192** ('47) 19 S.

S.A.E. Journal Design developments in European automotive Diesel engines [1]): **41** ('37) 405–14.

S.A.E. Trans. Some early reminiscences (Horning Memorial Lecture): **63** ('55) 620–.

Trans. North East Coast Instn. Engr. and Shipbuilders The sleeve valve Diesel engine: **67** ('50) 76–.

Mit: [1]) J. H. Pitchford.

Bitte Anmerkung auf Seite 4201 beachten!

VI **RICCA, Bruno.** Chem. (allg., anorg., physik.). — 1919–22 Stud., '22–29 Aiuto, '29–36 Incaricato, '36–54 Prof. incar. Chim. fisica, '43–69 Prof. tit. e Dir. dell'Ist. di Chim. gen. ed inorg., '69–72 Prof. fuori ruolo, '73 Prof. emer., Univ. di Messina; '29 Fondatore e '29–56 Dir. della Sez. chim., Labor. Provinciale d'Igiene e Profilassi di Reggio Calabria; '47–49 Pres., Camera Agrumaria, Messina; '69–78 Dir. della Classe di Sci. fisiche, mat. e naturali, Accad. Peloritana, Messina.
*1899, Juli 7, Messina.

S. Scritti medici in onore di Rocco Jemma nel XXX anno d'insegnamento (I. Nasso, E. Schwarz) **1** (Milano '34) 271–77: Sull'uso della pectina nelle malattie intestinali con diarrea [3]).

W. Lezioni di chimica generale e inorganica (Messina '45) 450 S.; [2]('48) 690 S. — Chimica e mineralogia (m. F. Rodolico) (Firenze '46) 222 S., Neudruck: ('48). — Chimica (Firenze '47) 173 S. — Esercitazioni di chimica (Messina '48) 300 S. Elementi e composti. Corso di chimica e di mineralogia per il liceo classico (m. F. Rodolico) (Firenze '49) 273 S. — Elementi di chimica organica per studenti del corso di laurea in medicina e chirurgia (Messina '49) 100 S. — Relazione sulle proposte per un regolamento nazionale dei laboratori chimici provinciali (Associazione Nazionale dei Chimici dei Laboratori Provinciali d'Igiene e Profilassi) (Reggio Calabria '50) 18 S.

Annali Chim. appl. Sulla presenza di zuccheri riduttori nelle acque gassate dolcificate con saccarosio [11]): **23** ('33) 450–54. — Analisi dell'acqua della sorgente Mangiatorella (Calabria): **24** ('34) 36–54. — Analisi dell'acqua della sorgente Zomaro (Calabria) [11]): 519–30. — Analisi dell'acqua dei bagni di Motticella (Calabria) [11]): **25** ('35) 18–38. — Analisi dell'acqua della sorgente Jungari (Calabria) [11]): 571–86. — Contributo alla conoscenza delle acque minerali d'Italia. Una nuova sorgente termo-minerale in Alì Marina (Messina): **35** ('45) 112–22. — Sulla ripartizione di una base forte fra n acidi deboli in eccesso: **36** ('46) 222–32.

Annali Chim. Determinazione spettrofotometrica del molibdeno e sua applicazione all'analisi dei fosfomolibdati [6]): **45** ('55) 69–80. — Titolazioni in alta frequenza senza elettrodi immersi nella soluzione [1]): 1217–33. — Ricerche sugli antimoniati [6]): **46** ('56) 483–90. — Ricerche sugli antimoniati acidi [6])[1]): 491–507.

Atti Accad. peloritana, Messina Ossidazione catalitica dell'acido azotidrico per mezzo dell'aria [8]): **38** ('36) 179–83. — Analisi dell'acqua termo-minerale dei bagni di Galatro (Calabria) [9]): **39** ('37) 5–18. —

Sulla ricerca dell'acetato di linalile sintetico nell'essenza di bergamotto [9]): 19–25. — Analisi dell'acqua termo-minerale dei bagni di Locri-Antonimina (Calabria) [9]): 26–43. — Azione della luce sull'essenza di bergamotto: 44–47. — Ricerche sull'azotidrato di ferro: **42** ('40) 78–87. — Analisi dell'acqua del pozzo contestabile in S. Martino di Taurianova (Calabria) [4]): 100–10. — Analisi dell'acqua di Tre Aie Gambarie (Calabria) [9]): **43** ('41) 68–76. — Sulla reazione fra cloruro ferrico ed azotidrati alcalini [7]): **48** ('53) 136–46. — Sulla reazione fra ione ferrico e ione tiosolforico [7]): 147–56. — Influenza del fosfato trisodico sulla scomposizione del cianuro di sodio in soluzione acquosa [6]): **49** ('[?]) 3–9. — Ricerche sulle acque termo-minerali di Castroreale Bagni (Messina) [7]): 10–23. — Determinazione spettrofotometrica del molibdeno sotto forma di complesso ferrocianidrico [6]): 24–28. — Analisi chimica dell'acqua minerale Graziella (Reggio Calabria) [5]): 29–36.

Atti Soc. ital. Progr. Sci. Spettro Raman del linalolo (6-ossi-2,6-dimetil-2,7-ottadiene) [12]): **21**.1932, II ('33) 198–200.

Conserve e Derivati agrumari Sulla determinazione dell'azoto nei succhi di frutta: **1** ('52) Nr. 2, 10–13.

Gazz. chim. ital. Sul meccanismo di ossidazione delle soluzioni alcaline di cianuro mercurico con ipobromiti e permanganati [11]): **64** ('34) 113–17. — Nuovi complessi del ferro, 1: Ricerche sulla conducibilità elettrica della coppia n $FeCl_3$ + m H_3PO_4 [11]): 235–42; ~ 2: Ricerche sulla conducibilità del sistema n $FeCl_3$ + m H_3AsO_4 [9]): 294–96. — Sulla reazione dell'ione ferrico con gli ioni azotidrico, solfocianico, ed acetico, 1 [7]): **75** ('45) 71–77; ~ 2 [7]): **76** ('46) 78–86; ~ 3 [7]): **79** ('49) 340–43. — Sulla scomposizione del cianuro di sodio in soluzione acquosa [6]): 308–17. — Influenza del cloruro di sodio sulla scomposizione del cianuro di sodio in soluzione acquosa [6]): 318–22.

Industria ital. Conserve Aspetti economici e legislativi del problema dei succhi di frutta in Italia [10]): **1948**, Nr. 4, 3–7.

Industria Conserve [Parma] Osservazioni sull'ossidazione dell'acido ascorbico [2]): **29** ('54) 21–25. — Nuova determinazione spettrofotometrica dell'acido ascorbico per mezzo dei sali titanici [2]): 291–95. — Cinetica della mutarotazione dell'acido deidroascorbico [7]): **30** ('55) 175–77.

Olii minerali, Olii e Grassi, Colori e Vernici Sulla determinazione del numero di iodio dell'insaponificabile negli oli di olive [9]): **12** ('32) 74f.

Mit: [1]) A. Bellomo; [2]) G. Calabró; [3]) G. Castorina; [4]) A. Criscuoli; [5]) R. Cuzzocrea; [6]) G. D'Amore; [7]) G. Faraone; [8]) L. Irrera; [9]) R. Lamonica; [10]) L. Manzoni; [11]) P. Meduri; [12]) V. Ricca.

Bitte Anmerkung auf Seite 4201 beachten!

VI **RICCI,** Carlo Luigi. Mech., Aerodyn. — 1923–25 Prof. straord., '26–43 Prof. ord., '35–43 Dir. dell'Ist. di Sci. delle Costruzioni, R. Scuola Super. Politecn., Napoli → Scuola d'Ingegneria di Napoli → ('35) Fac. di Ingegneria, Univ. di Napoli.

*1884, Jan. 21, Novi Ligure, Prov. di Alessandria;

†1943, Okt. 2, Montella Irpina, Prov. di Avellino.

Todesanzeige Atti Accad. Sci. Torino **80** ('45) 246.

S. Verhandlungen des internationalen Mathematiker-Kongresses, Zürich 1932, **2** (Zürich–Leipzig '33) 320f.: Alcune applicazioni meccaniche della geometria proiettiva degli iperspazi.

W. Meccanica applicata alle costruzioni **1**: Tensioni interni e deformazioni nei solidi elastici (Napoli '42) 533 S.

Atti Accad. pontaniana Gabriele Torelli: **63**.1933 ('35) 521–38.

Atti Soc. ital. Progr. Sci. Calcolo dell'effetto stabilizzatore del diedro trasversale negli aeroplani: **20**.1931, II ('32) 203–07. — Complementi alla teoria dei prismi compressi secondo l'asse: 207. — Coazioni elastiche ed effetti termici nelle travi e negli archi: 207. — Requisiti dei dinamometri delle macchine di prova sui materiali in relazione con gli esperimenti di elasticità: 208. — Pressioni critiche interna ed esterna e pressione limite nei recipienti cilindrici a parete spessa: 228–32. — Calcolo statico approssimato dei prismi soggetti a torsione: **21**.1932, II ('33) 237–41. — Calcolo statico approssimato di coazioni elastiche nelle travi e negli archi: 241–49. — Le polarità di elasticità longitudinale e trasversale per un sistema complesso spaziale simmetrico rispetto ad un piano: **22**.1933, II ('34) 240–42. — Procedimento grafico per il progetto diretto di una sezione in cemento armato soggetta a sforzo normale eccentrico: 249–51. — Aspetti e problemi coloniali della ingegneria italiana: **23**.1934, II ('35) 376–86. — Contributo allo studio delle piccole oscillazioni di un corpo rigido soggetto a legami elastici: 441. — Studio geometrico degli stati di equilibrio limite di un ammasso terroso, incoerente, indefinito: 442–50. — Calcoli statici di cupole a costole meridiane, con simmetria di rotazione intorno all'asse verticale: 450–58. — Complementi ai calcoli di progetto di prismi in cemento armato soggetti a pressione eccentrica: 459.

Memorie Cl. Sci. fisiche, mat. e natur., Reale Accad. Italia Complementi alla teoria statica degli archi piani a grande curvatura: **3** ('32) Ingegneria Nr. 1, 18 S.

Rend. Accad. Sci. fisiche e mat., Napoli Le polarità di elasticità longitudinale e trasversale per un sistema complesso spaziale, simmetrico rispetto ad un piano: (4) **3** ('33) 149–55. — Precisazioni sul calcolo esatto delle tensioni tangenziali in un cilindro sollecitato a flessione taglio e torsione: **5** ('35) 50–59. — Complementi sul calcolo della distribuzione delle tensioni tangenziali in prismi soggetti a torsione od a taglio. Speciali avvertenze per i casi di sezioni presentanti punti angolosi (in particolare rettangolari): **7** ('37) 94–107. — Contributo allo studio statico dei cilindri elastici soggetti a torsione, taglio e flessione. Precisazione e generalizzazione del concetto di centro di taglio: 206–38. — Ulteriori complementi allo studio statico dei cilindri elastici soggetti a flessione composta: **9** ('39) 9–14.

VI **RICCI,** Giovanni Alberto Carlo. Math. — 1928–36 Prof. straord. → Prof. ord., R. Scuola Norm. Sup., Pisa; '36–73 Prof. ord., Univ. di Milano; '37–73 Prof. incar., Univ. Commerciale "Luigi Bocconi", Milano; di più anni Prof. incar., Univ. di Parma; '64–67 Pres., Unione Matematica Ital. — '64 Medaglia d'oro dei Benemeriti della Scuola, della Cultura e dell'Arte (Repubbl. Ital.).
*1904, Aug. 17, Firenze;
†1973, Sept. 9, Milano.

Nekr. M. Cugiani, Rend. Semin. mat. e fisico Milano: **43** ('73) 7–22 (m. Bildn., Faks. u. Schr.verz.). — G. Sansone, Celebrazioni lincee, Accad. nazion. Lincei **85** ('75) 18 S. (m. Schr.verz.). — F. G. Tricomi, Atti Accad. Sci. Torino (1) **108** ('73/74) 585–89.

HZ. Boll. Unione mat. ital. 1964–1965.

S. Verhandlungen des Internationalen Mathematiker-Kongresses, Zürich 1932, **2** (Zürich–Leipzig '33) 154–56: Una proprietà caratteristica delle congruenze di sfere di Ribaucour illimitatamente deformabili. — Atti del I Congresso dell'Unione Matematica Italiana, Firenze 1937 (Bologna '38) 158–60: Alcuni recenti risultati intorno alla congettura di Goldbach. — Un secolo di progresso scientifico italiano 1839–1939, **1** (Roma '39) 55–124: Analisi. — Atti del II Congresso dell'Unione Matematica Italiana, Bologna 1940 (Roma '42) 147–51: Sull'irrazionalità del rapporto della circonferenza al diametro. — Atti del Convegno matematico, Roma 1942 (Roma '45) 91–131: Problemi secolari e risposte recenti nel campo dell'aritmetica. — Enciclopedia italiana di scienze, lettere ed arti, Appendice II: 1938–1948, **1** (Roma '48) 251f.: Aritmetica. — Repertorio di matematiche (M. Villa) (Padova–Bologna '51) 1–61: Elementi di teoria dei numeri; 147–55: Numeri algebrici e numeri trascendenti. — L. Bianchi, Opere **1**, 1 (Roma '52) 77–82: [Einleitung zum Abschnitt:] Teoria dei gruppi discontinui finiti e delle equazioni algebriche; teoria dei numeri. — Natura facit saltus. La certezza del caso (Roma–Torino '52) (Quaderni della radio, 23) 34–40: La discontinuità come essenza della matematica; 55–61: Il caso visto dal matematico. — Proc. International congress of mathematicians, Amsterdam 1954, **2** (Amsterdam '54) 56f.: Sur la différence entre nombres premiers consécutifs. — Teoria dei numeri. 2. ciclo, Varenna 1955 (Centro Internazionale Matematico Estivo) (Roma '56): Sul reticolo dei punti aventi per coordinate i numeri primi (5 S.). — Colloque sur la théorie des nombres, Bruxelles 1955 (Liège–Paris '56) 93–106: Recherches sur l'allure de la suite $\{(p_{n+1} - p_n)/\log p_n\}$. — Atti del V Congresso dell'Unione Matematica Italiana, Pavia–Torino 1955 (Roma '56) 256: Geometria metrica dei numeri e distribuzione dei numeri primi. — Scritti matematici in onore di Filippo Sibirani (Bologna '57) 233–42: Sul resto delle serie di potenze alla periferia del cerchio di convergenza. — La matematica negli istituti tecnici commerciali. Lezioni tenute nei corsi di aggiornamento per gli insegnanti (Roma '62) 441–585: Gruppi; tralicci; campi numerici. — Per un insegnamento moderno della matematica negli istituti tecnici (Bologna '63) 239–72: Programmazione lineare; 313–61: Elementi sulle serie di Fourier. — "Galileo". Enciclopedia delle scienze e delle tecniche **1** (Firenze '64) 202–15: Algebra moderna; **4** ('65) 428–51: Funzioni; **5** ('65) 379–87: Integrale, calcolo: Evoluzione e aspetti moderni; **7** ('66) 156–59: Numeri primi; 159–64: Numeri, teoria dei; **8** ('66) 480–89: Spazi; **9** ('66) 53–64: Strutture algebriche. — Enciclopedia della scienza e della tecnica **2** ²(Milano '64) 19–24: Aritmetica; **4** ²('64) 797–99: Fermat, problema di; **5** ²('65) 801f.: Indeterminata, analisi. — Atti del VII Congresso dell'Unione Matematica Italiana, Genova 1963 (Roma '65) 21–94: Il pensiero matematico impronta latente nel mondo d'oggi; 344f.: Sui grandi divisori primi dei polinomi di esponenziali a coefficienti interi. — Matematica moderna nelle scuole secondarie superiori (M. Villa) (Bologna '66) 369–436: Elementi sulle serie di Fourier e sulla trasformazione di Fourier; 439–84: Programma lineare. — Atti dell'VIII Congresso dell'Unione Matematica Italiana, Trieste 1967 (Bologna '68) 305–: Sulle funzioni aritmetiche additive lungo semigruppi. — Repertorio di matematiche (M. Villa) **1** (Padova '69) 1–41: Avvicinamento all'algebra astratta; **2** ('71) 1–32: Elementi di teoria dei numeri; 33–43: Numeri algebrici e numeri trascendenti.

W. Analisi matematica. Appunti per uso degli studenti **1**,1 (Milano '59) 16 + 468 S., Neudrucke: ('61), ('62); **1**,2 ('61) 397 S., Neudruck: ('62). — Esercizi di analisi matematica, **1** (m. L. de Michele, G. L. Forti) (Milano '73) 301 S.

Annali Mat. pura ed appl. Sui grandi divisori primi delle coppie di interi in posti corrispondenti di due progressioni aritmetiche. Applicazione del metodo di Brun: (4) **11** ('32/33) 91–110. — Su un teorema di Tchebychef-Nagel: **12** ('33/34) 295–303. — Sui teoremi Tauberiani, 1: **13** ('34/35) 287–308. — Su una formula di K. Petr per il calcolo numerico degl'integrali definiti: **15** ('36/37) 187–96. — Variazioni di segno condizionate e teorema di Fabry: **38** ('55) 1–31. — Sull'andamento delle funzioni maggioranti delle serie di potenze: **40** ('55) 285–306.

Annali (R.) Scuola norm. sup., Pisa Sulla convergenza assoluta delle serie trigonometriche: (2) **1** ('32) 399–412. — Sulla moltiplicazione delle serie: **3** ('34) 373–92. — Sul settimo problema di Hilbert: **4** ('35) 341–72. — Su la congettura di Goldbach e la costante di Schnirelmann: **6** ('37) 71–116. — Sul coefficiente di Viggo Brun: (3) **7** ('53) 133–51. — Maggiorazione del resto delle serie di potenze sul cerchio di convergenza: **8** ('54) 121–31.

Archimede [Firenze] Funzioni aritmetiche. Proprietà asintotiche. Aritmetica analitica: **4** ('52) 1–7, 98–104, 148–55. — Natura facit saltus: Il caso visto dal matematico: **5** ('53) 116–19. — Aspetti moderni della matematica: 245–47.

Atti Accad. nazion. Lincei, Rend. Sul pennello di quasi-asintoticità della differenza di interi primi consecutivi, 1: (8) **17** ('54) 192–96; ~ 2: 347–51. — Sulle serie di potenze lacunari prolungabili e ultraconvergenti: **18** ('55) 27–31. — Su un problema di massimo per le funzioni maggioranti delle serie di potenze: 609–13. — Sul teorema di Carathéodory-Bohr-Banach riguardante la copertura secondo Vitali: **35** ('63) 401–08.

Atti, Reale Ist. veneto Sci., Lettere ed Arti, Parte II Sulla deformazione delle doppie infinità di sfere per flessione della superficie dei centri: **93** ('33/34) 1535–56.

Atti Soc. ital. Progr. Sci. Ricerche italiane di analisi, durante l'anno XV E. F. [1937]: **26**.1937, II ('38) 9–46. — L'attività dell'Istituto per le Applicazioni del Calcolo nel quadriennio XII–XV E. F. [1934–1937]: **27**.1938, IV ('39) 51–56.

Boll. Unione mat. ital. Sull'aritmetica dei polinomi in a^x (a,x interi) a coefficienti interi: **12** ('33) 222–28. — Sul teorema di Dirichlet relativo alla progressione aritmetica: 304–09. — Sui teoremi di Dirichlet e di Bertrand-Tchebychef relativi alla progressione aritmetica: **13** ('34) 7–17. — Un'osservazione su un classico teorema di Liouville relativo all'irrazionalità del numero e: 89–92. — Sulla convergenza uniforme delle serie di funzioni semicontinue: 212–16. — Sul settimo problema di Hilbert (Nota preventiva): **14** ('35) 22–26. — Su la congettura di Goldbach e la costante di Schnirelmann (Nota preventiva): **15** ('36) 183–87. — Emisimmetria di tratti e teorema di Vivanti-Pringsheim-Hadamard-Fabry relativo ai punti critici: (3) **9** ('54) 126–35. — Sulla partizione degli interi in addendi primi col procedimento del residuo minimo: **10** ('55) 1–10. — Una osservazione sulle funzioni maggioranti delle serie di potenze di norma finita: 147–53. — Prolungabilità e ultraconvergenza delle serie di potenze. Modulazione del margine delle lacune, 2: 439–52. — Una osservazione sulla precedente nota di A. Battaglia: Sull'equazione indeterminata $x^{2n} + y^{2n} = z^2$: **14** ('59) 499f.

Bull. amer. math. Soc. On a generalization of the Wilson-Glaisher theorem: **38** ('32) 393–97.

Commentarii math. helvet. Sulle serie di potenze che rappresentano funzioni razionali a coefficienti razionali e con i poli appartenenti ad una progressione geometrica: **6** ('34) 223–34.

Conferenze Semin. mat. Univ. Bari Aritmetica additiva: Aspetti e problemi: **1** ('54) Nr. 7, 32 S. (m. Kurzbiogr. u. Bildn.).

Filomate Il teorema fondamentale sulla distribuzione dei numeri primi: **1** ('48) 1–14, 90–99.

Giorn. Economisti e Annali Economia Commento alla memoria di G. B. Antonelli dell'anno 1886: "Sulla teoria matematica della economia politica": (N.S.) **10** ('51) 264–97, 345–85.

Giorn. Mat. Battaglini Sulle successioni convergenti di funzioni discontinue: **70** ('32) 175–89. — Una proprietà caratteristica delle congruenze di sfere di Ribaucour illimitatamente deformabili: **72** ('34) 220–34. — Sull'insieme delle serie di potenze non prolungabili: **83** ('55) 5–11.

Matematiche Sui punti critici degli elementi analitici: **9** ('54) 43–81, 183.

Periodico Mat. Questioni proposte: (4) **22** ('42) 55; Soluzione: **23** ('43) 55–57. — Postilla alla fine della nota di R. Cantoni: Una proposizione aritmetica dimostrata in modo sintetico: **27** ('49) 184–86. — La discontinuità come essenza della matematica: **29** ('51) 249–54. — Questioni 501 e 502: **30** ('52) 281f. — Momenti decisivi del pensiero matematico negli ultimi due secoli: **39** ('61) 201–35. — Funzioni aritmetiche additive e condizioni unilaterali: **46** ('68) 500–09.

Rend. Circolo mat. Palermo Ricerche aritmetiche sui polinomi [,1]: **57** ('33) 433–75; ~ 2: Intorno a una proposizione non vera di Legendre: **58** ('34) 190–207.

Rend., Ist. lombardo Sci. e Lettere Fluttuazione relativa e punti singolari delle serie di potenze: (3) **88** ('55) 3–24.

Rend., Ist. lombardo Sci. e Lettere, Parte gen. e Atti uffic. Momenti decisivi del pensiero matematico negli ultimi due secoli: **95** ('61) 33–66. — Ugo Broggi (Commemorazione): **100** ('66) 94–97.

Bitte Anmerkung auf Seite 4201 beachten!

Rend. Mat. e Appl., Univ. Roma Sull'aritmetica dei polinomi a valori interi: (5) **2** ('40) 125f. — Prolungabilità e ultraconvergenza delle serie di potenze. Modulazione del margine delle lacune, 1: **14** ('55) 602–32.

Rend. Semin. mat. e fisico, Milano Recenti risultati nel campo dell'aritmetica. Il problema di Goldbach: **13** ('39) 204–26. — Figure, reticoli e computo di nodi: **19**.1948 ('49) 165–205. — Funzioni aritmetiche e quasi-asintoticità: **24**.1952/53 ('54) 88–106.

Rend. Semin. mat., Univ. e Politecn. Torino La differenza di numeri primi consecutivi: **11** ('52) 149–200; **12** ('52/53) 315.

Responsabilità Sapere Momenti decisivi del pensiero matematico negli ultimi due secoli: **59** ('61) 5–47.

Revista Unión mat. argentina Complementi a un teorema di H. Bohr riguardante le serie di potenze: **17** ('55) 185–95.

Rivista mat. Univ. Parma La scuola matematica pisana dal 1848 al 1948: **2** ('51) 155–74. — Sull'andamento della differenza di numeri primi consecutivi: **5** ('54) 3–54. — Sull'insieme dei valori di condensazione del rapporto $(p_{n+1} - p_n)/\ln p_n$ ($n = 1, 2, 3, \ldots$): **6** ('55) 353–61. — Momenti decisivi del pensiero matematico negli ultimi due secoli: (2) **3** ('62) 213–41.

Scuola in Azione La parola di un professore: **1958/1959**, Nr. 1, 3–5. — Nozioni di calcolo superiore: Nr. 2, 23–32; Nr. 4, 12–14; Nr. 5, 102–10; **1959/1960**, Nr. 2, 59–64; Nr. 3, 66–74; Nr. 4, 82–88; Nr. 5, 102–09; Nr. 7, 70–81; Nr. 8, 22–56. — Nozioni di calcolo superiore (Sintesi dei corsi). Matematica e matematica applicata: **1960/1961**, Nr. 5, Beilage, 107 S. — Momenti decisivi del pensiero matematico negli ultimi due secoli: **10** ('63/64) 5–44.

Tôhoku math. J. Sull'aritmetica additiva degl'interi liberi da potenze: **41** ('35) 20–26.

Ferner: "Introduzione alla matematica generale" (Milano) in mehreren Auflagen.

VI **RICE,** Francis Owen. Chem. — Stud., 1916 D.Sc., Univ. of Liverpool; '19–20 Instructor, '20–24 Assist. Prof., New York Univ., New York; '24–26 Associate, '26–38 Assoc. Prof., '68– Principal Research Scientist at the Inst. for Cooperative Research, '72–79 Fellow-by-courtesy, Johns Hopkins Univ., Baltimore, Md.; '38–59 Prof. and Head of the Chem. Departm., Catholic Univ. of America, Washington, D.C.; '59–62 Research Prof. and Chairman of the Chem. Departm., Georgetown Univ., Washington, D.C.; '62–68 Visiting Research Prof. and Principal Research Scientist, Radiation Labor. of the Chem. Departm., Univ. of Notre Dame, Ind. — '58 Hon. D.Sc. (College of the Holy Cross, Worcester, Mass.). — '35 Mendel Medal (Villanova Univ., Villanova, Pa.); '56 Hillebrand Prize (American Chem. Soc., Washington Sect.).
*1890, Mai 20, Liverpool, Engl.

Zur Biogr. G. N. Kowkabany, Francis O. Rice to receive Hillebrand Prize for 1956: Capital Chemist **7** ('57) Nr. 33, 74f. (m. Bildn.).

Teilsammlung Free radicals; collected papers (Washington, D.C. '58) 12+278 S. (Reprints of articles appearing in the Journal of the American Chemical Society, Chemical reviews etc. for the years 1931–1958).

S. 12th Report of the Committee on Catalysis (National Research Council, Division of Chemistry and Chemical Technology) (New York–London '40) 18–28: Free radicals and surface reactions. — Formation and trapping of free radicals (A. M. Bass, H. P. Broida) (New York '60) 1–14: History of radical trapping. — New Catholic encyclopedia **8** (New York '67) 744f.: Life, extraterrestrial [17]).

W. The aliphatic free radicals (m. K. K. Rice) (Baltimore, Md.–London '35) 204 S. — The mechanism of homogeneous organic reactions from the physical-chemical standpoint. Neuaufl. (New York '47) 217 S. — The structure of matter (m. E. Teller) (London–New York '49) 13+361 S. (New York '61) 361 S.; ital.: La struttura della materia (Torino '53) 543 S. (Biblioteca di cultura scientifica, 37).

Advances Chem. Ser. Properties and reactions of some inorganic free radicals: **36** ('62) 3–9.

American Scientist Production and reactions of free radicals in outer space: **54** ('66) 158–69.

Annual Survey amer. Chem. Kinetics of homogeneous gas reactions [13]): **10** ('36) 33–44.

Chemical Reviews Reactions of organic molecules in the gaseous state: **10** ('32) 135–59. The decomposition of organic compounds from the standpoint of free radicals: **17** ('35) 53–63.

Industrial and Engng. Chem. Thermal decomposition of hydrocarbons and engine detonation: **26** ('34) 259–62. — Formation of alicyclic hydrocarbons from free radicals [23]): **27** ('35) 915f.

J. amer. chem. Soc. The thermal decomposition of organic compounds from the standpoint of free radicals, 2: Experimental evidence of the decomposition of organic compounds into free radicals [15]) [5]): **54** ('32) 3529–43; ~ 3: The calculation of the products formed from paraffin hydrocarbons: **55** ('33) 3035–40; ~ 4: The dehydrogenation of paraffin hydrocarbons and the strength of the C–C bond [4]): 4245–47; ~ 5: The strength of bonds in organic molecules [15]): **56** ('34) 214–19; ~ 6: The mechanism of some chain reactions [13]): 284–89; ~ 7: The ethylidine radical [8]): 741–43; ~ 8: A comparison of the thermal and electric decomposition of organic compounds into free radicals [42]): 1311–13; ~ 9: The combination of methyl groups with metallic mercury [5]): 2105–07; ~ 10: The identification of methyl groups as dimethyl ditelluride [8]): 2472; ~ 11: The methylene radical [8]): 2381–83; ~ 12: The decomposition of methane [4]): 2747–49; ~ 13: The decomposition of ethyl nitrite [28]): **57** ('35) 350–52. — The formation of free radicals from aliphatic azo compounds [5]): **55** ('33) 3898f. — The free methylene radical [8]): 4329f. — Elementary organic reactions: **56** ('34) 488–90. — Ketene, 1: Preparation and reactions [10])[41])[37]): 1760–65; ~ 2: Rate of polymerization [10]): 2132–34; ~ 3: Heat of formation and heat of reaction with alcohols [10]): 2268–70. — The thermal decomposition of acetone [28])[19]): 2497f. — The thermal decomposition of alicyclic compounds, 1: The decomposition of cyclohexane and some simpler hydrocarbons [29])[28]): **60** ('38) 955–61. — The photochemical oxidation of acetone [31]): 3044–47. — Attempts to prepare the methylene radical by the thermal decomposition of hydrocarbons: **61** ('39) 213. — Thermal reactions promoted by biacetyl [39]): **63** ('41) 1701–06. — Thermal decomposition of five-membered rings [22]): **64** ('42) 896–99. — Decomposition of cyclohexene oxide and 1,4-cyclohexadiene from the standpoint of the principle of least motion [33]): 1527–30. — Thermal decomposition of hydrocarbons, resonance stabilization and isomerization of free radicals [18]): **65** ('43) 590–95. — Structure of diketene [27]): 1677–81. — Thermal decomposition of substituted cyclohexenes [22]): **66** ('44) 765–67. — Thermal decomposition of mono-olefins: Isobutylene [12]): **70** ('48) 964–66. — The pyrolysis of isobutylene [38]): **72** ('50) 3967f. — The imine radical [6]): **73** ('51) 5529f. — The formation of the imine radical in the electrical discharge [6]): **75** ('53) 548f. — Purple sulfur, a new allotropic form [32]): 848–50. — The preparation and properties of brown phosphorus [24])[9]): 2003f. — Green sulfur, a new allotropic form [3]): 6066f. — The mechanism of the thermal decomposition of ethane-d_6 [36]): **76** ('54) 324–27. — The thermal decomposition of acetaldehyde [36]): 2629–33. — Activation energies of reactions of methyl radicals with organic molecules [36]): **77** ('55) 221–24. — The hydrazino radical and tetrazane [30]): 291–93. — The imine radical [11]): **79** ('57) 1880f. — The dimethylamino radical [11]): 2679f. — The relative activation energies of removal of primary, secondary, and tertiary hydrogen atoms by methyl radicals [35]): **80** ('58) 291–93. — Absorption spectra of some active species [14]): **81** ('59) 1856–59. — The imine radical and the thermal decomposition of hydrazoic acid [20]): **82** ('60) 2681f.

Bitte Anmerkung auf Seite 4201 beachten!

J. chem. Physics The inhibition of homogeneous organic decompositions [23]): **6** ('38) 273–79. — The role of free radicals in elementary organic reactions [34]): 489–96; **7** ('39) 199. — The mechanism of some chain reactions [13]): 671–74. — Thermal decomposition of biacetyl [39]): 1015–18. — Reactions of free radicals with organic compounds containing atoms with unshared electron pairs [39])[29]): **8** ('40) 259–62. — Colors on Jupiter: **24** ('56) 1259. — Paramagnetic resonance spectra of active species [7]): **31** ('59) 564. — Green and purple sulfur: electron-spin resonance (EPR) studies [25]): **33** ('60) 774–76.

J. Chim. physique et Physico-Chim. biol. Travaux récents sur les radicaux gelés: **56** ('59) 719–22.

J. physic. (and Colloid) Chem. The mechanism of some chain reactions [13]): **55** ('51) 975–87. — An active species formed in the electrical decomposition of dimethylamine [11]): **61** ('57) 824f. — The methyl imino radical [11]): 830f. — Reaction of atomic hydrogen with solids at –195° [2]): **65** ('61) 1913f. — Methylene and diphenylmethylene [21]): **66** ('62) 1535. — The vapor pressures of some polynuclear aromatic hydrocarbons [16]): **68** ('64) 3794–96. — Electrical conductance of concentrated aqueous solutions and molten salts: Correlation through free volume transport [43]): **69** ('65) 2137–39.

J. Washington Acad. Sci. The genesis of living matter: **52** ('62) 111–20.

Nature [London] Some experiments on Rice's blue material. Colours on Jupiter [1]): **188** ('60) 1023.

Organic Syntheses Diazomethane [26])[27])[40]): **25** ('45) 28–33.

Trans. Faraday Soc. Decomposition of organic compounds into free radicals: **30** ('34) 152–69. — Decomposition of hydrocarbons induced by free radicals [23]): **35** ('39) 850–54.

Mit: [1]) D. P. Cosgrave; [2]) V. J. DeCarlo; [3]) J. Ditter; [4]) M. D. Dooley; [5]) B. L. Evering; [6]) M. Freamo; [7]) W. B. Gager; [8]) A. L. Glasebrook; [9]) K. Gosselin; [10]) J. Greenberg; [11]) C. J. Grelecki; [12]) W. S. Haynes; [13]) K. F. Herzfeld; [14]) R. B. Ingalls; [15]) W. R. Johnston; [16]) J. D. Kelley; [17]) C. C. Kiess(-Rice); [18]) A. Kossiakoff; [19]) W. R. Lewis; [20]) T. A. Luckenbach; [21]) J. D. Michaelsen; [22]) M. T. Murphy; [23]) O. L. Polly; [24]) R. Potocki; [25]) H. E. Radford; [26]) C. E. Redemann; [27]) R. Roberts; [28]) E. L. Rodowskas; [29]) P. M. Ruoff; [30]) F. Scherber; [31]) C. E. Schildknecht; [32]) C. Sparrow; [33]) A. L. Stallbaumer; [34]) E. Teller; [35]) T. A. Vanderslice; [36]) R. E. Varnerin; [37]) R. E. Vollrath; [38]) L. A. Wall; [39]) W. D. Walters; [40]) H. P. Ward; [41]) C. E. Waters; [42]) F. R. Whaley; [43]) F. J. Wunderlich.

VI **RICE,** Frank Elmore. Chem., Agrochem., Nahrungsmittelchem. — Until 1909 Stud., Indiana Univ., Bloomington, Ind.; '09–14 Assist. and Instructor, '14 Ph.D., '15–24 Assist. Prof., Cornell Univ., Ithaca, N.Y.; '24–27 Prof., '26–27 Chairman of

Chem. Departm., North Carolina State College, Raleigh, N.C.; '17– Consultant and Research Chemist, Nestle Company; '27–28, '54– Consultant, '28–54 Executive Secretary, Evaporated Milk Assoc., Chicago, Ill.; '25 Chairman of the North Carolina Sect., Amer. Chem. Soc.; '37 Pres., Trade Assoc. Executives Forum of Chicago. — '53 David White Award (Photographic Soc. of Amer.). (⊠)

*1887, Juli 31, Cuba, Ind.

Zur Biogr. E. H. Parfitt, J. Dairy Sci. **38** ('55) 928f.

W. The evaporated milk industry; past, present, future (Chicago, Ill. '50) 32 S., ('51) 32 S. (Evaporated Milk Association).

American J. publ. Health and Nation's Health Protein, minerals and vitamins of evaporated milk: **24** ('34) 194–98.

J. agric. and Food Chem. Nutritional evaluation of the replacement of the fat in whole cow milk by coconut oil: **8** ('60) 488–91.

J. amer. dietet. Assoc. Lysine in milk proteins in relation to infant needs: **33** ('57) 1141–44.

J. Dairy Sci. Formulas made from cow's milk provide infants' needs for proteins and amino acids: **40** ('57) 1632–36.

VI **RICE,** James. Math., Physik. — 1893–1900 Stud., Queen's College, 1900 M.A., '04–08 Junior Fellow, Roy. Univ. of Ireland, Belfast; '01–14 Head of Departm. of Physics, Liverpool Inst. School; '14–24 Lecturer in Physics, '24–36 Assoc. Prof., '35–36 Reader in theoret. Physics, Univ. of Liverpool.

*1874, Belfast;

†1936, Apr. 17, Wallasey, Liverpool.

Nekr. F. G. Donnan, Nature [London] **137** ('36) 807f.; Proc. physic. Soc. **49** ('37) 704f. — University Liverpool Soc. Chronicle **1936**, Nr. 9, S. 4.

W. Relativity; an exposition without mathematics. Neuaufl. (New York '32) 127 S.; (London '32) 80 S.

VI **RICE,** Oscar Knefler. Chem. (physikal.). — 1936–43 Assoc. Prof., '43–59 Prof., '59– Kenan Prof., Univ. of North Carolina, Chapel Hill, N.C.; '46–47 Principal Chemist, Clinton Laboratories (now Oak Ridge National Laboratory), Oak Ridge, Tenn.; '58–61 Adviser, Panel of Chem., Nation. Sci. Foundat. — '32 Langmuir Prize, '61 Southern Chemist Award (American Chem. Soc.); '66 North Carolina Sci. Award.

*1903, Febr. 12, Chicago, Ill.

Zur Biogr. Chemical and Engng. News **39** ('61) Nr. 25, S. 60 (m. Bildn.).

S. Phase transformations in solids. Symposium held at Cornell University, Ithaca, N.Y., 1948 (R. Smoluchowski u. a.) (New York '51) 212–37: The solid–liquid transition in argon. — Changement de phases, C.R. 2ᵉ Réunion annuelle, Société de Chimie Physique, Paris 1952 (Paris '52) 78–86: Phénomène critique dans le système cyclohexane–aniline [31]). — Thermodynamics and physics of matter (F. D. Rossini) (Princeton, N.J. '55) (High speed aerodynamics and jet propulsion, 1) 419–500: Critical phenomena. — Proc. Symposium on solid and liquid helium three, Columbus, Ohio, 1957 (Columbus, O. '57) 173–80: Some remarks on solutions of ^{3}He in ^{4}He. — Proc. 5th International conference on low temperature physics and chemistry, Madison, Wis., 1957 (J. R. Dillinger) (Madison, Wis. '58) 121–24: Further development of an elementary theory of liquid helium. — Proc. 9th International astronautical congress, Amsterdam 1958, **1** (Wien '59) 9–19: The recombination of atoms, and other energy-exchange reactions. — Encyclopaedic dictionary of physics (J. Thewlis) **1** (New York–London '61) 695f.: Clausius-Clapeyron equation; **2** ('61) 71f.: Continuity of state. — Transfert d'énergie dans les gaz. 12ᵉ Conseil de chimie Solvay, Bruxelles 1962 (New York '62) 17–86: Some problems in energy exchange related to chemical kinetics (Diskussion: S. 87–98). — Proc. 9th International conference on low temperature physics, Columbus, Ohio, 1964 **1** (J. G. Daunt u. a.) (New York '65) 88–90: Energy fluctuations and the nature of the rotons in He II.

W. Electronic structure and chemical binding; with special reference to inorganic chemistry (New York–London '40) 14+511 S.; Neuaufl.: (New York '69) 18+511 S. — The theory of the burning of doublebase rocket powders (Washington, D.C. '45) 1+95 S. (National Defense Research Committee of the Office of Scientific Research and Development, OSRD no. 5224. PB 30767). — Quantum corrections to the thermodynamic properties of liquids with application to neon (Oak Ridge, Tenn. '49) 8 S. (United States Atomic Energy Commission, MDDC-1356). — Statistical mechanics, thermodynamics, and kinetics (San Francisco, Cal. '67) 7+586 S.

Accounts chem. Res. Secondary variables in critical phenomena: **5** ('72) 112–20.

Annales ACFAS Entropy of activation in the thermal decomposition of azomethane [9]): **28** ('62) 47.

Annual Rev. physic. Chem. Solutions of non-electrolytes [28]): **5** ('54) 71–90.

Annual Survey amer. Chem. The kinetics of homogeneous gas reactions: **9** ('35) 35–48.

Bull. Inst. int. Froid, Suppl. Elementary theory of the thermodynamic properties of liquid helium: **1955**, 117–23.

Canadian J. Chem. The thermal decomposition of azomethane, 1: Effect of added olefin and nitric oxide [9]): **41** ('63) 562–85.

Chemical Reviews The mechanism of energy exchange in unimolecular reactions: **10** ('32) 125–34. — Critical phenomena in binary liquid systems: **44** ('49) 69–92.

Discuss. Faraday Soc. The interfacial tension and other properties of the cyclohexane–aniline system near the critical solution temperature [2]): **15** ('53) 210–18.

International J. Quantum Chem., Sympos. On charge-transfer complexes in the vapor phase: Nr. **2** ('68) 219–24.

J. amer. chem. Soc. The decomposition of diethyl ether at low pressures [32]): **54** ('32) 3778f. — Energy exchange in unimolecular gas reactions: 4558–81. — The homogeneous decomposition of diethyl ether at low pressures; with some remarks on the theory of unimolecular reactions [32]): **56** ('34) 1444–55. — The thermal decomposition of propylamine [32]): **57** ('35) 22–24. — The explosion of azomethane [1]): 310–17. — The explosion of ethyl azide [4]): 1044–50. — The polymerization of ethylene induced by methyl radicals [32]): 1384f. — The induction period in gaseous thermal explosions [4])[1]): 2212–22. — The interatomic-potential curve and the equation of state for argon: **63** ('41) 3–11. — The photolysis of azomethane [5]): 2900–05. — The thermal reaction of hexafluoroethane with quartz [35]): **69** ('47) 267–70. — The photolysis of azoethane [34]): **74** ('52) 6216–19. — Shape of the coexistence curve in the perfluoromethylcyclohexane – carbon tetrachloride system, 2: Measurements accurate to 0.0001° [33]): **86** ('64) 3547–53. — Statistical thermodynamics of the λ transition in liquid helium: **91** ('69) 7682–7684.

J. chem. Physics Predissociation and the crossing of molecular potential energy curves: **1** ('33) 375–89. — A remark on Rosen's paper: "Lifetimes of unstable molecules": 625f. — On the binding forces in the alkali and alkaline-earth metals according to the free-electron theory: 649–55. — On the activation energy of unimolecular reactions [,1] [10]): **2** ('34) 273–82; ~ 2 [10]): **3** ('35) 490–92. — Entropy and the absolute rate of chemical reactions, 1: The steric factor of bimolecular associations [10]): **2** ('34) 853–61; ~ 2: Unimolecular reactions [10]): **3** ('35) 479–89. — On the Stokes phenomenon for the differential equations which arise in the problem of inelastic atomic collisions: 386–98. — On the zero-point energy of an activated complex and the reaction $2\,NO + O_2 \rightarrow 2\,NO_2$: **4** ('36) 53–59. — Studies on the decomposition of azomethane, 1: Description of the apparatus [32]): 239–41; ~ 2: Pure azomethane and azomethane in the presence of helium [32]): 242–51; ~ 3: Effect of various inert gases [32]): 608–13. — On the thermodynamic properties of nitric oxide. An example of an associated liquid: 367–72. — Factors influencing rates of reaction in solution [30]): **5** ('37) 140–43. — Internal volume and the entropy of vaporization of liquids: 353–58. — On transitions in condensed systems: 492–99. — The solid–liquid equilibrium in argon: **6** ('38) 472–75. — The communal entropy and the theory of fusion: 476–79. — Further remarks on the solid–liquid equilibrium in argon: **7** ('39) 136f. — The explosion of ethyl azide in the presence of diethyl ether [4]): 700–09. — The nature of the fusion process in argon: 883–92. — The role of heat conduction in thermal gaseous explosions: **8** ('40) 727–33. — Note on the chain photolysis of acetaldehyde in intermittent light [15])[27]): 998. — A note on the entropy of fusion of argon: **9** ('41) 121. — On the recombination of iodine and bromine atoms: 258–62. — Effect of intermittent light on a chain reaction with bimolecular and unimolecular chain-breaking steps: **10** ('42) 440–44. — The chain photolysis of acetaldehyde in intermittent light [15]): 445–60; **12** ('44) 521. — The partition function of a gas of hard elastic spheres: **10** ('42) 653f. — The partition function of a simple liquid: 654. — On the statistical mechanics of liquids, and the gas of hard elastic spheres: **12** ('44) 1–18, 521. — The thermodynamic properties and potential energy of solid argon [,1]: 289–95; ~ 2: **14** ('46) 321–24. — The thermodynamic properties of liquid argon: 324–38. — A note on communal entropy. Remarks on a paper by Henry S. Frank: 348–50. — Corresponding states in the frozen rare gases [29]): 518–25. — On the behavior of pure substances near the critical point: **15** ('47) 314–32. — Effect of pressure on surface tension: 333–35. — Activation in unimolecular reactions: 689f. — A note on the relation between entropy and enthalpy of solution: 875–79. — Quantum corrections to the thermodynamic properties of liquids, with application to neon: **16** ('48) 141–47. — The chain-breaking process in acetaldehyde photolysis [23]): **18** ('50) 993f. — Critical phenomena in the cyclohexane–aniline system [31]): **19** ('51) 1423f.; ~ [2]): **22** ('54) 382–85. — Reply to Careri's "Note on the rate of recombination of free atoms": **21** ('53) 750f. — Thermodynamics of phase transitions in compressible solid lattices: **22** ('54) 1535–44. — Shape of the coexistence curve near the critical temperature: **23** ('55) 164–68. — Relation between isotherms and coexistence curve in the critical region: 169–73. — Critical isotherm and the equation

Bitte Anmerkung auf Seite 4201 beachten!

of state of liquid–vapor systems [36]): 1250–55. — Shape of the coexistence curve in the perfluoromethylcyclohexane – carbon tetrachloride system [,1] [13]): 2428–31. — Coexistence curve of the triethylamine–water system [20]): **26** ('57) 1614–18. — Gas of hard nonattracting spheres: **31** ('59) 987–93. — Note on the equation of state for hard spheres: **32** ('60) 1277f. — Deactivation by collision in the photolysis of azoethane [37]): **46** ('67) 2021–28. — Thermodynamics of the critical point: Liquid–vapor systems [7]): **47** ('67) 5043–53. — On the relation between unimolecular reaction and predissociation: **55** ('71) 439–46. — The effect of an impurity on the critical point of a binary liquid system as a surface phenomenon: **64** ('76) 4362–67.

J. Colloid Sci. Some studies of spontaneous emulsification [16]): **10** ('55) 436–39.

J. Elisha Mitchell sci. Soc. The thermodynamic properties and interatomic potential energy of solid argon: **80** ('64) 120–29.

J. physic. (and Colloid) Chem. The theory of the burning of double-base rocket powders [12]): **54** ('50) 885–917. — Introduction to the Symposium on critical phenomena: General consideration of critical phenomena: 1293–305. — Session on free radicals: The kinetics of the recombination of methyl radicals and iodine atoms [25]): **55** ('51) 894–908. — Thermodynamics of vapor-phase mixtures of iodine and benzene, with application to the rate of recombination of iodine atoms [2]): **58** ('54) 1017–23. — A kinetic approach to the thermodynamics of irreversible processes: **61** ('57) 622–29. — Critical phenomena in the cyclohexane–aniline system: Effect of water at definite activity [26])[13]): **63** ('59) 992–94. — A dilatometric study of the cyclohexane–aniline system near its critical separation temperature [18])[24]): **64** ('60) 972–75. — The thermodynamics of non-uniform systems, and the interfacial tension near a critical point: 976–84. — Conditions for a steady state in chemical kinetics: 1851–57. — The principle of minimum entropy production and the kinetic approach to irreversible thermodynamics: 1857–60. — Effects of quantization and of anharmonicity on the rates of dissociation and association of complex molecules: **65** ('61) 1588–96. — The effect of an impurity on the phase transition in a binary liquid system as a surface phenomenon [,1] [24])[26]): 1925–29; ~ 2 [24]): **66** ('62) 625–31. — On the relation between an equilibrium constant and the non-equilibrium rate constants of direct and reverse reactions: **65** ('61) 1972–76. — Non-equilibrium effects in the dissociation of diatomic molecules by a third body: **67** ('63) 6–11. — Further remarks on the "rate-quotient law": 1733–35. — Photolysis of perfluoroazomethane [38]): **72** ('68) 542–46.

J. physic. Soc. Japan Some remarks on the foundations of thermodynamics and statistical mechanics: **26** ('69) Suppl., 219f.

Monatsh. Chem. Reaktionen mit intermolekularem Energieaustausch: **90** ('59) 330–56.

Physica Density fluctuations and the specific heat near the critical point [,1] [6]): **74** ('74) 266–76; ~ 2 [6]): **78** ('74) 490–99. — The effect of density-gradient terms in the free energy on density fluctuations near the critical point [6]): 500–04. — Effect of the density-gradient term in the free energy expression on critical exponents [6]): **83A** ('76) 609–14.

Physical Rev. Variation with temperature of the continuous absorption spectrum of diatomic molecules, 2: Theoretical [11])[3]): (2) **44** ('33) 193–200. — The electric moment of the $^1\Sigma_+$ to O^+ transition in the continuum of Cl_2 [11]): **50** ('36) 380, 871. — On solutions of ^{3}He in ^{4}He [21]): **73** ('48) 1188–93. — The thermodynamics of liquid helium on the basis of the two-fluid theory: **76** ('49) 1701–07. — Effect of ^{3}He on the λ-point of ^{4}He: **77** ('50) 142f. — Lambda-temperatures of solutions of ^{3}He in ^{4}He [8]): **78** ('50) 55–57. — The partial molal entropy of superfluid in pure ^{4}He below the λ-point: 182f. — Thermodynamics of ^{3}He–^{4}He solutions [8]): 183. — The thermodynamics of liquid helium and of ^{3}He–^{4}He solutions: **79** ('50) 1024f. — Irreversible processes with application to helium II and the Knudsen effect in gases: **89** ('53) 793–99. — The thermodynamics of the helium film [36]): **90** ('53) 987. — The nature of higher-order phase transitions with application to liquid helium: **93** ('54) 1161–68. — Statistical mechanics of helium II near 1 °K: **96** ('54) 1460–63. — Heat and entropy of mixing of ^{3}He and ^{4}He on the basis of the two-fluid theory of ^{4}He: 1464f. — Interpretation of the magnetic behavior of liquid ^{3}He: **97** ('55) 263–66. — Can ^{3}He be expected to exhibit superfluidity at sufficiently low temperatures?: 558f. — Energy levels in liquid ^{3}He: 1176. — Comparison of the energy excitations in liquid ^{3}He and ^{4}He: **98** ('55) 847–51. — Elementary theory of the excitations in liquid helium. New model for rotons: **102** ('56) 1416. — Reversible flow phenomena and thermodynamic properties of liquid helium and the two-fluid hypothesis: **103** ('56) 267–74. — Elementary theory of liquid helium: Refinement of the theory and comparison with Feynman's theory: **108** ('57) 551–60. — Statistical thermodynamics of λ transitions, especially of liquid helium: **153** ('67) 275–79.

Physical Rev., A Thermodynamic relationships at the tricritical point in ^{3}He–^{4}He mixtures [6]): (3) **5** ('72) 1419–22.

Physical Rev. Letters Possible relation between phase separation and the λ transition in ^{3}He–^{4}He mixtures: **19** ('67) 295–97.

Proc. nation. Acad. Sci. USA On the motion of a sphere in a perfect fluid, with application to liquid helium: **63** ('69) 1055–62. — Some thermodynamic relations at the critical point in liquid–vapor systems

Bitte Anmerkung auf Seite 4201 beachten!

(analyticity / symmetry / specific heats / critical exponents / coexistence curve) [6]: **69** ('72) 3436–39. — On the relation between λ lines and phase separations: **70** ('73) 1241–45.

Review sci. Instruments A monochromator using a large water prism [5]: **13** ('42) 513f. — High pressure capillary thallium-amalgam arc for use in ultraviolet [37][19]: **37** ('66) 1084f.

Suppl. Nuovo Cimento Energy fluctuations in liquid helium and its flow properties: (10) **9** ('58) 267–85.

Trans. Faraday Soc. Coexistence curve of the 2,6-lutidine + water system in the critical region [22]: **59** ('63) 2723–27. — Coexistence curve of the cyclohexane + methylene iodide system in the critical region [17]: **63** ('67) 2158–62.

Mit: [1]) A. O. Allen; [2]) D. Atack; [3]) N. S. Bayliss; [4]) H. C. Campbell; [5]) C. V. Cannon; [6]) Chang Do-Ren; [7]) B. W. Davis; [8]) O. G. Engel; [9]) W. Forst; [10]) H. Gershinowitz; [11]) G. E. Gibson; [12]) R. Ginell; [13]) R. Gopal; [14]) —; [15]) W. L. Haden, jr.; [16]) H. A. Hartung; [17]) N. F. Irani; [18]) M. E. Jacox; [19]) M. T. Jaquiss; [20]) F. Kohler; [21]) F. London; [22]) A. W. Loven; [23]) V. E. Lucas; [24]) J. T. MacQueen; [25]) R. A. Marcus; [26]) F. R. Meeks; [27]) E. P. H. Meibohm; [28]) J. C. Morrow; [29]) G. W. Murphy; [30]) R. A. Ogg, jr.; [31]) R. W. Rowden; [32]) D. V. Sickman; [33]) D. R. Thompson; [34]) J. L. Weininger; [35]) L. White, jr.; [36]) B. Widom; [37]) W. C. Worsham; [38]) Wu E-Chung.

VI **RICHARD,** Jules. Ozeanogr. — 1901–45 Dir., Musée Océanogr., Monaco. *1863, Nov. 18, Yssingeaux, Haute-Loire; †1945, Jan. 24, Monaco.

Bildn. Résultats Campagnes sci. Albert I de Monaco **89** ('34) Taf. 2, Fig. 19; Taf. 4, Fig. 21.

Nekr. Gedenkheft: Hommages au docteur Jules Richard: Bull. Inst. océanogr. No. **892** ('46) 24 S. — G. Durand-Viel, C. R. hebd. Séances Acad. Sci., Paris **220** ('45) 413f. — P. Portier, Bull. Inst. océanogr. No. **881** ('45) 19 S. (m. Bildn. u. Schr.verz.). — J. Rouch, Riviera sci. **35** ('48) 1–10.

Zur Biogr. J. Rouch in: Communications. 1er Congrès international d'histoire de l'océanographie, Monaco 1966, **2** (Monaco '68) (Bull. Inst. océanogr., No. spec. 2,2) 686–90.

HZ. Bull. Inst. océanogr. 1904–1937. — Résultats Campagnes sci. Albert I de Monaco: **94** ('36), **96** ('37).

S. Grigore Antipa; hommage à son œuvre, 10 décembre 1867–10 décembre 1937 (Bucureşti '38) 453–62: Le Musée océanographique de Monaco.

Bull. Inst. océanogr. Notice biographique sur le baron Jules de Guerne: No. **590** ('32) 11 S. — Liste des opérations faites dans les parages de Monaco à bord de l'"Eider" et du "Steno" pendant l'année 1911 [3]: No. **607** ('32) 103 S.; ~ pendant l'année 1912 [3]: No. **684** ('35) 67 S.; ~ pendant les années 1913 et 1914 [3]: No. **759** ('38) 83 S. — Sur l'utilisation des mouvements de la mer par l'ondo-pompe de F. Cattaneo de Voltri: No. **625** ('33) 20 S. — Notice biographique sur le Prof. Louis Joubin: No. **707** ('36) 23 S. — Sur une bouteille de construction simple pour les recherches océanographiques: No. **791** ('40) 4 S.

C. R. hebd. Seances Acad. Sci., Paris Sur l'emploi de l'ondo-pompe Cattaneo pour utiliser les mouvements de la mer: **195** ('32) 1205–08. — Sur une bouteille de construction simple pour les recherches océanographiques: **211** ('40) 319–21.

Nature [Paris] L'utilisation des mouvements de la mer. L'ondo-pompe de Cattaneo: No. **2907** ('33) 529–33.

Résultats Campagnes sci. Albert I de Monaco Liste générale des stations des campagnes scientifiques du Prince Albert de Monaco avec notes et observations: **89** ('34) 1–348. — La bouteille Richard (petit et grand modèle): 351f. — Sur trois nouveaux messagers destinés aux opérations océanographiques: 352f. — Sur un appareil destiné à démontrer que la quantité des gaz dissous dans les grandes profondeurs de la mer est indépendante de la pression: 355f. — Sur une méthode de prélèvement de l'eau de mer destinée aux études bactériologiques [2]: 360f. — Modification du filet bathypélagique de Giesbrecht: 363–66. — Sur des instruments destinés à la récolte et à l'examen préliminaire du plancton microscopique et sur la présence du genre Penilia dans la Méditerranée: 366–72. — Sur deux filets destinés à la récolte du plancton: 372–74. — Sur la dernière campagne scientifique du yacht "Princesse Alice": 376–80. — Campagne scientifique du yacht "Princesse Alice" en 1901: 381–401; ~ en 1902: 401–15; ~ en 1903: Observations sur la sardine, sur le plannton, sur les Cétacés, sur des filets nouveaux etc.: 416–32; ~ en 1904: Observations sur la faune bathypélagique, etc.: 432–49. — Foie et sinus intrahépatiques du Grampus griseus [1]: **94** ('36) 7–9. — Sur quelques Cétacés observés pendant les campagnes du yacht "Princesse Alice" [1]: 9–17. — Notes sur les Cétacés et les Pinnipèdes: 34–61. — Entomostracés d'eau douce recueillis à Belle Ile (Morbihan): **96** ('37) 4f. — Sur quelques Entomostracés de l'île d'Elbe et de l'île de Monte Christo: 5–8. — Sur la faune des eaux douces des Açores: 8–14. — Sur la faune des eaux douces explorées en 1898 pendant la campagne du yacht "Princesse Alice" (Lofoten, Spitzberg, Iles Beeren, Hope, de Barents et Faeroer): 14–23. — Sur l'histoire naturelle de l'île d'Alboran [1]: 167–77. — Sur l'œil latéral des Copépodes du genre "Pleuromma": **97** ('38) 32–34. — Heterochaeta grimaldii n. sp., calanide nouveau provenant de la troisième campagne scientifique du yacht l'"Hirondelle": 34f. — Essai sur les Crustacés considérés dans leurs rapports avec l'hygiène, la médecine et la parasitologie: 271. — Sur les gaz de la vessie natatoire des poissons: **101** ('39): 136–38. — Sur les gaz de la vessie natatoire des poissons et des physalies: 138–40. — Observations de température des eaux marines arctiques faites pendant les campagnes du yacht "Princesse Alice" (1906–1907): 140–56. — Recherche de l'argon dans les gaz de la vessie natatoire des poissons et des physalies [4]): 158f.

Revue hydrogr. Sur une bouteille de construction simple pour les recherches océanographiques: **19** ('42) 140–42.

Mit: [1]) H. Neuville; [2]) P. Portier; [3]) L. Sirvent; [4]) T. Schloesing, jr.

VI **RICHARDS,** William T. Chem. (physik.). — 1926–35 Assist. Prof., Princeton Univ., Princeton, N.J.; later on Scientist, Rockefeller Inst. for Medical Research, New York.
*1900, März 24;
†1940, Jan. 31, New York (Suizid).

Sohn von Theodore William Richards IV–VI;
Schwager von James Bryant Conant VI, VIIb

Todesanzeigen Brooklyn Citizen **1940**, 1. Febr. — The Princeton Herald **1940**, 1. Febr.

J. amer. chem. Soc. The persistence and development of crystal nuclei above the melting temperature: **54** ('32) 479–95. — The specific heats of five organic liquids from their adiabatic temperature–pressure coefficients [6]): 2705–13. — The velocity of dissociation of nitrogen tetroxide by the method of sound waters [4]): 3014f. — Light scattering in undercooled benzophenone [1]): 3799–810. — Further observations concerning the crystallization of undercooled liquids [3])[2]): **58** ('36) 2243–48.

J. appl. Physics [USA] Recent progress in supersonics: **9** ('38) 298–306.

J. chem. Physics The dispersion of sound in nitrogen tetroxide and its interpretation in terms of dissociation rate [4]): **1** ('33) 114–28. — Further observations concerning the propagation of sound in nitrogen tetroxide [4]): 737–51. — Acoustical studies, 2: The behavior of a gas with several independent internal-energy states: 863–70; ~ 3: The rates of excitation of vibrational energy in carbon dioxide, carbon disulfide and sulfur dioxide [4]): **2** ('34) 193–205; ~ 4: The collision efficiencies of various molecules in exciting the lower vibrational states of ethylene, together with some observations concerning the excitation of rotational energy in hydrogen [4]): 206–14; ~ 5: The collision efficiencies of deuterium and hydrogen in exciting the lower vibrational states of ethylene: **4** ('36) 561–66; ~ 6: Observations concerning the behavior of formic and acetic acid vapors [5]): 566–69. — On the dispersion of sound. Three energy levels: **2** ('34) 260–62, 263. — Remarks concerning the formation and crystallization of vitreous media: **4** ('36) 449–57.

J. physic. Chem. The velocity of sound in solutions of benzene and n-butyl alcohol in n-heptane [7]): **36** ('32) 1268–70.

Nature [London] Dispersion of sound in several gases, and its relation to the frequency of molecular collisions [4]): **130** ('32) 739.

Reviews modern Physics Supersonic phenomena: **11** ('39) 36–64.

Science [USA] A method for the determination of the velocity of sound in solids: (N.S.) **76** ('32) 36f.

Mit: [1]) P. M. Harris; [2]) C. E. Hutz; [3]) E. C. Kirkpatrick; [4]) J. A. Reid; [5]) C. O. Strother; [6]) J. H. Wallace, jr.; [7]) E. B. Wilson, jr.

VI **RICHARDSON,** Archibald Read. Math., Hydromech., Aeronautik. — 1920–40 Prof., College of Swansea, Univ. of Wales.
*1881, Aug. 21, London;
†1954, Nov. 4, Cape Town.

Nekr. H. W. Turnbull, Biographical Mem. Fellows roy. Soc. **1** ('55) 223–37 (m. Bildn., Faks., Schr.verz. 29 Nrn.); Edinburgh math. Notes **40** ('56) 31f.; J. London math. Soc. **31** ('56) 376–84 (m. Schr.verz. 29 Nrn.). — R. Wilson, Nature [London] **175** ('55) 236.

Annals Math. The class-ring in multiplicative systems: (2) **44** ('43) 21–39.

Duke math. J. The composition of quadratic forms: **13** ('46) 587–600. — The composition of cubic forms: **14** ('47) 27–30. — Compositions involving ternary cubics: **18** ('51) 595–98.

Mathematical Gaz. Abstract algebra: **24** ('40) 15–24.

Philosophical Trans. roy. Soc. London, Ser. A Group characters and algebra [1]). **233** ('34) 99–141.

Proc. Edinburgh math. Soc. Some combinatorial problems of finite abstract algebra: (2) **6** ('39) 46–50.

Proc. London math. Soc. Fermat's equation in real quaternions [1]): (2) **32** ('31) 235–40. — Concomitants of polynomials in non-commutative algebra [1]): **35** ('33) 325–79. — Algebra of s-dimensions: **47** ('40/42) 38–59. — Groupoids and their automorphisms: **48** ('43/45) 83–111. — Congruences in multiplicative systems: **49** ('45/47) 195–210.

Bitte Anmerkung auf Seite 4201 beachten!

Quarterly J. Math., Oxford Ser. Immanants of some special matrices [1]): **5** ('34) 269–82. — Some special s-functions and q-series [1]): **6** ('35) 184–98. — Conjugate matrices: **7** ('36) 256–70.

Rep. annu. Meeting, Brit. Assoc. Advancement Sci. Recent developments of non-commutative algebra: **1931** ('32) 348f.

Mit: [1]) D. E. Littlewood.

IV,VI **RICHARDSON,** Clifford. Chem. (techn.). — 1900–10 Proprietor and Dir., New York Testing Labor.; '13– Consultant, Barber Asphalt Paving Co. (⊠)
*1856, März 6, Worcester, Mass.;
†1932, Febr. 28.

Nekr. C. A. Browne, J. Assoc. offic. agric. Chemists **15** ('32) Nr. 4, III–VII.

VI **RICHARDSON,** Edward Gick. Physik (Akustik, Rheol.). — 1931–40 Lecturer, '43–56 Reader, '56–60 Prof., King's College of the Univ. of Durham, Newcastle upon Tyne; '47 Visiting Prof., Univ. of Cairo; '57–58 Pres., Brit. Soc. of Rheol.
*1896, Juli 15, Watford, Northants.;
†1960, März 31, Newcastle upon Tyne.

Zur Biogr. Nature [London] **178** ('56) 295f.

Nekr. W. E. Curtis, Nature [London] **186** ('60) 678. — R. W. B. Stephens, Acustica **10** ('60) 73 (m. Bildn.).

H. Technical aspects of sound **1**: Sonic range and airborne sound (Amsterdam–London–Houston, Tex. '53); **2**: Ultrasonic range, under-water acoustics (Princeton, N.J. '56, Amsterdam–London '57). — Applied physics series (London '54ff.). — Aerodynamic capture of particles. Proc. of a conference, Leatherhead, Surrey, 1960 (British Coal Utilisation Research Association) (Oxford '60).

MH. Technical aspects of sound **3**: Recent developments in acoustics (Amsterdam '62); darin eig. Beitr.: 123–77: Flow noise.

MHZ. Acustica **1** ('51)–**9**('59).

S. Trans. 3rd International congress of soil science, Oxford 1935, **1** (Oxford '35) 40f.: A photo-electric method for mechanical analysis. — Centenaire de l'Association des Ingénieurs sortis de l'Ecole de Liège, 1947 [**23**?] (Liège '49) 35–40: Phénomènes de couplage et de transition dans les instruments de musique. — Colloquium over ultrasonore trillingen. Colloque international sur les ultrasons, Bruxelles 1951 (Koninklijke Vlaamse Academie voor Wetenschappen, Letteren en Schone Kunsten van België) (Bruxelles '51) 15–26: Aspekte der Ultraschallviskosität [engl.]. — Actes IX Congrès international de mécanique appliquée, Bruxelles 1956, **4** (Bruxelles '57) 361–70: Ultrasonic relaxation in vapours used in supersonic wind tunnels [12]). — Recent advances in gelatin and glue research. Proc. of a conference, Cambridge 1957 (London–New York–Paris–Los Angeles, Cal. '58) 209–13: The propagation of ultrasonic waves in sols and gels [17])[25]). — Proc. Joint conference on thermodynamic and transport properties of fluids, London 1957 (Institution of Mechanical Engineers) (London '58) 34–36: Derivation of some thermodynamic parameters of fluids from measurements of ultrasonic propagation therein. — Proc. 3rd International congress on acoustics, Stuttgart 1959, **1** (Amsterdam '61) 293f.: Propagation of sound in natural and artificial boundary layers.

W. An introduction to acoustics of buildings (London '33) 63 S.; Neuauflagen u. d. T.: Acoustics for architects (London '45), ('46), ('48), (New York '46) 90 S. — Les appareils à fil chaud. Leurs applications dans la mécanique expérimentale des fluides (Paris '34) 3 + 66 S. (Institut de Mécanique des Fluides de l'Université de Paris). — Sound; a physical text-book [2](London–New York '35) 7+319 S.; [3]('40) 7+339 S.; [4]('47) 8+344 S., Neudruck: ('49); [5]('53) 7+352 S. — Acoustics of telephony (London '36) 16 S. (Post Office Green Papers, 25). — Physical science in modern life (London '38, New York '39) 256 S. — Physical science in art and industry (London '40, New York '41) 11+293 S.; [2](London '46) 11+299 S. — Dynamics of real fluids (London–New York '50) 7+144 S., [2](London '61) 7+231 S.; russ.: (Moskva '65) 328 S. — Ultrasonic physics (Amsterdam–London–New York–Houston, Tex. '52) 10+285 S.; (A. E. Brown) [2](Amsterdam–New York '62) 313 S. (Elsevier monographs, 24. Physics section). — Relaxation spectrometry (Amsterdam–New York '57) 8+140 S.

Acta physica austriaca Elastische Flüssigkeiten: **5** ('52) 390–97.

Acustica Behaviour of aerosols in acoustic and turbulent fields: **2** ('52) 141–47. — The measurement of phase and intensity in sonic and ultrasonic fields [23]): **4** ('54) 196f. — Electroacoustics applied to musical instruments: 212–17. — Acoustic methods of measuring relaxation spectra in solids: 537–43. — A study of acoustic streaming in liquids over a wide frequency range [5]): **5** ('55) 28–34. — The propagation of ultrasonics in organic liquids under pressure. Variation of specific heat ratio and viscosity with pressure [4]): **10** ('60) 309–15. — — Meist m. französ. u. deutscher Zusammenfassg.

American Physics Teacher Some lecture and laboratory experiments in aeronautics: **2** ('34) 22–25.

Annual Rep. Board Regents Smithsonian Instn. The science of musical instruments: **1953** ('54) 253–61.

Bitte Anmerkung auf Seite 4201 beachten!

Applied Mech. Rev. Acoustic and ultrasonic relaxation processes: **7** ('54) 377f.

Applied sci. Res., Sect. A Mechanism of the disruption of liquid jets: **4** ('54) 374–80.

British J. appl. Physics Processes of convection and evaporation: **4** ('53) 65–69. — Industrial applications of ultrasonics: **6** ('55) 413–15. — Measurements on the air-nuclei in natural water which give rise to cavitation [6]): **9** ('58) 154–58.

Colloques int. Centre nation. Rech. sci. Propriétés acoustiques et optiques des fluides dans l'état critique: **77** ('59) 411–15 (Diskussion: 416f.).

Current Sci. Application of ultrasonic vibrations: **27** ('58) 155–59.

Discovery The science of orchestral instruments: some recent work: **14** ('53) 87–91. — Recent developments in vocal acoustics: **19** ('58) 333–38.

Endeavour Propagation of sound in the atmosphere: **1** ('42) 118–21. — Rheology, the dynamics of real fluids: **4** ('45) 64–68. — Cavitation in fluids: **9** ('50) 151–.

Geologiska Fören. Stockholm Förh. The rheology of clay slips: **81** ('59) 609–19.

Gravesaner Bl. Eine Analyse des Intonierungsvorganges bei Orgeln [24]): Nr. **15/16** ('60) 46–58 [deutsch u. engl.].

J. acoust. Soc. America The absorption by porous materials at normal incidence. A comparison of theory and experiment [15]): **4** ('33) 322–30. — The absorption of supersonics in smokes [8]): **9** ('38) 217–23. — Musical acoustics conference at Liège: **20** ('48) 344f. — A hot-wire ultrasonic interferometer and its application to vapors [10]): **23** ('51) 58–61. — The relation between acoustics and hydrodynamics: **26** ('54) 615–17. — The transient tones of wind instruments: 960–62. — Ultrasonic relaxation in freon vapors [12]): **28** ('56) 1016–19. — Velocity of ultrasonics in halogen vapors: **31** ('59) 152–54, **32** ('60) 613.

J. aeronaut. Sci. Acoustics in relation to aerodynamics: **22** ('55) 775–80.

J. agric. Sci. Cohesion and viscosity of clays: **23** ('33) 176–84. — An optical method for mechanical analysis of soils, etc.: **24** ('34) 457–68.

J. Colloid and Interface Sci. The formation and flow of emulsions: **5** ('50) 404–13; The flow of emulsions, 2: **8** ('53) 367–73.

J. exper. Biology The physical aspects of fish locomotion: **13** ('36) 63–74.

J. Oil and Colour Chemists' Assoc. Flow phenomena in liquids and liquid suspensions: **21** ('38) 215–36.

J. physic. Chem. Velocity and absorption of ultrasonics in liquid sulfur [17]): **59** ('55) 14–16.

J. Physique et Radium Expériences avec des cylindres tournant dans un fluide: (7) **3** ('32) 52S. — Les liquides élastiques: (8) **12** ('51) 52S.

J. roy. Soc. Arts Supersonic vibrations and their applications: **95** ('47) 90–105. — The science of musical instruments: **101** ('52) 56–70. — Rheology: the science of plastic flow: **107** ('59) 346–57.

J. sci. Instruments A photo-electric apparatus for delineating the size–frequency curve of clays or dusts: **13** ('36) 229–33. — An ultrasonic apparatus for recording the height of water waves in model ship tanks: **33** ('56) 91f.

J. Soc. chem. Industry Flour granularity [7])[19]): **58** ('39) 261–67.

Kolloid-Z. Über die Viskosität von Emulsionen: **65** ('33) 32–37. — Bemerkungen über Sedimentationsanalysen mittels Photozellen: **81** ('37) 87f.

Music Rev. Concert hall acoustics: **8** ('47) 214–26.

Nature [London] Adjustable resonators and orchestration: **139** ('37) 157. — Fundamental aspects of erosion: **142** ('38) 236–38. — Supersonic dispersion and infra-red radiation: **143** ('39) 638f. — Recent work in experimental phonetics: **145** ('40) 841–43. — Applications of particle size analysis: **148** ('41) 714–16. — The velocity of sound: a molecular property: **158** ('46) 296–98. — Institute for research in ultra-acoustics, Rome: **164** ('49) 73f. — Ultrasonics in fluids: 772f.; **168** ('51) 106f. — Sounds of jets: **172** ('53) 54–56. — Cavitation and the solution of gases in liquids [6]): **181** ('58) 1328f. — Musical acoustics: **183** ('59) 1293f. — International congress on acoustics, Stuttgart 1959: **184** ('59) 1031f. — Aerodynamic capture of particles: **185** ('60) 664f.

Paint Technol. Flow phenomena in liquids and liquid suspensions: **3** ('38) 43–45, 52.

Philosophical Mag. (and J. Sci.) The transport of silt by a stream: (7) **17** ('34) 769–83. — The aerodynamic characteristics of a cylinder having a heated boundary layer: **23** ('37) 681–95. — Observations on edge tones [9]): **29** ('40) 400–06. — Behaviour of liquids in shear: **36** ('45) 490–99. — Ratios of specific heat and high-frequency viscosities in organic liquids under pressure, derived from ultrasonic propagation [20]): (8) **2** ('57) 441–54. — The propagation of sound in a binary liquid mixture [2]): **4** ('59) 705–20.

Physics Velocity-gradient methods in rheology: **6** ('35) 273–77.

J. appl. Physics [USA] Optical properties of colloidal suspensions in relation to the measurement of particle-size frequency: **11** ('40) 653–57.

Bitte Anmerkung auf Seite 4201 beachten!

Portugaliae Physica La propagation des ultrasons dans les gaz sous pression [14]): **3** ('49/54) 127–38.

Post Office electr. Engineers' J. Some acoustical aspects of telephony: **27** ('34) 16 S.

Proc., Durham philos. Soc. The acoustical functions of the larynx: **9** ('34) 146–52.

Proc. math. and physic. Soc. Egypt The damping of sound waves of large amplitude in tubes: **3**, Nr. 3 ('47) 73.

Proc. physic. Soc. The flow of liquid suspensions [21]): **45** ('33) 142–51. — The effect of pressure on supersonic dispersion in gases [18]): **47** ('35) 533–42. — Turbulence diffusion: **49** ('37) 479–92. — Propagation of supersonics in liquids: **52** ('40) 480–88. — Turbidity measurements by optical means: **55** ('43) 48–63 (Diskussion: 246f.). — Break-up of liquid jets [11]): **59** ('47) 1–13.

Proc. physic. Soc., Sect. B Propagation of ultrasonic waves in vapours near the critical point [14]): **65** ('52) 437–44. — The sounds of impact of a solid on a liquid surface: **68** ('55) 541–47. — The propagation of ultrasonics in suspensions of particles in a liquid [3]): **69** ('56) 193–202. — On the convection of heat from a wire moving through air close to a cooling surface [16])[22]): 731–42.

Proc. physic. Soc. The propagation of ultrasonics in suspensions of liquid globules in another liquid [1]): **72** ('58) 833–40. — Transmission of sound through a wake: **76** ('60) 25–32.

Proc. roy. Soc. London, Ser. A Supersonic dispersion in gases [,1]: **146** ('34) 56–71; ~ 2: Air containing water vapour [13]): **184** ('45) 117–28. — The suspension of solids in a turbulent stream: **162** ('37) 583–97. — The fine structure of atmospheric turbulence in relation to the propagation of sound over the ground: **203** ('50) 149–64. — Acoustic experiments relating to the coefficients of viscosity of various liquids: **226** ('54) 16–24.

Rep. Progr. Physics Sound: **2.** 1935 ('36) 166–87; **4.** 1937 ('39) 53–66; **5.** 1938 ('39) 121–49; **6.** 1939 ('40) 238–69; **7.** 1940 ('41) 1–26; **9.** 1942/43 ('43) 228–55. — Supersonics in relation to molecular constitution: **4.** 1937 ('39) 67–75.

Research [London] Obscuration and smoke density [11]): **3** ('50) 526f. — Physical properties of fog: **7** ('54) 152–55. — Acoustic interferometer: **9** ('56) 249–53.

Reviews modern Physics Absorption and velocity of sound in vapors: **27** ('55) 15–25.

Rheologica Acta [Darmstadt] The rheology of transitions: **1** ('58) 251–57. — Aspects of the rheology of liquids: **2** ('62) 40–43.

Ricerca sci. Applicazioni industriali degli ultrasuoni: **19** ('49) 816–32.

Bitte Anmerkung auf Seite 4201 beachten!

Sands, Clays and Minerals Meter for clays and mineral dusts, and its applications: **3** ('37) 129–31.

Science Progr. [London] Physical properties of disperse systems: **31** ('37) 462–75. — Spraying of liquids from aircraft: **36** ('48) 206–13. — Acoustics in modern life: **42** ('54) 232–39. — Recent developments in ultrasonics: **43** ('55) 606–15.

Scientific Monthly Orchestral acoustics: **80** ('55) 211–24.

Technisch-wetenschappelijk Tijdschr. Some applications of acoustics in British industry: **18** ('49) März-Nr., S. 49.

Trans. brit. ceram. Soc. Some physical properties of clay: **38** ('39) 359–77.

Trans. Faraday Soc. The mechanics of gelation: **29** ('33) 494–502.

Trans. Instn. Mining Engr. Applications of photoelectric cells to mining: **88** ('35) 13 S.

Trans. North East Coast Instn. Engr. and Shipbuilders Prevention and insulation of noise: **48** ('32) 14 S. — Measurements of water flow and pressure set up by ships in motion: **64** ('48) 273–88.

Wear The mechanism of cavitation: **2** ('58) 97–106.

Weather Sound and the weather: **1947**, 169–73, 205–10.

Yearb. physic. Soc., London Recent trends in acoustics: **1957**, 93–100.

Mit: [1]) P. A. Allinson; [2]) A. E. Brown; [3]) J. Busby; [4]) H. F. Eden; [5]) A. M. Ghabrial; [6]) K. S. Iyengar; [7]) D. W. Kent-Jones; [8]) T. J. Laidler; [9]) J. M. A. Lenihan; [10]) K. Matta; [11]) A. C. Merrington; [12]) Y. Miyahara; [13]) M. Mokhtar; [14]) H. D. Parbrook; [15]) H. L. Penman; [16]) N. A. V. Piercy; [17]) A. W. Pryor; [18]) W. Railston; [19]) R. C. Spalding; [20]) R. I. Tait; [21]) E. Tyler; [22]) H. F. Winny; [23]) L. E. Lawley; [24]) A. Rakowski; [25]) R. D. Reed.

VI **RICHARDSON,** Leon Burr. Chem. — 1896–1902 Stud., '02 A.M., '02–10 Instructor, '10–19 Assist. Prof., '19–48 Prof., '48 Prof. Emer., Dartmouth College, Hanover, N.H.; '22 Pres., New Hampshire Acad. Sci. — '33 Hon.Litt.D. (Dartmouth College).
*1878, April 14, Lebanon, N.H.;
†1951, Okt. 25, Hanover, N.H.

Nekr. C. E. W., Dartmouth Alumni Mag. **44** ('51) Dez.-Nr., 28f. (m. Bildn.). — [E. M.] Hopkins, ibid. 29. — A. J. Scarlett, "L. B." as a teacher: ibid. 29f. — Wilson Library Bull. **26** ('51) 309.

H. An Indian preacher in England; being letters and diaries relating to the mission of the Reverend

Samson Occom and the Reverend Nathaniel Whitaker to collect funds in England for the benefit of Eleazar Wheelock's Indian charity school, from which grew Dartmouth College (Hanover, N. H. '33) (Dartmouth College manuscript series, 2).

W. History of Dartmouth College **1. 2** (Hanover, N. H. '32) 854 S. — General chemistry. Neuaufl. (New York '32) 6+779 S., Neudrucke: ('34), ('35); 3. u. 4. Aufl. u. d. T.: General college chemistry (m. A. J. Scarlett) [3](New York '40) 6+683 S.; [4]('47) 8+704 S.; gekürzt u. d. T.: Analysis of subjects, chemistry (West Point, N.Y. '46) 70+9 S. (U.S. Military Academy, West Point, N.Y., Departm. of Physics and Chemistry). — A laboratory manual of general chemistry. Neuaufl. (m. A. J. Scarlett) (New York '32) 8+143 S. (Begleitbuch zu "General chemistry"); weitere Auflagen u. d. T.: Laboratory manual of general college chemistry [3]('40) 8+243 S.; [4]('46) 259 S. — Dartmouth College; a statement of its objectives, achievements and opportunities (Hanover, N. H. '37) 49 S. (Dartmouth College alumni council). — William E. Chandler, republican (New York '40) 13+758 S. — Brief college chemistry (m. A. J. Scarlett) (New York '42) 6+385 S.; Neuaufl.: ('51) 9+470 S., Neudruck: ('54). — Laboratory manual for brief college chemistry (m. A. J. Scarlett) (New York '42) 8+229 S. (Begleitbuch zu "Brief college chemistry"); Neuaufl.: ('51) 8+229 S. — Fifty years of service; a history of the Mary Hitchcock Memorial Hospital (Hanover, N. H. '44) 80 S.

VI **RICHARDSON,** Lewis Fry. Physik, Chem., Meteorol., Psychol. — 1920–29 Lecturer Physics and Head of Physics Departm., Westminster Training College, London; '29 Special B.Sc. (Psychol.), Univ. College, London; '29–40 Principal of Paisley Technical College and School of Art, Paisley, Renfrewshire, Scotland; '40–53 Private scientist (Research on wars). — '21–24 Hon. Secretary, Roy. Meteorol. Soc.
*1881, Okt. 11, Newcastle upon Tyne;
†1953, Sept. 30, Kilmun, Argyllshire.

Zur Biobibliogr. S. A. Richardson, J. Conflict Resolut. **1** ('57) 300–07. — In: Arms and insecurity: A mathematical study of the causes and origins of war (N. Rashevsky, E. Trucco) (Pittsburg, Pa.–London '60) 277–91 (vgl. **W.**).

Zur Bibliogr. Weather **4** ('49) 6–9.

Nekr. E. Gold, Obituary Notices Fellows roy. Soc. London **9** ('54) 217–35 (m. Bildn., Faks. u. Schr.verz.). — P. A. Sheppard, Nature [London] **172** ('53) 1127f. — O. G. Sutton, Listener **1954**, 522–24. — J. Todd, Mathematical Tables and other Aids Computat. **8** ('54) 242–45. — Proc. physic. Soc., Sect. A **66** ('53) 1194; Sect. B **66** ('53) 1123. — Quarterly J. roy. meteorol. Soc. **80** ('54) 127f.

S. Report of a Joint discussion on vision held by the Physical and Optical Societies, London 1932 (London '33): The measurability of sensations of hue, brightness or saturation.

W. Generalized foreign politics; a study in group psychology (London–Cambridge '39) 8+92 S. (British J. Psychol., Monograph suppl., 23). — Statistics of deadly quarrels (Q. Wright, C. C. Lienau) (Pittsburgh, Pa.–London '60) 46+373 S. (m. Bildn.). — Arms and insecurity: A mathematical study of the causes and origins of war (N. Rashevsky, E. Trucco) (Pittsburgh, Pa.–London '60) 25+307 S. — Weather prediction by numerical process. Neuaufl. (New York '65) 16+236 S.

British J. med. Psychol. The persistence of national hatred and the changeability of its objects: **22** ('49) 166–68.

British J. Physiol., General Sect. A quantitative view of pain: **23** ('32) 401–03. — Hints from physics and meteorology as to mental periodicities: **28** ('37) 212–15. — Dr. S. J. F. Philpott's wave-theory: **43** ('52) 169–99.

British J. Psychol., Statistical Sect. A method for computing principal axes: **3** ('50) 16–20.

British J. Sociol. Is it possible to prove any general statements about historical fact?: **3** ('52) 77–84.

British J. statist. Psychol. The submissiveness of nations: **4** ('53) 77–90.

Education Commerce A psychology class at an evening institute: **1938**, 103–, 124–

Eugenics Rev. War and eugenics: **42** ('50) 25–36.

General Systems Problem of contiguity: an appendix to statistics of deadly quarrels: **6** ('61) 139–87.

J. amer. statist. Assoc. Variation of the frequency of fatal quarrels with magnitude: **43** ('48) 523–46.

J. Meteorology Note on eddy diffusion in the sea [1]): **5** ('48) 238–40.

J. roy. statist. Soc. The distribution of wars in time: **107** ('45) 242–50. — The number of nations on each side of a war: **109** ('47) 130–56.

J. roy. statist. Soc., A Contiguity and deadly quarrels: the local pacifying influence: **115** ('52) 219–31.

Monthly Notices roy. astron. Soc., Geophysical Suppl. Third-order aberrations of seismograph springs: **3** ('33) 125–31.

Nature [London] Determinism: **129** ('32) 316. — Photography of faint transient light-spots: **131** ('33)

Bitte Anmerkung auf Seite 4201 beachten!

401f. — Mathematical psychology of war: **135** ('35) 830f.; **136** ('35) 1025. — The arms race of 1909–13: **142** ('38) 792f. — Frequency of occurrence of wars and other fatal quarrels: **148** ('41) 598. — Mathematical theory of population movement: 784. — Stability after the war: **154** ('44) 240. — Distribution of wars in time: **155** ('45) 610. — Chaos, international and inter-molecular: **158** ('46) 135. — Social science in the gap between the Royal Society and the British Academy: **159** ('47) 269. — Spectrum of atmospheric turbulence **167** ('51) 318. — Could an arms-race end without fighting?: **168** ('51) 567f., 920.

Philosophical Trans. roy. Soc. London, Ser. A A purification method for computing the latent columns of numerical matrices and some integrals of differential equations: **242** ('49/50) 439–91.

Proc. physic. Soc. Time-marking a cathode-ray oscillogram: **45** ('33) 135–41. — On the paper by Dr. N. R. Campbell on "The measurement of visual sensations": 585. — Time-marking a cathode-ray oscillograph by harmonics: **47** ('35) 258–62.

Proc. roy. Soc. London, Ser. A The behaviour of an osglim lamp, 1: Introduction, drift, equilibrium and A. C. bridge measurements: **162** ('37) 293–316; ~ 2: Oscillograph methods, steady motion and relaxational oscillation: 316–35; ~ 3: Osglims in parallel, forming models of reciprocal inhibition: **163** ('37) 380–90. — The probability of encounters between gas molecules: **186** ('46) 422–31. — Transforms for the eddy-diffusion of clusters: **214** ('52) 1–20.

Psychometrika [USA] War moods: **13** ('48) 147–74, 197–232.

Quarterly J. roy. meteorol. Soc. The criterion of atmospheric turbulence: **78** ('52) 422–25.

Rep. annu. Meeting, Brit. Assoc. Advancement Sci. Generalised foreign politics: **108** ('38) 488f.

Sankhyā Three arms-races and two disarmaments: **12** ('53) 205–28.

Mit: [1]) H. Stommel.

V,VI **RICHARDSON,** Sir Owen Willans. Physik. — 1924–44 Yarrow Research Prof. of the Roy. Soc. and Dir. of Research in Physics at King's College, '45 Prof. Emer., Univ. of London; '21 Pres. of Sect. A, Brit. Assoc. for the Advancem. of Sci.; '26–28 Pres., '28–45 Hon. Foreign Secretary, Physical Soc.; '48–49 Pres., North-East Hampshire Agricultural Assoc. — Hon. D.Sc. (Univ. of Leeds); Hon. LL.D. (Univ. of London); Hon. LL.D. (Univ. of St. Andrews). — '20 Hughes Medal, '30 Royal Medal (Roy. Soc. London).

*1879, Apr. 26, Dewsbury, Yorkshire;
†1959, Febr. 15, Chandos Lodge, Alton, Hampshire.

Zur Biogr. N. de V. Heathcote, Nobel Prize winners in physics 1901–50 (New York '53) 278–86 (m. Bildn.). — E. A. Hylleraas, Fysikkens Verden **13** ('51) 113–17. — E. Schneider, Von Röntgen zu Einstein, von Planck zu Heisenberg (Berlin–München '53) 163–65. — The Nobel Prize winners and the Nobel Foundation 1901–37 (Zürich '38) S. 90 (m. Bildn. S. 426). — Nobel lectures, Physics, 1922–1941 (Amsterdam–London–New York '65) 221–23, 237f.

Zum 75. Geb.tag Naturwissenschaftliche Rdsch. **7** ('54) 130.

Nekr. E. W. Foster, Nature [London] **183** ('59) 928f. — P. Görlich, Jahrb. dtsch. Akad. Wiss. Berlin **1962** ('63) 139f. — W. Wilson, Biographical Mem. Fellows roy. Soc. **5** ('59) 207–15 (m. Bildn., Faks., Schr.verz.). — Americana Annu. **1960**, 858. — Britannica Book of the Year **1960**, 513. — Chemistry and Industry **1959**, 265. — Engineering **187** ('59) 228. — Forschungen u. Fortschr. **33** ('59) 224.

S. Verhandelingen, op 25 Mei 1935 aangeboden aan P. Zeeman ('s Gravenhage '35) 80–87: On the excitation of radiation by electron impact and on the photoelectric effect. — Nobel lectures, Physics, 1922–1941 (Amsterdam–London–New York '65) 224–36: Thermionic phenomena and the laws which govern them.

W. Molecular hydrogen and its spectrum (New Haven, Conn.–London '34) 14+343 S. (Yale Univ., Mrs. Hepsa Ely Silliman Memorial Lectures, 23).

Nature [London] Spectrum of ordinary hydrogen (H_2): **135** ('35) 99f. — J. J. Thomson†: **146** ('40) 354f. — Pieter Zeeman†: **153** ('44) 158f.

Nuovo Cimento The test of the wave mechanics in molecular spectra and some recent developments in the spectrum of (H_2): **15** ('38) 232–45.

Proc. roy. Soc. London, Ser. A The spectrum of H_2. The bands ending on $2p^3\Pi$ levels, 2 [1]): **140** ('33) 25–58; ~ 3 [1])[7])[4]): **142** ('33) 40–62. — The spectrum of H_2. The $3d^1\Delta$ and $4d^1$ levels [1]): 63–76. — The emission of electrons under the influence of chemical action, 2: Some general conclusions and a further study of the case of carbonyl chloride [2]): **144** ('34) 46–75; ~ 3: The action of Cl_2, Br_2, J_2, NOCl, HCl, N_2O and COS on NaK_2 [2]): **145** ('34) 18–51; ~ 4: The reactions of liquid NaK_2 with gaseous $SOCl_2$, S_2Cl_2, SO_2Cl_2, $HgCl_2$, sulphur dichloride and with mixtures of gases and a new method of determining the contact potential difference [2]): **146** ('34) 524–64; ~ 5: The theory of the chemical electron emission and its application to certain reactions involving haloids [2]): **148** ('35) 533–64; ~ 6: The reactions of liquid NaK_2 with gaseous ClCN, $HgBr_2$, $(OH)_2$, O_3 and with some gases giving small negative emission [2]): **150** ('35) 495–519. — The spectrum of H_2 (the ordinary hydrogen molecule), 1: The $3{,}4d^3\Sigma$, Π, $\Delta \rightarrow 2p^3\Pi$ and $3s^3\Sigma \rightarrow 2p^3\Pi$ systems [8]): **147** ('34) 24–47; ~ 2: The band systems due to transitions from four new triplet states to $2p^3\Pi$ [8]): 251–72; ~ 3: New bands and band systems ending on $2s^3\Sigma$ and an extension of the singlet system $^1Q \rightarrow 2p^1\Sigma$ [8]): 272–92. — On the ground state of (H_2), the molecular ion (H_2^+) and wave mechanics: **152** ('35) 503–14. — The band systems ending on the $1s\sigma 2s\sigma ^1\Sigma g(^1Xg)$ state of H_2, 1: **160** ('37) 487–507. — New bands ending on the $1s\sigma 2p\sigma ^1\Sigma_u$ state of H_2: **164** ('38) 316–45. — Determinations of the Rydberg constants, e/m, and the fine structures of H_α and D_α by means of a reflexion echelon [3])[9]): **174** ('40) 164–88; **175** ('40) 345. — The secondary electron emission from metals in the low primary energy region [6]): **182** ('43/44) 17–47. — The fine structure of the spectral lines of H_2: Measurements with a reflexion echelon [5]): **189** ('47) 149–74. — The fine structure of the $4d^3\Sigma$, $^3\Pi cd$, $^3\Delta_z \rightarrow 2p^3\Pi_{ca}$ transitions of the H_2 spectrum [5]): **217** ('53) 433–50.

Mit: [1]) P. M. Davidson; [2]) A. K. Denisoff; [3]) J. W. Drinkwater; [4]) W. M. Evans; [5]) E. W. Foster; [6]) I. Gimpel; [7]) J. Marsden; [8]) T. B. Rymer; [9]) W. E. Williams.

VI **RICHARDSON,** Robert Shirley. Astron., Astrophysik. — 1931–58 Assist. Astronomer, Mt. Wilson Observat., Carnegie Instn., Pasadena, Calif.; '58–64 Assoc. Dir., Griffith Observatory and Planetarium, Los Angeles, Calif. — '71 (First) Annual Children's Sci. Book Award (New York Acad. Sci.).
*1902, Apr. 22, Kokomo, Ind.

S. 5e Rapport de la Commission pour l'étude des relations entre les phénomènes solaires et terrestres (Conseil international des unions scientifiques) (Firenze '39) 51–53: Analysis of the radiation from bright chromospheric eruptions. — Great science fiction by scientists (G. Conklin) (New York '62) (Collier books original, AS 218): Kid Anderson. — Encyclopaedia Britannica; a new survey of universal knowledge **13** (Chicago, Ill.–London–Toronto– . . . '65) 141–43: Jupiter; **14** ('65) 949–55: Mars [12]); **16** ('65) 226–28: Neptune [6])[9])[7]); **22** ('65) 890f.: Uranus; **23** ('65) 71 f.: Venus [9]).

W. Astronomy (m. W. T. Skilling) (New York–London '39) 11+579 S.; Neuaufl.: (New York '47, London '48) 11+692 S., Neudruck: (New York '51). — The practical essentials of pre-training navigation; celestial navigation, meteorology, map projection (m. W. T. Skilling) (New York '42) 5+113 S. — Sun, moon and stars; astronomy for beginners (m. W. T. Skilling) (New York–London '46) 8+274 S., Neudruck: ('59); ²('64) 304 S.; deutsch: Sonne, Mond und Sterne (Stuttgart '49) 238 S. — *) Five against Venus (Philadelphia, Pa. '52) 7+214 S.; Neudruck: ('58). — *) Missing men of Saturn (Philadelphia, Pa. '53) 215 S. — Exploring Mars (New York '54) 261 S.; Neuaufl.: ('56) 265 S. — Man and the planets (London '54) 188 S. — A brief text in astronomy (m. W. T. Skilling) (New York '54, London '55) 327 S.; Neuaufl.: (New York '59) 353 S. — Second satellite (New York '56) 191 S. — The fascinating world of astronomy (New York–Toronto–London '60) 274 S.; Neuaufl.: (London '62) 9+274 S. — Man and the moon (Cleveland, O. '61) 171 S. — Astronomy in action (New York–London '62) 191 S. — Mars (m. C. Bonestell) (New York '64) 8+151 S.; (London '65) 7+168 S. — The star lovers (New York '67) 10+310 S. — Getting acquainted with comets (New York–London '67) 9+307 S. — The stars and serendipity (New York '71) 129 S. — *) = Erschienen u. d. Pseudonym: Philip Latham.

Analog [New York] The space technology of a track meet: **1965**, Apr.-Nr. — Icarus and Einstein: **1968**, Juli-Nr. — Ptolemy's red Sirius: **1971**, Febr.-Nr.

Annual Rep. Board Regents Smithsonian Instn. Atomic power in the laboratory and in the stars: **1946** ('47) 151–59.

Astounding Sci. Fiction Luna observatory No. 1: **1939**, Sept.-Nr. — The Aphrodite project: **1949**, Juni-Nr. — Making worlds collide: **1951**, Nov.-Nr. — To explain Mrs. Thompson: **1952** [oder **1951**?], Nov.-Nr.

Astronomical J. Symposium "The recent close approach of Mars": Preliminary report on observations of Mars made at Mount Wilson in 1956: **62** ('57) 89.

Astrophysical J. Hydrocarbon bands in the solar spectrum: **77** ('33) 195–211. — The titanium oxide and zirconium oxide bands in stellar spectra: **78** ('33) 354–58. — A photometric study of sun-spots and faculae: 359–71. — The spectra of bright chromospheric eruptions from λ 3300 to λ 11 500 [5]): **89** ('39) 347–55, **90** ('39) 208. — The intensities of sunspots from center to limb in light of different colors: 230–34. — Intensity changes in bright chromospheric disturbances: 368–77. — The nature of solar hydrogen vortices: **93** ('41) 24–28. — Sunspot groups of irregular magnetic polarity: **107** ('48) 78–93. — A stellar model for red giants of high central temperature [11]): **108** ('48) 373–87. — On the turbulent velocities of solar granules [11]): **111** ('50) 351–61. — The spectra of two active regions observed at the sun's limb: 572–74. — Lithium and the internal circulation of the sun [1]): **113** ('51) 536–46. — Characteristics of solar flares: **114** ('51) 356–66.

Atti Convegni, Fondaz. Alessandro Volta On the possibility of a 22-year oscillation of the sun [11]): **11**.1952 ('53) 228–49.

Collier's Rocket blitz from the moon: **1948**, 23. Okt.

Cosmos Sci. Fiction and Fantasy Mag. Simpson: **1954**, März-Nr.

Fantasy and Sci. Fiction The day after we land on Mars: **1955**, Dez.-Nr. — After Enfer: **1969**, März-Nr. — Jeannette's hands: **1973**, Jan.-Nr. — A drop of dragon's blood: **1975**, Juli-Nr.

Future Sci. Fiction Martian ritual: **1953**, Juli-Nr.

Galaxy [New York] Is the star of Bethlehem observable today?: **1973**, Jan.-Nr. — Future forbidden: Mai-Nr.

Harvard Announcement Card The new little planet 1566 Icarus [7])[2]): **1096** ('50) 1 S.

J. appl. Physics [USA] The nature of bright chromospheric eruptions: **8** ('37) 752–56.

J. brit. interplanetary Soc. Preliminary report on observations of Mars made at Mount Wilson in 1956: **16** ('57) 1–7. — Spectroscopic observations of Venus for rotation made at Mount Wilson in 1956: 517–24.

J. roy. astron. Soc. Canada The relation between bright chromospheric eruptions and fade-outs of high-frequency radio transmission: **31** ('37) 193–98.

Leaflet, Astron. Soc. Pacific Is that star the "Star of Bethlehem"?: Nr. **106** ('37). — Sunshine and its effects: Nr. **135** ('40) 6 S. — Astronomical observations from the moon: Nr. **219** ('47) 8 S. — Flares, fade-outs, and bursts: Nr. **252** ('50) 8 S. — New moons: Nr. **316** ('55) 8 S. — Some observations of Mars made at Mount Wilson in 1956: Nr. **333** ('57) 8 S. — Rotation in the solar system: Nr. **354** ('58) 8 S. — The triple transit of the rings of Saturn in 1966: Nr. **438** ('65) 8 S.

Nordisk astron. Tidsskr. Das 200-Zoll-Fernrohr: **1948**, 56–62 [dän.]. — Der Komet Encke: **1949**, 103–07 [~].

Orbit [New York] The dimple in Draco: **2** ('67). — The rose bowl Pluto hypothesis: **5** ('69).

Popular Astron. Sunspot problems old and new: **55** ('47) 120–33.

Publ. astron. Soc. Pacific The hydrocarbon bands in the solar spectrum: **44** ('32) 250–52. — A photometric study of sun-spots and faculae: **45** ('33) 195–98. — The beginning of the new sun-spot cycle: 302–05. — Results of a search for iron oxide bands in the sun-spot spectrum: **46** ('34) 154f. — Exceptional features of hydrogen flocculi: **47** ('35) 214. — Absence of lines of boron hydride from the sun-spot spectrum: 275f. — Sun-spot activity and recent radio fade-outs: 325–27. — Further solar observations in connection with high-frequency radio fade-outs: **48** ('36) 122–24. — The bright hydrogen eruption and radio fade-out of April 8, 1936: 178. — The bright eruption and radio fade-out of August 25, 1936: 278f. — Relation between bright chromospheric eruptions and fade-outs of high-frequency radio transmission: **49** ('37) 82–86. — The largest sun-spot groups of modern times: 87–90. — A search for lines of molecular hydrogen in the solar spectrum: 207–09. — The nature of bright chromospheric eruptions: 233–39. — The sudden disappearance of disk prominences: **50** ('38) 299f. — The intensities of sunspots from center to limb in light of different colors: **51** ('39) 230f. — The nature of solar hydrogen vortices: **52** ('40) 282. — A tornado prominence of record height: 326f. — The transit of Mercury, November 11, 1940, Mount Wilson [4])[3])[7]): 409–13. — The time of second contact at the transit of Mercury on November 11, 1940 [7]): **53** ('41) 18–20. — Pasadena meeting of the Astronomical Society of the Pacific: 222–24. — An attempt to determine the mass of Pluto from its disturbing effect on Halley's comet: **54** ('42) 19–23. — Atomic power in the laboratory and in the stars: **57** ('45) Nr. 338. — The 200-inch mirror goes to Palomar Mountain: **59** ('47) 310–13. — Dedication of the Hale telescope: **60** ('48) 215–18. — On the abundance of ^{13}C in the solar atmosphere [1])[11]): **62** ('50) 15–18. — Some nova-like characteristics of solar flares: **63** ('51) 233f. — Motion pictures of the occultation of σ Arietis by Jupiter on November 20, 1952 [8]): **65** ('53) 91f. — Observations of Mars made at Mount Wilson in 1954 [8]): **67** ('55) 62–73. — Observations of Venus made at Mount Wilson in the winter of 1954–55: 304–14. — Photometry of the disk of Uranus: 355f. — Preliminary report on observations of Mars made at Mount Wilson in 1956: **69** ('57) 23–30. — An example of the blue clearing observed 74 days before opposition [of Mars] [10]): **71** ('59) 321–23.

Romanzi Urania L'astronomie fantasma: **1955**, 2. Juni.

She War time prescription for the menopause: **1944**, Mai-Nr.

Scientific American The discovery of Icarus: **212** ('65) Nr. 4, 106–15.

Sky and Telescope The new asteroid with smallest known mean distance: **8** ('49) 271–73. — Toward a new astronomical imagination: **32** ('66) 344f.

Bitte Anmerkung auf Seite 4201 beachten!

Terrestrial Magnetism and atmospher. Electr. The bright hydrogen eruption and radio fade-out of April 8, 1936: **41** ('36) 197f. — The sunspot-group associated with the magnetic storm of September 18, 1941: **46** ('41) 459f.

Trans. amer. geophysic. Union An investigation of the relation between bright chromospheric eruptions and fade-outs of high-frequency radio transmission: **1937**, Nr. 1, 160–63.

Worlds tomorrow Stella and the moons of Mars: **1965**, Jan.-Nr. — Comets via the Viseh: **1966**, März-Nr.

Die Publikationen auf dem Gebiet der "Science fiction" sind unter dem Pseudonym "Philip Latham" veröffentlicht worden.

Mit: [1]) J. L. Greenstein; [2]) R. G. Harrington; [3]) J. O. Hidox; [4]) E. R. Hoge; [5]) R. Minkowski; [6]) S. Newcomb; [7]) S. B. Nicholson; [8]) E. Pettit; [9]) T. E. R. Phillips; [10]) P. E. Roques; [11]) M. Schwarzschild; [12]) W. H. Wright.

V,VI **RICHARDSON,** Roland George Dwight. Math. — 1904–07 Instructor, Yale Univ., New Haven, Conn.; '07–12 Assist. Prof., '12–15 Assoc. Prof., '15–42 Prof. and Head of Departm. of Math., '26–48 Dean of Graduate School, '28–29 Vice-Pres., '41–46 Dir. of Advanced Instruct. and Research in Mech., '48 Prof. Emer., Brown Univ., Providence, R.I.; '19 Vice Pres., Math. Assoc. of America; '20 Vice Pres., '21–40 Secretary, Amer. Math. Soc. — '31 Hon. D.C.L. (Acadia Univ., Wolfville, N.S.); '41 Hon.LL.D. (Lehigh Univ., Bethlehem, Pa.); '48 Hon.LL.D. (Brown Univ., Providence, R.I.).

*1878, Mai 14, Dartmouth, N.S., Can.; †1949, Juli 17, South River Lake, N.S., Can.

Zur Biogr. R. C. Archibald, A semicentennial history of the American Mathematical Society 1888–1938 (New York '38) (American Mathematical Society, Semicentennial publications, 1) 103–05 (m. Bildn., Faks., Schr.verz. 24 Nrn.). — J. E. Kerr, Imprint of the Maritimes (Boston, Mass. '59) 189–.

Nekr. R. C. Archibald, Bull. amer. math. Soc. **56** ('50) 256–65 (m. Schr.verz. 35 Nrn.). — Science [USA] **110** ('49) 224.

W. Theory of linear differential equations of the second order. (Vorlesungsskripte) (Providence, R. I. '29) 5+83 S., Neuaufl.: ('34).

American J. Physics Advanced instruction and research in mechanics: **11** ('43) 67–73.

American math. Monthly The Ph. D. degree and mathematical research: **43** ('36) 199–215. — Applied mathematics and the present crisis: **50** ('43) 415–23.

American Scholar Mathematics and the war: **12** ('43) 503–05.

Bostonia Administrative problems in graduate schools: **17** ('44) 39, 40, 64.

Bull. amer. math. Soc. International congress of mathematicians, Zürich 1932: **38** ('32) 769–74. — — Ferner Reports as Secretary of the American Mathematical Society (bis 1940).

J. Proc. and Addresses annu. Conf. Assoc. amer. Univ. The present need of a constructive review of graduate schools: **37** ('35) 119–34. — — Ferner Komitee-Berichte usw.: **38** ('36) 67; **40** ('38) 35–45; **42** ('40) 49–52; **46** ('44) 92f.; **47** ('45) 109f.

Science [USA] Advanced instruction and research in mechanics at Brown University: **99** ('44) 215f. [Vgl. Brown University Bulletin **40** ('43) Nr. 8, **42** ('45) Nr. 4 u. 9].

Scripta math. [USA] A new mathematical center: **8** ('41/42) 57–59.

VI **RICHMOND,** Donald Everett. Math. — 1927–36 Assist. Prof., '36–40 Assoc. Prof., '40–66 Prof., '41–63 Chairman of the Departm. of Math., Williams College, Williamstown, Mass.; '51–52 Lecturer, Massachusetts Inst. of Technol., Cambridge, Mass.; '57–58 Visiting Prof., Dartmouth College, Hanover, N.H.; '57–58 Chairman of New England Sect., Math. Assoc. of America. — '58 Hon.D.Sc. (Williams College, Williamstown, Mass.).

*1898, Mai 23, Meriden, Conn.

S. Lectures on calculus (K. O. May) (San Francisco, Cal. '67) 49–58: Areas and volumes without limit processes.

W. The dilemma of modern physics; waves or particles? (New York–London '35) 120 S. — Fundamentals of the calculus (New York '50) 11+233 S. — Introductory calculus (Reading, Mass.–London '59) 15+207 S. — Calculus with analytic geometry (Reading, Mass.–London) 12+458 S. — Calculus; a short course (Reading, Mass. '70) 14+239 S.

American math. Monthly The theory of the Cheshire cat: **41** ('34) 361–68. — Elementary evaluation of Laplace transforms: **52** ('45) 481–87. — Trigonometry from differential equations: **61** ('54) 337–40. — Complex numbers and trigonometry: **64** ('57) 478–85. — Factorial 1/2: a simple graphical treatment [2]): **65** ('58) 735–42. — Calculus – a new look: **70** ('63) 415–23. — Areas and volumes without limit processes: **73** ('66) 477–83.

Quarterly appl. Math. Boundaries for the limit cycle of van der Pol's equation [1]): 9 ('51) 205–09.

Yearb., Nation. Council Teachers Math. Mathematical models of growth and decay: **28** ('63) 162–72.

Mit: [1]) R. Gomory; [2]) F. Mosteller.

IV–VI **RICHMOND,** Herbert William. Math. — 1891–1927 Lecturer, King's College, '01–19 and '26–28 Univ. Lecturer, Univ. of Cambridge; '20–22 Pres., London Math. Soc. — '23 Hon.LL.D. (Univ. of St. Andrews). (⊠)
*1863, Juli 17, Tottenham, Middlesex;
†1948, Apr. 22, Cambridge.

Nekr. E. A. Milne, Nature [London] **161** ('48) 877f. — E. A. Milne, F. P. White, J. London math. Soc. **24** ('49) 68–80 (m. Schr.verz. 75 Nrn.); Obituary Notices Fellows roy. Soc. London **6** ('48) 219–30 (m. Bildn., Faks., Schr.verz.).

J. London math. Soc. On Cayley's problem of seven lines: **7** ('32) 113–17. — A notation for the contact primes and contact quadrics of any canonical curve, and for the characteristics of multiple theta-functions [1]): 183–92. — On a certain (4,2) congruence of lines: **12** ('37) 105–12. — A note on the four integer cube theorem: 206. — Frank Morley†: **14** ('39) 73–78. — A note on the "Morley-Pesci-De-Longchamps" chain of theorems: 78–80. — On a chain of theorems due to Homersham Cox: **16** ('41) 105–07, 208. — A chain of theorems for lines in space: 108–12. — Hyman Lob†: 272. — A note upon Prof. Mordell's paper: On Ryley's solution of $x^3 + y^3 + z^3 = n$: **17** ('42) 196–99. — On certain formulae for numerical approximation: **19** ('44) 31–38. — Notes on a problem of the "Waring" type: 38–41. — On the diophantine equation $F \equiv ax^4 + by^4 + cz^4 + dw^4 = 0$, the product abcd being a square number: 193f. — On minimal surfaces: 229–41. — A note upon an arithmetical property of quartic surfaces: **23** ('48) 6–8.

Mathematical Gaz. An elementary note in trigonometry: **20** ('36) 333f. — A topological puzzle: **22** ('38) 180. — Cube root: **28** ('44) 20f.

Mathematical Notes On the configuration known as a double-six of lines: **30** ('37) IV–VI.

Edinburgh math. Notes On the Newton-Raphson method of approximation: **34** ('44) 5–8. — On isoptic families of curves: **36** ('47) 18–21.

Nature [London] Frank Morley†: **140** ('37) 880.

Proc. Cambridge philos. Soc. On the canonical curve of genus five: **28**. 1931/32 ('32) 174–89. — An extension of Morley's chain of theorems on circles: **29**. 1932/33 ('33) 167–72.

Proc. Edinburgh math. Soc. The tritangent circles of a circular quartic curve: (2) **3** ('32) 46–52. — On the tritangent planes of a quadri-cubic space curve: **4** ('35) 159–69. — On extensions of Pascal's theorem [,1]: **5** ('36) 55–62; ~ 2: Paul Serret's theorem: 155–58. — An extension of De Longchamps' chain of theorems: **6** ('39/40) 78–84. — A proof of Aronhold's theorem upon quartic curves: 190f.

Proc. London math. Soc. A notation for the contact primes and families of contact quadrics of canonical curves, 2 [1]): (2) **38** ('34/35) 49–71.

Quarterly J. Math., Oxford Ser. On certain chains of geometrical theorems: **9** ('38) 34–40.

Mit: [1]) F. Bath.

VI **RIDDER,** Jacob. Math. — 1931–49 Lektor, '50–51 außerord. Prof., '51–62 ord. Prof., Univ. Groningen; '54 Präs., Königl. Niederländ. Akad. Wiss.
*1894, Jan. 3, Harderwijk;
†1977, Aug. 11, Zeist.

Zur Biogr. Jaarb. Rijksuniv. Groningen **1950**, 49.

Nekr. W. Verdenius, L. R. J. Westermann, Jaarb. Rijksuniv. Groningen **1977**, 53. — L. R. J. Westermann, Nieuw Arch. Wiskunde (3) **27** ('79) 1–12 (m. Schr.verz. 114 Nrn.). — A. C. Zaanen, Jaarb. koninkl. nederl. Akad. Wet. **1977** ('78) 185–87 (m. Bildn.).

S. Proc. 10th International congress of philosophy, Amsterdam 1948, **2** (Amsterdam '49) (Library of the 10th International congress of philosophy, 1, 2) 728–30: Sur quelques logiques multivalentes.

W. Aard en structuur der wiskunde (Groningen–Djakarta '50) 24 S.

Acta math. Maß- und Integrationstheorie in Strukturen: **73** ('41) 131–73. — Über areolär-harmonische Funktionen: **78** ('46) 205–89.

Annali R. Scuola norm. sup., Pisa Harmonische, subharmonische und analytische Funktionen: (2) **9** ('40) 277–87.

C. R. hebd. Séances Acad. Sci., Paris Sur la totalisation par rapport à une fonction à variation bornée généralisée: **209** ('39) 623–25. — Nouvelles propriétés de la totalisation par rapport à une fonction à variation bornée généralisée: 670–72.

Euclides [Groningen] Über die additive Funktionalgleichung und eine additive Funktionalkongruenz: **18** ('41) 84–92 [niederländ.]. — Art und Struktur der Mathematik: **27** ('52) 271–91 [~].

Faraday [Groningen] Didaktische Gesichtspunkte der Grundlagen der Mathematik: **28** ('58) 14–21 [niederländ.].

Bitte Anmerkung auf Seite 4201 beachten!

www.ingramcontent.com/pod-product-compliance
Lightning Source LLC
LaVergne TN
LVHW081338011026
849161LV00013BB/2950
* 9 7 8 3 1 1 2 6 4 6 3 5 9 *